科学与社会译丛 ● 刘 东 薛 凤 柯安哲 主编

History of
　　　Science Reader

〔德〕薛 凤 〔美〕柯安哲 编 吴秀杰 译

科学史新论

范式更新与视角转换

ZHEJIANG UNIVERSITY PRESS
浙江大学出版社

"科学与社会译丛"总序

　　顾名思义，我们这套新近创办的翻译丛书，在选择科学史、技术史和医学史的相关著作时，围绕着一个贯穿在"科学"与"社会"之间的轴心，但也不会忘记或偏废其学术含量和前沿性。换句话说，这些著作对于上述知识领域的研究，将更着力于这些知识的实际生产者，特别是他们置身其中的社会环境。所以，跟往昔那种封闭在实验室中、拒人千里之外的陌生现象不同，"科学史"在这里表现为社会的现象，跟大家熟谙的生活实践距离很近。由此一来，这样的研究也就足以表明，无论是知识的生产与传播，还是它的应用与传承，都是文化理念与社会想象不可分割的部分。因而，那些轰动一时、耀世登场的科技成就，也并非无迹可寻的、纯粹来自灵感的"神来之笔"；正相反，它们沿着这个"科学与社会"的轴心，既表现为社会－文化之能动力量的产物，又转而构成社会－技术之发展的推力。不待言，正是沿着这样的逻辑，或者说，是随着此一轴心的反复旋转与复制，这种可称作"后库恩"时代的科学史研究，也逐渐借鉴了来自性别研究、社会和文化人类学、区域研究、艺术史等领域的成就，并在对它们进行充分整合的基础上，发展出了跨越学科界限的研究议程，乃至令人耳目一新的研究主题。

　　进一步说，已经和将要入选这套译丛的著作，自然也体现了我们自己的学术立场，或曰我们在宽泛意义上对于科技史的理解：它们要么会去探讨某种科学知识的文化成因及形成过程；要么会把科学知识置于社会利益或信念的大背景下，且着重关照着物质层面来理解知识的生成和扩展方式。与此同时，这些著作也将揭示"科学"演进的各个环节与不同境遇：它可以是某种或许能，或许不能实现的潜能；也可以是某种曾经出现过的求知方式，而该方式或曾被应用、操控、调试或采纳过，也常常会被人们遗忘和撤弃。从文化心理的角度看，人们总是需要能帮他们认识世界的、既可靠又有效的知识，而收录到这套译丛中的研究成果，也恰是要把科学揭示为对于这种知识充满能动力量的诉求，正如科学作为一种社会现象，始终在历史文本、物品及人类行动中所体现出的那样。由此也便可水到渠成地理解：无论在方法上还是在体制上，科学史与一般通史的关联性或整合性，也注定会显出与日俱增的趋势。

最后要讲的是，在日趋全球化的现代学术实践中，语言层面的翻译既起到了日益重要的作用，又表现为推进竞争性国际化研究的着力点。在科学领域，从我们所提倡的以"科学与社会"为轴心的参照系来看，一种令人不安的后殖民现状表现于：一方面，具有不同背景、操持多种语言的研究主体的确在增加；可另一方面，科学研究又正日渐趋向于一种语言霸权式的方式方法。事实上，科学史的研究者已经认识到了，在科学发展之能动性的问题上，翻译充当了一个既很重要，有时却又暧昧不明的角色，尤其在涉及"中西交流"的讨论时更是如此。可话说回来，假如没有翻译这一学术实践，我们的世界和科学就大为两样。所以，真正重要的还是不偏不倚地看到，一方面，绝大多数 20 世纪的科学史译著带给中国的，都是有关西方科学家的英雄叙事，以及有关西方科学的欧洲中心论的论调；可另一方面，当冷战局势从 20 世纪 80 年代以来有所缓和、国际交流也开始步入正轨之后，英美学界自身已开始对这种英雄叙事进行质疑，并不无成功地予以了解构。这些国际交流的对话早已超越了二元对立的视角，并开始在日益国际化的学术界广泛传播。唯其如此，进一步的学术翻译才会有助于中、西双方以富有创意的方式，去开拓新的研究方法并培养新的研究力量。而我们共同主持并创办的这套译丛，也正是旨在推进全球学术研究的多样化，以基于新颖的比较研究方法，来发起更有前途的下一轮合作。

谨此为序。

刘　东
薛　凤（Dagmar Schäfer）
柯安哲（Angela N. H. Creager）
2018 年 1 月 8 日

致　谢

这本精心编选的论文集，是德国马普科学史研究所（Max Planck Institute for the History of Science）与科学史学会（History of Science Society，缩写为 HSS）联手启动的项目，旨在提升国际学术交流的深度和广度。本书的中文版以及英文版（书名暂定为 *New Dialogues in the History of Science: Theories and Perspectives*，已经纳入德国马克斯·普朗克学会的 Edition Open Access 系列出版计划）顺利完成，便是这一集体努力的成果。在此，我们想对所有为此做出贡献的人表示诚挚感谢。如果没有各专业学会（科学史学会、美国医学史学会、英国科学史学会、科学技术史与科学技术哲学国际联盟科学技术史分会、欧洲科学史学会、技术史学会和医学社会史学会）的会员们在论文推选阶段给予持续而热情的回应，该项目便不可能进行下去。科学史学会的格雷格·麦克勒姆（Greg Macklem）先生为编选委员会的网络会议提供技术支持。对于我们的要求，作者们都及时回应并予以大力支持，他们也专门为本书撰写了自我介绍，向中文读者介绍自己目前正在从事的研究课题和计划（瑞夫·内茨教授的介绍，由译者根据斯坦福大学网页提供的信息整理而成）。我们要特别感谢马普科学史研究所的塔尼亚·诺伊恩多夫（Tanja Neuendorf）和汉斯雅各布·齐默（Hansjakob Ziemer）在幕后做了大量的组织和协调工作，吉纳·帕特里奇·格日梅克（Gina Partridge

Grzimek）以及图书馆工作人员协助处理各阶段的编辑工作，其中也包括达成版权协议以及图片使用权所需的各种手续。

本书中译本在中国的出版计划，也得到了清华大学国学研究院常务副院长、人文学院哲学系教授刘东先生的大力支持。刘东教授是蜚声中外的著名学者，在当代西方学术著作汉译出版领域也有着举足轻重的地位。基于从整体上推进科学史领域国际学术交流的意愿和设想，他与浙江大学出版社启真馆合作推出"科学与社会"译著系列，并特邀我们担任合作主编，本书也有幸进入该系列的首批书目当中。译者吴秀杰也功不可没，在译事之余她积极地协调和推进各项相关环节。马普科学史研究所的许多同事在语言以及项目管理上伸出援助之手，尤其是张丹阳和张超楠两位女士。

我们尤其要感谢那些在百忙之中拨冗审读、校对译文的同行专业学者。他们精湛的专业知识和技能、认真严谨的工作风格、对学术的激情以及对学术共同体的奉献精神，都令我们肃然起敬。他们（排名以姓氏笔画为序）是：王清（第一章）、田淼（第五章）、白岚玲（第八章）、孙烈和张衍（第三章、第十二章）、杨海燕（第二章、第十章）、沈宇斌（第六章）、姚大志（导论章）、章梅芳（第四章）、彭牧（第七章、第十一章）以及魏宁坦（Nathan Vedal，第八章）和康林峰（Markus Conley，第九章）。

我们委托吴秀杰在各位审读人的修改意见基础上完成了译文的最后定稿，对译文中的一切误译、错讹之处我们共同承责，并希望在与专业读者的交流互动中共同提升学术翻译的质量。

知识的扩散、思想和理论的碰撞与交流，从来都不是单向的。因此，我们致力于继续推进这项计划，接下来将编定一本中译英科学史论文集。趁此英译中论文集出版之际，我们要向那些全力支持和推进中译英项目的同行学者们表达诚挚的谢意，尤其是张柏春和石云里两位教授。

柯安哲

薛凤

版权许可说明：

第八章： Ann Blair: Reading Strategies for Coping with Information Overload ca. 1550–1700. In *Journal of the History of Ideas,* Vol. 64, No. 1 (Jan., 2003), pp. 11–28. ©University of Pennsylvania Press

第九章： Peter Galison: The Collective Author. In *Scientific Authorship: Credit and Intellectual Property in Science*, edited by Peter Galison and Mario Biagioli, pp.325–353. New York and Oxford: Routledge, 2003. ©Taylor and Francis

第十章： James A. Secord: Knowledge in Transit. In *Isis 95,* no. 4 (December 2004), pp.654–672. ©University of Chicago Press

第十一章： Monica H. Green: Gendering the History of Women's Healthcare. In *Gender & History* vol. 20, no. 3 （2008）, pp.487–518. ©Wiley Publisher

第十二章： Jonathan Harwood： Peasant Friendly Plant Breeding and the Early Years of the Green Revolution in Mexico. In *Agricultural History* vol. 83, no. 3 (July 2009), pp.384–410. ©Agricultural History Society

作者简介

柯安哲（Angela N. H. Creager）是普林斯顿大学科学史专业 Thomas M. Siebel 讲席教授，主讲生物学史。她已经出版专著《一种病毒的生命》（*The Life of a Virus: Tobacco Mosaic Virus as an Experimental Model*, 1930—1965，2002）以及和《原子力的生命：放射同位素在科学与医学中的历史》（*Life Atomic: A History of Radioisotopes in Science and Medicine*，2013），后者获 2018 年美国哲学学会科学史类的帕特里克·萨普斯（Patrick Suppes）奖。目前她致力于研究 20 世纪 60 到 80 年代美国的科学和规范，聚焦于研究者如何设定和发现环境隐患。她也参与了关于食物系统中的化学物质的合作项目"餐桌上的风险：食物、健康和环境暴露"（Risk on the Table: Food, Health and Environmental Exposure）以及关于科学发展史中工具书和手册之作用的"从书籍中学习"（Learning by the Book）。自 2016 年起，她任职普林斯顿大学谢尔比·库罗姆·戴维斯（Shelby Cullom Davis）历史研究中心主任，负责该中心的一项学者计划以及专题报告系列"风险与运气"（Risk & Fortune，2016—2018）以及"法律与合法性"（Law & Legalities，2018—2020）。

薛凤（Dagmar Schäfer）是德国马普科学史研究所所长，"物品、行动与知识"（Artefacts，Action and Knowledge）研究团队的学术带头人，同时担任柏林工业大学技术史专业荣誉教授，柏林自由大学汉学专业编外教授以及上海交通大学客座教授。她的著作和论文探讨那些使得知识体系发生改变的物质性、过程和结构，以及这些因素在科学技术知识的生成、扩散和应用中担当的角色。她的著作《工开万物：中国 17 世纪的知识与技术》（*The Crafting of the 10,000 Things*，University of Chicago Press，2011；中文版，江苏人民出版社，2015）荣获科学史学会 2012 年的菲茨奖，以及亚洲研究学会 2013 年的列文森奖。她的主要学术领域是中国技术史以及技术社会学，聚焦于那些构成技术发展话语的范式。

帕梅拉·O. 朗（Pamela O. Long）是一位独立学者，历史学家，从事欧洲近代前夜以及近代初期的技术史、科学史、文化史研究。她曾经在多个著名研究机构做驻会学者，其中包括麻省理工学院迪博纳科学技术史研究所、罗马的美国研究院、洛杉矶的盖蒂研究所、美国国家人文学中心、福尔杰莎士比亚图书馆、史密森尼学会的迪博纳图书馆、德国马普科学史研究所。她发表的学术著作包括《公开、秘密、作者署名：古代至文艺复兴时期的技术与知识文化》（*Openness, Secrecy, Authorship: Technical Arts and the Culture of Knowledge from Antiquity to the Renaissance*，2001）、《方尖碑的历史》（*Obelisk: A History*，2009），合著《匠人／实践者与新科学的兴起》（*Artisan/Practitioners and the Rise of the New Sciences*，2011），参与编辑三卷本的《罗德的米迦勒手稿：一份 15 世纪海军文献》（*The Book of Michael of Rhodes: A Fifteenth-Century Maritime Manuscript*, 3 vols.，2009）。技术史学会因为她的终身学术成就授予她达·芬奇奖，麦克阿瑟基金会为她提供为期五年的研究资助（2015—2020）。目前她集中研究 16 世纪晚期罗马的城市工程，其著作《永久之城的工程：基础设施、地形学与知识文化》（*Engineering the Eternal City: Infrastructure, Topography, and the Culture of Knowledge*）即将由芝加哥大学出版社出版。

查尔斯·E. 罗森伯格（Charles E. Rosenberg）是哈佛大学科学史专业荣休教授，曾经担任美国医学史学会和医学社会学学会主席。他的著作涉猎到医学史和科学史的广泛领域，尤其《霍乱之年：1832、1849 和 1866 年的美国》（*Cholera Years. The United States in 1832, 1849, and 1866*，1962，1987）、《看护陌生人：美国医院制度的兴起》（*The Care of Strangers. The Rise of America's Hospital System*，1987）以及《解释流行病》（*Explaining Epidemics*，1992）享有非常高的学术声誉。关于疾病的概念史，罗森伯格著有重要论文《诊断的暴政：特殊实体与个体经验》（刊于 *Milbank Q.* 80 [2002]，237–260）、《什么是疾病？为纪念奥赛·特姆金而作》（刊于 *Bulletin of the History of Medicine* 77 [2003]，491–505）、《受管理的恐惧》（刊于 *Lancet* 373 [March 7，2009]，802–803）以及《回到未来》（*Lancet* 382 [September 7，2013]，59–70）。

加布里埃尔·赫克特（Gabrielle Hecht）是斯坦福大学斯坦顿基金会（Stanton Foundation）核安全专业教授。本文是她的第一本获奖著作《法国的辐射：第二次世界大战后的核武力与国家认同》（*The Radiance of France: Nuclear Power and National Identity after World War II*，英文版 1998 & 2009；法文版 2004 & 2014）中的一部分。她接下来的一部著作《参与核事务：非洲人与全球铀交易》（*Being Nuclear. Africans and the Global Uranium Trade*，英文版 2012；法文版 2016）获得了四个奖项，包括科学社会研究学会 2016 年的蕾切尔·卡逊奖（Rachel Carson Prize），以及美国历史学会非洲史领域 2012 年的马丁·克莱恩奖（Martin Klein Prize）。她也是论文集《纠缠的地理：全球冷战中的帝国和技术政策》（*Entangled Geographies: Empire and Technopolitics in the Global Cold War*，2011）的主编。

赫克特在麻省理工学院获得物理学学士学位，在宾夕法尼亚大学获得科学史与科学社会学博士学位。在入职斯坦福大学之前就职于密歇根大学的历史系教授，是该大学科学、技术与社会课程的负责人，并担任非洲研究中心副主任。她曾经在澳大利亚、法国、荷兰、挪威、南非和瑞典等多国的研究机构担任访问学者。赫克特也担任顾问职务，包括任职法国国家放射性废物管理局（ANDRA）的学术咨询委员会。她与南非学者深入合作，目前正在进行的项目包括对非洲人类世的毒物故事研究以及关于非洲的技术与权力的教育学研究，这两本书即将由剑桥大学出版社出版。

白馥兰（Francesca Bray）是一位从历史学与人类学角度研究技术、科学与医学的著名学者。她曾经任职于剑桥大学李约瑟研究所，法国国家科学研究中心，曼彻斯特大学科学、技术与医学历史研究中心，加州大学洛杉矶分校和圣巴巴拉分校，目前为英国爱丁堡大学社会人类学教授。在2015—2016年间，她曾经担任国际技术史学会（SHOT）主席。她目前以协会前主席的身份，继续致力于让技术史学会及其主流研究（SHOT代表着以美国为中心的技术史）变得真正具有国际性——这不光要体现在社会层面上，也要体现在学术思想层面上。

白馥兰教授已经出版的著作包括如下作品：《中国农业史》（*Agriculture volume in Joseph Needham's Science and Civilisation in China*，1984，已有中文译本）、《稻米经济：亚洲社会的技术和发展》（*The Rice Economies: Technology and Development in Asian Societies*，1986）、《技术与性别：晚期帝制中国的权力经纬》（*Technology and Gender: Fabrics of Power in Late Imperial China*，1997，已有中文版）、《技术、性别、历史：重新审视中国帝制晚期的大转型》（*Technology, Gender and History in Imperial China: Great Transformations reconsidered*，2013，已有中文版）。此外，她还参与主编论文集《中国技术知识产出中的图与文》（*Graphics and Text in the Production of Technical Knowledge in China: The Warp and the Weft*，2007）和《稻米：全球网络与新史学》（*Rice: Global Networks and New Histories*，2015）。她在近年发表的多篇学术论文，探讨如何在全球史视野中重新思考技术的重要性。本文分析民居建筑作为一项再生产／生殖技术，是当前主流技术史从技术创新转向严肃对待技术的保留与持续这一转向的先声。

瑞夫·内茨（Reviel Netz）是美国斯坦福大学古典学和哲学教授。其主要研究领域为前现代时期数学史，并讲授高级古典希腊语以及古希腊医学、古希腊技术发明等课程。他的学术兴趣涉猎认知实践史大范围中的问题，包括视觉文化、书籍史、文献以及数字史。在进入斯坦福大学之前，曾任教于以色列特拉维夫大学以及英国剑桥大学。他在剑桥大学出版社出版的著作包括《古希腊数学推论的形成：一项认知史研究》（*The Shaping of Deduction in Greek Mathematics: a Study in Cognitive History*，1999），获英格兰－希腊联盟朗西曼奖、《早期地中海数学的转变：从问题到方程式》（*The Transformation of Early Mediterranean Mathematics: From Problems to Equations*，2004）和《戏局证明：希腊数学与亚历山大时代的审美》（*Ludic Proof: Greek Mathematics and the Alexandrian Aesthetic*，2009）。他也参与阿基米德著作的翻译和评注工作，并与人合著通俗读物《阿基米德密码》（*The Archimedes Codex*，2007）。

罗伯特·E.科勒（Robert E. Kohler）是宾夕法尼亚大学科学史与科学社会学荣休教授。他于1973—2005年任职宾大，讲授科学社会史与环境史课程。他的著作涵盖诸多议题，包括美国科学制度史、化学与生物化学史、科学研究中的基金资助、遗传学和实验生活的历史，以及生态学史与实地科学的历史。他的研究兴趣集中在有关场地、实践和实验室－实地（lab-field）的议题上，特别是环境和实地科学。关于图谱遗传学历史的著作《蝇爵：果蝇遗传学与实验生活》（*Lords of the Fly*: Drosophila *Genetics and the Experimental Life*，1994）令他名声远播。其近期著作有探讨生态学和演化生物学中野外实践的《大地景观与实验室景观：对生物学实验室－实地边界的探讨》（*Landscapes and Labscapes: Exploring the Lab-Field Border in Biology*，2002）；探讨物种搜集探险行动以及动物分类的《苍生：博物学家、收藏家与生物多样性，1850—1950》（*All Creatures: Naturalists, Collectors and Biodiversity, 1850–1950*，2006）。目前他正在探讨实地科学（包括人类学、社会学、灵长类研究以及动物生态学）中的驻扎实践或者参与观察。他是2004年美国科学史学会"萨顿奖章"（Sarton Medal）终身成就奖的获得者。

沃里克·安德森（Warwick Anderson）是澳大利亚研究委员会的桂冠研究员，悉尼大学历史系以及医学价值、伦理与法律研究中心教授。此前他曾任教于哈佛大学、墨尔本大学、加州大学旧金山分校和伯克利分校以及威斯康星大学。他的研究领域为医学与公共健康史、种族思想史以及后殖民地科学研究。他的专著包括《培育白种人：澳大利亚的科学、健康和种族命运》（*The Cultivation of Whiteness: Science, Health and Racial Destiny in Australia*，2002，2006）、《殖民地病理学：菲律宾的美国热带医学、种族和卫生》（*Colonial Pathologies: American Tropical Medicine, Race, and Hygiene in the Philippines*，2006 年英文版，2007 年菲律宾语版），他的《亡魂的收集者：把"库鲁"科学家变成白人》（*The Collectors of Lost Souls: Turning Kuru Scientists into Whitemen*，2008）一书获得美国医学史学会 2010 年度的"威廉·H. 韦尔奇奖章"（William H.Welch Medal）以及科学社会研究学会 2010 年度优秀学术著作"弗莱克奖"（Ludwik Fleck. Prize）。他近年出版了与伊安·马凯（Ian R. Mackay）合著的《不宽容的身体：自免疫简史》（*Intolerant Bodies: A Short History of Autoimmunity*，2014）。

安·布莱尔（Ann Blair）是哈佛大学历史系的 Carl H. Pforzheimer 讲席教授。她的研究范围包括欧洲近代初期思想史与文化史，尤其以书籍史为其聚焦点。布莱尔在已经出版的多种专著和学术论文中探讨近代初期（大约在 1500—1700 年间）知识生成的理论和实践以及阅读、做笔记、撰写和编排书籍的方法。她的第一本著作《自然的剧场：让·博丹和文艺复兴科学》（*The Theater of Nature: Jean Bodin and Renaissance Science*，1997）是关于著名的政治哲学家让·博丹（Jean Bodin）的著作《普遍自然纵览》（*Universae naturae theatrum*）的"全方位历史"，探讨让·博丹如何对自然哲学进行百科全书式的审视。她的第二本专著的研究对象是历史上的工具书，聚焦 1500—1700 年间欧洲出版工具书以应对书籍量过大这一状况，并与包括中国在内的其他文化在前近代时期出现的工具书类别进行比较。该书已有英文版（*Too Much to Know: Managing Scholarly Information before the Modern Age*, Yale University Press, 2010），中文版《工具书的诞生：近代以前的信息管理》（徐波译）由商务印书馆于 2014 年出版。近年来布莱尔教授发表了一系列论文探讨博物学家和目录学家康拉德·格斯纳（Conrad Gessner）以及他如何以印刷品为辅助从读者那里搜集信息。目前她正在从事的一项研究探讨的题目是，抄写员与其他助手在学者和作家的著作中担任着怎样的角色。

彼得·伽里森（Peter Galison）是哈佛大学佩莱格里诺（Pellgerino）科学史与物理学专业的大学级教授。伽里森致力于探讨物理学三个主要亚文化领域——实验、仪器、理论——之间复杂的交互作用。1997 年他受邀成为美国麦克阿瑟基金会访问学者；1998 年，他的专著《图像与逻辑：微观物理学的一种物质文化》（*Image and Logic: A Material Culture of Microphysics*）获得科学史学会的菲茨奖；1999 年，获得德国马普学会与洪堡基金会联合颁发的"马克斯·普朗克研究奖"。他的专著还有《实验如何终结》（*How Experiments End*，1987）、《爱因斯坦的钟表，庞加莱的时间坐标图》（*Einstein's Clocks, Poincaré's Maps*，2003）和《客观性》（*Objectivity*，与 Lorraine Daston 合著）。他的研究兴趣也体现在与同行学者合作主编的论文集当中，其中包括《大科学》（*Big Science*，和 Bruce Hevly 合编）、《科学的非统一性》（*The Disunity of Science*，和 David Stump 合编）、《科学的建筑结构》（*The Architecture of Science*，和 Emily Thompson 合编）、《图像化科学，产出艺术》（*Picturing Science, Producing Art*，和 Caroline A. Jones 合编）、《科学的作者》（*Scientific Authorship*，和 Mario Biagioli 合编）以及《爱因斯坦在 21 世纪的意义》（*Einstein for the 21st Century*，和 Gerald Holton，Sylvan Schweber 合编）。伽里森教授也涉足制作科学文献影片，纪录就氢弹引发的道德—政治讨论的影片《终极武器：氢弹的两难处境》（*Ultimate Weapon: The H-bomb Dilemma*，与 Pamela Hogan 合作，2000）曾经多次在电视台历史频道播出，并被广泛用于课堂教学当中。他与 Robb Moss 联合执导的《秘密》（*Secrecy*）于 2008 年在圣丹斯电影展上首映。关于核废料在未来 1 万年需要安全处置的文献电影《污染》（*Containment*）在 2015 年的美国全景纪录片影展（Full Frame Film Festival）首映。彼得·伽里森与南非艺术家肯特里奇（William Kentridge）合作完成了多屏幕装置艺术《时间的拒绝》（*The Refusal of Time*，2012）以及室内歌剧《拒绝时日》（*Refuse the Hour*）。2016 年，他与哈佛大学天文学、物理学、数学以及观测天文物理学的同事们一起，发起并建立"黑洞倡议"（Black Hole Initiative）这一跨学科研究中心。目前他正在制作一部文献影片，探讨知识、哲学及其与黑洞的科学和真实之间的关系。

詹姆斯·A. 西科德（James A. Secord）是剑桥大学科学史与科学哲学系教授，达尔文通信研究项目主任。其学术重点为 1750 年以来的科学史，尤其是与受众和读者相关的话题。西科德出生于美国威斯康星州的麦迪逊，在普林斯顿大学攻读地理学、历史学和文学，自 1980 年开始生活在英国。他的论文和著作众多，近著有 2014 年出版的《科学的宏图：维多利亚时代之初的书籍与读者》（*Visions of Science: Books and Readers at the Dawn of the Victorian Age*）；另外一本 2000 年出版的专著《维多利亚时代的轰动事件：〈创世的自然史之遗迹〉一书非同寻常的出版、接受与神秘的作者》（*Victorian Sensation: The Extraordinary Publication, Reception, and Secret Authorship of* Vestiges of the Natural History of Creation）获得科学史学会的菲茨著作奖。在编辑查尔斯·达尔文的往来书信全集以外，他还从事编辑维多利亚时代科学作者著作的工作，其中包括钱伯斯、查尔斯·达尔文、查尔斯·莱尔以及玛丽·索莫维尔。他目前从事的一项研究是，聚焦 1830—1870 年间刊登在巴黎、伦敦、纽约报刊中的科学报道。

莫妮卡·H. 格林（Monica H. Green）是美国亚利桑那州立大学历史学教授，讲授中世纪欧洲史、全球史以及医学与世界健康史。在中世纪医疗史方面，她发表了大量著作和论文，其中两本专著是《西方中世纪女性医疗保健：文本与语境》（*Women's Healthcare in the Medieval West: Texts and Contexts*，2000）和《女性医疗中的男性色彩：前现代妇产学中男性权威的崛起》（*Making Women's Medicine Masculine: The Rise of Male Authority in Pre-Modern Gynaecology*，2008）。她多年以来投入于整理欧洲中世纪关于女性医学的文本，编辑、评注和翻译了写作于 12 世纪的《特洛塔文集》（*Trotula*）以及若干其他用拉丁语和中世纪英语写作的著作。她也对 11 到 13 世纪西方医学上的转变进行编年，并对"非洲人康斯坦丁"（Constantine the African，卒于 1098/1099 之前）的著作进行深入研究。近年来，她集中于让古生物基因学和生物考古学与基于文献的传统史学进入对话当中，并因此将自身的研究扩展到全球健康领域。她也致力于研究黑死病的历史以及全球人类传染病（从麻风病到艾滋病）的历史，主编了论文集《中世纪的传染病：重新思考黑死病》（*Pandemic Disease in the Medieval World: Rethinking the Black Death*，2014）。

乔纳森·哈伍德（Jonathan Harwood）是一位从事科学与技术史研究的历史学家，英国曼彻斯特大学荣休教授。学术兴趣集中于农业方面。他于 1970 年在哈佛大学获得分子生物学博士学位，而后在英国布里斯托大学研读社会学，在曼彻斯特大学执教，并在柏林和麻省、剑桥等地担任访问学者。目前他是萨塞克斯大学发展研究所以及科学政策研究中心兼职研究员，是伦敦国王学院科学、技术与医学历史研究中心的访问教授。

20 世纪 80 年代和 90 年代，他主要的研究领域是遗传学历史与育种历史、科学的社会史以及 19 世纪末 20 世纪初德国农业高等教育史。近十多年来，他的主要研究重点是南半球"绿色革命"的政治经济学，尤其聚焦其中的专家角色。他的主要著作有：《科学思想的风格：1900—1933 年德国遗传学学术共同体》（*Styles of Scientific Thought: the German Genetics Community, 1900—1933*，1993）；《技术的两难处境：1860—1934 年间处于科学与实践之间的德国农学院》（*Technology's Dilemma: Agricultural Colleges between Science and Practice in Germany, 1860—1934*，2005）；《欧洲的绿色革命及此后：小农取向育种的兴衰》（*Europe's Green Revolution and Others Since: the Rise and Fall of Peasant-Friendly Plant-Breeding*，2012，2016）。

目　录

科学史的新对话：

理论和视角

柯安哲

薛凤

编纂这本《科学史新论》的想法，发轫于德国马普科学史研究所（Max-Planck-Institute for the History of Science）2015 年 3 月的闲休恳谈会上。在那个雾蒙蒙的日子里，研究所同事们暂时放下日常学术活动，聚在柏林郊外的一处度假地，在放松的氛围中交流各种成熟或者不甚成熟的想法。一张拍摄于上海某书店里的照片催化了一场热烈的讨论。在这张照片中，人头攒动的书店里，一位读者正专心致志地捧读李约瑟主编的《中国科学技术史：第一卷 导论》，该书的简体中文版出版于 1990 年。在科学史 [①] 这一非常国际化的学科中，翻译活动的目标、所选取的主题、读者的接受情况如何？科学史、技术史与医学史领域的研究者在其自身研究成果（研究方法与关涉问题）的跨语言扩散中，该担当怎样的角色？

这本论文选集便是对该讨论的最初回应，它反映了学者内心深处的一种愿望：集体思考和评判 1990 年以来发表的富有影响力的英语论著，并主持翻译其中的一些成果，以便让那种由市场驱动和个人选择两种因素促成的科学史译著出版现状得到扭转和补充。德国柏林的马普科学史研究所与科学史学会（History of Science Society）牵头成立了一个编选委员会，其成员也包括来自其他六个专业学会的代表。这六个学会是：美国医学史学会（American Association for the History of Medicine）、英国科学史学会（British Society for the History of Science）、科学技术史与科学技术哲学国际联盟科学技术史分会（Division of the History of Science and Technology of the International Union of History and Philosophy of Science and Technology）、欧洲科学史学会（European Society for the History of Science）、技术史学会（Society for the History of Technology）和医学社会史学会（Society for the Social History of Medicine）。选集中的 12 篇文章，是 2015 年 10 月至 12 月间以在线投票方式推选出来

---

① 下文中使用的"科学史"一词是广义的概念，包括科学史、技术史和医学史。

的。编选委员会对进入短名单的 78 篇文章进行审读、评判、排名，由此形成了最后的入选名单。考虑到使用英语的科学史学者遍布各地的情况，这种做法让编选委员会可以采用当前的全球技术，将提议候选著作的任务"众包"给业内学者，同时保证能适当地平衡这些关于科学、技术、医学的文章所覆盖的时间段和地区，以及作者的多样性。

我们认为，语言文字层面的翻译作为一种学术实践，在国际化竞争的学术研究中担负着重要的功能。国际化竞争的学术研究的特点是：一方面，具有多样性、使用多种语言的研究主体数量正在增加；另一方面，科学研究又正在日渐趋于一种语言霸权式的进路[2]。与合作完成的单一语言出版物（作者们经常有着不同的语言背景）形成反差的是，著作翻译使得对内容、形式和含义的协商凸显出来。认同、妥协和误读都会暴露，译本责任者必须决定哪个词能最好地代表另一词；要想让含义清楚，哪些社会 - 文化关联以及历史或政治语境需要被考虑进去。

在讨论科学发展的历史动力时，历史学家已经认识到翻译扮演着重要的角色，尽管这角色有时候也不乏暧昧之处。在中国与"西方"（欧洲和北美）交流问题上的讨论尤其如此，其研究焦点已经从"西方科学"的扩张，转换到多边效应中的某一方面。比如，《几何原本》进入中国的叙事，一度单单强调耶稣会士利玛窦（Matteo Ricci, 1552—1610）如何向徐光启（1562—1633）传授西方科学（Fung & Bodde, 1937/1983），如今变成了对一项互惠式进程的研究：这一进程不光影响了不同的欧洲群体，也同样影响了中国和其他东亚国家的行动主体（Engelfried, 1998; Jami & Engelfried & Blue, 2001; Brockey, 2007）。早年的研究曾集中在书籍传输的内容及其接受上，而哈罗德·库克（Harold J. Cook）和斯文·杜佩雷（Sven Dupré）在最近的著作中，强

---

② Gordin（2015：219）。也参见欧盟关于翻译活动的统计数字：https://www.cea tl.eu/current-situation/translation-statisticstranslation statistics。

调了历史上翻译者至为重要的作用，他们所承担的"经纪人"和"中间人"的角色（Cook & Dupré，2012）。狄天霞（Bettina Dietz）的研究也表明，翻译者在特定情境下的用词选择如何被其他人所采用，从而变成受到认可的术语，由此让林奈的植物学术语自20世纪以来发展为一种国际标准（Dietz，2016）。因此，翻译者的专业技能不容小觑。

本书的编纂工作也对这些观点有所回应。我们特别关注到那些决定词语选择和概念框架的历史动力，我们认可这一历史观点："科学术语过去和现在都不是一蹴而就的，每一个词，或者更确切地说，每一个新事物，都是用前人的用词逐渐构造出来的……有那么一些术语，是在特殊领域中被创造出来的，该术语（如今所负载的科学理解和含义）要经过一些时间才在所有的专家当中通行和常见。"（Tabirizi & Pezeshki，2015：1174）

这里的每一篇文章都经过若干来自不同领域、掌握多种语言的专业学者的审读。这本文集的形成，展示了近年来方兴未艾的翻译学专业反复强调的一点：翻译绝不止于一项简单的（知识）传递或者转移活动；翻译所具有的阐释性特征及其效应不容忽视（Holmes，1988）。在过去的两年中，不同参与者之间的对话使得新想法得以产生，新学术联系得以建立。此外，遴选文章的活动促使个人和集体来思考关于科学、技术和医学的史学研究从哪里来、到哪里去等问题。我们希望，这些富有成果的讨论会继续下去，本书的出版会有助于在全球化的科学史领域中推进方法论上的发展。

这篇导论首先综述科学、技术和医学领域中的翻译史研究，探讨其在汉语－英语交流史中的角色，来描述某些能对国际史学研究产生影响的挑战和机遇。接下来，我们把入选本书的文章置于英语学术界科学史、技术史和医学史研究的大景观当中。

一、翻译、科学史以及东西方交流

20 世纪 80 年代末以来，中国学界和政界人士一直主张，有必要提升公众和学人对于历史感与科学变迁的理解。这一议程也是自然科学家培养方案当中的一个组成部分，目前在美国和大多数欧洲的大学里已经设有与此相当的课程，尽管在一代人以前这种现象还很不普遍（申先甲，1991；蒋茜、李欣欣、申先甲，2013；刘兵，2011）。[3] 历史学家们也在日益扩展视野，自身研究所涉及的地域和时间框架，都有着包容式的全球观。当学者们重新考虑课程设置时，他们也开始分析那些决定了其方法论工具的历史动力。

与 20 世纪大多数民族国家一样，以中国之科学为对象的历史研究也以聚焦本国为特征。从丁文江（1887—1936）、张资珙（1904—1968）到李约瑟（1900—1997），早期的科学家也是历史学家，他们不光传授科学内容本身，在序言和附带报告中也添加科学史内容（或者故事），来描述西方科学知识是如何产生的以及"现代化"的理念和模式（李约瑟、《中国科学技术史》翻译小组，1975：23）。一些英语科学史著作在 20 世纪 20 年代已经有中文译本，一些海外中国留学生将自己导师的著作翻译成中文。竺可桢便是其中之一，他也是《科学史年鉴》的发起人。[4]

在接下来的几十年里，翻译西方学者的科学史研究著作则基于个

---

[3] 比如，吴彤认为："没有科学史的教育，是一种没有历史感的科学教育；没有启睿和反思的科学史教育，是催发科学疯狂研究的教育。"（吴彤，2012：8）。

[4] 关于科学史翻译的总体概况，参见黎难秋的《中国科学翻译史》（黎难秋，2006）。译者或者作者经常在序言中将该著作置于历史语境当中，历史上的论点也经常是当时科学发展轨迹的一部分。刘兵的近著《科学编史学研究》一书中对科学史方面的译著情况也有详细综述（刘兵，2015）。

人兴趣与机缘巧合，译著书目未免有些纷杂，比如弗·卡约里（Florian Cajori）的《物理学史》（*A History of Physics*，1899）、E．G．波林（Edwin G. Boring）的《实验心理学史》（*A History of Experimental Psychology*，1929）、J. R. 柏廷顿（J．R．Partington）的《化学简史》（*A Short History of Chemistry*，1937）、W．C．丹皮尔（W．C．Dampier）的《科学史及其与哲学和宗教的关系》（*A History of Science and its Relation to Philosophy and Religion*，1948）、贝纳尔（J．D．Bernal）的《历史上的科学》（*Science in History*，1954）和莫里斯·克莱因（Morris Kline）的《古今数学思想》（*Mathematical thought from Ancient to Modern Times*，1972）。[5]

　　这些著作中的绝大多数仍在学术界当中流传，并把"西方"科学家和科学的英雄故事带到了中国。[6] 然而，在 20 世纪 80 年代"冷战"趋近尾声、国际交流程度日益增强的条件下，英语学术界已经开始质疑并有效地解构了那些关于西方科学与科学家的"英雄叙事"。重要的是，正如许多学者已经讨论过的那样，"科学革命论"的发起人、科学史学家、科学哲学家托马斯·库恩（Thomas Kuhn，1922—1996）在亚洲学术界赢得盛名，首先在中国台湾地区、日本和韩国，而后也在中国大陆学者当中广为人知（吴彤，2002；也参见吴国盛，2005）。日本学者中山茂（Shigeru Nakayama）用"科学共同体决定论"（scientific community determinism）这一新说法来描述在"后库恩时代"（the post-

---

[5] 限于篇幅，这里不能提供更为详细的译著书目。正如张资珙所言，译著经常着眼于物理学、化学、数学和天文学。见张资珙（1952）。

[6] 这些著作大多都再版多次。比如：戴念祖翻译的《物理学史》至少有三家出版社先后出版，即内蒙古人民出版社 1981 年版，广西师范大学出版社 2002 年版，中国人民大学出版社 2010 年版；高觉敷翻译的《实验心理学史》由商务印书馆分别于 1935、1981、2009、2011 年出版；李珩翻译的《科学史及其与哲学和宗教的关系》由商务印书馆于 1989、2009 年两次出版；伍况甫等人翻译的《历史上的科学》由科学出版社 1959 年初版，2015 年再版；三卷本的《古今数学思想》首版由上海科学技术出版社在 1979 年推出，而后于 2002、2013 年再版。

Kuhnian era）在亚洲出现的研究视角（Hanson，2012：505）。韩嵩（Marta Hanson）给出的完备分析，解释了那些致力于中国研究的历史学家们——无论身在东方还是西方——如何看待库恩的理论：它提供了一种"非欧洲中心主义"研究科学的方法；一种适用于西方，也适用于东亚科学实践的"平常科学"的概念。这一研究进路在研究西方和东亚的科学实践中都可以采用；库恩提出的"范式"概念开启了一个新研究领域，即科学共同体与科学知识之间的互构性基础。

自从 20 世纪 90 年代以来我们可以看到，中国和西方的历史研究日益关注语言翻译在科学交流中的角色。与此同时，"翻译研究"（translation studies）这一专业在全球兴起，在欧洲、美洲和亚洲形成了一种坚持不懈的学术兴趣，要为这一几乎被丢弃的学术实践恢复声誉（Cook，2010）。在世纪之交，关于中国以及跨东亚的翻译与科学交流方面，若干具有突破性的历史研究著作以英语形式出版了。斯科特·蒙哥马利（Scott Montgomery）在讨论明治时代的日本时观察到，"大多数人并不看重"翻译的复杂性及其在科学交流中的角色（Montgomery，2000）。大卫·莱特（David Wright）在同一年晚些时候发表的著作中突显翻译对书面语言的深广影响：在 19 世纪中国的化学领域新造或者重新启用了"新"汉字（Wright，2000：246）。

大体在同一时间里，中国和世界范围内的历史学家、语文学家和语言学家们也将自己的视野扩展到翻译行为及其对全球科学研究的影响上。⑦ 比如，刘禾（Lydia Liu）强调翻译行为作为"一种协商'含义－价值'的交互进程"所具有的重要性，其角色为"符码的首要动因，使得符码能够交换，让含义的生成和流通在语言和市场里显现为价值"（Liu，1999：4）。

尽管我们在这些研究中可以发现相似的行动者和参与者，然而其

---

⑦ 中国学术界正在向"翻译研究"领域挺进。

学术活动的本质自 20 世纪 70 年代和 80 年代以来已有所改变。正如翻译托马斯·库恩著作所表明的那样，那时中国学术界显然更着力于推进高影响力著作的传播。随着 90 年代末以来中国开放程度的深化，中国学界在研究中国之外的科学、医学和技术方面奋起直追，海外这类研究著作的翻译数量也同时有增无减。近年出版的这类著作有史蒂文·夏平（Steven Shapin）的《真理的社会史》（*The Social History of Truth*），由江西人民出版社于 2002 年出版；彼得·伯克（Peter Burke）的《知识社会史》（*Social History of Knowledge*），由浙江大学出版社启真馆于 2016 年出版。[⑧]

无论在中国还是在西方，20 世纪初期以及中叶，国家机构对学术翻译的介入和支持经常把完成一些经典巨著作为目标，比如组成专门工作小组翻译李约瑟主编的系列《中国科学技术史》，或者由"北京大学数学系数学史翻译小组"来完成克莱因的《古今数学思想》三卷本的翻译。[⑨] 近年来，也有个人致力于这类工作，比如张卜天。现为清华大学科学史系教授的张卜天，就读于物理学专业，主攻理论物理学，而后攻读科学哲学博士学位，之后致力于学术翻译。迄今为止，他出版的译著已经超过 40 本。2016 年，他启动了一个新的科学史翻译系列，推出的首部著作便是一本李约瑟于 1969 年出版的文集，中文版为《文明的滴定：东西方的科学与社会》（商务印书馆，2016 年版）。尽管李约瑟这本文集的关注范围也包括古代希腊和中世纪，但其聚焦点是"科学革命"讨论的核心时期，即 16 和 17 世纪的欧洲、亚洲和非洲。张卜天的目标在于从当代科学的角度把科学史介绍到中国，将历史经验作为一种

---

⑧ 约翰·皮克斯通（John Pickstone）的《认识方式：一种新的科学、技术和医学史》（*Ways of Knowing*）就是由译者陈朝勇推介的。有时候作者也会主动推进自己著作的翻译工作。
⑨ 中国台湾地区学术界组织翻译西文著作的情况大体类似。比如，李约瑟主编的著作系列繁体中文版的书名为《中国之科学与文明》。陈立夫主译该系列第一册，并负责筹募经费。编译委员会由孙哲生主持，隶属于"中华文化复兴运动推行委员会"。该系列由台湾商务印书馆自 1971 年起陆续出版发行，共 11 册。

手段来批判性地分析在中国出现的西方现代性。

概括而言，西方对中国科学的研究、中国以外的科学史概览以及某些专项研究著作，都不乏中文译本，由西方语言（英语、拉丁语、法语、德语等）翻译成中文的科学史著作数量相当丰富，然而这是带有某种任意性的传输过程的产物。题目选择取决于学术合作上的机缘巧合、个人兴趣以及市场力量，仍旧缺少对研究领域、学科目前定位、方法论选择以及那些会有利于人才培养并深化国际学术交流的各类学术问题以及重大话题的集体思考。

二、西方的科学、技术以及医学发展观

本选集的目标在于让中文读者领略到科学史研究领域一些以英文发表的、有影响的研究成果。为此，我们有必要首先注意到 1990 年以前英语学术界科学史、技术史和医学史研究中的主要趋势。通常人们都承认，托马斯·库恩的《科学革命的结构》（初版 1962 年，1970 年第二版）在对后来全部科学史研究产生影响方面无出其右（Kuhn，1962）。库恩认为，科学发展不是累积和递进性质的，而是不连贯的、有赖于科学家的社会组织的——他们要形成有共同信念的共同体。从这一角度看，科学知识被归整到"范式"（paradigm）当中，而"范式"则依靠关键性个案来描绘理论何以能够解释自然现象。按照这一理论的说法，那些无法为这些"范式"所解释的非同寻常的发现，会给从业者共同体带来危机，他们中的一些人会试图以提出新范式的方式来解决问题。比如，在经典物理学中，黑体辐射的频谱分布极为反常：在频率最高时，辐射能量反而低而不是无限大。马克斯·普朗克提出的答案是，电磁辐射以量子的形式被释放，并且当能量低于一个能量子时不会有辐射产生。普朗克以这种方式为量子力学新范式贡献了一个关键性概念因素。对任何新范式的接受都包含着对旧范式的拒绝，哪怕先前解释模式中的某些因素

可以被转换到新范式的术语当中。在这一意义上，范式转换便意味着知识的失与得。

库恩的著作受到哲学家和科学家的激烈批评，他们认为该书将科学变迁展示为"非理性的"（库恩提到从一个范式转换到另一范式是一种"改宗"行为）；来自历史学家的批评要温和一些：他们认为，库恩理论指出的那类突出的非连贯性——革命——无法说明科学知识上众多的增量性改变（Gutting，1980；Daston & Richards，2016）。库恩本人在后来的学术生涯中转向了一种更为"演化式"的科学理解。今天，已经很少有（假如还有的话）学者还会把库恩的"科学革命的结构"应用到自己的历史个案研究当中；但是，库恩对于科学实践的描述——科学依赖有着相似思想的从业者共同体来解决疑团，经由教科书和学说来传承其理论和方法——还依然渗透 20 世纪 70 年代以来的著作。库恩的理论仍然是一块理论试金石，但是它也催化出其他有影响力的思想学派。

20 世纪 70 年代末和 80 年代的科学知识社会学，尤其是爱丁堡和巴斯的英国学者（比如 Barry Barnes，David Bloor 或 Harry Collins）提出的学说，扩展了库恩对科学共同体的强调，认为科学知识反映了其创造者背后广泛的社会利益和经济利益（Barnes，1974；Bloor，1976/1991；Collins，1985）。这一学派的经典案例便是，骨相学和优生学的描述是英国维多利亚时代和爱德华时代特定社会和阶级利益的展现（MacKenzie，1976；Shapin，1979）。在医学史当中，这类社会史指涉也意味着顾及患者的视角，以及对医生和其他医护人员职业化的社会学研究（Porter，1985；Numbers，1988）；在技术史领域，这破除了那些只聚焦于设计和生产领域（经常为男性工程师和企业家）的传统观点，也包括使用者的活动——工人、消费者，顺理成章也包括女人（Bijker & Hughes & Pinch，1987；Oldenziel，1999）。露丝·施瓦茨·考恩（Ruth Schwartz Cowan）指出，使用者在"消费结点"（consumption junction）上对技术的接受或者拒绝决定了技术如何发展（Cowan，1987）。

在 20 世纪 80 年代和 90 年代，对科学、技术和医学中"社会因素"的新关注变得更为具体，落定在特定的空间和机构上。这一趋势的先驱著作之一便是拉图尔（Bruno Latour）与伍尔加（Steve Woolgar）合著的《实验室生活》（1979 年出版），它表述了科学知识生产实际情况中的新焦点（Latour & Woolgar，1979）。克诺尔－塞提纳（Karin Knorr-Cetina）沿着类似的思路强调实验室条件的人工性，以及在科学的不同分支领域（比如，物理学与分子生物学）里实验活动存在的大幅差异（Knorr-Cetina，1983；1999）。史蒂文·夏平（Steven Shapin）和西蒙·谢弗（Simon Schaffer）的《利维坦与空气泵》（*Leviathan and the Air-pump*）一书以一种特殊仪器——早期的真空泵——为中心，提供了一种关于科学革命的看法并指出，对实验结果的现场演示与以书面形式发表相关文献，这两种做法都是形成令人信服的知识的关键途径。科学争论，尤其是伦敦皇家学会成员之间的争论之所以能用这种方法平息，部分地是由于他们有共同的绅士文化（Shapin & Schaffer，1985）。通过展示这幅图景，两位作者认为，由此发展而来的那些解决科学争论以及权威认定可靠知识的方法，带来的结果是（英国）市民社会持续地分裂，其中一方为政界成员（以托马斯·霍布斯为代表），另一方为学界成员（以罗伯特·玻意尔为代表）。

《利维坦与空气泵》一书将一件仪器作为焦点的做法，启发了其他学者思考实验的重要性以及实验的关键性技术。在此之后，仅仅把科学知识置于宽泛的阶级利益或者社会信念之中的做法已经远远不够了。为了理解知识是怎样被创造和扩展的，学者们重新考虑物质性的重要意义。一个直到今天仍热烈讨论的问题是，如何能最好地说明科学、技术、医学世界中物质动因与社会现实之间的关系。本书中的文章反映这一持续的对话。这些文章也表明了科学史与通史在方法上和建制上与日俱增的密切整合。入选本书的文章几乎都强烈地反映出这一趋势，它们都充分地关注到狭义科学之外的语境。

关于本书

本书收录的文章都是在 1990 年至 2015 年间发表的。文章的编排依照初次发表的时间顺序，而不是按照学科的分支领域或者主题。这里的每一篇文章都对上文提及的此前的研究著作以及它们提出的核心问题有所回应。比如，自从《利维坦与空气泵》一书于 1985 年出版以来，学者们普遍地去注意"知识是地方的而不是普遍的"这一问题，这就提出了"科学理论和科学发现是如何传播的"这一问题。这也是詹姆斯·西科德（James A. Secord）的论文《知识在流转》中的核心问题。西科德认为，包括翻译在内的科学沟通对于知识的普遍化有着根本性的影响。文集中的其他作者也聚焦科学知识的流传问题，尤其是自古代以来经由书面文本的传承。瑞夫·内茨（Reviel Netz）的论文《注述文本：古典晚期与数学史》以及安·布莱尔（Ann Blair）的文章《1550—1700 年间应对信息过剩的阅读策略》让我们看到，在西方近代早期，那些饱览群书的读者如何通过再版更新、写评注、做笔记、摘抄段落而将某些文本经典化。这种研究书籍史的方法，让学者能够在单一文本和读者层面上（经常通过写下来的旁注）追踪知识的接受和传承轨迹，丰富了思想史研究的传统工具。内茨和布莱尔通过考察不同的学问领域（数学和人文学），展示了学者如何去应对建立知识的可靠性这一挑战，这其中也包括近代早期出现数量过于庞大的文本和理论。帕梅拉·朗（Pamela Long）和彼得·伽里森（Peter Galison）也通过文本看科学知识的传承，但是聚焦在作者身份、公开性和成果归属等问题上。帕梅拉·朗的《知识公开》一文考察了 16 世纪德国和意大利开矿和冶金技术指导类印刷书籍的出现。这些书整理并传承了技艺知识，其信息不光对采矿者有用，也对投资者有用。甚至更为重要的是，这些手册的作者们开始主张知识公开的重要性，这变成了科学界经久不衰的价值观。伽里森的《论集体作者》一文考察的出版物，则来自完全不同的时空——20 世纪末的粒子物理学。这一领域里的实验涉及数百位科学家和工程师，因而如何通过作者署名权而获得认可是非常复杂的：如果 500 位研究者集体工作而有了一项发现，那么谁应该被命名为发现者？存在单一的、可知的知识创造者吗？伽里森认为，这类集体学术活动已经从根本上重塑了对科学认识论的惯常理解以及署名作者的责任。

关注超出知识的地方性本质之外其他问题的另一方式，便是去考察新知识及其应用在跨越边界的那一特定时刻，去追问为什么某些技术被接受或者被输出了。两篇文章考察了新技术研发和转移背后的国家目的与地缘政治目的。加布里埃尔·赫克特（Gabrielle Hecht）的《政治设计》一文表明，法国核反应堆的研发——甚至在特定的设计选择上——都取决于第二次世界大战后（以及"冷战"期间）的重建政治。她的研究对温纳（Langdon Winner）提出的那一经典问题"物品蕴含着政治吗？"（Winner，1980）给出了有说服力的肯定回答。乔纳森·哈伍德（Jonathan Harwood）在《利于小农的育种与墨西哥"绿色革命"的初始阶段》一文中考察了墨西哥"绿色革命"项目的进展，该项目属于美国洛克菲勒基金会改进不发达国家的科学与技术的计划。"绿色革命"在墨西哥（以及在其他发展中国家）带来的最终结果是，以牺牲小规模农户的需求和生存能力为代价，优惠了墨西哥的大型产业化农业。哈伍德让我们看到，负责该项目的洛克菲勒基金会官员知道那些关乎生计的小农们有着不同的需求和制约，但最终还是优先顾及那些有资本接纳高科技农业方法、购买农用化学产品以及高产种子的农场主。因此，哈伍德的分析揭示了这一项目与殖民扩张早期之间的延续性：当欧洲的科学和医学被输送到殖民地用来促进其现代化和发展时，经常是以破坏本土的知识体系和生产体系为代价的。

沃里克·安德森（Warwick Anderson）的《拥有"库鲁"》一文也考察了一处殖民地情形：澳大利亚的属地巴布亚新几内亚。两个生物医学家团队在那里工作，来确定一种此前不为人知的神经性疾病"库鲁"的病因，该病是造成弗尔人（Fore）（包括年轻人）死亡的常见病因，因而也是殖民地管理的问题。安德森尤其将重点放在科学家与当地人交往中的那些特殊价值物（比如，人脑标本）所担当的角色上。他采用了经济人类学（如马塞尔·莫斯）的"礼物交换"概念来说明那些足以让这些材料换手的社会协商。因为人类学家用来描述前资本主义交换方式的关键性民族志材料就来自巴布亚新几内亚人，安德森的这一解释就显得尤为重要。在安德森手里，"礼物交换"提供了另外一种途径来说明科学及其材料的流通方式。在近年的科学史研究中，与此密切相关的想法便是科学研究中的"道义经济"，它指的是某单一共同体或者科学家合作网络特有的行为、规范和期待。其中一个突出的个案研究，便是本书中罗伯特·科勒（Robert Kohler）的文章。这篇文章考察了美国果蝇遗传学家们在 20 世纪初的几十年里如何发展出共享样本种群以及确立科学成果归属权的习惯。科勒聚焦 20 世纪初为遗传学之诞生做出重要贡献的著名生物学家托马斯·摩尔根（Thomas H. Morgan）以及他的实验室，他们的贡献尤其体现为：对有可见变异（比如，白眼）的果蝇进行繁殖实验，发展出对变异体的染色体进行基因图谱绘制这一技术。科勒的文章让我们看到，摩尔根小组出产的变异体数量之大，远远超出了其自身的绘制能力，这导致形成了他们与小组之外的科学家和教师分享果蝇种群、期望互惠式分享信息以及科学界的认可这一文化。在科勒看来，这种从事科学研究的做法并非简单地是美国文化的产物或者遗传学（科学家群体）的习惯，而是源自果蝇的生殖力，是产出新变异体的"繁殖反应堆"。他强调果蝇的生物性特征——通过基因交叉繁殖和标准化，果蝇变成一种实验室技术，这反映出学者们对于科学实验材料的能动角色有着更广泛的兴趣。科勒对"摩尔根果蝇小组"的研究奠定了科学史中一个新门类的基础，即对生物医学中"模式生物"的历史研究。

查尔斯·罗森伯格（Charles Rosenberg）的《疾病的架构》一文也

是对 20 世纪 90 年代初的新物质主义的应和，与此关联在一起的也是要离开 80 年代的社会建构主义。对罗森伯格来说，"架构"（framing）这一概念将医学如何运行的若干层面放到一起：初始的生物学意义上的体验，与确诊并治疗疾病的医生的互动，围绕该疾病的集体性意义赋予。每一个步骤都少不了社会协商：比如，诊断是对疾病的叙述和患者的期待，也是科学检测以及相涉专家的判断。然而，框定疾病也能让历史学家考虑到疾病之躯体性、经验性的本质，疾病实体的特殊质性以及医生采用生物医学知识的方式。

本书中的另外两篇文章讨论了关于现代科学、技术和医学由来已久的假定。莫妮卡·格林（Monica Green）的文章《让社会性别进入女性医疗史》挑战了人们一度（也许至今仍然如此）不加质疑的看法：在科学革命之前的西方，关于女性生殖的知识在女性手中，这一观点在 20 世纪 70 年代变得流行起来。当其时，女权主义对男性医疗控制女性身体（通过男性在产科和妇科里的职业支配地位）发出了挑战。从前曾经有过"黄金时代"：那时，女性医疗由女性来掌控和管理并服务于女性——这一观念让许多作者忽视了复杂得多的历史真实。格林反对"只有女性拥有关乎女性生殖的知识"这一假定，她以自己在中世纪以及近代初期妇科医学书籍方面的丰富知识表明，男性和女性都参与这一实用学问领域。她的论文展示了历史学家如何采用女性主义和性别理论，形成对科学知识和医学知识强有力的见解。白馥兰（Francesca Bray）挑战的则是"技术所涉的应该是工业资本主义的机器和产品"这一看法。她在《中国帝制晚期的技术与文明》一文中提出，中古时期中国居家建筑中祠堂或者祖先牌位的设置，其功用如同一项关键社会技术。这样一来，她不光将技术范围扩展到包含居家物品，也让人看到技术史中采用的方法可以富有成效地应用到前现代历史以及非西方社会当中。她也让人看到，物质性如何沿着社会性别分界线强化和重申知识类别的价值：将日常生活与女性以及世俗的内容连在一起，将普遍性的内容与有学问的男性家长连在一起。格林和白馥兰提醒我们，要彻底理解技术和医学的发展，除了关注学术文本以外，我们还必须关注知识的使用者。她们也描述了对物品和物质的关注，这也代表了近年科学史、技术史和医学史当中最出色的研究所显示出来的特征——我们在前文中也强调过这一点。这两篇文章以及西科德的《知识在流转》以及罗森伯格的《疾病的架构》提供了过去几十年里在医学史、技术史和科学史的特定领域中主要学术争论的深层分析。有兴趣阅读本书，并以此为进入英语学术文献之向导的读者，可以从这些有整体概观的文章入手。

将这些有影响力的文章放在一起，并不意味着我们认为西方科学是某种统一的知识领域。实际上，本书中众多研究的预设是：自然知识是地方性产出的，因此，重要的是去解释（而不是去假设）科学及其应用的外在普遍性。这些文章展示了非常不同的领域、时间和地点，这些特殊性对于理解每一个历史事件都非常重要。这种语境化在科学史中已经变得不言自明，这也表明科学史已融入通史。

尽管话题多样，本文集有总体上的思想一致性。本书中的研究表明，（科学、技术、医学）知识及其传承是社会、文化理念以及社会学想象力不可分割的一部分；令人瞩目的科学成果以及技术成就不仅仅是社会－文化机制的产品，它们对于多样化的人类社会的社会－技术发展也有助益。当经由旅行、贸易，尤其是知识的全球化，东方和西方变得比以往任何时候都更为紧密地关联在一起之时，我们希望这些文章能够激发英语与汉语读者之间的新举措，来探讨科学、技术和医学的核心问题对于我们的历史与未来的意义。

结语

自 20 世纪 50 年代以来，科学史、技术史和医学史都经历了若干阶段，在国际上和中文世界都是如此。刘秋华在最近一篇关于民国以后中国数学史研究的综述文章中，将 1976 年作为分水岭。他把 1947 至 1976年看作一个集中于研究中国古代数学的阶段，有别于实行开放政策以后学者们得以发现现代研究、用外语发表研究成果的时代。他也认为，20世纪 90 年代与国外交流增加，中国学者日渐开始用欧洲语言发表著作，这是一个重要的转变。在展望未来时，他认为迫切需要梳理历史资料与现代数学史料（他本人持现代数学始于 1904 年的观点），并将这一工作国际化（刘秋华，2011：92）。这一历史分期的做法也表明，在中国和其他地方，人们对于科学变迁史译著的态度也有所转变，这些译著更多地被看作是以新型比较方法来推动全球多元学术文化的工具，而不是知识传播的手段。

2013 年，琳恩·尼哈特（Lynn K. Nyhart）描述了一场虚构的、于2038 年召开的会议，来预言科学史这一学科的未来图景："中国更加放眼世界，西方科学史与科学哲学史已成为科学与技术领域的必修课，与北美那些以技术为导向的学术机构有更密切的互动。"（Nyhart，2013：132）

本书的编辑过程已经足以表明，中西方的对话早已跨越了二分法的观点，在日益国际化的学术界，科学史的新对话正方兴未艾。翻译有助于双方发展新方法，以富于创新的方式培养新生代研究者。像所有的选集一样，我们遴选的篇目也会带有某些偏见。我们之所以决定把英语作为源语言，把中文读者作为目标读者，是出于实际可行性做出的决定。我们希望它可以引发更多的翻译著作，让有关科学史、技术史和医学史在方法上和题目上最新进展的信息，得以进行跨语言交流。为此，我们已经在着手准备出版一本汉译英的科学史论文集。

参考文献：

Barnes, Barry. 1974. *Scientific Knowledge and Sociological Theory*. London: Routledge & Kegan Pual.

Bijker, Wiebe E. & Hughes, Thomas P. & Pinch, Trevor, eds. 1987. *The Social Construction of Technological Systems: New Directions in the Sociology and History of Technology.* Cambridge, MA: MIT Press.

Bloor, David. 1976/1991. The Strong Programme in the Sociology of Knowledge. In *Knowledge and Social Imagery,* edited by David Bloor, 3–23. Chicago: University of Chicago Press.

Brockey, Liam Matthew. 2007. *Journey to the East: The Jesuit Mission to China, 1579—1724.* Cambridge: The Belknap Press of Harvard University Press.

Collins, Harry M. 1985. *Changing Order: Replication and Induction in Scientific Practice.* London: Sage.

Cook & Dupré, eds. 2012. *Translating knowledge in the early modern Low Countries. Vol. 3.* Münster: LIT Verlag.

Cook, G. 2010. *Translation in language teaching.* Oxford: Oxford University Press.

Cowan, Ruth Schwartz. 1987. The Consumption Junction: A Proposal for Research Strategies in the Sociology of Technology. In *The Social Construction of Technological Systems: New Directions in the Sociology and History of Technology,* edited by Wiebe E. Bijker & Thomas P. Hughes & Trevor Pinch, 261–280. Cambridge, MA: MIT Press.

Daston, Lorraine & Richards, Robert, eds. 2016. *Kuhn's Structure of Scientific Revolutions at Fifty: Reflections on a Science Classic.* Chicago: University of Chicago Press.

Dietz, Bettina. 2016. Linnaeus's restless system: translation as textual engineering in eighteenth-century botany. *Annals of Science* 73, no. 2: 143–156.

Engelfried. 1998. *Euclid in China. The Genesis of the First Translation of Euclid's Elements in 1607 and its Reception up to 1723.* Leiden: Brill.

Fung, Yullan & Bodde, Derk (tr.). 1937/1983. *A History of Chinese Philosophy, vol. 2: The Period of Classical Learning from the Second Century B.C to the Twentieth Century A. D.* Princeton, N.J. : Princeton University Press.

Gordin, Michael. 2015. *Scientific babel: The language of science from the fall of latin to the rise of English*. London: Profile Books.

Gutting, Gary. 1980. *Paradigms and Revolutions: Applications and Appraisals of Thomas Kuhn's Philosophy of Science*. Notre Dame, IN: Notre Dame Press.

Hanson, Marte E. 2012. Kuhn's Structure in East Asia, Expanded. *East Asian Science, Technology and Society: An International Journal* 6, no. 4: 561–567.

Holmes, James S. 1988. *Translated! Papers on Literary Translation and Translation Studies. Ed. by Raymond van den Broek*. Amsterdam: Rodopi.

Jami, Catherine & Engelfried, Peter & Blue, Gregory, eds. 2001. *Statecraft and Intellectual Renewal in Late Ming China. The Cross-Cultural Synthesis of Xu Guangqi (1562—1633)*. Leiden: Brill.

Knorr Cetina, Karin, ed. 1983. *Science Observed: Perspectives on the Social Study of Science*. London: Sage Publishers.

———. 1999. *Epistemic Cultures: How the Sciences Make Knowlege*. Cambridge, Mass.: Harvard University Press.

Kuhn, Thomas S. 1962. *The Structure of Scientific Revolutions*. Chicago: University of Chicago Press.

Latour, Bruno & Woolgar, Steve. 1979. *Laborartory Life: The Construction of Scientific Facts*. Beverly Hills, CA: Sage Publishers.

Liu, Lydia H. 1999. Introduction. In *Tokens of exchange: The problem of translation in global circulations*, edited by Lydia Liu, 1–12. Durham: Duke University Press.

MacKenzie, Donald. 1976. Eugenics in Britain. *Social Studies of Science* 6: 499–532.

Montgomery, Scott L. 2000. *Science in translation: Movements of knowledge through cultures and time*. Chicago: University of Chicago Press.

Numbers, Ronald L. 1988. The Fall and Rise of the American Medical Profession. In *The Professions in American History*, edited by Nathan O. Hatch, 51–72. Notre Dame, IN: University of Notre Dame Press.

Nyhart, Lynn K. 2013. The Shape of the History of *Science* Profession, 2038: A

Prospective Retrospective. *Isis* 104, no. 1, Special Issue: The Future of the History of *Science* : 131–139.

Oldenziel, Ruth. 1999. *Making Technology Masculine: Men, Women and Modern Machines in America.* Amsterdam: Amsterdam University Press.

Pickstone, John 2001. *Ways of Knowing: A new history of science, technology, and medicine.* Chicago: University of Chicago Press.

Porter, Roy. 1985. The Patient's View: Doing Medical History from Below. *Theory and Society* 14: 175–198.

Shapin, Steven. 1979. Homo Phrenologicus: Anthropological Perspectives on an Historical Problem. In *Natural Order: Historical Studies of Scientific Culture*, edited by Steven Shapin, 41–72. Beverly Hills, CA/London: Sage.

Shapin, Steven & Schaffer, Simon. 1985. *Leviathan and the Air-pump: Hobbes, Boyle, and the Experimental Life.* Princeton: Princeton University Press.

Tabirizi, Hossein Heidari & Pezeshki, Mahshid. 2015. Strategies Used in Translation of Scientific Texts to Cope with Lexical Gaps (Case of Biomass Gasification and Pyrolysis Book). *Theory and Practice in Language Studies* 5, no. 6: 1173–1178.

Winner, Langdon. 1980. Do Artifacts Have Politics?. *Daedalus* 109: 121–136.

Wright, David. 2000. *Translating Science: The transmission of western chemistry into late imperial China, 1840—1900. Vol. 48.* Leiden: Brill.

蒋茜，李欣欣，申先甲，《以史为学，教书育人——物理学史家申先甲教授访谈录》，刊于《广西民族大学学报（自然科学版）》，2013 年第 2 期，第 1—7 页，第 108—109 页。

李约瑟，《中国科学技术史》翻译小组，《中国科学技术史》，北京：科学出版社，1975 年。

刘兵，《科学史的专业化研究与科学史教育的应用——基础教育引入科学史的目标以及"少儿不宜"问题》，刊于《美育学刊》，2011 年第 5 期（第 2 卷总第 6 期），第 57—59 页。

刘兵，《科学编史学研究》，上海交通大学出版社，2015 年出版。

刘秋华，《1947 年以来中国现代数学史研究述评》，刊于《自然辩证法研究》2011 年（第 27 卷）第 7 期，第 86—93 页。

申先甲，《增强物理教学的历史感，用物理史料进行方法论教育》，刊于《物理》，1991 年第 5 期，第 306—310 页。

吴国盛，《科学史的意义》，刊于《中国科技史杂志》，2005 年第 1 期，第 63—68 页。

吴彤，《科学史教育：一种英雄史诗的励志教育？》，刊于《河池学院学报》2012 年（第 32 卷）第 4 期，第 8—11 页。

张资珙，《译者赘言》，刊于韦克斯 著，张资珙 译《化学元素发见史》，上海：中国科学仪器图书公司，1952 年。

附录：本书篇目的遴选程序

2015 年 10 月，我们通过群发电子邮件名单向美、英、法、德等国家的学者发出了邀请，请他们在线投票推荐文章。在随后的两个月里，参与本次活动的七个学会的会员——实际上，这可以是任何愿意这样做的人——都可以在科学史、医学史和技术史这三个分支领域里各推荐一篇论文。每人只能进行一次有效投票。我们列出一份专业期刊目录做参考，但是发表在其他期刊以及论文集里的文章也同样有入选资格。入选的应该是英文首发的文章。2016 年上半年，编选委员会通过多次在线讨论会，最终从 78 篇入围文章中确定了 12 篇。整个遴选过程分为四个步骤。第一步，每位委员会成员选择 10 篇"影响最大"的文章。第二步，每位成员再另选三篇文章。这些文章分发给另外三位委员会成员审读。一篇文章如果能得到至少一人的推荐，则可以进入第三轮。第三步，出于公正性的考虑，委员会成员自身的文章不予入选。第四步，委员会成员给全部文章打分，讨论题目上的均衡性并确定最后入选名单。总体规则是，委员会成员不对那些他们自认为超出自身专业范围的文章予以评判。

项目协调人：

柯安哲（Angela Creager）——普林斯顿大学历史系

汉斯雅各布·齐默（Hansjakob Ziemer）——德国马普科学史研究所

参加投票的委员会成员（依照姓氏西文写法的字母顺序排列）：

大卫·贝克（David Beck）——英国科学史学会

古克礼（Christopher Cullen）——科学技术史与科学技术哲学国际联盟科学技术史分会

罗蕤安·达斯顿（Lorraine Daston）——德国马普科学史研究所

奥尔加·埃丽娜（Olga Elina）——欧洲科学史学会

弗洛伦斯·夏（Florence Hsia）——科学史学会

大卫·S. 琼斯（David S. Jones）——美国医学史学会

雷恩（Jürgen Renn）——德国马普科学史研究所

薛凤（Dagmar Schäfer）——德国马普科学史研究所

卡森·蒂莫曼（Carsten Timmermann）——医学社会史学会

姚大志 ——技术史学会

第一章

知识公开：

16 世纪采矿与冶金著作中的理想及其语境

帕梅拉·O. 朗

17 世纪从事科学研究的群体强调，知识公开对于科学方法论至关重要。关键的目标便是促成那些对新实验哲学感兴趣、有志于从事科学研究的人彼此间沟通。[①] 本文的基本预设是，自然科学界对知识公开性的明确认可及其与经验主义哲学的关联，是思想史与科学方法论发展进程中的重要"事件"。知识公开作为获取经验知识的进路，这在近代早期还远未被普遍接受。比如，在炼金术这一备受尊崇的行业，其从业者通常对入行者这一小群体进行秘密的知识传承。那么，公开性——这一与秘传相对立的价值观——是如何变成了实验哲学所倡导的方法论的核心因素呢？我在本文中提出，16 世纪致力于采矿与冶金的特殊作者群体，对这一观念的形成做出了重要贡献。我还进一步认为，他们在文字中所表达的观点，从特定的社会和经济背景中生发出来，而这些社会和经济背景以特殊方式塑造了作者身份。

本文是对作者实践的研究，而不是对科学与技术实践本身的研究。知识公开作为受到提倡的价值，与知识公开的实践可以完全是两码事。一篇表述明晰的论文，只是对那些有文字能力，并且能阅读文本所用语言的人，才是公开的；一种工艺程序可以在文字中得到描述，但是真正能获取该工艺的人，经常只是那些亲手实践这一技术的人。斯蒂文·夏平（Steven Shapin）在他近期关于皇家学会实验的论文中特别强调了这

---

① 参见 Middleton（1971：91）。诺尔斯·米德尔顿（Knowles Middleton）指出，科学断言之目的，包括寄希望于其他人会受到鼓励"带着更大的严格性"来重复实验；他们所愿"无非是不同人群之间的无障碍沟通……"；当其成员重复他人之实验时，他们"总要提及作者"；学会从第一天起，总是在与那些想了解情况而来的人分享实验。就皇家学会而言，亨利·奥登伯格（Henry Oldenburg）在《哲学汇刊》（*Philosophical Transactions*）的第一期（1665 年 3 月 6 日，第 1—2 页）中写道："对于推进哲学问题的发展，没有什么比这些做法更为必需的了：要与那些以自身的研究和努力来发现事物或者让别人将其实行的人，进行沟通……最后，对这类成果进行了清楚的、真正的交流之后，追求可靠而有用知识的愿望可以获得进一步关注，灵敏的作为和行动获得赞赏，那些专注于此并对这些事物了如指掌的人，也许会受到邀请和鼓励来寻找、尝试和发现新事物，把他们的知识分享给他人，对于增进自然知识这一宏大设计贡献他们的所能，让一切哲学艺术和科学变得完美。"

一点：知识公开会是非常复杂的事情，它可能有赖于私人空间与公共空间之间的差异、可获取程度的差异，以及参与者的社会地位。[2] 爱丽丝·斯特普（Alice Stroup）的著作表明，知识公开的理想有时与巴黎皇家科学院的保密与排除的做法相冲突。[3] 最近的研究和争论都表明了一点：知识公开与作者获得恰如其分的名誉，科学界内的这两种理想有时候确实与科学实践中的真实情形相距甚远。[4]

尽管如此，知识公开这一明确的理想在经验科学中的发展进程如何，这一问题本身就值得研究。认为知识应该在文字中得到公开传承这一信念，属于一种源于古代的复杂传统。[5] 在本文中，我只谈及这一大历史中的一部分。我的讨论也蕴含了两种主张。第一，关于实用技艺和机械技艺的著作不光是技术史的重要资料源，这对思想史也同样重要。第二种主张则力图修正一种传统观点，即那种把近代早期的科学与公开、技术与保密连在一起的传统观点。[6]

16 世纪的采矿业和作者署名

无论就数量上还是原创性而言，16 世纪都是采矿和冶金文献的黄

---

[2] Shapin（1988）.

[3] Stroup（1990：199–217）.

[4] Hull（1988）；Nelkin（1984）. 学术期刊《科学、技术与人的价值》（Science, Technology, and Human Values）第 10 期（1985 年春季刊），专题讨论了科学与技术中的公开和保密这一问题。

[5] 一个非常有用的讨论是 Eamon（1985a）。 不过，我既不同意该作者将科学开放的起源放置在近代初期，也不同意他过分地认定中世纪时期与保密连在一起。核心性的早期文本，讨论知识开放理想的是古罗马建筑学家维特鲁威的《建筑学》（De architectura），第 3 卷序言第 1—3 段，以及第 7 卷序言，第 1—18 段；以及 12 世纪的僧侣西奥菲勒斯（Theophilus）的论点，参见 Dodwell（1961：1–4）。

[6] 参见 de Solla Price（1975:117–135）；McMullin（1985），二者都认为科学与公开、技术与保密连在一起。

金时代。[7] 我认为，将这些书面材料划分为三种类型是有用的：配方书籍、炼金术文献和通俗易懂的采矿和冶金论述。在做这些划分时，我采用了自己认为有用的类型。不过，强调这一点是重要的：这些分类在一定程度上是重合的，在每一个类别当中都有非常高的多样性。第三类，也就是公开的论述，是我在本文中主要讨论的内容。

第一种类别的配方书籍经常被称为"秘籍"，或者技法小册子（Kunstbüchlein）。它们包含了试金和分离金属的配方，以及诸如染色或者配药等其他事项。配方文字属于一个古老的传统，其繁荣一直持续到 16 世纪以及其后。印刷术给这类书籍的生产带来了特殊的推动力。尽管这一文类中某些中世纪的个案含有一定的工艺秘密，比如《制金指南》（*Mappae Clavicula*），但是我们不要以为"秘籍"就一定包含了秘密。相反，它们描述了众所周知的技艺和配方，经常作为从业者的记忆辅助。[8]

---

[7] 对这一文献及其背景有所助益的各种讨论，关于 16 世纪见 Koch（1963：19–59）；Baumgärtel（1965）；Wilsdorf（1954）。关于技术背景，见 Bromehead（1956）以及 Forbes（1956）；Smith & Forbes（1957）；Tylecote（1976，1987）。关于德国采矿历史方面那些古老的、相对难以获取的资料，Molloy（1986）这本文献目录汇编非常有用。

[8] 关于这些小册子传统，最早的文献目录工作是由约翰·福格森（John Ferguson）来完成的，"一些技术配方书籍或者所谓的'秘籍'的简评"，刊于《格拉斯哥考古学会汇刊》（*Transactions of the Glasgow Archaeological Society*）第 2 辑（1883）：第 180—197 页和第 229—272 页；"关于发明的历史以及秘籍的文献学笔记"，刊于《格拉斯哥考古学会汇刊》（*Transactions of the Glasgow Archaeological Society*）新编第 1 卷，2 号（1888）：第 188—227 页；新编第 1 卷，3 号（1888）：第 301—306 页；新编第 1 卷，4 号（1890）：第 419—460 页，以及"关于技术化学的一些早期论述"，刊于《格拉斯哥皇家哲学学会会刊》（*Proceedings of the Royal Philosophical Society of Glasgow*）第 19 卷（1887—1888）：第 126—159 页；第 25 卷（1893—94）：第 224—35 页；第 41 卷（1909—1910）：第 113—122 页；第 43 卷（1911—1912）：第 232—258 页；第 44 卷（1912—1913）：第 149—189 页。这些文章被收集在一起并被重印，见 Ferguson（1959）。这一工作的继续，见 Darmstaedter（1926），该书中包含的三本小册子的英译本都带有可资利用的注释，见 Sisco & Smith（1949）以及 Sisco（1968）。亦参见 Eamon（1977）；Eamon（1985b），Eamon（1979）以及 Paisey（1980）。关于《制金秘方》（*Mappae Clavicula*）一书中所提及的秘密，参见（转下页）

第二组关于炼金术的文字材料，形成了一个来源于古典晚期的传统。炼金术与工艺传统尤其是那些金匠行业相重合，发展出自己的实验室技术来加工金属和其他材料。它也浸透了诸多复杂的来自古代近东地区的宗教和哲学理念，受到了费奇诺（Marsilio Ficino）的"新柏拉图主义"（Neoplatonism）的影响，（在欧洲）大受欢迎，直到 18 世纪仍然是一种备受尊敬的技艺。我们在这里只要着重指出一点就足够了：在炼金术士看来，传承是一个秘传过程，是权威将知识传授给若干入行者，这经常发生在师傅与学徒的关系当中。人们普遍认为，炼金术士的秘密写本把这些知识在外行人面前隐藏起来。炼金术文献的作者也同样隐而不现。所有炼金术文献的真正作者被认为是古代埃及神托特（Toth）。将炼金术书籍归名在最高权威之下是一种惯常做法。[⑨]

第三种类型的采矿和冶金书籍，即更为正式地向公众敞开的论述和小册子，首次出现在 16 世纪。尽管这类书籍与配方样式的文字以及炼金术技术都有渊源，它们与这两种传统还是有所区别的。这包括诸如关于铁矿石的《矿山小书》（*Bergbüchlein*）或者关于试金的《试金小书》（*Probierbüchlein*）；有详细阐发的论点，如锡耶纳人比林古乔（Vannoccio Biringuccio）的《火法技艺》（*De la pirotechnia*），人文主义者阿格里科拉（Georgius Agricola）的《矿冶全书》（*De re metallica*），拉撒路斯·艾科尔（Lazarus Ercker）的《论矿石与试金》（*Treatise on Ores and Assaying*）；比较少为人知的，诸如艾科尔关于试金与铸币的小册子，施莱特曼（Ciriacus Schreittmann）、法赫斯（Modestin Fachs）以及齐默曼（Samuel

---

（接上页）Smith & Hawthorne（1974：28, 31, 32, 35）。在今天代表这一文类的是"海洛薇兹的指点"（*Hints from Heloise*）这类居家指南。除掉那些特有的色调，所谓的"秘密"无论现在还是那时，所指的都是技术上的细节，而不是去把这类知识掩藏起来。

⑨ 关于炼金术士与试金者之间的关系，见 Halleux（1986）。有关炼金术以及讨论该题目的海量文献，尤其可参见 Halleux（1979），也可参见 Eliade（1978），尤其是关于入行和保密的情况，参见第 142—168 页；Holmyard（1957），尤其是关于标记、象征和秘密术语的内容，见第 153—164 页以及 Multhauf（1966）。

Zimmermann）关于试金的书籍，当然还有《施瓦茨开山书》（*Schwazer Bergbuch*）。⑩

这些书的作者有着不同背景。有些人，如比林古乔和施莱特曼，是行医者。另外一些人，如福莱贝格的卡尔普（Calbus of Freiberg，《矿山小书》的作者）和阿格里科拉是受过大学教育的医生和人文主义者。况且，这些书在外形上也不尽相同：有些是印刷品，另外一些，诸如艾尔克的早期小册子和《施瓦茨开山书》都是手工复制本。然而，正如我要详细阐述的那样，有着不同背景的作者在涉及作者署名和知识开放时都表达了相似的观点。他们也都有着共同的环境，这其中也包括采矿业的早期资本主义扩张。

通俗易懂的采矿和冶金文本代表了技术文本写作的繁荣可以解释为，这些文本是为手艺人而作或者提供建议，这在一定程度上是真实的，但是光有这还不够充分；还可以认为这是印刷术带来的副产品。然而，这一现象要求给出的"解释"不止这些。⑪ 还有更多的问题需要探讨：谁是作者？他们来自怎样的背景？是哪些动机促使他们写作技术文献？还

---

⑩ 这三种主要著作以及它们各自的英译本如下：Vannoccio Biringuccio, *De la pirotechnia*, 1540, ed. Adriano Carugo (Milan, 1977), and *The Pirotechnia of Vannoccio Biringuccio*, trans. with intro. and notes by Cyril Stanley Smith and Martha Teach Gnudi, 2d ed. (New York, 1959); Georgius Agricola, *De re metallica Libri XII. . .* (Basel, 1556), and *De re. metallica*, trans. Herbert Clark Hoover and Lou Henry Hoover (1912; reprint, New York, 1950); Lazarus Ercker, *Beschreibung der allervornehmsten mineralischen Erze und Bergwerksarten vom Jahre 1580*, ed. Paul Reinhard Beierlein, (Berlin, 1960), and *Lazarus Ercker's Treatise on Ores and Assaying Translated from the German Edition of 1580*, trans. Anneliese Grünhaldt Sisco and Cyril Stanley Smith (Chicago, 1951)。其他在这里提到的论著以及更多的文献，会在下文的注释中专门说明。

⑪ 伊丽莎白·埃森施泰因（Elizabeth Eisenstein）在其两卷本的《印刷术作为变化的推动力：欧洲近代初期的沟通和文化变迁》（Eisenstein, 1979: 520–635）中详细地讨论了印刷术对技术与科学文献的重要性。尽管对任何印制品来说，印刷术的重要性都无可匹敌，但是它只能部分地解释技术文献的传播。正如我要进一步讨论的那样，有关采矿和冶金的文本只在某些特定地区出版。此外，有一些重要论述的稿本是手写的（有时候是抄本），但是在 16 世纪也从来没有付印。

有，他们的襄助人和预设读者是谁？我们能够看到，16世纪的采矿和冶金著作似乎是欧洲矿业兴盛的产物之一。就作者、襄助人、预设读者以及明确的态度而言，将其置于中世纪晚期矿业的特殊发展这一背景下来理解则最好不过。

早在1350年之前，欧洲采矿业已经达到了产量的顶峰。此后，金属生产开始衰退，这持续了一百多年。1348至1350年间席卷欧洲的灾难（"黑死病"）让欧洲人口减少了三分之一到二分之一，许多矿山遭到废弃。快速恢复难以实现，因为有效地开采现有矿井就得挖掘得更深。但是，更深的矿井在涉及排水或者矿石运输上有一些在15世纪初期尚不能解决的工程方面的困难。发生在神圣罗马帝国皇帝西格蒙德（Sigismund）与约翰·胡斯（John Huss）在波希米亚的追随者之间的"胡斯战争"（Hussite Wars，1419—1434）带来的摧毁，让大多数欧洲生产能力最强的矿山——在波希米亚和萨克森——陷入停滞。[⑫]

当人口数量在15世纪上半叶逐渐得到一定恢复之后，用于铸币和制造枪支的金属需求都超过了供给。供应短缺使得采矿和冶金成为有利可图的商机，为解决技术和管理问题提供了动力——这些问题曾经让中世纪晚期采矿业窒息。其结果便是中部欧洲矿业开始繁荣起来。从1460年到1530年，中欧等地的银、铜以及其他金属的产量增加了数倍，有时候甚至达到5倍。生产扩大带来的，是技术上和管理上的快速改变。建造更深的矿井并维护其运行都耗资更多，需要更大的资本。正如约翰·奈弗（John U. Nef）描写的那样，这一发展引发了令人瞩目的资本与劳动之间的鸿沟。小型采矿合作群体被挣工资的雇工所取代，并非本地人的矿山持股人日益成为支付工钱的人，他们提供了采矿所需的资本并收获利润。分享财富的是王公以及其他对土地有统治权的人。开矿者们在12世纪和13世纪从王公和土地所有者那里所获的特殊优待，绝大

---

⑫ 参见 Miskimin（1969/1975：112–115）。

部分都不复存在了。[13]

另一方面，那些富裕但几乎没有采矿和冶金方面专业知识的投资者以及那些有统治权的人，都水到渠成地成了采矿著作的襄助人和消费者。采矿和冶金著作的作者为统治者以及其他富裕的投资者著书，后者力图将矿山生产率最大化；这些书也以那些日益增多的从业者为读者对象，他们在勘探、开采和金属加工方面的技能，是其雇主赢利的关键所在。对于那些远道而来、能认字但没有采矿经验的投资者来说，地方口头传承的工艺知识是不够的。王公贵族们从采矿的获利中拿出钱财，用来襄助那些能够并愿意用文字来解释采矿和冶金实践的人。坚信知识及其书面传承的公开性——作为事实和作为理想——是富裕的投资者与采矿和冶金著作者之共同利益的一项重要副产品。

这样一来，早期关于采矿和冶金的著作是由采矿投资的快速扩展而推动的——在 16 世纪上半叶，这是工业资本主义增长的重要方面之一。贵重金属如银和金，其他金属如铜、锡、铅和铁，以及其他材料，如硫黄（这是火药的一个重要成分）、明矾（纺织工业需要用在染色稳定剂上）的开采，在欧洲许多地方，包括法国、意大利、瑞典、波兰和英格兰都早已经存在。[14] 然而，开矿并非一定会导致出现关于采矿与冶金的

---

⑬ 关于总体概况的出色描述，有 Kellenbenz（1976），尤其是第 79—88 页和第 106—118 页，以及 Nef（1987）中的第 691—761 页和第 933—940 页。关于德国矿业资本投入情况的基础研究是 Dietrich（1958, 1959, 1961）。关于矿产地戈斯拉尔（Goslar），也可参见 Schmidt（1970）。关于德国矿业的近期研究，最好的导读材料是 Kroker & Westermann（1984）。在这本论文集当中，对此处讨论的总体发展问题最重要的文章是 Gleitsmann（1984），von Stromer（1984）和 Ludwig（1984）。关于这一时期采矿和冶金上的技术创新，参见 Braunstein（1983）；Molenda（1988）；Suhling（1980）；Suhling（1984）；Suhling（1978）。
⑭ 关于法国参见 Benoit & Braunstein（1983），Braunstein（1987, 1984）；Gille（1947）；Hesse（1986）以及 Laube（1964）。关于意大利尤其可参见 Braunstein（1965, 1977），也可参见 Menant（1987）以及 Tucci（1977）。关于瑞典参见 Svanidze（1981）。关于波兰参见 Molenda（1984, 1985）。关于英格兰参见 Donald（1955）；Gough（1967）；Hamilton（1967）；Hatcher（1973）；Lewis（1908/1965）；Penhallurick（1986）。也可参见（ 转下页 ）

文字材料。事实上，16世纪大多数采矿图书的作者都是德国人，他们生活在神圣罗马帝国范围内采矿业资本主义转型最突出地区：戈斯拉尔附近的哈茨山，萨克森和波希米亚山区以及南方蒂罗尔地区的阿尔卑斯山。[15]

原则上，德国人主导了16世纪的采矿著作，最重要的例外是来自意大利的著作，其作者比林古乔曾经参观过神圣罗马帝国境内的矿山，劝告他的同胞们模仿德国的做法来扩大意大利矿山投资。[16] 采矿和冶金历史学家们在这一点上达成一致，采矿文本的好时代在16世纪末趋于尾声。[17]

（接上页）Kellenbenz（1976）；Multhauf（1978）；Richards（1983）；Delumeau（1962）；Jenkins（1936/1971）；Singer（1948）；Sprandel（1968）；Westermann（1971a）。

[15] 关于神圣罗马帝国境内矿业的大量专门文献包括如下：Wilsdorf & Quellmalz（1971），这两位作者编制了一份依地区和地名编排的德国矿业百科全书；Wächtler & Engewald（1980）；Kellenbenz（1981）；Westermann（1986）。关于哈茨山地区，参见 Bornhart（1927?, 1931）；Boyce（1920）；Brüning（1926）；Henschke（1974）；Kraschewski（1984）；Rosenhainer（1968）；Westermann（1971a）。关于埃茨山脉地区和波希米亚，参见 Wagenbreth & Wächtler（1986）；Laube（1974）以及 Sieber（1954）。关于蒂罗尔地区，参见 Egg（1958）；Palme（1984）；von Wolfstrigl-Wolfskron（1903）以及 Worms（1904）。

[16] 关于比林古乔的德国之旅及其观察所见，参见 Biringuccio（1959），页码为 20, 48, 93—94, 110, 144, 166, 431。16世纪末源于意大利的拉丁语矿物学文献还有梅尔卡蒂（Michele Mercati, 1541—1593）的著作（Mercati, 1717）。梅尔卡蒂是一位医生，他在教皇手下的服务包括监管梵蒂冈的植物园。他在书中对论题的编排，采取与梵蒂冈收藏中矿物和化石品种分类同样的序列。该著作直到18世纪才发表。请特别参见 Accordi（1980）以及《科学人物传记词典》（Dictionary of Scientific Biography）中由普雷穆达（Loris Premuda）撰文的 "Mercati, Michele" 词条。

[17] 参见 Ercker（1951：xiv–xv）以及 Koch（1963：60）。许多17世纪的矿业文献都是衍生物，而一个重要的例外是西班牙人关于金属的论著，其作者是巴尔瓦（Alvaro Alonso Barba），发表于1640年。巴尔瓦写作该书的背景是，西班牙王室享受着矿业在新大陆蓬勃发展的收益。参见 Barba（1923）；《科学人物传记词典》（Dictionary of Scientific Biography）中由史密斯（C. S. Smith）撰文的 "Barba, Alvaro Alonso" 词条，以及 Barnadas（1986），该书集对巴尔瓦各种描述之大成，极大地丰富了我们关于巴尔瓦生平的知识。关于大背景的讨论，参见 Cross（1983）。

第一章　知识公开：16世纪采矿与冶金著作中的理想及其语境

两部早期小册子的作者和受众

第一本关于采矿的印刷本、匿名发表的《矿山小书》出现在 16 世纪，有证据表明该书出自乌尔里希·吕莱恩·冯·卡尔弗（Ulrich Rülein von Calw）之手，其人以福莱贝格的卡尔普（Calbus of Freiberg，卒于 1523 年）为人所知。卡尔普在莱比锡大学学医学，后来成为福莱贝格镇——萨克森地区了不起的采矿地——的医生。他懂数学，帮助对两个新矿点圣安娜贝格（Saint Annaberg）和玛丽贝格（Marienberg）进行选址规划和测量。在福莱贝格市政管理上他也积极投入，作为镇长他帮助建立了一所拉丁语人文学校。他也是不同地方的矿人（这是说，他是矿山投资人），获得了相当可观的财富。⑱

《矿山小书》的对话体形式给定位卡尔普的预设读者提供了线索。"开矿专家"丹尼尔（Daniel）（圣丹尼尔被矿工奉为保护圣人）向一位年轻的开矿人柯纳普修（Knappius）细述矿石知识。为了满足柯纳普修"经常表达出来的愿望和……以及一直坚持的要求"，丹尼尔把自己的信息建立在"古代哲学家的著作和从业矿人的经验"之上。这个绘图本的小册子认为，诸如银、金、锡、铜、铁和铅矿石的诞生和成长是天体影响造成的，讨论通过哪些方式能发现这些矿石，包括大小矿脉的可能方向。柯纳普修被描写成一位矿业投资人，这本书要给他提供如何找到丰产矿脉以及各种金属的特征等有用信息。因此，正如柯纳普修自己说的那样："应该有理有据地让我明白，采矿是能有所收益的，我的投资没

---

⑱ 关于《矿山小书》第一版的影印本和转写本、关于卡普斯生平的详细讨论及其文献情况，见 Pieper（1955）。也参见 Darmstaedter（1926：13—24）。英译本以及更进一步的讨论，见 Sisco & Smith（1949：17—65）以及 Mendels（1953）。

有浪费，而是能看到其利润。"⑲

对谈人丹尼尔坚持认为知识与实践关系密切，强调他的这些原则务必要极为巧妙地应用到特殊个案当中。这一建议极其适合需要实践知识的潜在投资者。柯纳普修同意，他需要先有实践才能成为专家。年轻的开矿人缺少知识，这明显地从他问及矿井划分的问题中看出来：他以为矿井划分更多是依照地点来进行，而不是按照产出的百分比。丹尼尔向他的学生明示了其中的理由，劝他不要介意该书是否采用了"简单而不漂亮的词汇"。它们传达的是有用的东西，比"华词美句"有价值得多。⑳ 显然，矿人柯纳普修不是匠人，而是一位不了解情况的潜在投资者，他需要很多有用的、有实用价值的采矿知识来更好地实现利润。

另外一本关于冶金的小册子《试金小书》，是一本关于试金的匿名之作。它包含一套检验金属的技法描述，这说明此前有人把材料搜集到一起。也许这是一位试金从业者采用的工作规程，后来被（不清楚是出版人还是试金人）编排来发表。㉑ 不同版本的迹象表明，其受众既是从业者（包括那些与开矿和铸币相涉的人），也是对经营矿山感兴趣的个人。标题断言，该书"非常仔细地为了让所有铸造师、试金师、金匠、矿人（我们可以推测其含义是指矿的投资人，如柯纳普修一样）以及金属贸易商能从中受益而非常认真地"编写而成。㉒

---

⑲ 丹尼尔对此回答说，金属生成的知识最为重要，但是"作为边缘问题"的利润也不能抛开。然而，如果"他以利润和收益为唯一的、主导的目标"而不是去获取关于矿物的知识，那就是在"轻看和鄙视这本小书以及这一行当之道"。如果一个人真的把利润看得比行当之道更重，那么二者他都无从得到。参见 Sisco & Smith（1949：17-19）。后来的采矿文本中，每当利润丰厚被当作投资矿业的主要激励而被反复提及时，这种禁止放任贪婪的看法就会经常被引用。

⑳ Sisco & Smith（1949：19）.

㉑ 参见 Darmstaedter（1926：25-36）以及 Sisco & Smith（1949），关于版本见第157—178页，关于技术内容见第179—190页。

㉒ Sisco & Smith（1949：70）.

《试金小书》的一些版本上包含匿名作者的题献，给某位汉斯·克诺伯拉赫（Hans Knoblach）先生。他是伊丽莎白·冯·布伦瑞克-吕讷堡（Elisabeth von Braunschweig–Lüneburg）公爵夫人的哈茨山矿业运行业务管理人，公爵夫人即威廉·冯·沃尔芬比特尔（Wilhelm von Wolfenbüttel）的遗孀。伊丽莎白公爵夫人（1435—1520？）是重振哈茨山铁矿，以及把炼钢引入哈茨地区的核心人物。她的努力让整个地区得到繁荣，她被称颂为"冶金发明者"（inventrix metallorum）——这是她的众多称号之一。那本关于试金的小书上的题献让我们从中得知，伊丽莎白公爵夫人的矿山管理人克诺伯拉赫曾经鼓励这位匿名作者把自己"从书面材料和自己的实验"中搜集的这些识别矿石的信息出版。[23] 不言而喻，积极推进采矿和冶金活动与撰写技术文献携手并行。

比林古乔：倡导知识公开并投资矿业

比这些德国小册子雄心远大得多的是意大利人的论著《火法技艺》（Pirotechnia），其作者是锡耶纳人比林古乔（Vannoccio Biringuccio，1480—1538？）。该书出版于 1540 年，此时作者已经去世。比林古乔的文字展现出的鲜活力和自信让人刮目相看，那大多源于他自身的实践经验。[24] 在技术描写和论点阐释上，他的专业知识显而易见，其中包含着很多内容丰富的话题，如矿石、试金和熔化、将金银分离、制作合金、青铜铸造、金属熔炼、枪支、火炉、用于武器和节庆的火药以及相关

---

[23] Probir buch/leyn tzu Gotes lob/unnd der werlth nutz geordent (Magdeburg, 1524)，题献中写道："从文字及自身尝试中所获（"auss erfarnheit der schrifft und selbst versuchung."）。"亦参见 Sisco & Smith（1949：159–160）。关于伊丽莎白公爵夫人的矿业活动，参见 Boyce（1920：20–22）。

[24] 意大利文版和英文译本（见注释 10）都包含有用的导论和注释。也参见 Brunello（1985）。关于比林古乔自己的经验，见 Biringuccio（1959），页码为 20, 48, 63, 70, 72, 75, 93, 110, 131, 144, 166, 168, 215, 233, 251–252, 272, 275, 289, 291, 306, 308, 317, 444。

领域。

比林古乔在开矿、冶金和枪支铸造方面的知识，使得他获得了权贵的支持，在不同的领域有着成功的职业生涯。他最早的襄助人之一佩特鲁奇（Pandolfo Petrucci，卒于 1512 年）极力主张开发矿业，在锡耶纳附近的博凯贾诺（Boccheggiano）山谷建造了很多铁厂。[25] 比林古乔曾经在德国和意大利多次旅行，获得了关于矿业和金属加工活动的第一手知识。他在不同时期担任过不同职位，其中包括意大利北部卡尼亚（Carnia）一座银矿的监工，博凯贾诺河谷一座铁矿的监管，锡耶纳兵器厂和铸造厂的厂长，锡耶纳歌剧院大教堂的负责人和建筑师（巴尔达萨雷·佩鲁齐的继任者），罗马教皇属下铸造厂和军需厂的厂长，在其职位上于 1538 年去世。他也为意大利王公工作，比如帕尔玛的法尔内塞家族以及埃尔科莱一世·德·埃斯特（费拉拉公爵），佛罗伦萨和威尼斯城邦。他曾经一度拥有对锡耶纳地区的硫黄垄断。[26]

比林古乔的读者，有他的贵族襄助人以及出身良好的潜在投资者。尽管弗里德里希·克莱姆（Friedrich Klemm）断言，比林古乔的著作是写给技术工人的，但是文本中显示出的证据表明，其读者群中也有那些没有实践经验的上层人物。这位锡耶纳的作者提到，他之所以写得非常集中而且详细，是"因为我考虑到，你们（所指对象身份不明）对于我在论著中描写的矿业没有一丁点儿知识"。[27]

作为一位早期的、能言善辩的工业资本主义推崇者，比林古乔主张大力开发矿产资源，他颇为苛刻地认为，商人经营的商业资本主义是糟

---

[25] Biringuccio（1959：63）.

[26] 关于比林古乔生平的诸多参考资料，参见辞典《意大利人物传记辞典》（*Dizionario biografico degli Italiani*）中的"Biringucci（Bernigucio），Vannoccio"词条，由图斯（U. Tucci）撰文。也参见 Biringuccio（1977：xxxv–lix）。

[27] Klemm（1964：135）. 引文见 Biringuccio（1959：329）。关于其预设读者为上层出身者的进一步证据是，书中有关于宝石的一章（第 119—125 页）提到，因为"对于一位绅士来说，有一些关于宝石的知识是雅致的成就"，见第 119 页。

糕的另类选择。他指出，任何一个了解情况的投资人都同意，意大利有着丰富的铜储量，但是那里很少被开采，"也许是因为一种胆小如鼠的意大利式贪婪"，其有一种"力量让我们裹足不前，一事无成，无法实现那些能让我们更快速向前的、高级而美好的计划"。比林古乔进一步阐述各种（对他来说难以接受的）让意大利人对矿业投资感到犹豫的理由。他尤其哀叹"王公和所有富裕而有权势的人"避开矿石这一"有利可图而且值得赞赏的活动"。如果他们犹豫不决，只是因为"怯懦"或者听从了"无知犬的吠叫"，或者"因为出于自身意愿"，他们愿意"继续当令人憎恶、丑陋的贪婪的囚徒"，那么他们的损失就是咎由自取。[28]

尽管比林古乔谴责高利贷（在 16 世纪这绝对是老派观点），但是他一点儿也不以反对开矿的古代禁令为然。比如，人们可以开采铜，这"不会给他们自身带来任何危险和麻烦，只对雇工才有危险和麻烦"，而他们从中能赢得的财富"要多于任何可耻的高利贷、危险的航行或者其他非理性或者有性命之虞的职业"。他认为，矿物和金属是"上天给予的丰富祝福"，并相信人们不去开采是在"误己、误国家以及耽误自己的故土。"他们这样做也是在"错待大自然"，因为他们认为大自然的产出一无是处或者是"某些无用的、低劣的东西"，最终"他们错待了眼前和未来的所有生灵，因为他们没有如应该做的那样让自己从宇宙造物中获益"。[29]

在积极方面，对于成功地进行开矿所需要的勇气和坚持，比林古乔给予高度赞扬。他以神圣罗马帝国为例，描述了奥地利的一个铜、铅、银矿，尽管有一层非常硬的石灰岩，矿主仍然不放弃。他吃惊于他们"昼夜轮班工作"这桩看起来"肯定是……出色而令人惊异的"事情。

---

[28] Biringuccio（1959：49）.

[29] 比林古乔对于商业与航海资本主义、对高利贷发出的谴责引人瞩目，也同样满怀激情地为矿业辩护，见 Biringuccio（1959：49–52）。关于古代对开矿的禁止以及围绕着禁令的仪式，见 Eliade（1978：53–64, 71–78）以及 Merchant（1980：29–41）。

如果这些矿主"吝惜花费或者觉得矿道太长，或者害怕一无所获，他们会对此感到绝望，胆怯地放弃了活动，或者在打穿硬岩石之前就已经停止了，那样的话，他们就白白地扔掉了钱财以及在体力和精神上的全部努力，他们永远也不能变得富裕……"。[30] 况且，他们也不能让自己的上司、亲属、祖国以及或穷或富的邻里从中受益。但是，他们确确实实"因为力气和坚定的灵魂，因为充满希望和坚韧而从中获利"。如果有人想要变得富裕，去获得"荣誉、权威和其他利益"，他们的做法是可以效仿的榜样。[31]

比林古乔作为一位从业者和监管者为潜在赞助者和投资人写书，他坚持认为技术知识应该公开。在讨论金矿矿石时，他进一步阐述写作的理由："我心甘情愿地做这个，为的是你们可以从中获得更多学问，也因为我确信新信息总会让人的思想有新发现，从而获得更多信息。的确，我确信，关键是唤起这些智慧之人，让他们——如果他们愿意的话——得出某种如果没有这一基础就无从抵达甚或几乎无法靠近的结论。"[32] 比林古乔在这里提出，他本人公开写出来的内容，会让知识聚增。

比林古乔也谴责保密。他尤其不喜欢炼金术的秘密操作。他解释说，他嘲笑炼金术士，以便让那些没有经验的人不要走上同样的路，废弃了自己的天赋；也为了让炼金术士可能因此受到鼓舞来公开分享他们的知识："我也会对此感到满意：一些尊贵的哲学家和炼金术士为了让人看到我对世界的无知，会产生这样的愿望：即便他们不把已经完成的作品公之于众，至少会明言论点来捍卫自身的技艺。"比林古乔嘲笑说，如果他们真的这样做了，会带来大大的用处，因为这一技艺就一清二楚了，"一切有本事的人"都会开始大量地制造黄金，因此这"能让人富

---

[30] Biringuccio（1959：20–21）.

[31] Biringuccio（1959：21），也参见第33—34页，比林古乔引用了另一事例：在匈牙利一位洗衣妇发现了金子之后，开采需要的勇气和坚持。

[32] Biringuccio（1959：28）.

裕、安全和快乐"。[33]

在比林古乔看来，作者的真实身份是知识公开性的一个重要方面。他对用虚构的名字（经常是更有权威性的）掩盖作者真实身份这一炼金术行当里的习惯做法表示怀疑。炼金术者那些"好极了的著作"中蕴含的希望，"无非是蒙着面罩的影子而已"，"为了能让他们的配方书有权威性，他们安上的作者不光没有写这些书，甚至也许从来都没有考虑过这个题目"。[34]

比林古乔的指责还延伸到那些保护技艺秘密的人。他注意到，关于如何制造枪膛有不同看法。他认为，所谓的秘密，被欺诈性地用于表明某些让人以为有、实际上根本不存在的特殊知识和技能。"在这一面纱下（关于制造枪膛的不同看法），这些人假装有大秘密，并通过谎言来抬高自己的名声，声称鹿不能逃脱他们的枪口，许诺他们的枪不光能射出子弹，还有闪电。"[35]比林古乔最后总结说，他们做的无非是别人已经做的，当问及工作背后的原理时，他们"只是板起面孔作为答复"。[36]

的确，比林古乔似乎一有机会就高兴地泄露技艺秘密。在提到熔化金属时，他承诺给出"一些被师傅们认为是秘密的某些方法"。[37]跟金匠技术相关的方面，他不想"不告诉你们某些他们差不多像保守秘密一样不让大多数人知道的做法，以便你们也能知道这些"。[38]在铁器一节，他列出书籍编者所建议的"秘密"（他如此称之），其实也许出自他所知道的某一版本的《技艺小书》当中。[39]最后，（比林古乔还提到）嵌木

---

[33] Biringuccio（1959：35–43 以及 passim），引文出自第 43 页。关于比林古乔反对炼金术立场的讨论，见 Rossi（1970：43–46）。

[34] Biringuccio（1959：41）.

[35] Biringuccio（1959：241）.

[36] Biringuccio（1959：241）.

[37] Biringuccio（1959：323）.

[38] Biringuccio（1959：364）.

[39] Biringuccio（1959：371）.

细工活儿是"一个非常大的秘密，尽管我已经勤奋地实践这份工作来学会它，但我还是不了解它"。[40] 比林古乔甚至还描写了他如何花钱去学习用水银从金属屑中提取金和银的做法，这是最早明确讨论汞混合过程的文字："因为想知道这一秘密，我给了那个能教我的人一枚价值 25 个金币的钻石戒指，我也向自己保证，把这项活动赢利的八分之一分给他。"反过来，比林古乔要向读者泄露这个秘密，"不是为了让你们因为受教而付给我钱，而是为了让你们能估量它的价值而更加珍视它"。[41]

阿格里科拉与人文主义矿冶文献作者

比林古乔是一位矿业从业者，平常就有接近富人和权贵人物的渠道，而与他同时代、比他年轻的阿格里科拉（Georgius Agricola，1494—1555）是一位有学问的人文主义者，他受益于出手大方的襄助人萨克森选帝侯莫里茨（Moritz von Sachen，1521—1553）和奥古斯特（Augustus von Sachsen，1526—1586），不过他也终生与从业者保持关联。阿格里科拉出生于萨克森的格劳豪（Glauchau），当时这一地区正在经历着冶金矿业（尤其是银矿）的迅猛扩展，这给萨克森的王公贵族和许多其他当地居民带来巨大财富。阿格里科拉出身于匠人家庭，他本人（与他的两个兄弟）都受过大学教育。他的家庭使得他与匠人有着密切的、终身的关系，这种社会环境无疑是他能赞赏经验知识和实用技能的关键所在。他的父亲（可能是 Gregor Bauer）是一位染匠和羊毛制品商人，他的弟弟克里斯托弗在职业上步其父后尘。他的两个姐妹嫁给了染匠。他的第一个妻子安娜（本姓阿诺德）是施内贝格（Schneeberg）矿区主任托马斯·迈纳（Thomas Meiner）的遗孀；他的第二个妻子安娜·舒茨

---

[40] Biringuccio（1959：373）.

[41] Biringuccio（1959：384–385）.

（Anna Schütz）的父亲乌利希·舒茨（Ulrich Schütz）是隶属行会的技师并拥有一家冶炼厂。[42]

　　阿格里科拉在莱比锡大学注册时的年纪是 20 岁，年龄之大在当时不常见，但是这与他的社会背景以及向上层社会流动的身份相符合。他在 1515 年获得本科学位，一直在教基础希腊语课程。他的第一部著作是关于语法的小书。后来他去意大利旅行，在巴塞尔驻足拜访伊拉斯谟。他在博洛尼亚、帕多瓦，有可能也在费拉拉学习医学，在博洛尼亚和威尼斯停留三年帮助阿尔丁出版社（Aldine）编辑（古代医生）盖伦和希波克拉底的文集。在涉足人文主义文化和编辑实践工作之后，他重返神圣罗马帝国。他先去了圣约阿希姆斯塔尔（Joachimsthal，今天捷克的亚希莫夫），那是离萨克森边界不远的埃茨山脉东部余脉上的一座矿冶城镇，是中部欧洲产量极高的矿区之一。作为镇上的医生和药剂师，阿格里科拉日夜照顾病人，也参观矿山和冶炼厂，学到了许多与开矿和冶金相关以及关于矿工疾病的知识。在 1533 年，他来到萨克森比较安静的城镇开姆尼茨（Chemnitz），成为城镇里的医生。在继续行医和撰写科学与技术文献的同时，阿格里科拉也投资矿业。他的知识让他从中获利：到 1542 年时，他列位开姆尼茨居民中的 12 位富豪之一。1543 年，萨克森亲王莫里茨赠给他一座房子和一块土地，1546 年他被亲王任命为镇长。在这一时期，他也被聘任为萨克森法庭的市民代表，受神圣罗

---

[42] 关于阿格里科拉的家庭纽带对于其著作的影响，请参见 Stimmel（1966：377），作者认为，阿格里科拉可能在《矿冶全书》里详细地描写了其岳父的炼铜厂（bk. 11）。关于阿格里科拉的生活，参见 Wilsdorf & Prescher & Teckel（1955），关于其家庭背景，特别参考第 82—98 页。简要的综述，见《科学人物传记辞典》（*Dictionary of Scientific Biography*）中 Helmut M. Wilsdorf 撰写的 "Agricola, Georgius" 词条以及 Agricola（1912/1950:vi–xii）。关于 1963 年之前的研究资料，参见 Michaëlis & Prescher（1971：1–543）。一份特别富有洞见的讨论是 Suhling（1983）。

马帝国皇帝卡尔五世的委托去完成不同的外交使命。[43]

阿格里科拉在圣约阿希姆斯塔尔当医生时写就了他的第一部冶金著作。《伯尔曼或者矿冶全书》（*Bermannus sive de re metallica*）初版于 1530 年。该书收录了一场小型对话，医生纳尔维（Johannes Naevius）、安科恩（Nicolaus Ancon）和矿上监工伯尔曼（Bermannus）在小镇附近的山间漫步时进行。书中主要谈及当地的以及在古代文本中提及的矿石。伊拉斯谟的导言是由一位出色的教师，时任当地一所拉丁语学校校长的彼得·普莱图诺（Petrus Plateanus）得到的。普莱图诺编写了拉丁语－德语的词汇表，此外还添加了自己写的、题献给该地区矿业监督人海因里希·冯·科讷利茨（Heinrich von Känneritz）的导言。[44]

《矿冶全书》的导言强调知识应该公开这一理想。伊拉斯谟称赞该著作对于"那些河谷与山陵、矿井与机器有生动的描述"，几乎让人感

---

[43] Wilsdorf（1955： 尤 其 99–275）；Agricola（1912/1950：vi–xii）；Suhling（1983：157–160）。关于阿格里科拉著作列表以及后来的各种版本、译本以及相关文献目录，见 Horst（1971：545–935）。能提供背景知识、关于阿格里科拉著作一个方面的令人信服的讨论，见 Ruffner（1985）。

[44] 我采用的版本是 *Georgii Agri-/COLAE MEDIC/BERMANNUS,/SIVE De Re ME-Itallica* (Paris, 1541)，下文写为 Agricola（1541）。我也参考了德文版本，参见 Wilsdorf & Prescher & Techel（1955）。译自 1955 年德文版的"浓缩"英译本（Paul，1970：252–311）有很多删节，不足以作为可靠的版本。关于文本自身的历史，见 Horst（1971：590–608）。关于普莱图诺在获取伊拉斯谟的支持的相关讨论和文献，参见 Wilsdorf（1955：184–188）。海因里希·冯·科讷利茨和普莱图诺的职业生涯以及与阿格里科拉的关系，其综述见 Wilsdorf & Prescher & Techel（1955：295，312）。关于普莱图诺，也参见《德国人物志通览》（*Allgemeine Deutsche Biographie*）第 26 卷第 241—243 页，即词条 "Plateanus: Petrus P."，作者为奥托·凯默尔（Otto Kaemmel）。阿格里科拉至少把两位对谈人称为朋友。劳伦茨·伯尔曼（Lorenz Bermann）曾经将阿格里科拉针对土耳其人的演说 *De bello adversus Turcam suscipiendo* 翻译成德文并在 1531 年首次出版。除此以外，后世对此人的情况所知甚少。纳尔维（Johannes Naevius）也是一位医生，像阿格里科拉一样，也曾经就读于莱比锡大学，并在意大利待过一些时间。安科恩（Nicolaus Ancon）的身份不明，编辑者认为这可能是一位意大利学友的化名。关于这三位对谈者的情况，分别见 Wilsdorf & Prescher & Techel（1955：271，306–308，268）。

到如亲眼所见而不是来自阅读。⑤普莱图诺则进一步引申了著书带来的知识公开的理想：没有什么比"那些经由文字将自己或他人探究到的技艺与自然之秘密留给后世子孙的人"功绩更伟大。尽管人被赋予理性、理解力以及知识的力量，这让他们比不会说话的动物高级；尽管他们有能力获取美德、不同的技能和专业；尽管他们甚至能成为发明家，因此能"穿透大自然中极为隐蔽的每一件事情"，但是如果这一切都只局限在一个人的经验当中，知识就会非常狭窄。普莱图诺提到先前时代那些非常伟大的学问之人，在完成许多工作并有所发现之后，让自己进行写作。反过来，他也指责那些丢弃这些文字或者允许它们被毁掉的先人。他劝告人们要小心，不要让同样的命运发生在自己以及后来人写下的文字上。在我们自己的时代，有非常多天赋高、学问大的人，他们经常不太情愿出版自己"天才的记录"，或者出于谦虚，或者因为害怕受到批评。我们应该去关照这些承受羞怯或者疑虑的高贵之人，让他们完成那些能帮助公众学习的著作，（使这些著作）不至于夭折。⑥

在这一相当早的著作中，阿格里科拉编辑人文主义著作的经验，给他本人对于知识公开的观点以很大影响。在他那里，与知识公开相对立的，不是技艺秘密或者疏于书面记录或者没有保存过去的文本，而是语言使用方面的腐坏——这使得曾经清晰的内容变得模糊。他所悲叹的，不光是对天然之物或者人造物品的破坏，也有对命名的损毁。这些命名或者已经被拙劣地窜改，或者粗鄙之词已经取而代之。因为语言模糊，黑暗已经笼罩在良好的研究以及出色的技艺上，遗忘已经悄然来临，更

---

⑤ 伊拉斯谟导言，见第 3 页：valles illas & colles, & fodinas & machinas。由于书中根本没有对机器的描写，人们有理由怀疑伊拉斯谟是否认真读过该书。

⑥ Petrus Plateanus 的 "Nobili et clarissimo viro Henrico A. Conritz . . .",见阿格里科拉著作（Agricola, 1541）的第 5—6 页："quam illi, qui vel arteis vel naturae arcana, per se aliosque inventa, literis ad poteriate[m] transmittunt"；"ad abstrusissima quaeque natura[e] penetrare"；"ingenij sui monumenta."。

多的毁坏将随后而至。对冶金的研究之所以取得进步，只是因为有神意眷顾其上，让每一位喜爱此道的勤勉之人感到兴奋。这些人带着极大的、超常的努力来承受痛苦，"把那些从黑暗中攫取出来的东西，再度引领回光明之处；把那些从湮没无闻中释放出来的东西，唤回到记忆里；把那些幸免于极端摧毁的事情，释放到它们的自由之地……"[47]

阿格里科拉的目标是将古代知识与当下信息融合在一起，在一定程度上经由形成一致的技术词汇来实现。他认为，雅致和纯粹（作为精准术语的对立面）在拉丁语和希腊语当中大行其道，但是直到当时为止，关于事物的知识则大多被忽略了。他尤其指责那些经常使用金属名称的医生以及用金属配药的药剂师，认为他们都没有关于这些物质的知识。[48]

在进一步阐述自己的写作理由时，阿格里科拉强调开放的价值。他之所以写《矿冶全书》，是要让热心钻研的人看到行将到来的工作会是什么；他也寄希望于说服同代人更致力于勤奋研究；最后，他也想让那些在德国矿业中发现的、古人尚未知晓的事物得见天日。[49]古希腊人堪为榜样，不光因为他们乐于学习，还因为他们用文字将自己和他人的知识传承给后人："如果说一切人当中最有学问的古希腊人，不光传承了他们自己的文字记录（memoriae），甚至还有那些外来人的，那么我们该感到羞愧得无地自容，我们如今因为不上心和懒惰而实实在在地让自己的事物几乎为黑暗所湮没，不能发出其自身的光亮。"[50]

阿格里科拉将谈话人伯尔曼描述为自身时代的一个榜样：能将直

---

[47] Agricola（1541：10）："eas e tenebris ereptas, in lucem reducere: Ab oblivione vindicatas, in memoriam revocare: ab extrema clade servatas, in libertatem asserere...."

[48] Agricola（1541：11–12）. 也参见 Halleux（1983）。我还没有看到最近的法文的评注本，即 Agricola（1990）。

[49] Agricola（1541：13–14）.

[50] Agricola（1541：14）："Si enim Graeci gens omnium doctissima, non sua solum, sed etiam externa, memoriae tradideru[n]t, turpe nobis sit res nostras per socordiam & ignaviam nostram etiam nunc tenebris quasi obrutas esse & sua luce carere."

接的观察和经验与古代文本中的知识结合在一起。只是到了对话快结束时，我们才知道他是某一矿上的监管。在他暂时离开这两位新朋友去与矿长搭话时，另外两人对他大加赞扬，尤其是在分享知识方面他的开放态度："那些他花了不少工夫而发现的东西，他能通俗易懂而不厌其烦地解释给别人，根本不是那种带着某种嫉妒要遮遮掩掩的样子——像保守秘密那样，那是不少人的坏习惯。"[51]知识公开是一项核心价值，就阿格里科拉研究古代的发明、著作以及当下的材料而言，知识公开是一项必需的条件。

《矿冶全书》明确地鼓励对矿山进行资本投入。当书中那位受到经院教育的医生安科恩认为开矿人是在损失钱财时，伯尔曼报之以嘲笑，并一一指出这一地区有哪些人动用很少的本钱开始挖矿后变得富裕。[52]安科恩后来进一步说，他不会只为希望就付钱，开矿就是以大投入来获得希望，他不会将"有把握的东西花费在没把握的事情上"而一下子倾家荡产。伯尔曼的回答如同一位 20 世纪的股票经纪人——他坚持说，安科恩太小心了，这样的极端谨慎会妨碍他。安科恩的态度表明，他是一位非常亚里士多德式的人物，但是他永远也不能成为好的开矿人或者富人。如果农夫害怕天灾，他就永远不会去耕种；如果商人害怕沉船，他就不会去做出海贸易；也不会有人去打仗，因为结果胜负难料。另外一方面，"大家都希望有好结果，经常也会有好结局。没有哪个灵魂着实可怜而胆怯的人，曾经做成过什么事情，或者真的愿意做些事情"。[53]

阿格里科拉对于财富的态度代表了一场持久讨论的终点，其开始于

[51] Agricola（1541：100）："ea quae magno labore invenit aliis facillime & dilligentissime explanat, ac minime qui non paucis mos est pessimus, invidentia quadam ta[n]quam mysteria & arcana celat."

[52] Agricola（1541：16–17）.

[53] Agricola（1541：27–28）："quae certa erant, incerta"；"bene sperant omnes & foeliciter saepius p[rae]cedit, nemo vero animo qui abiecto & timido fuit, unqua[m] re[m] fecit, aut etia[m] faciet."

中世纪方济各教派式贫穷的理想，发展为意大利人文主义者对于财富给出更为正面的评判——这些人的对话展示了财富的积极与消极后果。[54]对于阿格里科拉来说，财富毫无疑问是好事。他在《新旧金属》(*De veteribus et novis metallis, Lib. II*) 中做了进一步的阐述——这是一本关于古今金属的小书，与一组其他文本放在一起于 1546 年出版。他为那些撰写冶金方面著作的作者辩护，也鼓励开矿活动本身。其理由非常简单：开矿能让人变得富裕。从阿格里科拉列出的致富名单中，大体上可以得出如此结论。他列举的人物从最高贵的王公到平头百姓都有，包括一位"出名的穷人"康拉德，他的经济地位由于在汝拉山脉上发现了一些银矿而发生了极端的改变。[55]

在意大利滞留期间，阿格里科拉已经浸润在人文主义的价值观和实践当中，其关于知识公开与著作权的观点受到罗马人的影响。维特鲁威、普林尼和科鲁美拉都强调尊重过去的作者，倡导公开的书面传承并谴责抄袭。尽管古代罗马人的这些价值观是在另外的语境中发展出来的，它们却与阿格里科拉的环境吻合。这位 16 世纪的作者没有同普林尼人云亦云，但是他采用普林尼的方式在一些著作中附录上以往重要作者的名字。他在矿物学论著中提到："普林尼公开而坦诚地直言，他采用了谁的著作，像他一样我会列出我引用过的作者。"[56]

阿格里科拉的代表作《矿冶全书》在他去世后的 1556 年出版，他把古罗马农学作者科鲁美拉（Columella）的《论农事》(*De re rustica*) 当

---

[54] 参见 Bracciolini（1978：231–289）。关于这一时期对财富的看法，尤其参见 Baron（1938）。关于中世纪的背景，参见 Little（1978）。

[55] Agricolae（1546），对书面记录金属的辩护见第 384—385 页，列出的开矿致富者名单见第 394—395 页。关于阿格里科拉对矿业辩护的讨论，见 Vogel（1955）。

[56] Agricola（1955：1–2），阿格里科拉综述了他对普林尼以及其他往昔作者的态度。关于古代罗马技术作者对于知识开放和作者权的观点，尤其见维特鲁威的《论建筑》第 7 卷序言第 1—10 段，科鲁美拉的《论农事》1.1.1—20（他在此处讨论过去的作者），普林尼的《博物志》序言第 20—24 段，以及第 1 卷。

作该书的样板。科鲁美拉有非同寻常的技巧，能在对以往作者给予尊重与秉持批评性立场之间保持平衡，这在阿格里科拉自己的著作中随处可见。科鲁美拉的重要影响不光体现在《矿冶全书》的结构上，也体现在该书最重要的价值观上。这本16世纪献给萨克森王公奥古斯特和莫里茨的著作，以科鲁美拉对农业进行的辩护为样板，雄辩地护卫着矿业。依照维特鲁威对于建筑学提出的类似要求，阿格里科拉列出了矿业人的必修专业：哲学、医学、天文学、测量学、算术学、建筑学、绘图和法律。他为矿业辩护，回击任何批评。他不同意那些强调矿业危险和不健康的说法。身为矿工医生的阿格里科拉知道得更清楚，事故是罕见的，是由操作人不小心而引起的。他相信开矿对于有能力的人而言，是有利可图的，对于其余的人是有用的。他强调财富的用处，反对那些断言财富之罪恶的人。开矿和投资矿业的尊严要大于商业，能和农业平起平坐，而获利却会超过农业。[57]

在为矿业辩护之外，阿格里科拉主张知识公开和作者权。过去的作者应该给予应有的地位："那些引用他人著作而不予认可并回报的人，哪怕情节极其轻微，谁都不能免于受到指责。"正如前文所言，"知识公开"这一价值观是技术语言清晰性的核心。炼金术士受到指责，尤其是因为他们所有的著作都"难以理解，因为作者在写到这些事情时采用奇怪的名称，都不是金属的正确名称，也因为他们时而用这个时而用那个（名称），都是他们自己发明出来的，尽管事情本身并无改变"。除了含混性以外，阿格里科拉还抱怨炼金术缺少有效性（它们一直都没能带来富裕）以及炼金术士的欺诈行为。最后，他还指责炼金术士在书中署假名的做法。[58]

---

[57] Agricola（1912/1950：1–24）。维特鲁威列举的建筑学必需专业的名单，见维特鲁威的《论建筑》第1卷第1节第3—10段。对《矿冶全书》一书出版历史的勾勒，见 Horst（1971：741–831）。

[58] Agricola（1912/1950：xxvi–xxix）。

后繁荣时期关于试金的著作及作者

到了 16 世纪 50 年代中期，德意志神圣罗马帝国境内的矿业已经繁荣不再。富矿脉的产出已经减少，在确定金属含量（试金）、开采和金属精炼方面的有效方法，对于总体生产率来说越来越重要。不光低含量矿石的运送费用更加昂贵，从新大陆不断涌进的贵重金属也让那些已经开采出来的金银日趋贬值。来自德意志帝国和新大陆的贵重金属供应过剩，加剧了通胀趋势，即人们所知的价格革命。让货币贬值问题雪上加霜的，是硬币的混乱状况——一直以来，使用硬币是德意志帝国的规则，混乱状况加剧了铸币中普遍的欺诈行为。铸币厂变得尤为引人关注。在改革货币的努力之余，铸币中的正确试金变成了优先选项。尽管矿业繁荣已经结束，时钟却不可以拨回。有资本投入的矿业和金属生产继续进行，由此而来的文本材料日益集中在讨论高效的试金和金属加工方法、对劳动的有效管理以及硬币铸造上。[59]

施莱特曼（Ciriacus Schreittmann）的《试金小书》（*Probierbüchlein*）是 16 世纪 50 年代技术文献中的一个有趣样本。关于作者我们所知道的全部情况是：他是一位试金人，为来自巴伐利亚莱茵河畔的魏森堡（Weissenburg-am-Rhein）的约翰·阿伯尔（Johann Abel）提供服务。约翰的儿子瓦伦丁·阿伯尔（Valentin Abel）于 1578 年出版了这本小书，此时已是该书完成后的二十多年，他的父亲以及该书作者施莱特曼都已经去世。[60] 最重要的是，施莱特曼在书中论及如何进行正确的测重和计量。这本小书的第一部分谈及的是建造、检验和正确使用试金天平。正

---

[59] 关于矿业衰落以及铸币业的混乱和大范围欺骗行径的整体讨论，参见 Janssen（1910：70–106）；关于矿业衰落与价格通胀的关系，见 Miskimin（1977：35–43）；记录矿业衰落的生产统计数字偶尔也能找到，见 Westermann（1971b：313–315）。

[60] 我采用的是 1580 年的版本，Schreittmann（1580）。也参见 Darmstaedter（1926：189）。

如希里尔·史密斯（Cyril Stanley Smith）指出的那样，该书的第二部分在阐述给试金人提供的十进制测重体系上有令人瞩目的创新。[61] 直到第三部分也就是最后一部分，施莱特曼才讨论到如何测定硬币和矿石中的金属比例、如何建造试金炉以及诸如此类的问题。

瓦伦丁·阿贝尔在给格奥格·弗里德里希·冯·勃兰登堡（Georg Friedrich von Brandenburg，1539—1603）的献词中进一步阐述了知识公开的问题。他赞扬古人的远见，将许多有用的发现遗赠和传给后人。他谈及包括机械技艺在内的技艺的用处，认为这些技艺在持续进步并对市民社会做出贡献。他质问我们是否应该把试金技艺"藏在自己手中以及埋葬在无知的黑暗里"。不幸的是，一段时间以来，德国人已经完全放弃了试金，他们认为这是无用的猜测。这是因为很少有能理解这一技艺，并有能力将自己所学的结果写下来的人。有一个例外，这便是施莱特曼。然而，他至爱的父亲将该作者的著作保密了二十多年。如今许多统治者和贵族发布命令，要写下各种技艺。世间的一切，如果没有上帝的恩典和王公贵族的保护，就都不会开始运行。此外，他不怀疑会有一些嫉妒的匠人"非常难过地反对这本试金指导，好像有了这种描写，对他们的生活的破坏就会接踵而至"，他们会认为这个题目不应该被公开。[62]

施莱特曼本人写给读者的前言表明，他有意将这一著作在雇员中

---

⑥ Smith（1955）. 史密斯指出，施莱特曼的体系为 16 世纪试金人所采用的那种复杂的法定称重体系提供了一项优雅而简单的替代体系。它还提供了可以让试金人从一个体系转换到另一体系的方法。施莱特曼在自己的著作中显然用了新体系，比西蒙·斯蒂文（Simon Stevin）那个广为人知的十进制重量和测量体系（Stevin，1585）要早若干年。施莱特曼体系未能被其他试金人所接受，展示了技术史中创新遭遇传统的一桩重要个案。

⑥ Valentin Abel: "in unns verborgen/und in finsternuss der unwissenheit begraben"; "wider diese anleytung dess probirens sehr bekämmern/als ob ihnen der halben etwas abbruchs ihrer Nahrung darauss folgen wirdt." 见于 Schreittmann（1580），无页码。这本书题献的对象在开头没有提到。不过，导言结尾所署的日期是勃兰登堡侯爵格奥格·弗里德里希出生后的 39 年。

传播。他提到，关于这个题目已经出版过很多他非常尊崇的著作。尽管如此，阅读这些书颇为不易，需要花费力气和时间，因为它们"写得如此含糊，而且写法也散乱"。对某个已知题目进行改进的人，应该比第一个发现它的人得到更多褒扬。何况，有时候糟糕的事情也被写进过去的书中，被人认真地学到手，败坏了这项技艺。施莱特曼相信，他的这本书可以让人缩减费用、避免麻烦和无成果的工作。他写给那些没有经验的人，让他们学到如何做试金；给那些有较好技能的人，让他们有更深的理解；他也写给那些寻求精确理解的人（即学问之人）。最后，他鼓励读者去使用自己的文本，"去改正它们，让它们变得更好"，而不是"用嫉妒的牙齿来噬咬我的著作"。⑥

法赫斯（Modestin Fachs）是莱比锡铸造厂的技师，他在16世纪60年代写作了一本关于试金的书，书中赞扬金属是上帝的礼物，对人有许多用处。法赫斯认为，上帝开启了处理金银和其他金属所必需的前提。他坚持认为，手艺是试金工作的根本。他指出，自己已经让读者看到，没有哪一个"含糊不清的"炼金方式是"骗人的和不真实的"。在第一章中，法赫斯对建造试金炉给予详细的指导。接下来他讨论处理不同类型矿石和金属的特别做法，也包括了关于称重的章节。他感兴趣的是技术方面和历史方面的内容。结尾一章是关于从圣经时代到当时（1569年）的试金和铸币情况。该书在他去世之后的1595年由他的儿子路德维希·法赫斯（Ludwig Fachs）出版，他将该书献给安哈尔特的公爵马蒂亚斯·戈亚博斯特（Mathias Geyerbost），提到他的父亲曾经为安哈尔特公爵服务多年。⑥

---

⑥ Schreittmann（1580），"Vorrede zu dem Leser,"无页码："so dünckel und weitläufftig beschrieben sind/"；"die begerenden/mit spitzfünderigem verstandt."；"mein aus- schreiben/mit neidigen Zänen zernagen"；"corrigiren unnd bessern."。

⑥ 参见 Fachs（1595）。"Vorrede des Authoris/an den kunstliebenden Leser,"无页码："ungewisse,""betriegliche unnd unwarhafftige Wege."。

齐默尔曼（Samuel Zimmermann）于 1573 年在奥格斯堡（Augsburg）出版了自己关于试金的著作，包括一首关于五种感官的诗歌，作为导言的一部分。[65] 齐默尔曼强调感官，与他坚信试金应该是清楚、公开、一目了然的看法前后一致，他反对炼金术士那些含混的、欺骗性的、经常也是错误的做法。一开始他还没有下定决心是否要自己写书，因为许多炼金术的书中"堆满胡说八道"。这让他怀疑出版甚至继续读书的价值。没有哪条真理是"今天那些所谓的哲学家和炼金术士"发现出来的，许多人在致富之前已经死掉了。他本人已经做过铜、铅和锡嬗变，让它们看起来如金子一样，但是这种变化只是幻象，是赝品或者是一种影子，就如同镜中或者水中的映像一样。正如人们会受到这种映像的欺骗一样，炼金术技艺也是幻象。哪怕嬗变能够发生（齐默尔曼举例，将铁和铅变成铜，将铜变成黄铜或者铅，将铁和钢变成铅），试验所费要多于所得金属具有的价值。尽管炼金术是许多机械技艺和医学技艺的源泉，在涉及金属、铸币和宝石等方面，所谓的炼金术士还经常是骗局的根源。[66]

齐默尔曼决定出版他自己的书，以便"正确的和错误的、好的和坏的都被看到"。他相信自己会遇到两类敌意。第一类来自那些"并非真正的匠人，他们需要这些东西来让自己得到好处，不希望把它们公开"。第二类是"那些得到某一特殊秘密的装腔作势者和骗子，他们会痛恨我

⑥⑤ 参见 Zimmermann（1573）。诗歌放在给读者的导言之后，无页码："Beschreybung der fünff Synnen/darinn der gantz Inhalt dises probier Büchs/auffs kürtzest begriffen/und in Reymen weiss gesteh"。齐默尔曼在书中（第 88 页）提到自己也写作了一本关于枪弹的书，以及另外一个事实，他（以 Samuel Architectus 的名义）给帕拉塞尔斯关于矿工疾病的著作（Paracelsus，1567）写了题献词。关于后者，参见 Sudhoff（1894/1958：138—140）。

⑥⑥ Zimmermann（1573）. "Dem kunstliebhabenden Leser … 无页码："haussen umb- fahren"; "jetzigen vermainten Philosophen und Alchimisten."。在第 99—102 页，齐默尔曼进一步阐述，他相信金属的嬗变之所以发生，是经由上帝的恩典，而不是人的技能和知识。再往后（第 128—131 页）他指责那些对"哲人石"的谎言和叫嚣，认为炼金术文本的含糊性来自这一事实：炼金术来自上帝而不是人，因此，人无法"清楚地、明晰地、完美地去描述"（klar/hell/und volkommenlich beschreiben)（第 130 页）。

嫉妒我，因为我充分地揭开他们的假智慧和他们的骗局。"尽管会带来敌意，作者向他的读者保证，自己要清楚地解释事情；但是也提醒读者，如同任何手艺一样，要做到真正理解，实践经验是必需的。⑥

齐默尔曼恪守他的诺言，尝试着去揭露那些欺骗性的金属嬗变的做法。他描述有些人如何用黄铜、红铜和铅制成试金针，看起来如同金子一样，让铜看起来像银子，以此来骗那些"斯拉夫人和乡巴佬"。⑧ 他指出那些欺诈的炼金术士使用"点金粉"，让人们相信他们能将银、铜、锡和铅变成金子，实际上在粉末中已经有金子。为了不被这种"所谓的炼金术士……用他们的假试金法和粉末"所欺骗，他建议每个人都自己做试金，试金人自己制作粉末，而不是要用别人给的，"许多王公和尊贵的人"都上了他们的当。他也揭露了这些骗人者的方法，于是你就知道"（骗子）如何去伤害，（自己）如何避开，也知道如何警告他人去提防他们"。⑨ 最后他也谈到宝石。通过宝石，"那么多光彩照人的贵族"遭到欺骗，由于他们的后代仍然被欺骗，有些人已经从巨富落到倾家荡产。齐默尔曼的目的是，要让"真正的欺骗和欺骗者以及他们的假话"都实实在在地被认识到、公开出来，让他们自己因此断掉行骗之念。⑩

---

⑥ Zimmermann（1573）. "Dem kunstliebhabenden Leser …"无页码："beyde das gerecht/und falsch/güts und böses erkendt wurde"；"den untrewen Künstlern/die sich diser dingen behelffen und nören müsen/und nicht wöllen/das soliche ding gemain werden"；"felscher und betrüger seind/die werden fürnemlich ein sondern haimlichen hass un[d] neid auff mich werffen/dieweil ich iren falsch anzeig/un[d] iren betrug genugsam entdeck."。也参见第 36 页关于真正手工艺之重要性的进一步讨论。

⑧ Zimmermann（1573：45）："die Lazen und Bauren."

⑨ Zimmermann（1573：111–115）："ein Transmutier pulfer"；"von sollichen vermainten Alchimisten . . ./mit sollichen irhren falschen proben/und pulvern"；"vil Herzen und Redlicher Leüt"；"schaden/wissest zuverhütten/unnd darzu auch andere Leüt vor inen gewar- nen."

⑩ Zimmermann（1573: 111–115）："sovil Statlicher/fürnem[m]er Leüt"；"die wahr felscher und Betrieger/mit irer falschen wahr."

作者身份在艾科尔职业生涯中的角色

在 16 世纪中叶的德意志帝国，技术文献作者的回报在拉撒路斯·艾科尔（Lazarus Ercker，大约 1530—1594）身上体现得非常明显。他是一位有技能的实践者，是矿业和铸造活动的监督人。艾科尔出生在萨克森的圣安娜贝格，一个繁荣的市镇，那是他的前任中的一位，即福莱贝格的卡尔普帮助奠定的。他于 1547—1548 年间在维腾堡大学读书。他与安娜·卡尼茨（Anna Canitz）于 1554 年的联姻，使得他于 1555 年获聘为德累斯顿的试金人。经由他妻子的亲戚约翰·尼甫（Johann Neef）——我们在阿格里科拉的《冶金全书》一书中的谈话者纳尔维身上能看到他的影子——的介入，他被奥古斯特选帝侯看中。尼甫自 1527 年开始就是安娜贝格镇上的医生，1544 年起成为选帝侯莫里茨和奥古斯特的医生。萨克森的王室已经非常青睐阿格里科拉。奥古斯特尤其热衷于开矿、冶金和炼金活动，他在德累斯顿的宫邸城堡有设备良好的熔炼和试金的场地，做许多冶金和炼金实验。[71]

担任试金人不到一年，艾科尔完成了他的第一本技术书。那就是《试金小书》。这本书由抄写员手工抄写，献给奥古斯特。这是一本实用手册，包括对建造试金炉的指导，对试金的指导以及关于重量和尺寸的讨论，关于胶结，关于对硬币的金属比例鉴别以及铸币的其他方面。它也包含了分门别类的冶炼配方。尽管手稿一直没有出版，但是他很快就收到了期待的效果。就在艾科尔将它呈给选帝侯之后不久，他就被聘任为总试金人，负责福莱贝格、安娜贝格和施内贝格三处与矿山技术和铸

---

[71] Beierlein（1955：12-18）；见《科学人物传记辞典》（*Dictionary of Scientific Biography*）中的"Ercker (also Erckner or Erckel), Lazarus"词条，作者为（波兰历史学家）惠毕其（Wlodzimierz Hubicki）；以及 Ercker（1968），尤其第 9—11 页。

币相关的一切事务。[22]

尽管艾科尔被降职（原因不明）为安娜贝格铸造厂的监管，他又有一位新的支持者海因里希公爵（Heinrich II von Braunschweig-Wolfenbüttel，1489—1568），聘任他为哈茨山地区的戈斯拉尔（Goslar）铸币厂的试金监管人。海因里希公爵是伊丽莎白公爵夫人的孙子，继续其祖母扩大该地区矿业生产能力的工作。这位天主教公爵治下的大多时间都用于武力争端，其结果便是争得或者重新夺回地域并巩固自己在那里的权力。尽管他所介入的争端是新教改革带来的斗争，他本人的宗教归属似乎更多出于从皇帝那里获得政治上的支持。对他来说，让政治权力和地域权力稳固，让矿业这一最重要的经济基础得到发展，是他最主要的动机，二者也彼此关联。在他的朋友格奥格公爵（Georg von Sachsen，1471—1539）即奥古斯特和莫里茨的父亲的鼓励下，他让上哈茨山上的古代银矿重新焕发生机，投进了自己的收入，对其他投资者也予以鼓励。在 1522 年，经过数年的斗争以后，他征服了帝国的城市戈斯拉尔（但是属于新教），从那时起他控制了哈茨山南面的拉默尔斯贝格（Rammelsberg）的矿山。[23]

因此，艾科尔回到熟悉的环境里：在一家铸币厂工作，作为王室雇员的他对矿产开发极为感兴趣，并对其有所依赖。他又一次转向将技术文献写作当作实现晋升之路。他撰写了一部关于铸币的书《硬币之书》（*Münzbuch*），于 1563 年呈给海因里希的儿子尤利乌斯公爵（Julius von Braunschweig-Wolfenbüttel，1528—1589）。到 1563 年，海因里希和尤利

---

[22] 参见 Ercker（1968：5）。第 9—144 页为《试金小书》的稿本，第 145—214 页是手稿的影印本。也参见 Beierlein（1955：14–16；56–68）。

[23] Bornhardt（1931：147–154）；Boyce（1920：23–65）；Henschke（1974：24–26 以及全篇当中，人名索引中的 "Heinrich der Jüngere, Herzog von Braunschweig-Wolfenbüttel" 一条）；也参见《新德国人物传记》（*Neue Deutsche Biographie*）中 "Heinrich der Jüngere, Herzog von Braunschweig-Lüneburg-Wolfenbüttel" 词条，作者为海因里希·施密特（Heinrich Schmidt）。

乌斯父子之间的敌意（部分因尤利乌斯皈依新教而起）得到改善。当尤利乌斯于 1568 年继位时，基于奥格斯堡的宗教和平法律，他让路德教进入自己的公国。[74]

不那么有戏剧性但同样重要的是，尤利乌斯在自己的地盘上大力开发矿山的浓厚兴趣持续依旧。在他的时代，经济上最为重要的是铁矿以及与之相伴随的制造业，尤其是大炮，尤利乌斯本人对此有众多发明和实验。这位对冶金和炼金有浓厚兴趣的公爵，开了不少新矿并扩展了旧矿，进行管理上的改革以防止腐败。尤利乌斯本人也是技术文献的作者。绘制精美的《工具之书》（Instrumentenbuch）"部分来自尤利乌斯的设想，是他亲手书写和绘制的"，唯有一部手抄本存留。它涉及从矿井搬运矿石的机器，以及如何运输它们。最近有报告说，发现该书还有第二部分，包括关于船只的材料。当艾科尔在 1563 年将《硬币之书》呈献给尤利乌斯时，他显然非常明白尤利乌斯的兴趣所在。此后不久，他即被提升为戈斯拉尔铸币厂的掌门人。[75]

在《硬币之书》中，艾科尔进一步阐释了他为什么要把一位从业者的铸币知识呈献给一位统治者。如果那些掌握矿山和铸币厂的权贵人物不了解这些知识，他们就很容易被那些不忠诚的仆人所愚弄，他们就无法在实际上区分诚实与不诚实的雇员。反过来，如果他们明白冶金实践，就能把不合适的下属开除，能欣赏下属的实在效力，不会受无缘由的希

---

[74] Beierlein（1955：19–24, 68）. 对于《硬币之书》的介绍以及文本转录见 Ercker（1968：267–326）。关于尤利乌斯，见 Kraschewski（1978）。

[75] 关于尤利乌斯的矿业活动，参见 Kraschewski（1978：151–165）。尤利乌斯的《工具之书》（Instrumentenbuch）在下萨克森州的国家档案馆（Niedersächsisches Staatsarchiv, Wolfenbüttel），2 Alt 5228。参见 Spies（1978）以及 Moran（1981）。《工具之书》的第二部分存于马格德堡国家档案馆（Staatsarchiv Magdeburg）。我在这里只采用了关于施毕斯（Gerd Spies）在沃芬比特尔（Wolfenbüttel）一场报告的媒体报道中涉及第二部分的内容。"Vortrag über Technik der Renaissance: Vom Harz zur Nordsee," *Braunschweig Zeitung*, 1989 年 8 月 8 日；"400 Todestag von Herzog Julius," *Wolfenbütteler Zeitung*, 1989 年 5 月 17 日。

望所羁绊。艾科尔坚持认为，他的这些信息都得益于经验之功，在开新矿时会被王公们反复派上用场。[76]

在为统治者记录工艺知识时，艾科尔站在知识公开这一边。然而他对炼金术的批评——这在《硬币之书》中非常明确——不是因为其保密，而是因为它缺少实际结果。艾科尔承认，许多试金做法、银和金的提纯以及类似的技艺，其起源都在炼金术当中。然而，他这个时代的炼金术士很少有人把试金当作有用的技艺，通过正确实践而去获得相关经验。涉及铸币时，艾科尔支持传统上的保密做法。他提醒尤利乌斯公爵"不要让谁都能随便看到我的书，让它像此前那样依然是一桩美丽的技艺"。[77] 匠人的秘密和国家的秘密是非常不同的事情。

艾科尔在 16 世纪 60 年代中期又在求职。在第一位妻子去世之后，他娶了苏珊娜，一位德累斯顿官员的女儿。他的妻兄卡斯帕·里希特（Caspar Richter）是布拉格的铸币人。经由他的关系，艾科尔被聘为波希米亚的库特纳霍拉（Kutná Hora）的试金稽查人。苏珊娜本人也在同一地方多年任铸币厂的管家，其称号是"女管家"。他们有两个儿子，约阿希姆（Joachim）和汉斯（Hans），后来都成为试金人。[78]

艾科尔的余生一直留在波希米亚，通过技术写作让自己不断精

---

⑦⑥ Ercker（1968：284）。的确，艾科尔关于铸币的书很大程度上是从统治者视角来编排的。艾科尔先从描写矿业和铸币活动不同管理部门以及各自责任开始（第 285—296 页），然后才讨论试金和铸币的实践。

⑦⑦ Ercker（1968），第 284 页和 269 页："diese meine arbeit nicht vor Jeden komen lassen, uff das es eine schöne Kunst, wie bieshero bleibe."。

⑦⑧ 参见 Beierlein（1955），尤其是第 24—34 页；见《科学人物传记辞典》（*Dictionary of Scientific Biography*）中的"Ercker (also Erckner or Erckel), Lazarus"词条，作者为（波兰历史学家）惠毕其（Wlodzimierz Hubicki）。

进。他于 1569 年写了一本关于检验矿石的书（*Zkouäeni rud*）。[79] 他的主要作品《对最高贵的矿石以及矿业技术的描述》（*Beschreibung der allervornehmsten mineralischen Erze und Bergwerksarten*）初版于 1574 年，是献给皇帝马西米利安二世（1564—1576）的。艾科尔阐述说，他写书是为了皇帝那巨大的矿产资源以及以此谋生之人的利益，寄希望于这些资源能够得到进一步开发，并"在完备的信息促成的严肃努力下"，能够长时间保持。他提供的信息，关涉到银、金、铜、铅、锡和硫黄的矿石和金属成分检验。

艾科尔的这部主要作品毫无疑问是受到了阿格里科拉的《矿冶全书》的启发。他此前的著作大多都是手稿，而这部著作是一个完整的、带有绘图的论著，明显以出版为目的。在一开始，艾科尔吹嘘说，他的经验要胜过他的前任（无疑指的是阿格里科拉）。该书出版后不久，皇帝任命艾科尔为矿业事务总监以及波希米亚王室最高机构中的职员。马西米利安的继任者鲁道夫二世（1576—1612）聘任他为矿业总监。1586年他被册封为贵族。[80]

《施瓦茨矿山之书》：贵族与资本家矿业利益的象征

《施瓦茨矿山之书》（*Schwazer Bergbuch*）有着漂亮的手抄本和绘图的形式，这与印制的矿冶著作非常不同。这本书大量地汇集了矿业法律、习俗和规则，也包括一百多幅手绘图，也许是出自科尔伯（Järg Kolber）

---

[79] 参见《科学人物传记辞典》（*Dictionary of Scientific Biography*）中的 "Ercker (also Erckner or Erckel), Lazarus" 词条，作者为（波兰历史学家）惠毕其（Wlodzimierz Hubicki）；我没有见到过这本小书，它显然没有出版，只有手稿形式，存留在布拉格的国家档案馆（National Archives, Prague），MS 3053。

[80] Ercker（1960）；Ercker（1951），引文见第 3—4 页。关于艾科尔著作的重大影响，参见 Armstrong & Lukens（1939）；关于艾科尔在波希米亚的职业生涯，见 Beierlein（1955：32-55）；关于该著作后来的版本以及翻译情况，见 Beierlein（1955：68-97）。

之手。这本书直到 20 世纪才初版，至少有 7 份手稿。这是关于 16 世纪蒂罗尔地区矿业法律和风俗、矿业技术、矿业官员与矿工的条件和责任等最重要的资料。几乎可以肯定，作者是路德维希·莱斯尔（Ludwig Lässl，卒于 1561 年），在 1543—1555 年间是蒂罗尔施瓦茨矿山法院的一位官员。[81]

埃里希·埃格（Erich Egg）重构了莱斯尔生平中的某些方面。他出身于农民家庭，他的职业生涯表明，16 世纪的矿业有时候能提供向上层社会流动的可能性。莱斯尔通过其岳父汉斯·穆尔德（Hans Mold）获得在矿山法庭担任职员的机会，这是其岳父此前的职位。他作为矿山职员的聘任以及后来的因病退休（有养老金）都在斐迪南大公爵（1503—1564）的文献中记录在案。后者是奥地利的统治者，是莱斯尔的支持者之一。莱斯尔也是蒂罗尔的第一家造纸厂的发起人。[82]

埃格认为，《施瓦茨矿山之书》把重点放在特定矿的所在地（对于矿业法律而言，这无关紧要），这强化了这种推测：本书主要不是写给矿工的。他也认为，本书的预期读者远离此地，书的构思是在 16 世纪 50 年代中期财务危机的背景之下。蒂罗尔矿业的资本投资主要来源于奥格斯堡的商业公司，最为重要的是福格尔家族（Fugger），但是也有许多其他人。1522 年，两家蒂罗尔矿业公司因为贷款过多以及深井费用巨大而破产。奥格斯堡的两位提供借贷的人撤出。1553 年，鲍姆加腾（Baumgartner）的奥格斯堡公司——这是继福格尔家族之后最重要的投资人——丧失了在施瓦茨开矿的兴趣。埃格认为，这本矿山之书意在召唤两位奥格斯堡投资人以及当政者以矿业投资方式提供财政帮助。[83]

---

[81] *Schwazer Bergbuch*（1956：v-viii）提供了一个非常有用的导言。也参见期刊 *Der Anschnitt* 第 9 期（1957 年 3 月），该刊大部分篇幅是对本书的探讨；Berniger（1980）；Kirnbauer（1956）。

[82] Egg（1957）.

[83] Egg（1957：18）.

莱斯尔的文字能支撑这一观点。他认为，开矿产出的财富是上帝的礼物，并指出开矿带来的巨大财富和改善。许多公爵以及其他人将大量钱财投入其中，来建造更多矿井。从中得利的不光是矿工和矿主，其他人无论地位高低也都从中受益，城市和商业也不例外。人口稀少的地方聚集了许多人，财产价值翻了五倍，土地得到开发，从前几乎没有什么价值的东西现在被高价买卖。所有这些都表明，矿业是一件神圣礼物，是人的生计和利益所在。因为其带来的巨大利益，莱斯尔坚持认为，矿工的福利和权利总应该被考虑。他写这本书，是因为多年来开矿法律和决策让人困惑。对于同一问题，经常有两个或者更多的规定。他恰如其分地把旧规则展示在新形式当中。[84] 莱斯尔在对矿业规则进行整理时，他也为富人们制造了一个象征物：开矿的内容可以放在一本漂亮的手工抄写和绘图的书中，与富裕市民以及王室的图书馆相匹配。他在文字写作中展示出来的机敏与智慧，也见于其他方面：在 16 世纪 50 年代这个后繁荣时期，莱斯尔没有把自己的钱投入到矿业，而是投资了造纸厂。

结论

向大众敞开的那些采矿和冶金的书籍传统，其多样性体现在书籍本身及其作者上。书籍有印刷本和手工复制的抄本；作者中有身负匠艺背景的从业者，也有受过大学教育的人文主义者。这些多样性表明，作者的目标及其瞩意的读者也存在差异，有时候同一位作者的著作也会有明显差异。一方面，艾科尔的早期著作是写给特定襄助人的，无疑是考虑到自己的晋升；另一方面，他在主要著作中表明，他从阿格里科拉那里认识到，通过一本印制的、带绘图的、在更大读者群中传播的著作，他甚至还能收获得更多，那就是名声。阿格里科拉主要是写给人文主义者

---

[84] *Schwazer Bergbuch*（1956：10–12）.

的学术圈，其目标在于让采矿和冶金成为一门学问，并获得存在的合法性。[85] 其他作者如比林古乔和莱斯尔，是在为富裕的潜在投资者和权贵支持者写书。

然而，只要一位从业者拿起笔来在文字中阐述自己的技能，他也就是在操演一种新手艺，而这一手艺传统上是与那些更"有学问的"主题连在一起的。另外一方面，饱学的人文主义者福莱贝格的卡尔普和阿格里科拉一生都对实践中的细节保持兴趣。16 世纪的采矿和冶金著作的作者们，占据着学者、精英与工匠文化之间的交界地带。在一定程度上，他们是谙熟这两个世界的人。那些有匠艺背景的人不光能识字，他们自己也介入到读写实践当中；那些受过大学教育的人，获取了大量关于矿业和冶金的知识。本文的研究证实，在近代初期学者与工匠之间的鸿沟并不如人们有时候想象的那么大。[86]

尽管存在多样性，这些作者都处于矿业资本主义扩展造就的外部环境里。其结果是，他们从一种引人注目的连贯角度阐发若干似乎并不相干的态度。他们强调知识应该公开地传承，这与近代初期矿冶资本主义带来的信念连接在一起：财富具有积极意义；矿业投资应该得到鼓励，应该得到财富上的回报；清晰的技术语言以及明白晓畅的关于技术进程的讨论、认真的测量、诚实和精准的试金、实用技能，这些都是高效生产率所必需的。他们对炼金术的批评，并非立足于化金是否发生，而是依据清晰性、公开、诚实、产出率这些标准。他们也谴责工艺保密。

除了一个例外（布伦瑞克公爵尤利乌斯），所有这些作者都有着出

---

[85] 这是欧文·汉纳韦（Owen Hannaway）在他的研讨课（Folger Institute, 1989 年春季）上所强调的一个观点。另参见内容非常丰富的论文 Suhling（1977）；Roger（1979）。

[86] 在最近的学术研究中，强调近代初期学者与工匠间互动的研究包括如下：Bennett（1986）；Eisenstein（1979），尤其是第 2 卷，第 520—635 页；Keller（1985）；Rossi（1970：1—62）；Vasoli（1974）。Long（1985）讨论了关于在建筑学著作中理论与实践统一的理想。关于比较早年的讨论，参见 Zilsel（1942）；Hall（1959）以及 Houghton（1957）。

身于匠人或者中等阶级家庭的背景。从他们的传记材料里，我们看到的都是向上的社会流动。他们当中的许多人在统治者中找到支持者——布鲁斯·莫兰（Bruce Moran）在他的突破性研究中称这些支持者是"王公从业人"。[87] 这些"王公从业人"（尤利乌斯是最好的例子）支持把采矿、冶金著作的知识公开，但是，他们经常也同样支持炼金术这样的秘传行当。

认可"知识公开"，所指的并不一定是要在广大读者群当中传播知识。这更多指的是将口头传承的匠艺知识写下来这一做法，以便让没有技艺的学者和权贵读者能获取这些知识。这也可以意味着（正如阿格里科拉所做的那样），形成清楚明白的技术术语。对于大多数作者来说，清楚地解释冶金技术（与炼金术相反）是提高生产率和冶金工作效率的一个办法。当外在环境有着庞大的社会与经济流动性时，"知识公开"这一理想使得特定实用技艺因着著书立说而得到提升。这样一来，它们能更好地抵达那些识字的（相对于有技能的人）受众，包括那些"王公从业人"。王公们无须在公开的与秘传的知识之间做出选择——二者都可以为他们所获取。

主张知识公开的矿冶作者们阐述的观点，给17世纪的科学带来重要影响。这方面尤其重要的是，"知识应该公开地以文字传承"这一理想以及这一理想与实际做法的关联。我认为，这些16世纪的作者给17世纪实验哲学带来的影响，由于弗朗西斯·培根某些影响颇大的观点而变得模糊了。培根发起的行业历史计划表明，书写"伟大的复兴"的举措与此前关于实用技艺的文献密切相关。这些历史书写要把关于机械技术产品以及操作的书面材料补充完整。学者要找出并彻底钻研各种技艺的全部材料来编写历史。他们不应该"受限于文字和书本学问"，因为书本传递的科学是停滞的。相反，那些机械技艺——培根将其描述为

---

[87] Moran（1981）。关于一个王室个案的讨论，见 Moran（1985）。

存在于书面传统之外——有"生命的气息",能"持续地成长并变得完美"。[88] 培根也劝诫说,"若非存疑之事,绝不引用著作者"。[89] 培根拒绝书本上的学问。在他看来,机械技艺是那些不识字的实践者口头传承的结果,这使他无视此前关于实用技术的大量文字资料。他没有认识到,包括矿业和冶金的很多行业,都已经有非常丰富的历史资料。

17世纪60年代,在培根之设想的启发下,伦敦皇家学会开始撰写各个行业的历史。罗伯特·玻意尔(Robert Boyle)启动了矿业与冶金史,他精心撰写了有一千多个系列问题的文章,发表在皇家学会的期刊《哲学汇刊》(*Philosophical Transactions*)上。[90] 借助于这些问题,学者或者哲学家走出去访问那些不识字的匠人。双方都因此受益。匠人能够提供学者们平时无由接触的大量细节,有大视野概观的学者能提供让行业得以改进的意见。[91]

当玻意尔启动这一培根式项目时,在关涉作者的著作权时,他也如培根一样不以为意。他没有明言,自己关于矿业的一系列精致问题并非来自对匠人的访谈,而是来源于这一行业最为全面丰富的史学著作,即阿格里科拉的《矿冶全书》。[92] 随后,当时的皇家学会成员尝试去翻译一些先前的文字资料以供使用,如艾科尔关于矿石的书。不过,当他们

---

[88] Bacon(1960:6, 8).培根对矿业和冶金尤其感兴趣,对这些题目进行过探讨。参见 Webster(1975:346)。

[89] Bacon(1960:274).

[90] Boyle(1666).关于行业史的系统性研究,参见 Ochs(1981, 1985)。

[91] 玻意尔关于行业史的想法,参见 Boyle(1772/1966)。

[92] 玻意尔的问题经常显示出与《矿冶全书》中的段落——对应的现象,阿格里科拉的观点被变换成疑问的形式。这种对比不容置疑地说明,阿格里科拉的杰作是玻意尔的重要资料来源之一。

使用 16 世纪的书面文献时，（对作者）也经常缄口不言。[93]

　　然而，这些资料影响重大。撰写矿业和冶金方面著作的作者们一直力主知识开放。他们把工艺知识变成公开的书面形式而使其增值，并谴责炼金术行业故意含糊其词的做法。他们写作时身处其中的政治和经济语境，促使他们去反对匠人和炼金术士的保密做法。尽管他们的著作权很快就因为 17 世纪的某些科学神话而模糊，然而无论在当时还是现在，在知识公开、经验主义哲学与技术进步三者彼此间的关联中，他们的真正影响是显而易见的。

参考文献：

Accordi, Bruno. 1980. Michele Mercati (1541—1593) e la Metallotheca. *Geologica Romana* 19: 1–50.

Agricola, Georgius. 1541. *Georgii Agri-/COLAE MEDIC/BERMANNUS,/SIVE De Re ME-Itallica.* Paris.

——. 1556. *De re metalica Libri XII....* Basel.

——. 1912/1950. *De re. metallica,* trans. Herbert Clark Hoover and Lou Henry Hoover. New York.

——. 1955. *De natura fossilium (Textbook of Mineralogy),* trans. Mark Chance Bandy and Jean A. Bandy. New York.

——. 1990. *Bermannus (Le mineur): Un dialogue sur les mines,* ed. and trans. *Robert Halleux and Albert Yans.* Paris.

Agricolae, Georgii. 1546. *De ortu et causis . . . De veteribus et novis metallis lib. II. . .* Basel.

---

[93] 参见 Armstrong & Lukens（1939：553–562）。对 16 世纪矿山工业资料进行借鉴的一个例子是科尔布莱斯（Samuel Colepresse）对德文郡和康沃尔郡锡矿的描述（Colepresse，1671：2096–2113）。对这一历史的描述（其内容是关于洪水）与 16 世纪的古典学家理查德·卡鲁（Richard Carew）对同一题目的介绍太过接近，不可能是巧合，可与 Carew（1602/1969：7）进行比较。对于科尔布莱斯之描写的讨论，参见 Ochs（1985：137）。

Armstrong, Eva V. & Lukens, Hiram S. 1939. Lazarus Ercker and His "Probierbuch". Sir John Pettus and Hist "Fleta Minor". *Journal of Chemical Education* 16: 553–562.

Bacon, Francis. 1960. *The New Organon and Related Writings,* ed. Fulton H. Anderson. New York.

Barba, Alvaro Alonzo. 1923. *EA Arte de los metales (Metallurgy),* trans. Ross E. Douglass and E. P. Mathewson. New York.

Barnadas, Josep M. 1986. *Alvaro Alonso Barba (1569—1662): Investigaciones sobre su viday obra.* La Paz.

Baron, Hans. 1938. Franciscan Poverty and Civic Wealth as Factors in the Rise of Humanistic Thought. *Speculum* 13: 1–37.

Baumgärtel, Hans. 1965. *Vom Bergbüchlein zur Bergakademie: Zur Entstehung der Bergbauwissenschaften zwischen 1500 und 1765/1770,* Freiberger Forschungshefte, D50. Leipzig.

Beierlein, Paul R. 1955. *Lazarus Ercker: Bergmann, Hüttenmann und Münzmeister im 16. Jahrhundert.* Berlin.

Bennett, Judith. 1986. The Mechanics' Philosophy and the Mechanical Philosophy. *History of Science* 24: 1–28.

Benoit, Paul & Braunstein, Philippe, eds. 1983. *Mines, carrières, et métallurgie dans la France médiévale.* Actes du colloque de Paris 19, 20, 21 Juin 1980. Paris.

Berniger, Ernst H. 1980. *Das Buch vom Bergbau: Die Miniaturen des "Schwazer Bergbuchs" nach der Handschrift im Besitz des Deutschen Museums in München.* Dortmund.

Biringuccio, Vannoccio. 1959. *The Pirotechnia of Vannoccio Biringuccio,* trans. with intro, and notes by Cyril Stanley Smith and Martha Teach Gnudi, 2d ed.. New York.

———. 1977. *De la pirotechnia, 1540,* ed. Adriano Carugo. Milan.

Bornhardt, Wilhelm. 1927? . Geschichte des harzer Bergbaues. In *Vaterländische Geschichten und Denkwürdigkeiten,* 3d ed., edited by F. Fuhle, 367–392. Brauschweig.

———. 1931. *Geschichte des Rammelsberger Bergbaues von seiner Aufnahme bis zur Neuzeit.*

Berlin.

Boyce, Helen. 1920. *The Mines of the Upper Harz from 1514 to 1589.* Menasha, Wise.

Boyle, Robert. 1666. Articles of Inquiries Touching Mines. *Philosophical Transactions* 1: 330–343.

———. 1772/1966. Some Considerations Touching the Usefulness of Experimental Natural Philosophy. In *The Works of Robert Boyle*, edited by Thomas Birch. Hildesheim.

Bracciolini, Poggio. 1978. "On Avarice," trans. Benjamin G. Kohl and Elizabeth B Welles. In *The Earthly Republic: Italian Humanists on Government and Society*, edited by Benjamin G. Kohl & Ronald G. Witt, 231–289. Philadelphia.

Braunstein, Philippe. 1965. Les entreprises minières en Vénétie au XV siècle. *Mélanges d'archeologie et d'histoire de l'école française de Rome* 77: 529–607.

———. 1977. Le marché du ciuvre à Venise à la fin du moyen-age. In *Schwerpunkte der Kupferproduktion und des Kupferhandels in Europa, 1500—1650*, edited by Hermann Kellenbenz, 78–94. Köln.

———. 1983. Innovations in Mining and Metal Production in Europe in the Late Middle Ages. *Journal of European Economic History* 10: 573–591.

———. 1984. Mines et métallurgie en France à la fin du Moyen Age. In *Der Anschnitt, Beiheft 2, Montanwirtschaft Mitteleuropas vom 12. bis 17. Jahrhundert: Stand, Wege und Aufgaben der Forschung*, edited by Werner Kroker & Ekkehard Westermann, 86–94. Bochum.

———. 1987. Les forges champenoises de la comtesse de Flandre (1372—1404). *Annales: Économies, sociétés, civilisations* 42: 747–777.

Bromehead, C. N. 1956. Mining and Quarrying to the Seventeenth Century. In *A History of Technology, vol. 2, The Mediterranean Civilizations and the Middle Ages, c. 700 b.c. to c. a.d. 1500*, edited by Charles Singer & et al., 1–40. New York.

Brunello, Franco. 1985. Vannoccio Biringuccio e il Trattato "De la Pirotechnia". In

Trattati scientifici nel veneto fra il XV e XVI secolo, intro. Ezio Riondato, 29–37.Vicenza.

Brüning, Kurt. 1926. *Der Bergbau im Harze und im Mansfeldschen: Untersuchungen zu einer Wirtschaftsgeographie der Harzer Rohstoffe.* Braunschweig.

Carew, Richard. 1602/1969. *The Survey of Cornwall.* Amsterdam.

Colepresse, Samuel. 1671. An Accompt/Of Some Mineral Observations Touching the Mines of Cornwal and Devon . . . . *Philosophical Transactions* 6: 2096–2113.

Cross, Harry E. 1983. South American Bullion Production and Export, 1550—1750. In *Precious Metals in the Later Medieval and Early Modern Worlds*, edited by J. F. Richards, 397–423. Durhham, N.C.

Darmstaedter, Ernst. 1926. *Berg-, Probir- und Kunstbüchlein.* München.

de Solla Price, Derek. 1975. *Science since Babylon*, rev. ed. New Haven.

Delumeau, Jean. 1962. *L'Alun de Rome, XV–XIX siècle.* Paris.

Dietrich, Richard. 1958. Untersuchungen zum Frühkapitalismus im mitteldeutschen Erzbergbau und Metallhandel(1). *Jahrbuch für die Geschichte Mittel- und Ostdeutschlands* 7: 141–206.

———. 1959. Untersuchungen zum Frühkapitalismus im mitteldeutschen Erzbergbau und Metallhandel(2). *Jahrbuch für die Geschichte Mittel- und Ostdeutschlands* 8: 51–119.

———. 1961. Untersuchungen zum Frühkapitalismus im mitteldeutschen Erzbergbau und Metallhandel(3). *Jahrbuch für die Geschichte Mittel- und Ostdeutschlands* 9/10: 127–194.

Dodwell, C. R., ed. 1961. *Theophilus: The Various Arts.* London.

Donald, Maxwell B. 1955. *Elizabethan Copper: The History of the Company of Mines Royal, 1568—1605.* London.

Eamon, William. 1977. *Books of Secrets and the Empirical Foundations of English Natural Philosophy, 1550—1660.* Ph.D. diss., University of Kansas.

———. 1979. The Secreti of Alexis of Piedmont, 1555. *Res Publica Litterarum* 2: 43–55.

———. 1985a. From the Secrets of *Nature* to Public Knowledge: The Origins of the

Concept of Openness in Science. *Minerva* 23: 321–347.

————. 1985b. *Science* and Popular Culture in Sixteenth Century Italy: The "Professors of Secrets" and Their Books. *Sixteenth Century Journal* 16: 471–485.

Egg, Erich. 1957. Ludwig Lässl und Jörg Kolber: Verfasser und Maler des Schwazer Bergbuchs. *Der Anschnitt* 9: 15–19.

————. 1958. *Das Wirtschaftswunder in silbernen Schwaz: Der Silber-Fahlerzbergbau Falkenstein im 15. und 16. Jahrhundert.* Wien.

Eisenstein, Elizabeth. 1979. *The Printing Press as an Agent of Change: Communications and Cultural Transformations in Early-Modern Europe,* 2 vols. Cambridge.

Eliade, MIRCEA. 1978. *The Forge and the Crucible,* 2d ed., trans. Stephen Corrin. Chicago.

Ercker, Lazarus. 1951. *Lazarus Ercker's Treatise on Ores and Assaying Translated from the German Edition of 1580,* trans. Anneliese Grünhaldt Sisco and Cyril Stanley Smith. Chicago.

————. 1960. *Beschreibung der allervonehmsten mineralischen Erze und Bergwerksarten vom Jahre 1580,* ed. Paul Reinhard Beierlein. Berlin.

————. 1968. *Drei Schriften: Das kleine Probierbuch von 1556; Vom Rammelsberge, und dessen Bergwerk, ein kurzer Bericht von 1565; Das Münzbuch von 1563,* ed. Paul R. Beierlein and Heinrich Winkelmann. Bochum.

Fachs, Modestin. 1595. *Probier Büchlein/Darinne Gründlicher bericht vormeldet/wie man alle Metall/und derselben zugehörenden Metallischen Ertzen und getöchten ein jedes auff seine eigenschafft und Metall recht Probieren sol.* Leipzig.

Ferguson, John. 1959. *Bibliographical Notes on Histories of Inventions and Books of Secrets,* 2 vols. London.

Forbes, R. J. 1956. Metallurgy. In A History of Technology, vol. 2, *The Mediterranean Civilizations and the Middle Ages, c. 700 b.c. to c. a.d. 1500,* edited by Charles Singer & et al., 41–80. New York.

Gille, Bertrand. 1947. *Les origines de la grande industrie métallurgique en France*. Paris.

Gleitsmann, Rolf Jürgen. 1984. Der Einfluss der Montanwirtschaft auf die Waldentwicklung Mitteleuropas: Stand und Aufgaben der Forschung. In *Der Anschnitt, Beiheft 2, Montanwirtschaft Mitteleuropas vom 12. bis 17. Jahrhundert: Stand, Wege und Aufgaben der Forschung*, edited by Werner Kroker & Ekkehard Westermann, 24–39. Bochum.

Gough, John W. 1967. *The Mines of Mendip*. rev. ed. Newton Abbot.

Hall, Rupert. 1959. The Scholar and the Craftsman in the Scientific Revolution. In *Critical Problems in the History of Science*, edited by Marshall Clagett, 3–23. Madison, Wise.

Halleux, Robert. 1979. *Les textes alchimiques*. Turnhout.

———. 1983. *Le Bermannus* de Georg Agricola et la reinterprétation du vocabulaire mineralogique. *Documents pour l'histoire du vocabulaire scientifique* 4: 81–95.

———. 1986. L'alchimiste et l'essayeur. In *Die Alchemie in der europäischen Kultur- und Wissenschaftsgeschichte*, edited by Christoph Meinel, 277–291. Wiesebaden.

Hamilton, Henry. 1967. *The English Brass and Copper Industries to 1800,* 2d ed. London.

Hatcher, John. 1973. *English Tin Production and Trade before 1550*. Oxford.

Henschke, Ekkehard. 1974. *Landesherrschaft und Bergbauwirtschaft: Zur Wirtschafts- und Verwaltungsgeschichte des oberharzer Bergbaugebietes im 16. und 17. Jahrhundert*. Berlin.

Hesse, Philippe-Jean. 1986. Artistes, artisans, ou prolétaires? Les hommes de la mine au Moyen Age. In *Artistes, artisans, et production artistique au Moyen Age*, vol. 1, *Les Hommes*, edited by Xavier Barral I Altet, 431–473. Picard.

Holmyard, Eric J. 1957. *Alchemy*. Harmondsworth.

Horst, Ulrich. 1971. Bestandsaufnahme der Werke des Dr. Georgius Agricola mit bibliographischen Forschungsergebnissen. In *Agricola, Ausgewählte Werke* vol. 10, edited by Hans Prescher, 545–935. Berlin.

Houghton, Walter E. 1957. The History of Trades: Its Relation to Seventeenth-Century

Thought. In *Roots of Scientific Thought: A Cultural Perspective*, edited by Philip P. Wiener & Aaron Noland, 354–381. New York.

Hull, David L. 1988. *Science as a Process: An Evolutionary Account of the Social and Conceptual Development of Science*. Chicago.

Janssen, Johannes. 1910. *History of the German People after the Close of the Middle Ages,* vol. 15, *Commerce and Capital—Private Life of the Different Classes— Mendicancy and Poor Relief,* trans. A. M. Christie. London.

Jenkins, Rhys. 1936/1971. The Alum Trade in the Fifteenth and Sixteenth Centuries, and the Beginnings of the Alum Industry in England. In *The Collected Papers of Rhys Jenkins,* 193–203. Freeport, N.Y.

Kellenbenz, Hermann. 1976. *The Rise of the European Economy: An Economic History of Continental Europe from the Fifteenth to the Eighteenth Century,* rev. and ed. *Gerhard Benecke*. London.

———, ed. 1977. *Schwerpunkte der Kupferproduktion und des Kupferhandels in Europa: 1500— 1650*. Böhlau.

———, ed. 1981. *Precious Metals in the Age of Expansion*. Stuttgart.

Keller, Alexander. 1985. Mathematics, Mechanics and the Origins of the Culture of Mechanical Invention. *Minerva* 23: 348–361.

Kirnbauer, Franz. 1956. *400 Jahre Schwazer Bergbuch, 1556— 1956*. Wien.

Klemm, Friedrich. 1964. *A History of Western Technology,* trans. Dorothea Waley Singer. Cambridge.

Koch, Manfred. 1963. *Geschichte und Entwicklung des bergmännischen Schrifttums,* Schriftenreihe Bergbau-Aufbereitung, 1. Goslar.

Kraschewski, Hans- Joachim. 1978. *Wirtschaftspolitik im deutschen Territorialstaat des 16. Jahrhunderts: Herzog Julius von Braunschweig-Wolfenbüttel (1528— 1589)*. Köln.

———. 1984. Der Bergbau des Harzes im 16. und zu Beginn des 17. Jahrhunderts. In *Der Anschnitt,* Beiheft 2, *Montanwirtschaft Mitteleuropas vom 12. bis 17. Jahrhundert:*

Stand, Wege und Aufgaben der Forschung, edited by Werner Kroker & Ekkehard Westermann, 134–143. Bochum.

Kroker, Werner & Westermann, Ekkehard, eds. 1984. *Der Anschnitt*, Beiheft 2, *Montanwirtschaft Mitteleuropas vom 12. bis 17. Jahrhundert: Stand, Wege und Aufgaben der Forschung*. Bochum.

Laube, Adolf. 1964. *Bergbau und Hüttenwesen in Frankreich um die Mitte des 15. Jahrhunderts*. Leipzig.

———. 1974. *Studien über den erzgebirgischen Silberbergbau von 1470 bis 1546*. Berlin.

Lewis, George R. 1908/1965. *The Stannaries: A Study of the Medieval Tin Miners of Cornwall and Devon*. Truro.

Little, Lester K. 1978. *Religious Poverty and the Profit Economy in Medieval Europe*. Ithaca, N.Y.

Long, Pamela O. 1985. The Contribution of Architectural Writers to a "Scientific" Outlook in the Fifteenth and Sixteenth Centuries. *Journal of Medieval and Renaissance Studies* 15: 265–298.

Ludwig, Karl-Heinz. 1984. Sozialstruktur, Lehenschaftsorganisation und Einkommensverhältnisse im Bergbau des 15. und 16. Jahrhunderts. In *Der Anschnitt, Beiheft 2, Montanwirtschaft Mitteleuropas vom 12. bis 17. Jahrhundert: Stand, Wege und Aufgaben der Forschung*, edited by Werner Kroker & Ekkehard Westermann, 118–124. Bochum.

McMullin, Ernan. 1985. Openness and Secrecy in Science: Some Notes on Early History. *Science, Technology and Human Values* 10: 14–23.

Menant, François. 1987. Pour une histoire médiévale de l'entreprise minière en Lombardie. *Annales: Économies, sociétés, civilisations* 42: 779–796.

Mendels, Judica I. M. 1953. *Das Bergbüchlein: A Text Edition*. Ph.D. diss.: Johns Hopkins University.

Mercati, Michele. 1717. *Melallotheca / Opus Posthumum, / Auctoritate et Munificential*

Clementis undecimi/pontificis Maximi/E tenebris in lucem eductum;/Opera autem, et studio/Joannis Mariae Lancisii/Archiatri Pontificii/illustratum. Rome.

Merchant, Carolyn. 1980. *The Death of Nature: Women, Ecology, and the Scientific Revolution.* New York.

Michaëlis, Rudolf & Prescher, Hans. 1971. Agricola-Bibliographie, 1520—1963. In *Agricola, Ausgewählte Werke* vol. 10, edited by Hans Prescher, 1–543. Berlin.

Middleton, W.E. Knowles. 1971. *The Experimenters: A Study of the Accademia del Cimento.* Baltimore.

Miskimin, Harry A. 1969/1975. *The Economy of Early Renaissance Europe, 1300—1460.* Cambridge.

———. 1977. *The Economy of Later Renaissance Europe, 1460—1600.* Cambridge.

Molenda, Danuta. 1984. Der polnische Bleibergbau und seine Bedeutung für den europäischen Bleimarkt vom 12. bis 17. Jahrhundert. In *Der Anschnitt,* Beiheft 2, *Montanwirtschaft Mitteleuropas vom 12. bis 17. Jahrhundert: Stand, Wege und Aufgaben der Forschung,* edited by Werner Kroker & Ekkehard Westermann, 187–198. Bochum.

———. 1985. Der Erzbergbau Polens vom 16. bis 18. Jahrhundert: Forschungsergebnisse der letzten drei Jahrzehnte. *Der Anschnitt* 37: 196–205.

———. 1988. Technological Innovation in Central Europe between the XIVth and the XVIIth Centuries. *Journal of European Economic History* 17: 63–84.

Molloy, Peter M. 1986. *The History of Metal Mining and Metallurgy: An Annotated Bibliography.* New York.

Moran, Bruce. 1981. German Prince-Practitioners: Aspects in the Development of Courtly Science, Technology, and Procedures in the Renaissance. *Technology and Culture* 22: 261–262.

———. 1985. Privilege, Communication, and Chemiatry: The Hermetic-Alchemical Circle of Moritz of Hessen-Kassel. *Ambix* 32: 110–126.

Multhauf, Robert P. 1966. *The Origins of Chemistry.* New York.

————. 1978. *Neptune's Gift: A History of Common Salt*. Baltimore.

Nef, John U. 1987. Mining and Metallurgy in Medieval Civilisation. In *The Cambridge Economic History of Europe, vol. 2, Trade and Industry in the Middle Ages,* 2d ed, edited by M. M. Postan & Edward Miller & Cynthia Postan, 691–761; 933–940. Cambridge.

Nelkin, Dorothy. 1984. *Science as Intellectual Property: Who Controls Research?* New York.

Ochs, Kathleen H. 1981. *The Failed Revolution in Applied Science: Studies of Industry by Members of the Royal Society of London, 1660—1688.* Ph.D. diss.: University of Toronto.

————. 1985. The Royal Society of London's History of Trades Programme: An Early Episode in Applied Science. *Notes and Records of the Royal Society of London* 39: 129–158.

Paisey, David L. 1980. Some Sources of the "Kunstbüchlein" of 1535. *Gutenberg-Jahrbuch* 55: 113–117.

Palme, Rudolf. 1984. Rechtliche und soziale Probleme im tiroler Erzbergbau vom 12. bis zum 16. Jahrhundert. In *Der Anschnitt,* Beiheft 2, *Montanwirtschaft Mitteleuropas vom 12. bis 17. Jahrhundert: Stand, Wege und Aufgaben der Forschung,* edited by Werner Kroker & Ekkehard Westermann, 111–117. Bochum.

Paracelsus. 1567. *Von der Bergsucht oder Bergkranckheiten drey Bücher . . . .* Dillingen.

Paul, Wolfgang. 1970. *Mining Lore: An Illustrated Composition and Documentary Compilation with Emphasis on the Spirit and History of Mining.* Portland, Oreg.

Penhallurick, R. D. 1986. *Tin in Antiquity.* London.

Pieper, Wilhelm. 1955. *Ulrich Rülein von Calw und sein Bergbüchlein.* Berlin.

Richards, J. F., ed. 1983. *Precious Metals in the Later Medieval and Early Modern Worlds.* Durhham, N.C.

Roger, Jacques. 1979. *Science* humaniste et pratique technicienne chez Georg Agricola. In *L'Humanisme allemand (1480—1540), XVIII Colloque International de Tours,* 211–220. Paris.

Rosenhainer, Franz. 1968. *Die Geschichte des Unterharzer Hüttenwesens von seinen Anfängen bis zur Gründung der Kommunionverwaltung im Jahre 1635.* Goslar.

Rossi, Paolo. 1970. *Philosophy, Technology, and the Arts in the Early Modern Era,* trans. Salvator Attanasio and ed. Benjamin Nelson. New York.

Ruffner, James A. 1985. Agricola and Community: Cognition and Response to the Concept of Coal. In *Religion, Science, and Worldview: Essays in Honor of Richard S. Westfall,* edited by Margaret J. Osier & Paul Lawrence Färber, 297–324. Cambridge.

Schmidt, Ursula. 1970. *Die Bedeutung des Fremdkapitals im Goslarer Bergbau um 1300.* Goslar.

Schreittmann, Ciriacus. 1580. *Probierbüchlein, /Frembde und/ subtile Künst/vormals im Truck nie gesehen/ . . . .* Frankfurt am Main.

Schwazer Bergbuch, ed. Heinrich Winkelmann. 1956. Bochum.

Shapin, Steven. 1988. The House of Experiment in Seventeenth-Century England. *Isis* 79: 373—404.

Sieber, Siegfried. 1954. *Zur Geschichte des erzgebirgischen Bergbaues.* Halle/Saale.

Singer, Charles. 1948. *The Earliest Chemical Industry: An Essay in the Historical Relations of Economics and Technology Illustrated from the Alum Trade.* London.

Sisco, Anneliese G. 1968. *On Steel and Iron: The Anonymous Booklet, "Von Stahel und Eysen . . ." (Nuremberg, 1532).* In On Steel and Iron: The Anonymous Booklet, "Von Stahel und Eysen . . ." (Nuremberg, 1532), edited by Cyril Stanley Smith, 1–19. Cambridge.

Sisco, Anneliese G. & Smith, Cyril Stanley, eds. 1949. *Bergwerk- und Probierbüchlein.* New York.

Smith, Cyril Stanley. 1955. A Sixteenth-Century Decimal System of Weights. *Isis* 46: 354–357.

Smith, Cyril Stanley & Forbes, R. J. 1957. Metallurgy and Assaying. In *A History of Technology, vol. 3, From the Renaissance to the Industrial Revolution, c. 1500—1750,* edited by Charles Singer & et al., 27–71. London.

Smith, Cyril Stanley & Hawthorne, John G. 1974. *Mappae Clavicula*: A Little Key to the World of Medieval Techniques. *Transactions of the American Philosophical Society*, n.s 64, pt. 4.

Spies, Gerd. 1978. Werkzeuge, Geräte und Maschinen in Braunschweigischen Steinbrüchen. In *Museum und Kulturgeschichte: Festschrift für Wilhelm Hansen*, edited by Martha Bringemeier & et al., 233–244. Münster.

Sprandel, Rolf. 1968. *Das Eisengewerbe im Mittelalter*. Stuttgart.

Stevin, Simon. 1585. *De Thiende*. Leiden.

Stimmel, Eberhard. 1966. Die Familie Schütz: Ein Beitrag zur Familiengeschichte des Georgius Agricola. *Abhandlungen des Staatlichen Museums für Mineralogie und Geologie zu Dresden* 11: 377–417.

Stroup, Alice. 1990. *A Company of Scientists: Botany, Patronage, and Community at the Seventeenth-Century Parisian Royal Academy of Sciences*. Berkeley and Los Angeles.

Sudhoff, Karl. 1894/1958. *Bibliographia paracelsica*. Graz.

Suhling, Lothar. 1977. Das Erfahrungswissen des Bergmanns als ein neues Element der Bildung im Zeitalter des Humanismus. *Der Anschnitt* 29: 212–218.

———. 1978. Innovationsversuche in der nordalpinen Metallhüttentechnik des späten 15. Jahrhunderts. *Technikgeschichte* 45: 134–147.

———. 1980. Bergbau, Territorialherrschaft und technologischer Wandel: Prozessinnovationen im Montanwesen der Renaissance am Beispiel der mitteleuropäischen Silberproduktion. In *Technik-Geschichte: Historische Beiträge und neuere Ansätze*, edited by Ulrich Troitzsch & Gabriele Wohlauf, 139–179. Frankfurt am Main.

———. 1983. Georgius Agricola und der Bergbau: Zur Rolle der Antike im montanistischen Werk des Humanisten. In *Die Antike-Rezeption in den Wissenschaften während der Renaissance*, edited by August Buck & Klaus Heitmann, 149–165.

Weinheim.

———. 1984. Schmelztechnische Entwicklungen in ostalpinen Metallhüttenwesen des

15. und 16. Jahrhunderts. In *Der Anschnitt,* Beiheft 2, *Montanwirtschaft Mitteleuropas*

vom 12. bis 17. Jahrhundert: Stand, Wege und Aufgaben der Forschung, edited by Werner

Kroker & Ekkehard Westermann, 125–130. Bochum.

Svanidze, Adelaida. 1981. Organization and Technique in Sweden's Mining and

Metallurgical Industries of the 14th and 15th Centuries. In *Produttività e tecnologie nei*

secoli XII– XVII, edited by Sara Mariotti, 431–446. Firenze.

Tucci, Ugo. 1977. Il Rame nell'economia veneziana del secolo XVIin Kellenbenz, ed.,

pp. 95–116. In *Schwerpunkte der Kupferproduktion und des Kupferhandels in Europa,*

1500— 1650, edited by Hermann Kellenbenz, 95–116. Köln.

Tylecote, R. F. 1976. *A History of Metallurgy.* London.

———. 1987. *The Early History of Metallurgy in Europe.* London.

Vasoli, Cesare. 1974. A proposito di scienza e technica nel Cinquecento. In *Profezia e*

ragione: Studi sulla cultura del Cinquecento e del Seicento, 479–505. Naples.

Vogel, Walter. 1955. Georg Agricola und die Apologie des Bergbaus. *Forschungen und*

Fortschritt 29: 363–368.

von Stromer, Wolfgang. 1984. Wassersnot und Wasserkünste im Bergbau des Mittelalters

und der frühen Neuzeit. In *Der Anschnitt,* Beiheft 2, *Montanwirtschaft Mitteleuropas*

vom 12. bis 17. Jahrhundert: Stand, Wege und Aufgaben der Forschung, edited by Werner

Kroker & Ekkehard Westermann, 50–72. Bochum.

von Wolfstrigl-Wolfskron, Max Reichsritter. 1903. *Die tiroler Erzbergbaue, 1301— 1665.*

Innsbruck.

Wächtler, Eberhard & Engelwald, Gisela-Ruth, eds. 1980. *Internationales Symposium zur*

Geschichte des Bergbaus und Hüttenwesens, 2 vols. Freiberg.

Wagenbreth, Otfried & Wächtler, Eberhard, eds. 1986. *Der Freiberger Bergbau: Technische*

Denkmale und Geschichte. Leipzig.

Webster, Charles. 1975. The Great Instauration: Science, Medicine and Reform, 1626—1660. London.

Westermann, Ekkehard. 1971a. Der Goslarer Bergbau vom 14. bis zum 16. Jahrhundert: Forschungsergebnisse - Einwände - Thesen. *Jahrbuch für die Geschichte Mittel- und Ostdeutschlands* 20: 251—261.

———. 1971b. *Das Eislebener Garkupfer und seine Bedeutung für den europäischen Kupfermarkt, 1460— 1560.* Köln.

———. 1986. Zur Silber- und Kupferproduktion Mitteleuropas vom 15. bis zum frühen 17. Jahrhundert. *Der Anschnitt* 38: 187—211.

Wilsdorf, Helmut. 1954. *Präludien zu Agricola.* Berlin.

———. 1955. Georg Agricola und seine Zeit. In vol. 1 of *Agricola, Ausgewählte Werke*, edited by Hans Prescher. Berlin.

Wilsdorf, Helmut & Quellmalz, Werner. 1971. Bergwerke und Hüttenanlagen der Agricola-Zeit. In *Ausgewählte Werke, by Georgius Agricola*, 12 vols, edited by Hans Prescher. Berlin.

Wilsdorf, Helmut & Prescher, Hans & Techel, Heinz, eds. 1955. *Bermannus oder über den Bergbau: Ein Dialog.* vol. 2 of *Agricola, Ausgewählte Werke*, edited by Hans Prescher. Berlin.

Worms, Stephen. 1904. *Schwazer Bergbau im fünfzehnten Jahrhundert.* Wien.

Zilsel, Edgar. 1942. The Sociological Roots of Science. *American Journal of Sociology* 47: 544—562.

Zimmermann, Samuel. 1573. *Probierbüch: Auff alle Metall Müntz / Ertz / und berckwerck / Dessgleichen auff Edel Gestain / perlen / Corallen / und andern dingen mehr . . . .* Augsburg.

疾病的架构：

病痛·社会·历史

查尔斯·E. 罗森伯格

社会以何种方式来理解、界定和回应疾病，这一殊难把握的问题正是本文着力讨论的要点。本文最初是为一本论文集撰写的导言：该论文集汇集了架构各种特殊病痛的个案研究，其范围包括从冠状动脉血栓形成到厌食症，从风湿热到石棉沉着病。社会经由复杂的协商来接受和认可那些已经进入到病痛分类表中的特殊病痛，而我则试图归类那些进入到这一复杂协商中的不同因素，它们出自学术、态度倾向、职业、公共政策等不同方面。

按照希波克拉底那经常被引用的解释，医学"由三部分组成：疾病、患者和医生"。在医学史的入门课程里，我总是先从疾病讲起。从来没有过这样的时代：无人遭受病痛之苦，医生所具有的特殊社会角色不是对人的病痛之苦做出回应。哪怕置身于牧师或者萨满的伪装之下，在定义上，医生总是被设想为是那些拥有特殊知识和技能的个体：他们以其特殊的知识和技能来治疗那些经历疼痛或者丧失能力的人，那些无法工作、不能履行家庭和其他社会责任的人。①

但是，"疾病"（disease）是一个捉摸不定的事物。它不单是一种欠佳的生理状况。实际情况显然要复杂得多：疾病是一种生物学意义上的状况；是特定一代人的言辞建构之总和——映射了医学的思想史和制度史；是制定公共政策并赋予其潜在正当性的契机；是社会角色和个体身份认同（内在心理）上的一个层面；是对文化价值的核准；是医生-患者互动中的一个结构性因素。可以说，只是在我们通过感知、命名和回应而同意它的存在之后，疾病才开始存在。②

疾病必须被理解为一种生物学意义上的状况，不太能受到其所在的特定环境的校正，这是疾病的首要层面之一。这种情形存在于动物当

---

① 本文的部分内容是对作者已经发表的文章 Rosenberg（1989）的重复或者改写，已获得原出版方的同意。
② 疾病能够也必须被视为一个分类系统，将个体的病痛安排到某种可以形成秩序的结构当中。

中：动物们可能不会对它们的病痛进行社会建构，也不会去协商如何给予遭受病痛者以态度上的回应，然而它们还是实实在在地经历了疼痛和功能丧失。我们也能列举出一些纯粹生物学意义上的人类疾病（比如，某些先天性的新陈代谢障碍），在知识日益丰富的生物医学共同体认识到这些疾病之前，它们已然存在。尽管如此，我们还是可以公允地说：在我们的文化当中，直到同意一种疾病的存在并为其命名之后，该疾病才作为一种社会现象而存在。③

过去的一个世纪当中，对于社会思想和医学思想（假设二者的区分在某种意义上是有用的）而言，命名过程都越来越具有核心地位。比如，许多专业医生和非专业人士选择将某些行为标为疾病，即便该行为的躯体基础尚未清晰，或许根本就不存在：可以列举出来的例子是酗酒、同性恋、慢性疲劳综合征以及"多动症"。更宽泛地说，医疗服务的获取是围绕着那些嵌入在共识性诊断中的正当性来组织的，治疗方案也是围绕着诊断决定来安排的。疾病的概念隐含着、制约着个体行为以及公共政策，并赋予其以正当性。

过去二十年里，已经有很多论述涉及病痛的社会建构。但重要的是，这无非是一种重言论证，是关于人（男人和女人）文化性建构自身这一理所当然之事的特别重申而已。个体身份认同的每一层面都是建构性质的——疾病亦如此。尽管在过去十多年里，社会建构主义者的立场已经失去某些新意，它还是能使我们记起：医学思想和实践很少能免于文化制约，甚至在那些看似技术性的事务上亦如此。在社会和情感意义上，对疾病的解释都过于意义重大，这不可能是一种价值中立的举措。数代人类学家勤勉地去钻研非西方文化中的疾病概念，这并非出于偶然，因

---

③ 这是我一直主张的看法。在这一意义上，一种不为当时的临床医生所知的先天性新陈代谢障碍实际上不是一种疾病。它在病理学世界中的情形，类似于森林里的一棵树倒下而没有被任何人听到一样。

为共识性的病原学阐释会立刻吸收并核准一个社会与外在世界打交道的根本方式。当代西方医学也并没有脱离这种关联方式。

这类社会制约当中的某些部分，映射并吸收了大范围文化（医生及其患者都是其中的一部分）的价值、态度和地位关系。但是，医学本身也是一个社会体系，正如在过去那个世纪当中与其密切关联在一起的（自然）科学学科一样。即便医学那些似乎很少屈从于文化设定（诸如关乎阶级、种族和性别的态度）的技术层面，也部分地受到科学家与医生的特定共同体中那些共有的思想世界以及制度结构的塑造。比如，在专业知识、制度环境、学术训练上的差异，都可能影响医生们表述和形成共识性疾病定义——这既体现在概念形成上，也体现在最终的实践应用上。在这一意义上，"医学社会史"与"疾病的社会建构"这类说法都是同义反复的。医学史的每一个层面都必定是"社会的"——无论是在实验室还是在图书馆，或者是在临床上。

实际上，在接下来的篇幅里我避免采用"社会建构"（social construction）这个用语。我认为它倾向过分强调功能主义式的结局，以及内在于各种协商中的随意性的程度——这些协商最终产生了被人们所接受的疾病图景。此外，社会建构论聚焦于一些能带来文化回响的诊断，但是其生物病理学机制或者尚未得到证实，或者根本无法证实，比如集体歇斯底里、萎黄病、神经衰弱和同性恋。此外，它（社会建构论）关涉的是一种特殊的文化批评主义风格以及一个特定时期——20世纪60年代末到80年代中期，人们设想知识及其提供者在常规上将压迫性社会秩序不知不觉地理性化与合法化。④ 出于这些理由，我选择用"构

---

④ 艾滋病的出现以及某些精神病的棘手情形——这是在"去住院化"（deinstitutionalization）运动中显示出来的——都有助于让人们注意到这一点：要理解那些给特定疾病以构架的特殊社会协商，需要生物病理学机制中的因素。虑及这些问题的医生和社会学家们必然会有后相对主义时刻（也许我们可以姑且这样称之）的问题。无论是生物还原主义还是全然社会建构主义，都不再能够独立构成有活力的学术立场。也参见 Rosenberg（1992: chapter 12）。

架"（frame）这一比"建构"（construct）更少一些纲领式含义的比喻，来描述那些惯常用来给特定疾病提供解释和分类图式的做法。⑤当我们给概念上和机构上对疾病的回应设定构架时，生物学经常在相当大程度上塑造了可供社会选择的不同可能性。比如，对于一个社会潜在的构架设定者来说，肺结核和霍乱提供了不同的需要加以构架的图景。⑥

过去的二十年，社会科学家、历史学家和医生对于疾病及其历史的兴趣有增无减。社会建构派对疾病的看法，只是人们对疾病的多方关注中的一个层面而已。对于疾病史的学术兴趣，反映并吸收了若干独立的，并非总是一致的趋势。其中的趋势之一是，有专业历史学家开始强调（疾病的）社会史以及普通人的经验。比如在近年里，有关怀孕和分娩的内容，正如流行病的内容一样，也被接受为标准历史经典研究的一部分。

对疾病的学术兴趣中的第二个趋势，核心是公共健康政策以及与之相关的19世纪末20世纪初人口学变化的阐释。对于患病率降低、寿命延长，多少该归功于医疗干预，多少该归功于有所改变的经济和社会环境呢？⑦政策的影响是明显的：社会的有限资源，有多大比重应该配置在治疗性干预上，多大比重应该配置在（疾病）预防以及总体上的社会

---

⑤ 当然，这一领域里有大量的，尤其是跟精神病学诊断相关的社会学著作。厄文·戈夫曼（Erving Goffman）的著作一直都旦尤其与这一着重点关联在一起。他在自己那广为人知的著作《构架分析》（Goffman, 1974）中也采用了"构架"（frame）这一比喻，尽管其语境与此处有所不同。

⑥ 此外，它们的病因学非常不同，这表明这两种疾病与重要的生态和环境因素的关系也有所不同。

⑦ 这一世纪之久的讨论又重新焕发活力，与托马斯·麦基翁（Thomas McKeown）这一名字紧密地关联在一起。参见 McKeown & Record（1962）；McKeown（1976a）；McKeown（1976b）；Szretter（1988）；Wilson（1990）。麦基翁强调肺结核发病中那些不确定的变量，这不可避免地引发争议，但是在整体上让历史学和人口学关注到生态学变量。一个例子便是，对职业健康的历史研究再度兴盛，并与学术兴趣和政治兴趣密切关联在一起。比如，可参见 Rosner & Markowitz（1987）；Derickson（1988）。

改良方面？

第三个趋势是，那些在上一代可称为新物质主义的想法得以重生，在其历史学的生态学图景中，疾病扮演着关键的角色，比如在西班牙征服中南美洲时疾病发挥的重要作用。[8] 第四个趋势是人口学与历史学之间的互惠式借鉴，这发生在有量化研究取向的一代历史学家做的人口学研究以及人数日益庞大的人口学家做的历史研究之间。对于两个学科而言，对单一疾病发病情况的研究提供了一项卓有成效的策略，来认定发病率与死亡率背后的机制。比如，伤寒病的发病率要比合计性质的年死亡率数据——伤寒病这一经由水传染的疾病引发的死亡人数也会包含在整体死亡率当中——能让我们更精确地了解大城市的卫生设施和公共健康管理情况。

对疾病的学术兴趣中最后一个，也许是影响最广的趋势，是疾病定义以及假定的病因学以何种方式充当社会控制工具、越轨行为的标签，成为地位关系获得合法性的理由。在上一代学人当中，不管是逻辑上还是历史上，这些观点经常与相对主义者对疾病的社会建构的强调关联在一起。[9] 这些阐释是对于知识、职业与社会权力之关系的更一般性学术兴趣中的一个层面。那些所谓的知识社会学家当中有较强批判倾向的人，已经把医生视为大范围霸权行为的倡导者和代理人，社会的"医学化"是具有控制力与合法性的意识形态体系的一个方面。

在这些关注点中，经常被忽视的首先是对疾病的定义过程，其次是疾病的定义给个人生活、公共政策的出台和讨论、对医疗保健的结构性规划带来的后果。总体而言，我们未能关注（如下）三种因素之间的关联：那些生物学意义上的状况、患者和医生对其的感知，以及从这些感

---

[8] 在这一领域里特别有影响的著作有 Crosby（1972）；Crosby（1986）；McNeill（1976）。

[9] 可参见的例子很多，如 Figlio（1978）；Wright & Treacher（1982）；Showalter（1985）。近年来人们对"帝国的"医学兴趣日浓，反映出对疾病的意识形态方面和人口学方面的兴趣。比如，可参见 MacLeod & Lewis（1988）；Curtin（1989）；Arnold（1988）。

知中形成认知和政策意识的集体努力。然而，这一认可与合理化过程自身就是一个重大问题，它超越了任何单一世代为其特别关注的生物学现象提供满意的概念构架的努力。

当某种可能的疾病现象（比如酗酒）背后的病理生理学基础仍然不明晰时，我们有另外一类架构方式，但其风格还是要展示出无可争议的疾病躯体模型所具有的可信性和权威性。任何疾病的社会正当性和学术可信性都立足于某些典型性机制的存在。[10] 这种还原主义的倾向，在逻辑上和历史上都与我们关于疾病思想的另一特征绑定，那就是疾病的特殊性。在我们的文化中，作为一种特殊实体而存在，是疾病获得学术与道德意义上的正当性的一个根本方面。如果一种状况不特殊，那么它就不是疾病，罹患者就没有资格得到同情，最近几十年里也常常没有资格获得保险赔偿，后者是与共识性诊断关联在一起的。临床治疗者与政策制定者早已经意识到，以还原主义风格来定义疾病所具有的局限性，但是他们并没有采取举措来控制这一日渐流行的情形。

给疾病以架构

疾病开始于被察觉到的，而且经常表现在身体上的症状。医学的历史源于痛苦者试图找到康复之法以及对于自身不幸的解释。寻找治疗建议已经构成了医生社会角色的历史基础。治愈者角色的一个重要方面，是围绕着医生在给患者疼痛与不适命名的能力而发展出来的。即便是一个糟糕的预后（prognosis），也要好于根本没有预后；一种疾病哪怕再危险，如果它能为人所知并有所领会，在感情上它就比一种神秘的、无法预言的疾病更容易处置。从医生的角度当然是这样。诊断和预后，疾病

---

⑩ 这一特征有助于解释精神病在医学中暧昧不清的地位，以及为什么近年来行为学和行为病理学的躯体性解释大受欢迎。

的学术框架和社会框架，一直都是医患关系的核心。

给疾病以架构的过程不可避免地会包括一个解释性因素：一个人如何，以及为什么会遭受来自某一特殊病痛之痛苦？自古典时期以来，医生们手头总有一些学术材料可以用来解释那些需要他们治疗的现象，将这样或者那样的思辨性机制强加于看不透的身体当中。长久以来对任何实体或者症状丛的研究，都表明这一特殊的自明之理确实如此。

医生总是依赖于时代特有的学术工具来尝试去发现、展示，并将他们在日常实践中遇到的那些眼花缭乱的临床现象中的模式赋予正当性。在古典时代，烹饪比喻提供了一种熟悉的资源，让人在比喻层面上理解人体的新陈代谢，其功能总和决定了健康或疾病的生理性平衡。在 20世纪末，比如说，假定的自身免疫机制或者病毒感染的延迟效应和微妙效应，经常被用来解释弥漫性以及慢性症状。对于 18 世纪末 19 世纪初的医生来说，正如我们提到过的，体液模型的所谓平衡特别重要，被当作一些治疗手段的理由，诸如放血、通便、大量使用利尿剂等。随着19 世纪初期病理解剖学的出现，疾病的假设性构架越来越多地表述为特定损害或者典型的功能改变——如果不纠正的话，久而久之就会造成损害。发酵现象一直都是比喻式解释流行病的经验性基础，说明少量感染性物质可能会怎样传染，并在一个大得多的基底上（比如在大气、供水或者多个人体）引发病理性改变。细菌理论创造了另外一类构架，可以用来给临床症状和死后状态中晦涩不明的特征提供有更为坚实基础的分类秩序。好像医生们会弄明白，那些让同行先辈们困惑了几千年的各种疑难病症，不过是一个时间问题而已，只需要发现重要的病原微生物，去理解它们在生理上和生物化学上的效应。正如人所共知的那样，那是一个能量无限的医生们"发现"引起几乎每一种人类所知病痛的微生物时代。

要点似乎显而易见。医生们在打造解释性构架时，采用一种模块式建构方法，利用那些在特定地方和时代中可获取的知识建筑单元。但是，由此而来的疾病概念及其假设起源，并非仅是抽象知识、教科书上的材料或者学术上的讨论；它们不可避免地在医患的互动中担当着角色。疾病概念一直在调节这一关系。在早期的若干个世纪当中，外行与医学专业人士对于疾病的看法在一定程度上重合，共享的知识服务于构建和调节医生、患者、家庭之间的互动。如今，知识日趋专业化和分门别类，外行更愿意信任并接受医学上的判定。因此，诊断程序和共同认可的疾病类别都变得比以前更为重要，它们指引着医生的治疗和患者的期待。[11]

疾病作为架构

疾病一旦被具化为特殊实体的形式，被看成存在于特定个体时，就会作为社会行动者和调停者，成了社会情形中的一个结构性因素。古来如此，这不会让 12 世纪的麻风患者或者 14 世纪遭受瘟疫侵袭的人感到吃惊。以另一种方式，这也不会让 19 世纪末"性取向颠倒"者感到意外。

这些情况提醒我们去考虑许多重要的事实。其一是：在形成全方位病痛经验时，外行以及医生在其中扮演的角色。另外一桩事实是，诊断行为是病痛经验中的一个关键性事件。与这一点在逻辑上相关的是，人们以何种方式给每种疾病赋予其独有的社会特征，并由此触发"疾病专有"的反应。一旦被谈及、被接受，疾病实体就变成了一个复杂的社会协商网络中的"行动者"。这种协商有着悠久的、持续的历史。19 世纪可能已经改变了个体诊断的风格和知识内容，但是疾病概念的社会核心地位以及诊断一经做出所具有的情感重要性，却并非自那时始。

诊断类别在 19 世纪末的扩展，产生出一系列推测性的、初看起来

---

[11] 可以说，目前的患者权利维护群体部分地是对这一知识分布——因而也是权力分布——不对称状态的反应。

有争议的新临床实体，充当一个变量来定义特定个体对他们自身的感觉以及社会对这些个体的感觉。无可回避的是，这些经常冲突的社会协商不仅引出认识论和本体论问题，也引出价值观和责任问题。酗酒是疾病，还是有意的非道德行为？如果是疾病的话，那么其躯体基础是什么？如果这样的机制不能被证明，那么可以进行臆断吗？那些对同性感到有性吸引力的人，是一些选择去做说不出口之事的堕落者，还是一种特殊的人格类型——其行为完全是遗传禀赋带来的结果？

这种两难处境不光是医学思想史上的情形，也是在更宽泛意义上社会价值观变化中一个重要的、有揭示性意义的层面，当然也是特定个人生活中的一个因素。这类社会协商风格，在今天医生和社会讨论风险和生活方式等问题、政府和专家评估异常行为以及社会干预模式时，显得非常活跃。历史学家几乎无法断定，形成这类诊断对特定个体来说是积极的还是消极的，给个体带来制约还是解放。但是，作为一个例子，将同性恋构建为一种医学诊断，当然改变了个体可支配的用来架构自身、他们的行为及其特质和含义的不同选项。它提供了可能性，以便用新方式来解释同样的行为，以及塑造了在关乎该行为时医生的新角色，不管是更好或者更坏了。

然而，这种情况并非只限于那些有道德和意识形态承载的诊断。举一个常见的例子：20世纪末对心脏病的诊断，变成了个人生活中的一个重要方面，融入与个人性格和社会环境相符合的生活方式当中。节食和锻炼、焦虑、拒斥和回避，或者抑郁，这些都构成了这一整合的不同层面。另外一个例子是，一旦在上一个世纪被诊断为有癫痫，或者我们这代人被诊断患上了癌症或者精神分裂症，个体便部分地成为诊断本身。在这一意义上，慢性的或者"体质性"的疾病扮演着一个更为根本的社会角色（在经济上和内在心理上），超过了那些剧烈然而短期流行的传染性疾病，而后者在历史学家对医学的认知中发挥着重要的作用。对于瘟疫和霍乱我们关注太多，而对于"水肿"和消耗性疾病所给予的关注太少了。

　　从患者的角度来看，诊断活动从来都不是静态的。诊断总是意味着对未来产生后果，经常也映射了过去。在个体的健康或者疾病、康复或者死亡之特定的持续性叙事中，诊断活动构成了一个结构性因素。我们总在成为自身、安排自身，而医生的诊断内容提供了线索，构造了期待。回头去看，这让我们从与当下疾病的可能关系之角度来理解过往的习惯和事件。

　　对躯体疾病图像的技术解释，让我们现有的疾病词汇表一直在增加，而且在精细化。这在 19 世纪有长足的发展。比如，发现白血病是一种特别的临床实体，这给那些被显微镜认定的早期患者带来了新的、突然性改变的身份认同。在有这种诊断选项之前，他们可能会感觉到衰弱的症状，但是他们无法给这些症状一个名字。有了这一诊断，在一个突然改变的叙事中，患者变成了一个行动主体。每一个新诊断工具都有着产生类似结果的潜力，甚至在那些还没有感觉到疾病症状的人身上。比如，在完全没有症状的女性身上，乳腺 X 线摄影可以发现乳腺癌的存在。一旦放射性检查的结果得到了证实，个体的生命就不可逆转地被改变了。[12] 在不那么恶性的疾病上，其产生的情景会相当不同。比如，我们对水痘的存在、流行病学上的特征以及临床病程的知识，构成了一种重要的社会资源。如果一个高烧中的孩子浑身突然出现疹痘，如果其父母此前对于水痘这一临床实体以及通常为良性的、可预测的病程都一无所知的话，此时他们肯定会惊慌失措。

　　对于言说和接受明确的疾病实体以及理解其生物病理学，社会、个体及其家庭必然会做出回应。疾病感知是取决于特定语境的，然而也是

---

⑫ 有了今天的精密实验室医学以及对风险人群的普查，我们已经创造了五花八门的前疾病或者原疾病状态，与之相关的是多种复杂的个人决策和政策决定。一个胆固醇水平高的中年男性是患者吗？哪些是他个人的责任，哪些是社会加之于他身上的？

能决定语境的。比如，在 19 世纪中叶人们发现伤寒和霍乱是独立的临床疾病，大多数情况下是通过供水系统而扩散的，那么就不能仅仅从实际工程角度出发来重新架构政策抉择，而是也要考虑到政治和道德方面。另外一个例子是，疫苗注射给慈善家、政府决策者以及医生个人一系列新的选择。疾病的概念、病因以及可能的预防总是既存在于智识空间，也存在于社会空间当中。

疾病的个体性

疾病无可辩驳地是社会行动主体。这是说，疾病是社会互动的结构性安排中的一项因素。[13] 但是，它能扮演这一社会角色的范围，经常由病痛的生物学特征来划定。因此，慢性病与急性病无论对个人及其家庭还是对社会而言，都展示了非常不同的社会现实。比如，在传统社会里，染上瘟疫或者霍乱的话，一个人要么死掉，要么康复过来。可是，染上慢性肾病或者肺结核，对一个共同体而言，这呈现为长期的福利问题；对特定家庭而言，则呈现为经济和人员的两难处境。尤其是像肺结核或者精神疾病这样的慢性病，制度性举措和政策调节了患者、家庭、医护人员和管理者之间的复杂关系。

我们对于特定疾病生物学特征的理解，定义了公共卫生政策以及治疗选项。急性病给医生、政府和医疗机构提出的挑战显然与慢性病不同。但是，就算是急性传染病也还都有其各不相同的传播方式，因此有特别的社会身份：比如，性态度以及改变个体行为的需要，制约了对梅毒扩

---

[13] 有人可能这样反驳说，行动主体这一比喻是不恰当的，"行动主体"意指着意愿和自主性，在严格意义上只有人才能成为主体。从这个角度出发并停留在戏剧的比喻中，更为精确的说法会是，疾病是剧本，规定了未来的行为。我更倾向于行动主体的比喻，因为其重点在于强调疾病概念在某种意义上充当独立因素的方式，限制了在社会情境当中作为主体的人的选项。

散进行控制的努力。[14] 另一类例子是，克服与水相关的疾病，如伤寒和霍乱，可以依赖细菌病专家和民用设施工程师的技术以及地方政府的决定，对改变个人习惯的需要则极其微小。[15]

对疾病的协商

围绕着疾病的定义以及对疾病的回应都是复杂的、多层次的，其中有认知因素和学科因素，有制度性和公共政策上的回应，也有特定个体及其家庭的调适。与所有这些层次都有关联的，则是医患关系。

在某些情况下，围绕着疾病定义进行的协商可以说是像教学示范一样演示出来的。比如，当法庭在评判一桩以当事人精神错乱为理由的无罪辩护时，或者，当雇员赔偿委员会在裁决某种特定疾病是否可以被视为工作造成的后果时，社会都呈现出协商过程。在前者，庭审变成了各方讨论交锋的平台，不同职业互不相让的看世界方式、不同职业训练以及有冲突的社会角色之间展开博弈。最近关于尘肺病、石棉沉着病的讨论提供了社会协商情形的另一个案：在这些讨论中，利益攸关的参与方彼此交流互动，产生了逻辑上具有任意性、社会意义上具有可行性的解决途径，尽管它们往往都是临时性的。在这类个案中，对一种疾病定义的共识能为妥协调停以及后续的管理行动模式提供基础，正如冲突也能导致就某一特定病痛的存在、起源、临床病程难以达成共识一样。在这样的协商情境下，疾病可以被看成是一项依赖性变量。然而一旦共识达成，疾病就变成该社会环境中的一个行动主体，在社会决策制定时提供

---

[14] 相关个案可参见 Brandt（1985）。
[15] 医生的诊断情境可以反映出另外一种生物学的真实，在一个特定社会中疾病的当地的情形。疾病的分布构成了一个背景，医生在这一背景之下并由此出发来评判诊断选项的相对可信性。

正当性理由以及方向。[16]

在更为一般的意义上，在科层社会（bureaucratic society）中疾病类别居间斡旋，将个体与机构之间的关系合理化、合法化。这很好地体现在第三方支付方案当中，那些含糊不清的、在某种意义上不具有可比性的个体经验被转化为整齐划一的诊断分类表，因而适用于文牍管理用途。在这一意义上，疾病分类表也是一类"罗塞塔"石碑，构成了迥然不同，然而在结构上互相依赖的两个领域之间的翻译基础。诊断的确是可以用计算机来处理，理解人却不那么容易。

疾病作为社会诊断

长久以来，疾病——无论是特定的还是一般性的——都扮演着另外一个角色：有助于给那些关于社会与社会政策的讨论以构架。至少自《圣经》时代始，疾病的发生就被当作社会状况的指数和警示说明。医生和社会评论者把疾病的"正常"与超常水准之间的差异，当作是对致病性环境状况的含蓄控诉。人们感知到的那些在"是什么"与"应该是什么"、在现实与理想状况之间的鸿沟，往往构成了社会行动的强有力理由。某一特定政策立场对时人所具有含义，可以很好地被认为是那些"是什么"和"应该是什么"的结果或者累计。人们总是以那些设想中能得到的理想状况来度量实际上的状况。比如，在 18 世纪末和 19 世纪初，军医们对军营和医院中的疾病高发表示担心；年轻男性人口中死亡和致残疾病的发生频率，突出了对现有军营和驻军地安置状况进行改革的必要性。欧洲新兴工业城市中的社会批评家们指出，棚户区居民的高烧病发作以及婴儿死亡的发生率，将其作为需要改变居住环境的证据；在发病率和死亡率的统计数字上，农村人口与

---

⑯ 这并不是说，在特定个案中能达成决定的需求，在平行事例中会终结冲突。

城市人口之间存在着能说明问题的、无可置疑的差异，这例证了公共健康改革迫在眉睫。[17] 从 18 世纪中期直到目前，在对公共健康和社会环境的讨论中，它一直扮演着这一角色。人们可以很容易地举出诸多平行事例。在这一意义上，疾病变成了契机和议程，用来持续性地讨论国家政策、医疗义务与个人责任之间的关系。实际上，很难想到社会讨论和社会张力的任何重要领域里，如涉及种族、性别、阶级、工业化的话题，没有假定的病因学说不用来映射那些广泛持有的价值观或者态度，并且将其理性化。这是一个几乎无法休止的讨论，最近艾滋病的爆发已经有力地表明了这一点。

同一性与多样性

1963 年，医学史家奥赛·特姆金（Owsei Temkin）发表了题为《研究疾病的科学方法：特殊实体与个人病痛》的论文，这篇勾勒疾病史的论文后来被广泛引用。他对疾病概念的分析，围绕着两种截然不同然而又彼此关联的取向展开：其一他称之对疾病的"本体论观点"，即疾病作为独立的实体，有可预见的、典型的病程（可能还有病因），外在于其在特定患者身上的表现；其二他称之为疾病的"生理学观点"，即疾病必然是个体化的。常识和若干世纪累积起来的知识告诉我们，这些思考疾病的方式之所以能区分开来，主要是分析的目的。显然，我们的确把疾病考虑为实体，能与它们在特定个体身上的呈现分开，而且也许我们必须如此思考。[18] 与此同时，正如大家都知道的那样，疾病作为临床

---

⑰ 也请参见 Coleman（1982）；Eyler（1979）；Ackerknecht（1965）；Riley（1987）。

⑱ 特姆金本人小心地说明，他采用"生理学的"和"本体论的"这两个词，是"为简明扼要起见"。参见 Temkin（1963）；重印本见于 Temkin（1977）。本文作者（查尔斯·罗森伯格）认为，特姆金所指的"科学的"方法也应该被视为文牍管理的方法——让自身服务于大型管理结构的功能要求。

现象只存在于特定的身体和家庭环境中。

另外一种与特姆金划定的区分并行的，是在患者经历的病痛与医疗界所理解的疾病之间的区分，近年来对这一区分予以强调的著名学者大概非凯博文（Arthur Kleinman）莫属了。[19] 这两种做法处理的都是一般与特殊、个体与集体之间的根本性区分。当然，在某种意义上，这些区分应该保留，是因为作为对立的双方不管是本体论与生理学、疾病与病痛、生物学意义上的状况与社会性协商建构，首要都是出于分析和评判的目的。实际上，我们正在描述并试图去理解一个互动体系。在这一体系当中，对疾病实体的规范理解与它们在特定个体生活中的呈现一直在互动着。在每一个交界面上，疾病概念都调停并构建着患者与医生、医生与患者家庭、医疗机构与医疗从业者之间的关系。

尽管对疾病史的研究已经起步，对其重要性的认可也日渐增加，仍然有很多事情有待我们去做。正如我已经指出的那样，对疾病的研究给那些关注社会思想与社会结构之关系的学者提供了多维度的取样工具。疾病研究一直是医生、古典学家和道德学家们关注的传统话题，然而对于社会科学家而言这还是一个相对较新的领域。迄今为止，我们所见的尚且不是已经完成的丰硕的学术成果，更多的则是指导未来研究的纲领。我们需要对这些问题有更多的了解：时间与空间中的个人疾病经验、文化对疾病定义的影响、疾病对文化生成的影响、国家在对疾病进行定义和回应方面担当的角色；我们需要明白，医疗职业组织与制度性医疗保健部分上是对特定发病类型以及对特定病痛之态度的回应。把这个列表扩展下去很容易，不过其中蕴含的重任已经够清晰了。疾病既是根本性的实质问题，也是分析性工具：不光在医学史中如此，在整个社会科学领域中亦然。

---

[19] 最近这方面的著作，参见 Kleinman（1988a）；Kleinman（1988b）；Spiro（1986）；Brody（1987）。

参考文献：

Ackerknecht, Erwin H. 1965. *Rudolf Virchow, Doctor, Statesman, Anthropologist*. Madison: University of Wisconsin Press.

Arnold, David, ed. 1988. *Imperial Medicine and Indigenous Societies*. Manchester: Manchester University Press.

Brandt, Allan M. 1985. *No Magic Bullet. A Social History of Venereal Disease in the United States since 1880*. New York: Oxford University Press.

Brody, Howard. 1987. *Stories of Sickness.* New Haven, Conn.: Yale University Press.

Coleman, William. 1982. *Death is a Social Disease: Public Health and Political Economy in Early Industrial France*. Madison: University of Wisconsin Press.

Crosby, A.W. Jr. 1972. *The Columbian Exchange. Biological and Cultural Consequences of 1492*. Westport, Conn.: Greenwood Press.

———. 1986. *Ecological Imperialism. The Biological Expansion of Europe, 900—1900*. Cambridge: Cambridge University Press.

Curtin, Philip D. 1989. *Death by Migration. Europe's Encounter with the Tropical World in the Nineteenth Century*. Cambridge: Cambridge University Press.

Derickson, Alan. 1988. *Workers' Health, Workers' Democracy. The Western Miners' Struggle, 1891—1925*. Ithaca, N.Y.: Cornell University Press.

Eyler, John M. 1979. *Victorian Social Medicine: The Ideas and Methods of William Farr*. Baltimore: Johns Hopkins University Press.

Figlio, Karl. 1978. Chlorosis and Chronic Disease in 19th Century Britain: The Social Constitution of Somatic Illness in a Capitalist Society. *Social History* 3: 167-197.

Goffman, Erving. 1974. *Frame Analysis: An Essay on the Organization of Experience*. Cambridge: Harvard University Press.

Kleinman, Arthur. 1988a. *The Illness Narratives. Suffering, Healing and the Human Condition*. New York: Basic Books.

———. 1988b. *Rethinking Psychiatry. From Cultural Category to Personal Experience*. New

York: Free Press.

MacLeod, Roy & Lewis, Milton, eds. 1988. *Disease, Medicine, and Empire. Perspectives on Western Medicine and the Experience of European Expansion.* London: Routledge.

McKeown, Thomas. 1976a. *The Modern Rise of Pupulation.* London: Edward Arnold.

————. 1976b. *The Role of Medicine. Dream, Mirage, or Nemesis.* London: Nuffield Provincial Hospitals Trust.

McKeown, Thomas & Record, R. G. 1962. Reasons for the Decline in Mortality in England and Wales during the Nineteenth Century. *Population Studies* 16: 94−122.

McNeill, William H. 1976. *Plagues and Peoples.* Garden City, N.Y.: Anchor Press/ Doubleday.

Riley, James C. 1987. *The Eighteenth-Century Campaign to Avoid Disease.* New York: St. Martin's Press.

Rosenberg, Charles. 1989. Disease in History: Frames and Framers. *Milbank Quarterly* 67, Supplement 1: 1−15.

————. 1992. *Explaining epidemics and other studies in the history of medicine.* Cambridge: Cambridge University Press.

Rosner, David & Markowitz, Gerald, eds. 1987. *Dying for Work. Worker's Safety and Health in Twentieth-Century America.* Bloomington: Indiana University Press.

Showalter, Elaine. 1985. *The Female Malady. Women, Madness, and English Culture, 1830— 1980.* New York: Pantheon.

Spiro, Howard M. 1986. *Doctors, Patients, and Placebos.* New Haven, Conn.: Yale University Press.

Szretter, Simon. 1988. The Importance of Social Intervention in Britain's Mortality Decline c. 1850 - 1914: A Re-interpretation of the Role of Public Health. *Social History of Medicine* 1: 1−37.

Temkin, Owsei. 1963. The Scientific Approach to Disease: Specific Entity and Individual Sickness. In *Scientific Change: Historical Studies in the Intellectual, Social and*

Technical Conditions for Scientific Discovery and Technical Invention from Antiquity to the Present, edited by A. C. Crombie, 629–647. New York: Basic Books.

———. 1977. *The Double Face of Janus and other Essays in the History of Medicine.* Baltimore: Johns Hopkins University Press.

Wilson, Leonard. 1990. The Historical Decline of Tuberculosis in Europe and America: Its Causes and Significance. *Journal of the History of Medicine* 45: 366–396.

Wright, P. & Treacher, A, eds. 1982. *The Problem of Medical Knowledge*. Edinburgh: Edinburgh University Press.

政治设计：

核反应堆与"二战"后法国的国家政策

加布里埃尔·赫克特

在过去的十几年里，这一图景反复地、成功地受到挑战：技术按照自己的鼓点大步向前，让它的回声响遍整个社会。至少在以科学和技术为研究对象的一般领域里，技术决定论已经寿终正寝，尽管我们尚需说服更大范围内的公众认同这一观点。

技术决定论的衰落意味着：对技术设计和技术开发的研究，不能止于此，即展示出那些出于政治、社会、经济和文化方面的考量如何塑造了技术并成为技术的组成部分。我们还必须有更多的作为。迄今为止，我们采取的做法是：把技术品当作透镜，透过它们去看更宽广的历史问题，去理解塑造技术的过程如何也能成为塑造政治、社会和文化的过程。技术设计与技术开发的历史研究，应该变成主流史学中更为不可分割的组成部分——如今，这一时刻应该降临了。①

本文勾勒了一种（新的）研究路径，即详细考察技术设计，这会有助于我们来理解更宽泛的历史问题。我把战后法国的两个核反应堆的设计放置在当时的政治框架当中，表明这些核反应堆并非仅仅是技术品。工程师和管理层把他们的政治议程融入反应堆的设计当中，而且由于许多不同原因，其中也包括 20 世纪 50 年代政府领导层的不稳定。这些技术设计反过来又变成法国政治话语的一部分。每个反应堆都体现了对法国国家的一种特别设想，都变成了塑造战后法国核政策与工业政策的有力工具。②

本文首先简要地勾勒一下战后法国的情况，以及构成了法国核计划核心的两个机构——"原子能委员会"（Commissariat à l'Énergie

---

① 在近期的研究著作中，明确或者不明确地涉及这一问题的著作有 Hughes（1989），McGaw（1987）。我不想说主流历史学家忽略了技术史领域的著作，或者后者对历史学其他领域没有做出贡献——技术史在这方面是最为成果丰硕的。但是，关于技术设计的研究倾向于去解构发明、研发和扩散的进程，因而面对的主要是那些已经对技术感兴趣的读者。这些分析有很多可取之处，但是却没能有助于对大历史问题的讨论。

② 另外一些指出技术设计变成政治工具的其他研究，包括 Pfaffenberger（1990）；MacKenzie（1990）。

Atomique，CEA）以及"法国电力公司"（Électricité de France，EDF）
的产生。在整个 20 世纪 50 年代初期，核计划完全在原子能委员会领导
者手中，因此我接下来会讨论这些（男）人是如何选定了石墨气冷反应
堆，而摒弃了其他选择。最后，本文比较了两种早期的石墨气冷反应堆
的设计——其一由原子能委员会出资，另外一个则由法国电力公司出资。
这两家机构在设计和建造两个反应堆时进行合作：法国并没有财力、人
力以及政治资源来维持两个互不相干的核计划。但是，尽管在建设核项
目时这两个机构彼此需要，它们还是有不同的，有时候甚至是互相冲突
的政治、工业和技术议程。由此一来，每个反应堆也就各自变成了一种
政治、工业和技术理念的声明。

战后的法国

第二次世界大战在经济上和心理上摧毁了法国。德国占领军造成一
半以上的法国铁路无法使用，大部分（使用期）尚未超过 25 年的机械
工具被德国人征用，农产品总量的 15% 被运往国外——这个列表还能继
续下去。在 70 年内，法国承受了第三次败在德国人手中的屈辱，而这
一次最痛苦不堪。这次失败让法国人在外国军占领下生活长达 4 年之久，
还得面对许多本国人与占领者合作而让他们受辱的卑鄙景象。③

毫不奇怪，在获得自由之后，左翼政治家们和戴高乐的追随者们有
着同样的诉求，把重建法国国民经济与重振民心视为最紧迫的任务。况
且，他们认为，法国的失败在很大程度上归因于在战前私营工业和政治
家实行的"经济封建主义"以及"马尔萨斯主义"。他们得出的结论是，
国家应该为重建提供推动力并指导重建。国家要介入并促进那些以法国
工业现代化和扩展为目标的投资；国家应该完成双重目标：重振经济并

---

③ 参见 Rioux（1980）；Larkin（1988）。

让法国恢复元气，使其能跻身于伟大国家之列。④

这种重建努力在很多阵线上向前推进。一个全新的政府性机构"全面计划委员会"（Commissariat Général au Plan）设定全国的生产目标，并协调不同私有与公有工业部门的经济发展。⑤电力、煤炭和天然气行业被国有化，国家成为这些公司的唯一持股人。因此，至少在原则上，新的经济结构要服务于法国民众，而不是私人利益。⑥

为了保证推动工业力量的做法获得成功，政治家们依靠了在法国已经存在近200年的资源，那就是大型国有资产（grands corps de l'état），尤其是两个工程公司：其一是矿业公司（Corps des Mines），另一是桥梁与道路公司（Corps des Ponts et Chaussées）。这些大公司的成员几乎全部来自巴黎综合理工学院（École Polytechnique），早已经信奉为公众服务的工程理念。然而，多年来他们在国家行政管理方面的权力日益衰减。在19世纪，他们的工程师建造了法国铁路，开发了法国的矿山。⑦但是，在"大萧条"期间，他们力图通过计划将国家经济"合理化"（"rationalize"）的努力遭遇失败，因为他们的坚持为政治上的"非理性"进程所不容。⑧在战后的法国，大公司的工程师们东山再起，他们在政府各部里、在计划委员会中担任要职，也在国有化进程中担任领导者。

这类机构之一便是法国电力公司。在战前，法国的电力供应在众多私人公司手中，他们使用不同电网，运行时采用了不同的频率和电压。对于战后临时政府中的许多成员来说，这些公司活生生地代表了资本主

---

④ 参见 Asselain（1984：109），也参见 Rioux（1980）。

⑤ "全面计划委员会"的第一任领导人是让·莫内（Jean Monnet），因而第一个"五年计划"也被称为"莫内计划"。关于这方面的更多情况，请参见 Rioux（1980）；Asselain（1984）；Bonin（1987）；Rousso（1986）；Massé（1965）。

⑥ 参见 Kuisel（1973）。

⑦ 关于这些工程公司的更多情况，参见 Smith（1990）；Thoenig（1987）；Thépot（1985）；Suleiman（1978）。

⑧ 参见 Kuisel（1973）。也参见 Brun（1985）。

义的罪恶，置短期利益于为整体公共提供服务之先。况且，电力配送与传输网络的异构性，使得电力供应不具备可靠性。工程师、工会和政客们都认为，新法国应该采用单一的标准化电网，由独家的国有化机构来运行。究竟采取哪些方式来组建这一机构，就此曾经有过一番激烈的讨论，最终在 1946 年 4 月通过了国有化法案。该法案将私营公司重组为单一的法国电力公司，财政部负责其费用支出，工业部负责其发展计划。新公司的使命是，为法国提供可靠、廉价而充足的电力供应，它马上就着手启动了一个大型水力发电计划。⑨

如果说法国电力公司更多是一个公众讨论的话题，原子能委员会则发轫于后台的协商。在广岛和长崎之后，政治家道提（Raoul Dautry）和身为共产主义者的物理学家弗雷德里克·尤里奥（Frederic Joliot）毫不费力地让 1945—1946 年间的战后临时政府首脑戴高乐相信，核计划既能提高法国在国际政治中的地位，也能加速其工业和经济的恢复。国民议会在戴高乐的倡议下，于 1945 年 10 月赞同成立原子能委员会。这一机构宣称的使命，是追求"科学和技术研究，意在科学、工业和国防等若干领域应用原子能"。⑩ 为完成这一使命，成立条例接着写道："（原子能委员会应该）与政府非常靠近，也就是说，与政府融合，然而拥有很大的行动自由……它必须与政府非常靠近，因为这一科学领域的发展会影响到国家的命运，因此它无可回避地要听命于政府。另外一方面，它也必须获得很大的行动自由，因为这是其高效运行的必要条件。"⑪

原子能委员会是唯一一家享有高度自治的公共机构，是唯一不归属特定部委、不与其他国有企业受同样财务审查的机构。它的内部组织反映了科学与政治的暧昧的联姻：它是一个双头主管体系，其领导人是高

---

⑨ Picard & Beltran & Bungener（1985）；Frost（1991）.

⑩ Ordonnance 45—2563, *Journal Officiel*, October 31, 1945, p. 7065, 转引自 Scheinman（1965：8）。

⑪ 同上，转引自 Scheinman（1965：12）。

级专员尤里奥与行政总长道提。

法国电力公司和原子能委员会都源于战后法国对于工业发展与国家之间关系的设想，这一关系类型要能够保证国家的重建。在每一个机构中，绝大多数高级官员都曾经属于某一著名工程公司，因此都已经浸润在工程学要为公众服务这一伟大的法国传统当中。[12] 与这一传统相符合的是，在与技术相关的事务方面，这些官员自视为公共利益的保护者。但是，法国电力公司作为一个国有化的公司，反映了战后联合政府当中的左翼；而原子能委员会，尤其是在尤里奥1950年离开之后，代表了戴高乐的一派。[13] 因此，每个机构中的官员都倾向于对公共利益有不同的界定。正如我们将要看到的那样，这些界定比政府的那些正式决策更多地决定了核计划进程。

对设计进行协商

在20世纪40年代末期和50年代初，法国的核研发仅依靠原子能委员会。因此，它的科学家和工程师给核计划设定了最初的参数。一开始，这一计划集中在确定铀矿的位置以及建设研究用反应堆上。尽管在最初的条例中提到了"国防"，制造原子弹似乎没进入议程，无论是从技术上还是政治上都不可行。在第四共和国的12年（1946—1958）里，

---

[12] 原子能委员会的工程师大多属于矿业公司，法国电力公司的工程师大多属于桥梁与道路工程公司。这一差异还加剧了这两个机构成员之间的紧张关系。参见 Picard & Beltran & Bungener（1985）；Simmonot（1978）。

[13] 推动实行法国电力公司国有化的工业部长马塞尔·保尔（Marcel Paul）是由戴高乐任命的。不过，他也是共产党的工人工会"劳工总同盟"的活跃成员，戴高乐对他的任命部分出于这一理由。总体而言，第四共和国是那些在国民议会中当选的各政党的联合组阁，在1944—1946年期间，共产党是国民议会中最大的政党。因此，戴高乐也必须让共产党人进入他的内阁。在当时他对此并不反感，因为共产党员一直是抵抗运动中最积极的成员。

法国经历了二十多位不同的国家首脑；这期间，有 11 年法国驻联合国代表声称法国永远也不会制造原子弹。但是，随着"冷战"氛围日趋严峻，这些声明让美国感到无法释怀。当原子能委员会的高级专员尤里奥在 1950 年公开宣称，他绝不会制造原子弹，因为这类武器注定只能让苏联拥有时，美国领导人抗议在如此具有战略敏感意义的机构领导层中有共产主义者任职。1950 年 4 月，尤里奥被解雇；一年以后他的职位被另外一位著名的（但是较少发声的）科学家佩林（Francis Perrin）所取代。[14] 1951 年 8 月，原子能委员会的行政总长道提去世。

这些发展导致原子能委员会没有明确的方向。不过，它找到了一位重要的政治上的联盟者，议员费利克斯·加亚尔（Félix Gaillard）。[15] 1951 年，加亚尔成为国务秘书，他以该身份作为政府的官方代表进入原子能委员会的指导委员会。[16] 他深信法国的未来取决于其核计划蕴含的力量，他督促委员会起草一份颇有雄心的核能五年发展计划，通过承诺会在不久的将来——而不是在五十年之后——就会获得物质利益，来促使议会通过该计划。加亚尔说，争取一份 200 亿法郎的核能计划——包括在产业规模上发展核能——要比 30 亿法郎只用于基础研究的计划容易得多。[17] 佩林和其他科学家表达了他们对于原子能委员会能否从事这样大型项目的疑虑。但是技术官僚，如外交部的德洛斯（François de Rose）支持加亚尔。他说，原子能委员会应该目标高远。的确，在次级拥核国家中法国居于前列。但是，他认为，如果德国决定启动大规模核

---

[14] 关于这一事件的详细情况，见 Weart（1980）。

[15] 加亚尔是如下历任总理手下的国务秘书：勒内·普利文（1951），埃德加·富尔（1952），安托万·比内（1952）和勒内·梅耶（1953）。由于政府颁发的下列法令，他获得在原子能委员会中的权力：1951 年 8 月 14 日；1952 年 1 月 23 日（52—105）；1952 年 3 月 22 日（52—328）；1953 年 1 月 10 日（53—10）。参见 Lamiral（1988）。

[16] 这个委员会由 10 位成员组成，高级官员或者是科学界、工业界头领，其主席要么是总理，要么是总理的代表。

[17] 这里的数目指的是旧法郎。

计划，情况就会有所改变。在这种情况下，法国未来的领导人会感谢原子能委员会富有前瞻性地规划了深入的核研发。

指导委员会的成员们被这些论点说服，同意下一步建设一个完整规模的反应堆。但是，哪种类型的反应堆呢？英国建造的一级反应堆，其运行所需的天然铀在法国有很多；在美国研发出来的所谓的二级反应堆，其运行靠的是在哪里都无法买到的浓缩铀。要运行二级反应堆，原子能委员会就需要浓缩铀，而浓缩铀是无论在哪里都买不到的。这样一来，那就必须建立一个铀浓缩厂，这会花上几年时间。一级反应堆可以生产武器级钚，此外还有电力。指导委员会没有更多迟疑，决定建设一级反应堆。

法国政府还没有决定要建造原子弹。在 1951 年的这些会议上，没有一位国家首脑严肃地考虑这件事。[18] 但是，原子能委员会指导委员会成员作为法国核利益的守卫者，认为储存一些钚当然没有坏处。表面上，这些钚是要用于遥远未来的增殖反应堆，但是委员会里的每一个人都想到了它在军事上的潜在力量。他们没有确定最终用途，设定了在五年之内生产 15 千克钚的目标。[19]

委员会在做出这一决定后，下一步就得确定核反应堆所用的慢化剂。这要在石墨和重水之间做出选择。在继续讨论该话题之前，我得先短暂地离开正题，对裂变反应堆的一些基本知识进行一番解释。

法国拥有的天然铀包含两种铀同位素：铀 238 和铀 235。当一个铀 235 铀原子吸收一个中子时，引发较轻的铀原子裂变，会释放出大量的能量以及更多中子。这些中子会被更多的铀 235 原子所吸收，引发更大的裂变。按照当时科学家和工程师的理解，如果铀量足够大——如今人

---

⑱ 参见 Scheinman（1965）。

⑲ 戈德史密特（Betrand Goldschmidt）在他的不同著作中也断言，钚生产的军事目标在每个人那里至少都是默会的。参见 Goldschmidt（1987；1980）。这一说法也得到了我在 1989—1990 年间访谈过的许多原子能委员会工程师的证实。

们知道需要非常大的量——这一裂变反应会自行维持。那些被铀238原子所吸收的中子，不会引起裂变。相反，一个铀238原子在吸收了一个中子后，会变成铀239，这最终会转变成钚239，即武器级钚。

委员会成员知道，为了让铀235原子吸收中子，中子的运行速度必须低于其释放速度。因此，这需要有慢化剂让中子减速。况且，理想的慢化剂应该不吸收任何中子。最后，为了给反应堆堆芯降温，也需要冷却剂。

在指导委员会于1951年9月开会时，原子能委员会已经建造了一个重水实验反应堆。[20] 物理学家倾向于采用重水作为慢化剂，因为它吸收的中子少。但是制造重水需要电解，这本身要求有电力。[21] 况且，工程师们对委员会提议说，建造重水制造厂似乎非常复杂而且昂贵，而法国已经开始生产石墨。这就是选择石墨而不是重水作为慢化剂的正式理由。

不过，一位从事早期石墨气设计的工程师曾经谈及另外一个理由。许多参与重水实验反应堆研究的人都是共产主义者。他们当中的一些人——并非全部人员——与尤里奥一起在1950年被解雇了。由于首个产业规模的反应堆生产的钚有可能用于未来的原子弹制造，委员会的某些成员想找一条易行之路，将身为共产主义者的科学家和技术人员排除在新项目之外。因而，（委员会）没有选择这些人已经积累了经验的那

---

[20] 关于原子能委员会的实验反应堆计划的更多情况，参见 Weart（1980）以及 Godschmidt 的著作。

[21] 在做这项研究期间，我访问了大约70位在20世纪50年代和60年代为原子能委员会或者法国电力公司工作的工程师。出于法律上和程序上的原因，我不能标明某一说法来自某人。不过，我可以给出那些被用作本文资料基础的受访者的名单，括号中为采访日期：Pierre Bacher（1990-5-11），Claude Bienvenu（1989-10-27），Rémy Carle（1990-2-27），André Crégut（1990-6-18，1990-6-20），Adrien Mergui（1989-12-18），Jean-Pierre Roux（1989-12-20），Boris Saïtcevsky（1990-2-27），André Teste du Bailler（1989.11.28），以及 Pierre Zaleski（1989-12-22）。

种（重水反应堆）技术来执行（建造第一个核反应堆）这一任务。[22]

原子能委员会指导委员会因此确立了一个1952—1957年的五年计划，指定原子能委员会建造两个反应堆，燃料为天然铀，以石墨为慢化剂。这一计划也包括了一个从反应堆使用过的铀燃料中提取钚的工厂。加亚尔对这些目标感到愉快，他很轻易就说服了议会委员来赞同这一计划。他认为，法国需要核能，因为它带来声誉和荣耀。他强调法国在能源资源上的薄弱，指出扩展核计划意味着发展法国的工业基础以及保证未来的能源供应。他没有专门提及反应堆能生产武器级钚，认为如果"铁幕"两边的国家都有核武器计划，法国不应该公开宣布放弃制造原子弹的权利。也许其他议员们相信设计这一计划的专家们，他们并没有向加亚尔质询任何细节。他们几乎没有进行讨论，就在1952年7月投票通过了一个3770万法郎的预算。[23] 既然已经资助这一计划，议会把实行这一计划的任务交给了领导原子能委员会的科学家和大公司工程师们：毕竟，他们当中的大多数接受过要服务于国家的明确教育，应该相信他们能够胜任。议会还有其他的、紧迫的政治问题需要解决。

原子能委员会的成员选择了石墨气设计，因为他们知道这有可能获取武器级钚。但是，是1951年11月被任命的新行政总长皮埃尔·纪尧玛（Pierre Guillaumat）的力量，保证了反应堆确实能生产钚。纪尧玛毕业于综合理工学院，属于法国矿业公司，也是戴高乐的老朋友和盟友。他不遗余力地推进钚生产计划，而其后的政府首脑则一直声言法国唯有和平利用核能的兴趣，而此时在政府的各部里对这一立场的讨论已经不

---

[22] 访谈资料。

[23] 此前不久，法国共产党正努力征集对《斯德哥尔摩和平呼吁》的签名，这是一项世界范围内禁止核武器的请愿；共产党的议员们试图在计划中引入一个条款，把法国和平利用核能的承诺正规化。议会中的其他成员将这一努力解释为共产党的宣传，该条款被搁置。议会没有对该计划的军事影响进行讨论。关于在这一问题上议会的行动——或者说，不予行动——参见 Scheinman（1965）。

加遮拦地开始了。

纪尧玛成立了一个工业家领导委员会来协调项目建设，任命另外一位毕业于综合理工学院的皮埃尔·塔朗热（Pierre Taranger）为主任。纪尧玛和塔朗热向他们的顶尖工程师们清楚表明，他们应该尽快建设一个钚生产设施。不到五年，第一个反应堆 G1 以及钚提取工厂都在马尔库尔（Marcoule）运行起来了。对第二个、更大的反应堆的研究正在进行中，纪尧玛甚至与国防部商谈好了一份协议，来建造第三个生产钚的核反应堆，因而给原子能委员会的资金是现在的两倍还要多。[24]

议会之所以通过了加亚尔的计划，一部分原因是以为它代表了通往更为广泛的核能计划的第一步。但是，直到 G1 的设计几乎完成了，都没有人提到用其发电的问题。此后，自 1950 年起进入原子能委员会的法国电力公司研究部负责人皮埃尔·阿耶雷（Pierre Ailleret）提议在 G1 追加一个 5 兆瓦的发电厂。[25] 在谁应该给法国提供核能源的问题上，已经出现小分歧：是法国电力公司这一官方的全国电力供应者，还是原子能委员会这一所有与核相关事务的官方守护者？对阿耶雷来说，G1 提供了一个让法国电力公司团队介入核探险的完美机会。原子能委员会对此表示同意，不过重申这一项目不得干扰钚生产。原子能委员会在提出同样警告时，也同意让法国电力公司为 G2 建造一个 25兆瓦的电厂。[26]

20 世纪 50 年代初期至中期不稳定的政治气候，加之政府在核政策上的举棋不定，让原子能委员会的领导者着手塑造法国的（核）计

---

[24] Vallet（1986：50）.

[25] 阿耶雷实际上是在原子能委员会中的第一位代表。原则上，法国电力公司当中也应该介入到原子能委员会当中的人物有董事会主席（1951 年 1 月 3 日的决议）、总裁或者其副手（1951 年 4 月 19 日）、两位副总裁（1952 年 12 月 12 日以及 1952 年 11 月 18 日）。参见 Lamiral（1988）。

[26] Picard & Beltran & Bungener（1985：187）.

划。[27] 正是他们而不是法国政府，通过决定建造何种类型反应堆而制定了法国的核政策。他们不能公开地追求核军事利用这一选项——也并非所有人都想这么做。但是，他们能向这一方向迈进。

这只是故事的开头。考虑到这一设计内在的模糊性，我们必须设法理解原子能委员会和法国电力公司的工程师和管理层如何利用这些模糊性，以便更进一步地拓展他们的政治目标和工业目标。如果我们对两个早期石墨气反应堆 G2 和 EDF1 获得委托的过程、设计及其围绕着二者的修辞进行一番比较的话，这可以让我们看到反应堆如何变成了工程师们制定政策的工具。

攒造反应堆——原子能委员会风格

塔朗热和纪尧玛选择让不同公司设计 G2 的单个组成部分的方法，标志着一个新产业政策在法国被启动了，即"优胜者政策"。[28] 这两位认为，说服私营工业加入到一个无法立即获利的活动中的最好办法，就是挑选技术上最"先进"的公司来设计单一的组成部分，不管其花费如何。他们认为，这样的政策意味着，法国的公司不会在彼此竞争上浪费时间和资源。况且，这会给工业界提供一个发展新技术的良好环境。法国工业会获得有价值的知识，这可以用于未来的技术出口。纪尧玛和塔朗热坚持认为，这一政策会在短期内加强法国的工业基础，在长期发展法国经济。

在塔朗热的领导下，原子能委员会的工业领导委员会将挑选出来的公司组合为一个以阿尔萨斯机械制造公司（Société Alsacienne des

---

㉗ 这是 Scheinman（1965）的论点，但是他是从政治学研究中得出这一结论的，没有考察做出石墨气决定的会议，更没有考察反应堆设计本身。因此，关于工程师和管理层采用了哪些工具和策略来塑造核计划，或者他们有这些权力带来了怎样的影响后果，他不能告诉我们很多。

㉘ 访谈材料；Lamiral（1988）。

Constructions Mécaniques，SACM）为首的联盟，后者本身就是一个电气与机械工程公司的集团公司。原子能委员会与阿尔萨斯机械制造公司签署了一项合同，而后者再与其他公司签署分项合同并协调 G2 的总体设计和建造过程。设计过程是合作性质的：在原子能委员会的工程师定义了某反应堆部件的功能之后，工业家们会建议一个初始设计，这将在一系列会议中讨论。有两种会议：一种是原子能委员会团队与某一公司商谈某一特定部件，每月一次的大型会议将所有原子能委员会团队、所有公司的代表聚在一起，有重要事务时也有法国电力公司的代表。[29] 反应堆得以快速建成。[30] 这一决策过程的短期优势在于，形成工业界能够完成的解决问题途径。一位参加过这些会议的法国电力公司工程师说，如果让原子能委员会自行解决的话，他们就会考虑那些复杂途径，那会超出法国工业能力，反应堆绝无可能如期建成。尽管如此，他补充说，那些被选中的解决方案经常是耗费巨大而且烦琐。[31]

不过，对原子能委员会来说费用根本无须考虑；在 G2 问题上，法国电力公司也没有多少发言权。从一开始，原子能委员会的工程师就表示得再清楚不过，法国电力公司只能担任次要角色。原子能委员会与阿尔萨斯机械制造公司签订了主体合同，但是"能量回装备"（法国电力公司的部分被如此称呼）被当作反应堆的一个辅助设备。所以，当法国电力公司的工程师们每个月与工业界人士会晤时，没有人期待他们对自己负责的安装设计评头论足。工业界得优先考虑那些与原子能委员会的合同，而不是与法国电力公司的合同。[32] 况且，法国电力公司的工程师

---

[29] 访谈材料；Lamiral（1988）。

[30] 实际上，我访问的所有的原子能委员会的人员都强调说，必须得快速地选择并实施解决办法，因为他们急于得到足够数量的武器级钚，以便来制造一个或者多个原子弹。

[31] Lamiral（1988：26）.

[32] 访谈材料；Lamiral（1988：27）。

对于给其工作造成直接影响的设计改变，并非每次都知情。[33] 我们将会看到，这意味着这个反应堆中没有任何一个部分被设计成让电力生产最优化——这与发电设施正好相反。

这样一来，反应堆的"核"部分比"经典"部分有优先权。[34]"最好的"公司被选来建造最棘手的、"最核的"那部分，根本不考虑费用。对这些部分签署的合同是原则性合同：其原则是公司同意建造有特定功能的设备，但是不提前确立细节规范。相反，反应堆中"不那么核的"部分，比如能量回装备或者预应力混凝土安全壳，在这些合同里则详细地列出了细节事项和费用。[35]

那么，考虑到全部这些因素，会建成一个什么样的反应堆呢？图3-1 是 G2 的示意图。反应堆的大部分都位于一座大建筑物当中，其设计是为了保护设施不受天气的影响（和许多苏联的反应堆一样，马尔库尔的反应堆也没有安全壳）。堆芯放置在大圆柱体内，是由水平逐排堆放的石墨棒叠加起来的。经由这些石墨棒堆分出 1200 个孔道，铀燃料添加进这些孔道中。添加铀进来的小圆柱形控制棒，完全被铝制的外皮封上。每一条孔道最多可以有 28 个这样的铀棒或者燃料块。当足够多的燃料块装进反应堆时，情况就"至关重要了"，一个自我维持的裂变反应就启动了。发生在燃料块内的裂变释放出大量热量，由外壳来吸收。二氧化碳气体通过后面的开口而进入孔道，环绕着燃料块流动，通过吸收这些热量让反应堆冷却下来。在离开堆芯时，冷却剂进入"能量回装

---

[33] 比如，在原子能委员会的工业指导委员会日期为 1958 年 3 月 4 日的信件——随信附有一份关于"G2—G3 能量回收设备安装"的报告（受访人 [Claude Bienvenu] 的私人文献）中，Georges Lamiral 写道："我们想让您注意到如下事实：作为事关燃料添加的最新改进的一个结果，Rateau 公司将一项研究汇总，以便来决定在（能量）回收中二氧化碳的新特征。这一研究的新结果还没有告知我们。"（由本文作者译成英语）

[34] 从 20 世纪 50 到 60 年代，原子能委员会和法国电力公司的工程师们都用"核的"（nuclear）和"经典的"（classicscal）这样的用词。

[35] 访谈资料。

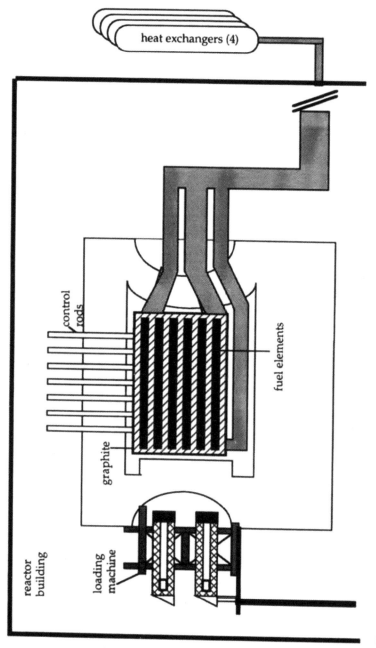

图 3-1：原子能委员会在马尔库尔的 G2 反应堆。加工过的示意图，原图见 *Bulletin d'informations scientifiques et techniques du CEA*, no. 20 (1958)。

备"，在那里热量被转换成电力。

即便只浏览一番我们也能从中看到，G2 反应堆的发电功能是置于次要地位的。能量回热装备位于覆盖反应堆的建筑之外，无论在实体上还是象征上都远离裂变反应。为了详细地展示钚生产的政治议程要优先于电力生产的政治与工业议程，我会聚焦在 G2 反应堆设计上的两个方面：给反应堆的上料和出料，以及能量回装备自身。

对原子能委员会来说，制成用于武器级钚的核心点是：在尽可能少产生"有毒的"钚同位素的情况下，尽可能多地获取钚 239。当铀 238 原子吸收中子时，钚 239 会生成和衰退，这不是一个稳定的同位素：随着时间它会变成钚 240 和钚 241。这些之所以被称为"有毒的"，其原因之一是：如果存量集中到一定程度，它们会随时裂变。[36] 如果一枚炸弹含有的这类同位素比例太大，那么就会出乎意料地爆炸。致力于马尔库尔钚提取工厂工作的原子能委员会团队已经完成了一个基于化学的过程，以便从使用过的铀燃料中将钚分离出来，这一过程无法将不同的钚同位素予以区分。G2 团队对此没有多少知识，况且处理这一问题的时间非常紧迫。在这些条件下，他们能设计出来的唯一的解决办法是，在出现太多的钚 240 和钚 241 之前将燃料块移开，以便将毒性降到最低。每一个铀料块辐射——也就是允许其裂变——的时间越短，产生的毒性就越小。原子能委员会工程师计算出最优的辐射度，以便让同位素保持恰到好处的平衡，任何给定的燃料块在反应堆里不应该超过 250 天。[37]

---

[36] 更为具体地说，铀和钚的偶数同位素不裂变，由于这个原因钚 240 是一个"毒"。钚 241 会随时裂变。

[37] 功率是对单位时间内能量的度量。在核反应堆这一个案当中，它测算的是在一个给定的时间期内会发生多少衰变。G2 是在大约 200 热兆瓦（MW）的功率下运行，含有 100 吨的铀。最优化的放射量（以功率乘以在反应堆中的天数，除以铀的吨数）为 500MW × 天数／吨数。为了找到天数，工程师们进行了下列的计算：500MW × 天数／吨 ＝（200MW）／（100 吨）× N 天数。于是，N ＝ 250 天，一个燃料块应该在反应堆中保留 250 天（数据来自访谈材料）。

从电力生产的角度看，这一短暂的辐射期意味着燃料使用效率极低：理想的是，燃料块留在反应堆里直到铀已经完全反应，以便获取最大热量。

　　这些考虑导致原子能委员会工程师给阿尔萨斯机械制造公司施加技术政治上的约束，后者承办这一系统的设计和建造。1200个孔道每个有28个燃料块，要每隔250天停下反应堆，逐个孔道地给堆芯卸料和上料，然后重新启动反应堆，那会浪费太多的时间。[38] 节省时间对于原子能委员会来说，在技术上和政治上都非常重要，因为他们不光要避免出现毒性的钚同位素，也要尽快获得最大量的武器级钚。于是，原子能委员会的工程师们要求设计和建造一个能在反应堆运行时行之有效的上料系统。[39]

　　阿尔萨斯机械制造公司的工程师们选择了一个耗资大而且烦琐的解决途径，但是完美地满足了原子能委员会的要求。在圆柱形的防护罩的北面，他们建起了一个带有管状洞口的水泥建筑。在这个建筑上，有管道通往堆芯的每一个孔道。在最左边的位置上，管子与放置在一个可移动的起重机上的给料设备连通，该设备建在与这一建筑物相连的平台上。设备本身由两个相邻的锁闭室组成。坐在起重机顶部的操作员可以让起重机吊臂上下，或从一侧到另外一侧沿着水泥建筑移动，让这两个锁闭室与堆芯的任何孔道对接。由于操作是在反应堆运行时发生的，这些锁闭室一直暴露在辐射中。因此，它们被56吨重的金属和水泥壳包裹起来。[40]

---

[38] 从今天的核反应堆技术上看，我们可以设想法国电力公司也会关注在反应堆运行时给堆芯上料，以避免在电厂停工时造成钱财上的损失。正如我们会在法国电力公司的反应堆一节中看到的那样，法国电力公司的工程师们在20世纪50年代中期到后期所持有首要的技术上和经济上的考虑，让他们更愿意让反应堆停下后再上料，而不是在反应堆运行当中。

[39] 访谈材料；Ertaud & Derome（1958：69-88）。

[40] 访谈材料；Ertaud & Derome（1958：69-88）。

锁闭室与存有新燃料块的储藏室连在一起。新燃料块装在一个升降梯上，运送到储藏室。锁闭室在一个轨道上前后移动，获取燃料块，将它们送进孔道，一支机械臂伸进管道并将其拧开。新燃料块被装进孔道，将已经辐射过的燃料块推出。由于全部过程都发生在高压下的反应堆中，必须有一个复杂的锁闭和传感体系来保证设备与储藏室或者孔道的每次对接都完全密封。[41]

G2 设计中受钚生产目标约束的地方绝不仅限于燃料添加这一步骤。另外一个例子可以在二氧化碳的冷却循环和能量回热装备自身中看到。在实质上，这一设备包含四个热交换器，一个涡轮发电机和辅助设备。热二氧化碳气体从反应堆芯中出来进入到热交换器，在那里通过流动水冷却。在这一过程中，水变成蒸汽，在经过一系列的压力反应阶段以后，热蒸汽会抵达涡轮发电机，其热量会转换成电力。

如果反应堆的主要目的是生产电力，法国电力公司工程师会计算出最高效获取能量所需的压力、温度和二氧化碳流量。不过，G2 的钚优先计划给这一能量回热循环带来了严重制约。首先，反应堆得持续运行，以避免对燃料块造成热冲击。其次，因为原子能委员会的工程师们对于能量转化效率不太感兴趣，所以他们没有设计出环绕燃料块耐高温的铝制外壳。这两项制约导致了原子能委员会给定了压力和二氧化碳气体的特殊值——这并非电力生产的最佳值。[42] 再次，更为重要的制约是，原子能委员会想让反应堆一直以最大功率状态运行。最大功率意味着，每秒钟从铀 238 衰变成钚 239 的量会更大。与快速地卸除燃料块（的流程）组合在一起，这就意味着，能出现最大量的钚 239，并且在其过多衰变为毒性同位素之前将它们移开。然而，如果反应堆持续地以最大功率运行，与热电机连接的电网就难以应付这些情况。因为电量消费有变

㊶ 访谈材料；Ertaud & Derome（1958：69–88）。

㊷ Passérieux & Scalliet（1958）；Kieffer（1963）.

化，电网不能一直吸收所有的能量。于是，所有这些制约迫使法国电力公司工程师们在电路上加上一个"减温器"，就放置在蒸汽发电机之前来吸收多余的热量。况且，第四个热交换器只是作为在发生故障情况下的安全保证。事实上，三个交换器已经足以让反应堆和电厂运行。最终，为了让反应堆以最大功率和低温运行，必须向堆芯中吹入大量的二氧化碳气体。这不利于能效：首先，二氧化碳量大，就要求有更多的电力来驱动吹风机；其次，排出的二氧化碳温度低，其中含有的能量就少。[43]

于是，原子能委员会的工程师们将纪尧玛对法国原子弹的热忱转化成一个反应堆设计，其理想功能是生产武器级钚。上述的 G2 反应堆的故事也可以很容易成为马尔库尔的另外两个反应堆 G1 和 G3 的故事。当法国政府还在对建造原子弹举棋不定时，原子能委员会的工程师们却向原子弹迈出了重要的第一步。在 1958 年 4 月，G2 的建造已经基本竣工，此时加亚尔已经是总理，他签署了在 20 世纪 60 年代初期拥有一枚原子弹的指示。如果没有马尔库尔的这些反应堆，法国就根本无法如期进行首次核爆。

对马尔库尔的工程师和技术员来说，其工作的军用性质不是秘密。在工程师们为设计问题而绞尽脑汁的办公室，在大型反应堆即将出现的建筑工地上，都洋溢着兴奋感和紧迫感。他们正在创造一项全新的、对于国家而言重要性无与伦比的新技术。尽管他们间接地知道一些美国、英国和加拿大的核工作，显然他们无法获取英美研究者们已经找到的技术解决途径。[44] 因此，他们得依赖自己对于实验反应堆那有限的经验以及自己的天才能力。有时候他们倾向于某些解决方法，因为他们听说过英国人在做类似的事情；更多时候，正如上文所述，他们更愿意采用一

<hr>

[43] Passérieux & Scalliet（1958）.

[44] 按照接受访谈的原子能委员会参与者的说法，在建造石墨气反应堆直到马尔库尔项目，他们没能获取英国已经积累的知识。有传言说，英国秘密地将某些科学和技术知识输送给法国。即便这是真的，在 20 世纪 50 年代中期所传递的知识量还是相当小的。

些似乎能提供最快达成目标的办法，哪怕这些办法并不简练。经常出现的情况是，在将设施施工完毕并与反应堆接通之前，他们根本不知道这一设备是否可行。因此，主导其工作的不确定性带来了后来往往被视为工作上的"开拓氛围"，正是这种氛围以及与之相伴的兴奋伴随着他们，在整个项目期间每周工作上六十到七十个小时。当法国的第一枚原子弹——用的是在马尔库尔制造的钚——于 1960 年 2 月 13 日试爆时，一位工程师说，他和同事们为国家以及他们自己在这一成就当中的那份贡献感到骄傲，他们"高兴得热泪横流"。[45]

由原子能委员会率先发起、由法国工业界实现的马尔库尔特色作为法国的成就，相关报道在科学与工程的出版物上铺天盖地而来。[46] 对马尔库尔的一些描述甚至提到了过去法国在工程方面的成就。比如，在一个专门报道 G2 和 G3 的期刊特刊的导言中，原子能委员会的高级专员佩林写道："（原子能委员会）认定有必要将法国工业与这些伟大成就连在一起，这些成就奠定了开发核能工业用途的道路。法国工业对这一吁请做出了回答，尽管截止期和供应限制经常是严峻的……最重要的是，这一合作成果是显而易见的，经由两个大型建筑物，它们以 50 米的高度雄视罗讷河岸。（它们）是对面河岸古代奥兰治城墙的现代复制品。"[47] 在一份矿山工程的期刊上，马尔库尔基地的主任让读者对反应堆的规模有了一个概念："巴黎的雄狮凯旋门可以很容易地放进这个防护着 G2 反应堆的巨大金属构架里面。"[48]

不过，在加亚尔 1958 年 4 月签署原子弹令之前，对于那些没有直接介入核计划的人来说，在马尔库尔生产的钚会用于制造原子弹这一事

---

[45] 访谈材料。

[46] 突出的是这些文章对这些反应堆或者所在地是法国进行特意强调的频率。参见 Papault（1957）；de Rouville（1957；1958）。还有许多其他文章。

[47] Perrin（1958）。

[48] de Rouville（1958：486），从法文到英文的翻译由本文作者完成。

实仍然是保密的。因此，G2 既构成了法国的核军事政策，也代表了那一政策的模糊性。从表面上看，那里生产的钚是要用于未来的实验和反应堆。G2 本身可以有着全部的正当性，它呈现为发电反应堆的原型——毕竟，法国电力公司一直都介入了这一项目，难道还有其他理由吗？G2 实际上产出的电力不多（一天 25 兆瓦），这让工程师和管理层可以把 G2 说成是一个成功的原型，值得在核计划中投资更多。1957 年，发表在一家法国民用工程期刊上的一篇文章这样写道：

> 计划的第一阶段要建造两个核反应堆（G1 和 G2），其目的只在于生产用于未来二级反应堆燃料的钚……但是在研究过程当中，我们发现利用这些反应堆释放的热量可以生产电力能源。
>
> 目前，预计的总投资达到了 600 亿法郎。这种财力投入的理由在于，研发工业规模上的核电生产有其必要性，因为欧洲在石化燃料方面不足。马尔库尔（项目）的作用在于，它从根本上让这一研发成为可能，培训了不同层次上的运营队伍，促进了这一领域内技术上和产业上的进步。
>
> 因此，对投资的衡量不能以装备的功率来计算，而是以它们带来的发展潜力。实际上，这（一投资量）就我们对能源需求的增长而言是成比例的。[49]

在法国的工程媒体当中发表的这类文章并非仅此一篇。原子能委员会的人似乎感觉到，有必要为自己与同行工程师相比极为优越的财务状况进行辩护。这样一来，马尔库尔反应堆成了法国核政策的完美工具：

---

[49] Papault（1957：389, 398）. 对于大技术项目的价值估量要以其对国家的总体上的价值，而不是直接的经济上的回报来衡量，这一观点在法国的公共机构的工程师中有很长的传统。参见 Smith（1990：683）。

它们奠定了通向法国原子弹之路，但是他们可以很容易地以发电为自己正名。

通过简短地考察关于法国原子弹问题的第一次部长级讨论，我们就可以清晰地看到马尔库尔设计上的模糊性在法国核政策当中担当的角色。这些发生在 1954 年年末，是一系列由当时的国家首脑皮埃尔·孟戴斯－弗朗斯（Pierre Mendes-France）主持的会议。参加会议者包括原子能委员会的纪尧玛和佩林、财政部长、国防部长、负责科研的国务秘书以及不同部委的内阁成员。国防部长纪尧玛以及其他倾向于制造法国原子弹的人，力图推动孟戴斯－弗朗斯对此做出一项官方决定，认为制造原子弹的努力会给民用部门带来好处。[50] 用孟戴斯－弗朗斯的话说：

> 我记得问正在进行的研究中哪一部分出于经济利益，哪一部分是军事利益。他们聚拢到我办公室的角落，低声地讨论这些问题。过了一会儿，他们回来告诉我说，"在三年以内，我们不能区分出军用和民用。只有在三年以后我们达到一个标志性节点时才可以说，哪些是纯军事性的，哪一个是纯粹经济上的利益"。在这种条件下，我说，没有问题，我们必须继续做研究……切断法国经济从这些研究工作的积极方面受益的血脉，这不会发生。[51]

于是，孟戴斯－弗朗斯这位到那时为止第四共和国最有决定权和最有力量的领导者[52]，选择了不做出决定。他的政府只再持续了两个月，因此他从来没有达到过那个决定命运的"标志性节点"。

继任的政府也想做出明确的决定。不过，在加亚尔的政府之前，他

---

⑤⓪ Coutrot（1985）. 也参见 Simmonot（1978）以及 Scheinman（1965）。

⑤① 引文见 Simmonot（1978：228–229），英文翻译出自本文作者。

⑤② 见 Larkin（1988）；Rioux（1983），vol. 2。也参见 Bédarida & Rioux（1985）。

们都回避了这一任务。[53] 因此，马尔库尔设计的模糊性对纪尧玛以及其他热衷于制造法国原子弹的人非常有利。根据政治环境的变化，他们可以将马尔库尔这一原子能委员会计划的核心之作，或者说成纯民用项目，或者纯军用项目，或者位于二者之间。与此同时，纪尧玛的工程师们已经将一项军事议程写入了反应堆当中，这让法国谨慎地迈向（研发）原子弹（之路）。

建造反应堆——法国电力公司风格

1955 年年初，就在 G2 项目开始后不久，法国电力公司和原子能委员会的高级工程师们起草了一份长期性的石墨气反应堆计划。法国电力公司 1 号反应堆（EDF1，以下简称"1 号反应堆"），一个 60 兆瓦的发电反应堆是这一计划的第一步。功率加大的反应堆要接续建成，到 1965 年总发电量要达到 800 兆瓦。工程师们将该计划提交给核电生产咨询委员会[54]——这是不久前成立的政府咨询委员会，就核能源开发问题展开工作。核电生产咨询委员会成员包括来自这两个机构的高级工程师和高层管理人员。不出意外，委员会批准了该项计划。[55] 1955 年 7 月，工程师们开始设计 1 号反应堆。

尽管马尔库尔反应堆并没有如法国电力公司所愿那样生产电能，原子能委员会在那里的努力却让法国电力公司在技术上和政治上都确实受益。毕竟，在那里可以对核能生产进行些许实验。况且，法国电力公司

---

[53] 尤其是埃德加·富尔和居伊·摩勒的政府。参见 Simmonot（1978）；Scheinman（1965）以及 Buffotot（1987）。

[54] 其全称是"核电生产咨询委员会"（Commission Consultative pour la Production d'Électricité d'Origine Nucléaire），成立于 1955 年 4 月。

[55] 最初的成员包括原子能委员会的纪尧玛、佩林和塔朗热，法国电力公司的加斯帕德（R. Gaspard）、阿耶雷和吉盖（R. Guiguet）。

也没有时间、财力或者专业人才来单独启动核计划。在政治上，法国电力公司对马尔库尔项目的参与，让原子能委员会能够声称马尔库尔的反应堆是电力反应堆的原型。反过来，马尔库尔的成功增强了法国电力公司要出资建设自己的电力反应堆的计划的信心。很清楚的是，这两个机构合作尺度颇大，因为它们彼此需要。

不过，在寻找合作参数的进程中，每个机构也都急于打造自身在定义未来中的角色：他们瞄准的不光是核计划，也是法国的工业发展。理论上，合作分工再清晰不过：原子能委员会团队设计反应堆中"核的"部分，法国电力公司团队会设计"经典的"部分，但是法国电力公司最终总管项目，因而会是大多数最终决定的拍板者。在实行中，两个机构的工程师之间的紧张关系在1号反应堆项目中无处不在。张力的形成围绕着两个问题：私营企业在项目中的角色，以及反应堆的实际设计。冲突并没有出现，因为原子能委员会根本无意于建造发电反应堆。原子能委员会的一部分使命是研发不管哪种形式的核技术。但是，原子能委员会工程师想以他们的方式建造反应堆。况且，他们想要保住石墨气设计的二元本质，以为他们可能会从法国电力公司的反应堆中获取一些钚，正如法国电力公司从马尔库尔反应堆中获得一些电力一样。每个机构中的工程师都认为自己的特殊经验是设计1号反应堆的核心：原子能委员会工程师们认为他们熟知核知识是其优势，而法国电力公司的工程师则坚持认为，在传统发电厂上的经验让他们占了上风。

再说，至关重要的问题还不止1号反应堆项目自身。核计划是否能得到政府的长期支持，仍不明了。尤其是在1958年之前，究竟什么样的核研发会得到支持（军事、民用或者二者兼有）以及支持程度如何，尚不确定。况且，项目参与者心存这样的希望：在1号反应堆当中投入的工作方法和专业知识，当然会主导或者至少会影响未来的反应堆项目，因此他们感觉自己正在构想的，不仅仅是一个反应堆，而是一整个系列的法国核反应堆。[56] 在 20 世纪 60 年代，原子弹计划一经确定之后，法国电力公司明确地树立了自己在核能生产上的权威，两个机构之间的紧张关系就大幅减少了。[57] 但是在 20 世纪 50 年代的中期至晚期，每个机构都在为自己的未来和法国的未来而奋斗。

不过，考察 1 号反应堆项目的要点，不在于去发现谁赢得了这一系列冲突：几乎不可避免地是法国电力公司赢了，因为管理协作的条款把对于反应堆的最终决定权交给了法国电力公司。本文更关注的要点是，弄清楚法国电力公司工程师们如何将他们的政治、经济、技术上的议程写进项目，把 1 号反应堆变成他们自己的政策制定工具。这样我们就会看到，冲突能更加有力地表明，每一个机构真正在做的事情不止于设计一个反应堆：每一个机构都在试图找到一条创造新技术之路，找到法国核研发的路径。

两个机构之间的紧张关系，最早出现在项目的组织中。纪尧玛和塔朗热想让私营企业来协调 1 号反应堆的设计和建造，如同 G2 反应堆一样。不过，法国电力公司的核团队认为，他们应该承担项目协调者的角色[58]，也就是阿尔萨斯机械制造公司在 G2（反应堆建造）中担任的角色。团队成员持有反资本主义情绪，而这正是当初导致电力事业国有化的原因。通过建造 1 号反应堆，他们在提供一项公共服务，其最好的途径是将反应堆的成本和效率最优化。[59] 此时已经升任为法国电力公司执

---

[56] 紧张的情况诸如此类，一旦法国电力公司在核计划中稳固地确立了自己的位置，阿耶雷坚持要把反应堆命名为法国电力公司 1 号反应堆，而不是 G4，或者后来人们所知道的希农 A1 号反应堆（Chinon A1）。

[57] Frost（1991）表明，在 20 世纪 60 年代，在这两个机构之间出现的紧张要少于出现在法国电力公司内部的紧张，以及在介入电厂技术设计的工程师们与考虑到中长期经济计划的财务专家们之间的紧张关系。

[58] 这一角色正式被称为"工业设计师"。工业设计师协调总体项目，将反应堆的不同部分放入到一个整体当中，管理与各公司签订的合同。

[59] Étude préliminaire d'une installation de récupération sur EDF1, 1956, Claude Bienvenu 的私人文献。

行总裁的阿耶雷认为，法国电力公司不是私营工业，应该进行最优化研究，"以便能保证我们不被工业家们对于研发某种类型而不是另外类型材料的倾向所影响"。[60] 另外一位团队领导者不无轻视地评论说，"纪尧玛和塔朗热这些石油界的人，他们做梦都想着私营企业"。[61] 况且，法国电力公司应该协调总体设计和建造，这似乎是无可非议的。法国电力公司的工程师们认为，保持低成本的最好办法是将反应堆分成若干个部分，每个部分都采取竞价招标的方式。这样一来，法国电力公司就能更好地控制建造反应堆所需要的知识以及项目成本。最为重要的是，这一工作方法是"政治正确的"：用法国电力公司某位高层管理层者的讽刺式话语来说，"作为一个纯粹而洁白的国有公司，法国电力公司将获取关键技术知识，而把供应商的粗鄙任务留给资本主义的施工方单位"。[62]

法国电力公司团队驳回纪尧玛和塔朗热的反对意见，决定依此行事。[63] 其第一步是起草一份初步设计项目。法国电力公司设计团队负责人让－皮埃尔·鲁（Jean-Pierre Roux）曾经在 1955 年 7 月请原子能委员会做一份设计。法国电力公司工程师们认为这一建议在很大程度上基于 G2 反应堆的设计，是难以接受的：他们意在"最优化地"去发电，这是 G2 没有做的。[64]

---

[60] 阿耶雷提交给"社会经济委员会"（Conseil Économique et Social）的声明，1963 年 6 月 27 日，Claude Bienvenu 的私人文献。阿耶雷的职位被称为协理总裁（directeur general adjoint）。

[61] Claude Bienvenu，引文出自 Picard & Beltran & Bungener（1985：191）。

[62] 让·卡巴纽（Jean Cabanius）所说的话，引文出自 Picard & Beltran & Bungener（1985：191）。负责建造反应堆的法国电力公司设备处在建造水电站时已经提出这一工作方法。

[63] 访谈材料。塔朗热的确非常努力地要让私营工业来承担工业设计师的角色，他对于法国电力公司工程师们拒绝这一行动非常气愤。这次会议留下的敌对情绪很大程度上增加了两个机构之间的紧张关系。

[64] Lamiral（1988：280）；"RETN1 备忘录"，1957 年 7 月 25 日，Claude Bienvenu 的私人文献。

实际上，法国电力公司团队把原子能委员会初始建议中的每一件事情都改掉了。[65] 为了将反应堆发电能力优化，他们想对几乎所有部件和参数进行控制，包括铀－石墨堆以及进料和出料的设备，诸如二氧化碳制冷气体的压力和反应堆功率等这类参数。[66]

1号反应堆的完成设计（图3-2是其结构示意图）看起来与G2完全不同。最值得注意的，也许是最有象征意义的改变是，热交换器紧挨着装有堆芯的压力防护壳，而不是在许多米以外靠会带来能量损失的管道连接，在反应堆建筑的里面（这是一个球形安全壳结构，与G2的建筑不同）而不是在外面。运行反应堆用的仍然是装进燃料块中的天然铀，这与G2的做法相似。这里也仍然用石墨做慢化剂，用二氧化碳来冷却。不过，除此以外，几乎每一项都改变了。

法国电力公司团队坚持改变反应堆的运行压力以及装有堆芯的压力防护壳。原子能委员会团队曾经建议采用像在马尔可那样的预应力混凝土防护壳。他们认为，这是一个受过检验的技术，此外，在预应力混凝土领域，法国远胜其他国家。原子能委员会的官员感觉有责任鼓励法国工业界让本国的出色领域展现实力。[67] 但是法国电力公司认为这一防护壳造价太高。预应力混凝土不能承受法国电力公司计划运行的反应堆的温度，需要有特殊的制冷环路。这会增加反应堆的总体成本并降低效率：需要有鼓风机将二氧化碳泵进管道线路，这会消耗反应堆发电量的

---

[65] 为了加速1号反应堆设计的进度，阿耶雷在法国电力公司内成立了一个核能委员会。这一委员会大约每月聚会一次，讨论与反应堆设计相关的技术问题，以及法国电力公司的总体核政策。正是在这些会议上，法国电力公司的工程师们达成了关于1号反应堆的基本特征的一致意见。

[66] Étude des réacteurs énergétiques EDF, projet d'organisation dans le cas d'un réacteur du type uranium naturel-graphite-CO_2, 1957年3月8日，Claude Bienvenu 的私人文献。

[67] 1955年3月16日法国电力公司和原子能委员会的会议记录上写道："纪尧玛先生认为，存在法国独有的技术是非常重要的。但是，加斯帕尔（Gaspard）先生（当时法国电力公司的董事长）不太想当监护人的角色。"引文出自 Lamiral（1988: 29）。

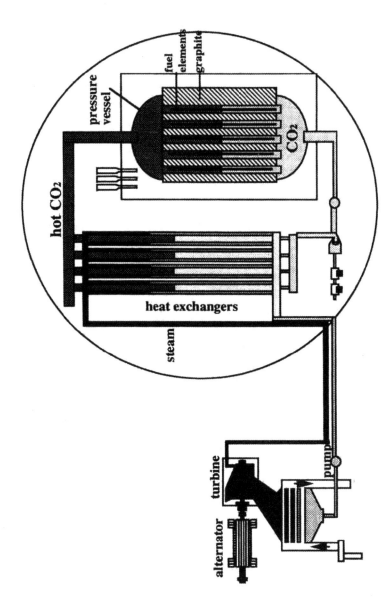

图 3-2：在希农（Chinon）建造的法国电力公司 1 号反应堆。原图见 *Rapport de sûreté Chinon A1*（1980），本处是基于原图的示意图，绘图未考虑到各部件之间的比例关系。

10%。[68] 相反，法国电力公司工程师选择了圆柱式全钢防护壳，每一端都被一个钢质的半球形扣住。[69] 钢防护壳能承受高温和压力。此外，美国和英国都已经在各自的反应堆中建造了钢防护壳这一事实，让法国电力公司项目工程师有充分的信心，他们也能给自己的反应堆建造可行的钢防护壳。他们不太在意去推进那些独一无二的或者法国最出色的技术，而是更愿意用最廉价、最可靠的技术。[70]

法国电力公司工程师早就决定，1号反应堆的运行压力应该比G2更高，其压力应该为25巴，而不是15巴。建造低压反应堆容易而且快速，在G2项目中，对原子能委员会来说，速度有着最大的政治意义。但是，低压运行也意味着需要更高的二氧化碳流量来提取热量，这要求有更大功率的鼓风机，因此会降低反应堆的效率。[71] 法国电力公司工程师们也从项目一开始就决定，对燃料的填料和卸料会在反应堆停运时进行。与原子能委员会不一样，法国电力公司想让燃料块尽可能完全反应，以便将热量获取最大化。能快速地将燃料块移尽和移出反应堆的装置，对他们来说毫无用处。如果建造只有在反应堆停止运行时才可用的填料设备，原子能委员会可以从1号反应堆获得的武器级钚的数量就会受到限制。[72]

---

[68] 访谈材料；Lamiral（1988：280）。

[69] 在决定采取这一材料之前，他们也考虑到不同可能性，包括一种将钢和预应力混凝土组合在一起的可能。见访谈材料。

[70] 访谈材料；Roux（1957）。

[71] Étude préliminaire d'une installation de récupération sur EDF1, 1956, 以及 Ailleret's declaration to the Conseil Économique et Social, 1963, Claude Bienvenu 的私人文献。

[72] 第一次启动石墨气冷反应堆时都不可避免地要求，一些燃料块在完全辐射之前就得移出，因此会产生所谓的"致命钚"。因此，原子能委员会还是从1号反应堆用过的燃料块中得到一些钚，但是只有很小的量。问题的关键点一直是，1号反应堆不是设计生产钚的。不过，后来的法国电力公司反应堆有了在反应堆运行时能填料的设备。这并非仅仅因为原子能委员会增强了他们的意愿。法国电力公司的工程师们逐渐地相信，一个这样的系统也能让核电厂的运行从经济上受益。不过，那是另外一个问题，我会另行讨论。

法国电力公司团队在确定这一填料原则后，便决定将装有燃料块的孔道竖放，而不是像 G2 反应堆那样平放。在竖放的构造中，二氧化碳气体可以从底部泵入，而后沿着天然的热对流在上升时抵达反应堆较热部分。这意味着泵二氧化碳所需的鼓风力相对较少，这让整个设计在出现鼓风故障时更为安全。垂直堆放也使得压力防护壳上的开口减少，因此能更容易保证堆芯完全封闭。这也意味着，可以从防护壳顶部给反应堆填料和卸料。顶部填料采用"单一的、能够到所有孔道的填料臂，这只需在外壳上留有一个开口，尽管显然是个大开口"。[73] 法国电力公司工程师们认为，这一系统要比 G2 设计简单而且廉价得多[74]，而后者如我们所看到的那样，每一个孔道在防护壳上都有一个开口，为接通每个孔道而设计了一个巨大而沉重的机器。

于是，法国电力公司工程师们倡导一个在他们看来可以最为有效利用燃料块和投资的设计，它极尽简单之能事，因此为未来的反应堆提供了一个良好基础。[75] 通过设计本身，也通过签署工业合同的过程，法国电力公司工程师们在力求去重新定义什么是反应堆、该如何建造它、该用它做什么这些问题。通过改变压力或者温度，法国电力公司工程师们改变了反应堆的运行方式和产出能力。他们想确保在未来的合作活动中，原子能委员会不得不采用这些参数。

法国电力公司工程师们发现，设计电力反应堆的过程存在着很多猜想和直觉。在 20 世纪 50 年代中期，他们所获取的外国技术信息并不比原子能委员会同行们多。更何况，在当时还没有哪个国家有能运

[73] Leo & Kaplan & Segard（1958）.

[74] 访谈材料。

[75] 在访谈中非常清楚的是，设计的简单性是法国电力公司工程师的一个主要目标。应该注意到的是，法国电力公司工程师们在设计 1 号反应堆力求低成本时，他们并没有达到这一目标，部分地是因为一个未曾预见的事件：穹顶钢防护壳开裂，修复裂缝增加了极大的费用并延迟了项目。但是，1 号反应堆代表了迈向将反应堆费用优化的第一步，将费用最小化的总体目标在法国电力公司的反应堆项目中一直都得以坚持。

行的发电反应堆。因此，他们选择了自以为能进一步推进其政治、经济或者工业目标的技术解决途径。他们经常设想，解决问题的途径必须从根本上与原子能委员会提出的不同。等到他们在 60 年代中期开始设计 4 号反应堆时，他们已经对若干这类解决途径进行了修正，比如，找到让预应力混凝土防护层和持续性燃料添加符合其目的的方法。尽管如此，在 50 年代中期最重要的是，法国电力公司内部以及重要政府部门里的那些人相信，1 号反应堆工程师们设计的项目最佳地实现了电力公司的目标。

法国电力公司工程师们对自身工作的看法，展现在他们如何向其他法国工程师们——在自身机构内部以及机构以外——推行自己的成就上，因为并非法国电力公司里的每个人都认为核能足以与传统电厂竞争。[76] 这些人的某些说法与原子能委员会工程师并行不悖，认为所谓"痛苦的"能源短缺无非是在找些理由，为核计划造成的巨大"财政牺牲"正名而已。无论如何，这些牺牲很快就得到回报，因为核能似乎越来越像是一个"有解的方案"[77]。法国电力公司工程师们更愿意，也更专门地讨论改进反应堆技术的方法。一些人尤其期盼着这一天的到来：他们不必非用天然铀不可（对于此类选择，此前他们根本没有置喙的余地）。"天然铀堆料的不足之处更多是在能量方面，而不是在经济方面。等到以后我们转为可以采用浓缩燃料的其他类型反应堆时，更多的（益处）并非在于降低每度电的成本，而是减少特定的燃料消耗，相当可观地增加从天然矿藏中获取的能源量。"[78]

的确，法国电力公司工程师有理由去全力考虑他们的发电技术在整体上的"效率"——能源效率和经济效率。为了让法国能源部门立足，

---

[76] Picard & Beltran & Bungener（1985）.

[77] Teste（1957）.

[78] Teste（1957）（英文译本出自本文作者）

法国电力公司在战后已经集中于尽快尽量多地建造传统发电厂。由此而来的水电项目在意的不是成本，而是其速度和可靠性。法国电力公司在20世纪50年代初期至中期遭到激烈批评，他们不得不在整个机构范围内接受盈利政策，这最好可以翻译成"经济上的可行性"，这正好与全国计划委员会提出来的第二个五年计划所优先倡导的做法相吻合。[79] 因此，工程师们得让人看到，他们的设计不会损失钱财，会有效地使用燃料。那些建造水电站的工程师们已经与那些建造火电站的工程师们在竞争，谁的工作最好地满足了这些要求。[80] 因此，法国电力公司核团队核电有盈利的论点，其目标指向是其他的、非核的法国电力公司工程师以及法国电力公司以外的世界。

还有一点也非常重要，法国电力公司工程师们将自己的成就与其他国家，尤其是英国的成就进行比较。让－皮埃尔·鲁（Jean-Pierre Roux）把1号反应堆与科尔德霍尔（Calder Hall）反应堆进行比较，得出结论说："在快速浏览过主要特征之后似乎可以看到，这一法国项目与英国项目相比毫不逊色。"[81] 他还说，考虑到英国在两个反应堆之间用了5到6年的时间，而法国只用了2年，这就更不容置疑。

最后，法国电力公司工程师们不断地向人们灌输核能的收益来强调说，通过建设核电站，他们实现了为法国和法国人民提供公共服务的使命：

> 在过去几年里，四大核国，尤其是法国迈出的巨大步伐，让人们可以对此寄予最高的希望。
> 建成大量核电站的时刻会很快到来，这一想法并非无端空想。

---

[79] Bungener（1986）

[80] Picard & Beltran & Bungener（1985）

[81] Roux（1957：309）。（英文译本出自本文作者）

核能会来到所有的地方，在车间也在家庭，会让世界的每一角落的经济和社会进步持续下去，尤其是欧洲共同体。

法国必须去收获这一技术带来的道德上与物质上的利益，她（法国）有权利如此期望——她的科学家们曾经透彻地研究过，她的工程师们曾经广泛地研发过这一技术。[82]

结论

在本文中我们看到两个石墨气冷反应堆，两种组织技术工作的方式，两种推进工作的方式。不存在建造这些反应堆唯一的、最佳的途径，它们并非注定地、内在地存在于技术进步逻辑自身当中。相反，每个反应堆都体现了不同的政治、经济、产业和技术议程。因此，反应堆既是政治产品也是技术产品。

这里的个案还进一步表明，当我们在讨论一国的政治决策时考察技术所具有的重要性。在 20 世纪 50 年代，法国军用核政策的出台，并不是政府官员认真分析该国在战后世界中所处位置后，才坚定地做出要制造一枚原子弹的决定。在第四共和国的混乱状态中，官员们更在意的是自己的政治生命；在 20 世纪 50 年代，对核政策的任何深思熟虑，都让位于政客们对自身政治生存的考虑。国家首脑、部长们以及被选举出来的官员们，再高兴不过地让国有机构中的工程师和管理人员来承担绝大部分奠定法国核政策的工作。这样一来，当法国政界在制造原子弹的决策上举棋不定时，马尔库尔的反应堆就是法国核军用政策，其中蕴含了第四共和国的模棱两可和莫衷一是，以及原子能委员会技术官僚们的议程。大公司的工程师，如纪尧玛和塔朗热，坚持要在马尔库尔的反应堆中打上自己代表的那些人的信念烙印：法国应该制造原子弹。于是，技

---

[82] Teste（1957：75）.

术工作变成了政治工作。

马尔库尔的反应堆并没有必然地引导法国制造原子弹。但是，通过投入技术上、财政上、知识上和组织上的巨大资源，马尔库尔项目形成了认可原子弹最有力的论点。历史学家、政治家和其他人都不遗余力地去讨论，谁"决定"了法国制造原子弹以及那个"决定"是何时做出的。[83] 通过探讨反应堆技术以及审视技术与政治的交互作用，我们可以从中看到，以那种方式来提出问题没有意义。在第四共和国动荡不安的政治气候下，研发原子弹是一个过程，而不是一个决定；在这个过程中，技术官僚、工程师和他们制造的技术起到的作用，要比政客们大得多。

原子能委员会技术也塑造了法国的核能政策。对 1 号反应堆项目的工程师而言，马尔库尔项目在技术上和政治上都是重要的。缺少知识、时间和金钱，这些因素阻止了法国电力公司工程师们去设计其他类型的反应堆。但是，他们能转换石墨气冷反应堆的设计，把自己对电力生产、效率和简单性的要求放到设计当中。因此，他们也通过技术工作决定了政策走向。他们在石墨气冷反应堆设计的内在模糊性上做文章，让法国核政策更坚决地走向能源生产。他们在 1 号反应堆项目中采用的技术选择与原子能委员会有所不同，这些选择令自身机构中的其他工程师以及能够为计划提供资助的政客们相信，核能可以成为传统电力资源的一个可行而经济的替代选择。

在 20 世纪 50 年代的初期到中期，这两家机构（原子能委员会和法国电力公司）隐晦地言及国际声望与长期的工业和经济发展，从而获得对其核计划的资助。到 20 世纪 50 年代末，原子能委员会和法国电力公司共同完成的这些技术上和政治上的工作，已经强化了这些早期论点，让核计划牢不可破地成为一个攸关法国命运的问题。但是，尽管这两个机构在推进

---

[83] 可参见的文献很多，尤其是这些：Coutrot（1985）；Simmonot（1978）；Peyrefitte（1976）；Godschmidt（1980；1987）；Bonin（1987）；Scheinman（1965）。

核计划方面有着共同兴趣，都有提供公共服务的传统，但是这两个机构中的工程师和管理层对于公共利益有着不同的概念，对于他们在国家未来中担任的角色有着特定的设想。当原子能委员会和法国电力公司工程师们力图去定义哪种私营企业与国营企业之间的关系能最好地提升国家工业和经济发展时，他们形成了两种不同的定义。原子能委员会的"优胜者政策"反映了该机构中"戴高乐派"的倾向；法国电力公司那种找最低报价者、控制总体设计的做法——也许这不乏讽刺意味——则出自政治左翼的愿望：他们要将能源生产牢固地掌握在国家机构的手中。每一机构中的政策以及由此而来的技术，都代表了第四共和国政治的一个支柱。于是，核计划变成了法国经济和工业政策中更宽泛问题的试验场地。

参考文献：

Asselain, Jean-Claude. 1984. *Histoire économique de la France du XVIII siècle à nos jours,* vol. 2, *De 1919 à la fin des années* 1970. Paris.

Bédarida, F. & Rioux, Jean-Pierre, eds. 1985. *Pierre Mendès France et le mendèsisme*. Paris.

Bonin, Hubert. 1987. *Histoire économique de la IV République*. Paris.

Brun, Gérard. 1985. Technocrates et technocratie en France. Paris.

Buffotot, Patrice. 1987. Guy Mollet et la défense: Du socialisme patriotique au socialism atlantique. In *Guy Mollet, un camarade en république*, edited by Bernard Ménager & et al., 499–514. Lille.

Bungener, Martine. 1986. L'électricité et les trois premiers plans: Une symbiose réussie. In *De Monnet à Massé*: *Enjeux politiques et objectifs économiques dans le cadre des quatre premiers Plans*, edited by Henry Rousso, 107–120. Paris.

Coutrot, Aline. 1985. La politique atomique sous le gouvernement de Mendès France, In *Pierre Mendès France et le mendèsisme*, edited by F. Bédarida & Jean-Pierre Rioux, 309–316. Paris.

de Rouville, M. 1957. Nous avons visité pour vous ... le centre français de production de plutonium à Marcoule. *Énergie nucléaire* 1, no. 3: 141–144.

———. 1958. Le centre de production de plutonium de Marcoule: Sa place dans la chaine industrielle de l'énergie nucléaire. *Revue de l'industrie nucléaire* 40: 483–489.

Ertaud, A. & Derome, G. 1958. Chargement et déchargement. *Bulletin d'informations scientifiques et techniques du CEA* 20: 69–88.

Frost, Robert I. 1991. *Alternating Currents: Nationalized Power in France, 1946—1970.* Ithaca, N.Y.

Goldschmidt, Bertrand. 1980. *Le complexe atomique.* Paris.

———. 1987. *Les pionniers de l'atome.* Paris.

Hughes, Thomas P. 1989. *American Genesis: A Century of Invention and Technological Enthusiasm, 1870—1970.* New York.

Kieffer, J. 1963. La centrale de Marcoule: Expérience, résultats et enseignements dans le domaine de la production d'électricité. *Énergie nucléaire* 5.

Kuisel, Richard. 1973. Technocrats and Public Economic Policy: From the Third to the Forth Republic. *Journal of European Economic History* 2: 53–99.

Lamiral, Georges. 1988. *Chronique de trente années d'équipement nucléaire à Électricité de France.* Paris.

Larkin, Maurice. 1988. *France since the Popular Front: Government and People, 1936—1986.* Oxford.

Leo & Kaplan & Segard. 1958. Problems of Fuel Loading and Unloading in Reactor EDF1. In *Geneva Conference,* 582–590. Geneva.

MacKenzie, Donald. 1990. *Inventing Accuracy: A Historical Sociology of Nuclear Missile Guidance.* Cambridge, Mass.

Massé, Pierre. 1965. *Le plan ou l'anti-hasard.* Paris.

McCaw, Judith. 1987. *Most Wonderful Machine: Mechanization and Social Change in Berkshire Paper Making, 1801—1885.* Princeton, N.J.

Papault, R. 1957. Le centre de production de plutonium et d'énergie électrique d'origine nucléaire de Marcoule (Gard). *Le génie civil* 134: 389–398.

Passérieux & Scalliet, R. 1958. Installations de récupération d'énergie. *Bulletin d'informations scientifiques et techniques du CEA* 20: 99–114.

Perrin, F. 1958. Avant-propos. *Bulletin d'informations scientifiques et techniques du CEA.*

Peyrefitte, Alain. 1976. *Le mal français.* Paris.

Pfaffenberger, Bryan P. 1990. The Harsh Facts of Hydraulics: Technology and Society in Sri Lanka's Colonization Schemes. *Technology and Culture* 31: 361–397.

Picard, Jean-François & Beltran, Alain & Bungener, Martine. 1985. *Histoires de l'CEA.* Paris.

Rioux, Jean-Pierre. 1980. *La France de la Quatrième République,* vol. 1, *L'ardeur et la nécessité.* Paris.

———. 1983. *La France de la Quatrième République,* vol. 2, *L'expansion et l'impuissance, 1952—1958.* Paris.

Rousso, Henry, ed. 1986. *De Monnet à Massé: Enjeux politiques et objectifs économiques dans le cadre des quatre premiers Plans.* Paris.

Roux, Jean-Pierre. 1957. La Centrale Nucléaire EDF1 de Chinon. *Mémoires de la Société des ingénieurs civils de France* 110, no. 4: 294–309.

Scheinman, Lawrence. 1965. *Atomic Energy Policy in France under the Fourth Republic.* Princeton, N.J.

Simmonot, Philippe. 1978. *Les nucléocrates.* Grenoble.

Smith, Cecil O. 1990. The Longest Run: Public Engineers and Planning in France. *American Historical Review* 95, no. 3: 657–692.

Suleiman, Ezra. 1978. *Elites in French Society.* Princeton, N.J.

Teste, Yvan. 1957. Les installations de production d'énergie de Marcoule et la Centrale Nucléaire de Chinon. *Mémoires de la Société des ingénieurs civils de France* 110, no. 2: 73.

Theonig, Jean-Claude. 1987. *L'ère des technocrates.* Paris.

Thépot, André. 1985. *L'ingénieur dans la société française.* Paris.

Vallet, Bénédicte M. 1986. *The Nuclear Safety Institution in France: Emergence and Development.* Ph.D. diss.: New York University.

Weart, Spencer. 1980. *Scientists in Power.* Cambridge, Mass.

中国帝制晚期的技术与文明

白馥兰

1169 年前后，哲学家朱熹在一部著作中就人们该如何建造祖祠给出了一系列建议，这就是他最广为人知的作品《文公家礼》（或者《朱子家礼》）。其卷一的"祠堂"一章开篇就写道："君子将营宫室，先立祠堂于正寝之东。"[1] 这句话通常不会被当成中国技术史上的一份关键性资料，我却建议技术史研究应该对这份资料予以重视。我也认为，在帝制晚期的中国（公元 1000 年到 1800 年），家居建筑是一项举足轻重的技术，与机械工具设计在 19 世纪的美国所具有的重要性可堪媲美。祠堂是构成一个具有延展性、变通性、经久性的"社会 - 技术体系"的核心因素，一个物质实在物，环绕着它一种典型的理念体系和社会秩序凸显出来。[2] 我之所以没有选取钢铁生产而是选取祖祠当作研究对象，是寄希望借此表明：我们如何从一个目前还经常被忽视的地方入手，丰富现有的技术史研究，并将技术史与其他史学领域连接在一起。

开辟技术史

普法芬伯格（Bryan Pfaffenberger）在批评技术研究与人类学脱节时，采用了"关于技术的标准观点"（Standard view of technology）这一用语来描述那些被广为接受的、关涉到技术的总体观点——技术到底是什么、技术的功用、技术如何发展等。在他看来，这种对技术的看法被中规中矩地提供给公众，比如进入高中和大学本科生的课堂。其内容大体如下：技术的本质在于，它延伸了我们改变自然世界的身体能力。用石斧可以比徒手把土壤挖得更深，而牛或者拖拉机牵引的耕犁则是更有效率

---

[1] 参见《朱子家礼》，英译本见 Ebrey（1991a：5）。实际上，这个句子引自司马光在一个世纪以前编的一本礼仪指南（见后文）。朱熹因为众多关于道德哲学和宇宙观的著作而名声远播，但是没有哪一部著作获得了如《朱子家礼》这么多的读者。
[2]"社会 - 技术体系"是"一种独有的技术活动，其发源于技艺和物质文化与劳动的社会协调之间的衔接当中"（Pfaffenberger，1992：497）。

的挖掘工具，它们用其他能量取代了人的劳动。技术知识是累积性质的，基于那些日益增多的对自然世界进程的正确理解，人们能发展出越来越有效率的途径以便满足我们自身的需求：当人类社会进步时，他们会发明更为复杂、有效的工具来控制环境。如果某一社会没有沿着这一历史进步的路径而行，或者当可供利用的先进技术没有为该社会所接受，那很有可能是由于本土文化因素妨碍了发展——因此，"文化"被看作是技术所体现的物质理性的对立面。③

按照平常的理解，技术（正如科学一样）是"文化中立的"（culture free）。不过，几十年来已经有批评者对此抗议，认为这一观点视资本主义文化为理所当然并为其辩护。在这些人当中，雅克·埃吕尔（Jacques Ellul）尤其强调指出，如果完全依照技术物品在功能上的有效性来评判其作为物质生产体系之一部分所具有的价值，因而认为技术物品与围绕着其使用而呈现出来的人际关系不相干，这一做法具有道德风险。芒福德（Lewis Mumford）批评"将工具和机器等同为技术的趋势"是"用部分取代了整体"；他甚至认为，技术的物质效应只是次要的：人介入技术活动"更多不是出于增加食物供给或者控制大自然这类目的，而是要利用自身大量的'形而下'资源来更恰当地满足其'形而上'的需求和渴望"。④

1959年，技术史学会（Society for the History of Technology）的发起成员将会刊命名为《技术与文化》（*Technology and Culture*），似乎准备面对埃吕尔和芒福德提出的挑战，重新思考技术是什么、技术做什么。实际上，他们的目标要小得多：也就是说，他们想在这一学科当中基于"如果将技术从人的语境中抽离出来，技术设计就无法得到有意义的阐释"

---

③ Pfaffenberger（1992：493–495）；斯塔迪梅尔（John M. Staudenmaier）在他的著作《技术的故事讲述者：重新编织人类的经纬》中称之为"进步神话"或者"辉格史观"，并分析了这些观点给技术史带来的影响。参见 Staudenmaier（1985：134–148）。

④ Ellul（1962）；Mumford（1966：306）。芒福德在《技术与文明》这部关于人类历史上技术周期化的研究中已经探讨了这一题目（Mumford，1934）。

这一设想，缔造一种新的语境研究方法。然而，工业界继续主导着技术设计的构成，技术与"人的语境"之间的界线也没有被真正研究。从该期刊的目录中我们可以看到，学者们对非工业社会及其技术的兴趣多么微弱。在创刊四十年之后，《技术与文化》的现任主编斯塔迪梅尔（John M. Staudenmaier）只好得出这样的结论：主流技术史仍然没能令人满意地呈现"技术作为文化"这一意义上的"文化"概念，而是更倾向于那种"标准观点"，即技术自身不带有文化属性，不过为文化意蕴所左右而已。⑤

正如普法芬伯格所说的那样，标准观点是"一种关于技术的常识观点……与我们的日常理解完美地相符"。它很容易滑入"需求驱动技术进化"这一理论当中，这一直都在引导着大多数考古学研究，是比较技术史学中一个颇有影响力的范式，固化着全球公众对技术及其历史角色的理解。斯塔迪梅尔注意到这一模式的目的论特质使得它在根本上具有非历史性（ahistorical），因此除了本身作为一种历史现象外，其他历史学家对技术史少有兴趣。要想让技术史真正进入更大范围的历史研究的视野，关于技术史的上述元叙事是一种阻碍；进一步来看，若将（"标准观点"）应用到对非西方社会的研究当中也不会富有成果，因为它"立足于强制性地排除他者的故事"。⑥

斯塔迪梅尔在列举《技术与文化》期刊"很少提出的问题"时，也包括了如下题目：对那些没能流行起来的技术进行分析；从做工者视角分析技术；对资本主义的批判以及对非西方技术的研究。他认为研究这些问题有助于阻止趋于"辉格史观"，能丰富人们对于技术作为文化的

---

⑤ 参见 Staudenmaier（1985：165）；Staudenmaier（1990）。他将《技术与文化》期刊内容划分为 9 个核心主题区域，其中"主导了这一学科很多年的四个题目是：技术的创造性；科学 – 技术的关系；美国的制造业体系；电气。两个题目正在重新吸引人们的兴趣：军事技术史以及从资本主义角度看技术"（Staudenmaier，1990：717）。他也注意到最近学者感兴趣的问题包括工作、性别、甚至技术的象征性建构。

⑥ Pfaffenberger（1992：495）；Staudenmaier（1985：164，174）。 也 参 见 Staudenmaier（1990：725）。当然，"标准观点"也决定了全球发展政策，参见 Basalla（1988）。

理解。我们的确可以想象，由于非西方社会明显未能产生催发西方工业资本主义的技术或者价值体系⑦，它们会提供出色的机会让我们做如下事情：质疑已经被接受的历史变迁模式⑧；探究物质主义的不同意识形态；深化我们对于技术运行的诸多方式的理解。

在此之外的另一个理由是：一旦将"标准观点"用于像中国这样的非西方社会，其可资利用的限度便已穷尽了。两百年来，西方国家一直超越时空地以技术上的差异来确立人的等级序列。⑨"标准观点"所蕴含的机械－经济还原论，假定在每一个社会中技术的工作方式都是同样的，其效果可能或多或少。泛言之，同样的技术在每一个社会里都举足轻重；持续性被解释为停滞（stasis）而不是稳定（stability）。转型是正常的：技术一直在不可阻止地进步，引发那些可能会瓦解生产方式、将社会推入新时代的改变。大多数关于前现代技术——无论东方的还是西方的——研究，都在寻迹现代世界的由来，聚焦工程项目、计时工具、能量转换以及诸如金属、食物、纺织品等商品的生产。换句话说，这些研究聚焦那些从我们的视角出发被认为是最重要的技术领域，因为正是这些方面塑造了工业资本主义世界。

尽管最近一些历史学家更倾向于认为，欧洲经验并非势所必然而是一种奇迹，但是他们仍然认为：西方采取的道路是最好的，因为那是一条最"自然"的路，让资源得到最合理和最有效的利用。相比之下，在所有非西方社会中，不管其技术如何完备（中世纪的伊斯兰世界，印加帝国，或者1400年前的帝制中国），技术进步的天然活力总会不知因何

---

⑦ 不过应该注意到，目前的观点认为儒家价值观导致了"亚洲四小龙"现象。长期以来的历史阐释传统认为，儒家价值观抑制资本主义发展，与时下的论点正好相反。参见Brook（1995）。

⑧ 比如近年来学术界指出，古代中国的大规模铁生产活动要多于小规模的生产，这与惯常的看法正好相反。参见Wagner（1993；1997）。

⑨ Adas（1989）。

缘故受阻，以至于它们无法走上类似于西方这样的自然进程。历史学家们常用"阻滞""大刹车""陷阱"等隐喻来描述这一现象。[⑩] 非西方的经验被展示为一种无法在已有成就之上进行建设的失败情形，正是这一失败需要得到解释，而文化（其形式为认识论上的或者制度上的）则经常成为受到指责的对象。[⑪]

李约瑟对中国科学和技术上的成就所做的诗意描述，让中国的公众形象以及在世界上的位置发生了改变。对于那些用科学来吹嘘西方优胜的做法，李约瑟予以批判，但是他也和同时代的科学家们一样，完全接受了从"辉格史学"立场出发的目的论。不过，李约瑟在展示中国贡献给世界现代科学与技术的许多重要因素（包括培根提到的重要的现代三元素，即印刷、火药和指南针）时，力图将通行观点中的西方胜利论转化成一个让其他传统获得解放的平台。他提出了科学与技术具有普遍现代本性这一概念：不同的地方传统（不光是欧洲的那些传统）对此都有所贡献，正如百川归海一样。[⑫] 然而，人们对技术进步路径的构想依然遵循"标准观点"的标尺，到最后我们仍然一如既往地解释为什么与进

---

⑩ Jones（1981）。贝特兰·吉尔（Bertrand Gille）把帝制中国、伊斯兰世界和前哥伦布时代的帝国列为"阻滞体系"（blocked systems）（Gille，1978：441–507）。布罗代尔（Fernand Braudel）采用了"大刹车"（brakes）的比喻（Braudel，1992：430，435）。伊懋可（Mark Elvin）使用了"陷阱"的比喻，比如"高水平均衡陷阱"（Elvin，1973）。

⑪ 李约瑟倾向于将这一认知错误归为外在的社会因素和思想因素，如儒学国家的"官僚封建主义"，参见 Needham（1954）。伊懋可（Mark Elvin）的"高水平均衡陷阱"和"内卷化"则力图从那些我们也许可以称之为"中国社会技术体系之动力"的这一层面上寻找解释。

⑫ 阿诺德·佩西（Arnold Pacey）受李约瑟的影响很大，提出了不同文明交替成为全球领导者的这一普遍模式，参见 Pacey（1990）。李约瑟主编的《中国的科学与文明》（中文版被翻译成《中国科学技术史》）在结构上将技术归类为应用科学。我本人参与了这一系列著作的撰写工作，完成了其中作为第 6 卷第 2 部分的《中国农业史》（Bray，1984）。李约瑟在他构建的框架中将农业放在"应用生物学"这一类别之下。林恩·怀特（Lynn White, jr.）从李约瑟的观点出发，毫无通融余地地设想到：技能反映了对科学理解，参见 White（1984：172–179）。

步失之交臂，或者说，为什么没有变成像西方那样。这个问题一直能让那些致力于科学与技术比较史学研究的学者兴奋，尤其迷住了那些中国经济史学家——学科使他们本质上将技术视为一项生产因素。[13]

詹姆斯·克利福德（James Clifford）已经注意到，民族学博物馆依据那些能满足西方社会对于"原始的""传统的"社会之预期范畴来搜集物品，并将这些展品放置在一起，以制造一种被他称之为充分表征（adequate representation）的幻象。[14] 在技术史领域，关于技术的"标准观点"将工业资本主义的分类范畴强加于非西方社会，而后再去找出为什么他们没能成功地追随西方道路，这似乎就已经足够充分地表征了它们。有了这些解释以后，关于那些本土技术还有什么好说的呢？

然而，那些非西方社会中最引人入胜的，恰好是他们产出的那些不体现西方价值的物质世界。"我们必须一遍遍地提醒自己，中世纪以来，欧洲在技术、经济上的经验以及与之相伴的价值体系，在欧洲不久前将其出口的趋势启动之前，都是人类历史上的独一份。自古以来，技术进步、经济增长、生产率，甚至效率都不是重要的目标……其他价值立于舞台的聚光灯下。"芒福德在谈及技术的超级有机体功能时指出：一个社会技术体系的运行，可能与以高效能耗的方式来解决物质问题或者完成赢利式商品生产没有关系或者少有关系。那么，其他社会如何看待世界以及人在其中的位置？他们的需求和愿望是什么？他们发展出来的技术是如何帮助人们来实现这些需求和愿望的？[15] 这种人类学（或者文化学）问题，驱逐了"充分表征的幻象"，提供了一个富有创造力的框架

---

[13]"没有哪类学者对技术史给予的关注比经济史学家更多了。技术（或者说技术知识）明白无误地是一种生产因素。在综合性研究中，它和资本、劳动力或者原材料一样不容忽视"，参见 Pursell（1984：71）。关于中国经济史以及那些造成失败的比喻，参见 Wong（2002）。相关的比较研究著作请参见 Huff（1993）；Mokyr（1990）。

[14] Clifford（1988：220）。

[15] Finley（1973/1985：147）。按照巴萨拉的说法，一项人类技术是"男男女女在时间长河中选择去定义和追寻自身不同生存方式的一种物质宣言"。（Basalla，1988：14）。

来探讨技术在非西方社会或者非工业社会中的复杂角色，有利于将技术整合进更宽泛的历史研究当中。

这一研究进路要求有一种新型的物质主义，它要考虑到社会和象征效应，正如经济和机械效应一样，或者说，在某些情境下后者要让位于前者。在这一定义下的技术，是某一社会所特有的，是该社会关于世界设想的体现，是该社会在保持其社会秩序上的努力，生成关于人之所以为人以及人际关系的理念。[16] 每个社会为自身建构的食、住、衣以及其他物品的世界都是一个物质经验的世界，以其独有的方式塑造和传递着思想传统。技术活动和物品可以被理解为一种交流形式或者象征；那些在我们看来无关宏旨的技术，（在另一社会中）可能具有重大的象征意义，比如在印度制作黄油或者生火，或者我在本文当中将会讨论的中国人建造祖先祠堂。[17] 如同一切象征一样，技术也是多义的：它们的含义取决于如何在与象征体系中其他因素的关联中解读；它们在不同的人那里有各不相同的含义；它们所体现的含混性有时候会拆除那些可能会引爆冲突的雷管，另外一些时候则会挑起冲突。[18]

如果技术施行着象征和理念的工作，我们需要考察它可能如何建设或者稳固一种社会秩序，以及如何使其毁坏或者转型。一项成功的技术未必非得将产生该技术的社会予以摧毁。一位环境科学家让我了解到一种非常有意思的、与"标准观点"有所背离的技术观点：他认为技术不光是人的手臂的延伸，同时也是"缓冲器"或者震慑吸纳器，是我们将环境的极端效应予以减缓的手段。他举例说明这些情况，比如农业和

---

[16] 比如，我本人的一项研究就是探讨三种不同的物质技术如何影响中国人性别认同的历史性结构，参见 Bray（1997）。

[17] 法国学术传统就是这样来理解技术的，比如可参见学术期刊《技术与文化》，或者一本汇集跨学科技术研究论文集（Lemonnier，1993）。关于个案研究可参见 Mahias（1989）。我本人与法国学者群体的密切交往，对我的学术研究有非常大的影响。

[18] 克里斯托弗·阿兰·贝利（C. A. Bayly）在讨论印度独立前布匹生产中那些互为冲突的（解放的和压迫的）象征时，非常出色地描述了这些含糊性，参见 Bayly（1986）。

食物储藏平缓了丰年和歉收之年；建造房屋使得温度保持稳定。如果我们将这一比喻从自然界扩展到社会，那么社会技术体系就有能力吸收或者生成破裂性的社会能量。我们应该像环境科学家那样去仔细看待一个社会技术体系如何去构成、巩固和抵抗分裂的进程。[19] 这种方法在现代技术研究上的用处已经被人看到。[20] 把它应用到晚期帝制中国的个案上，它显然有着巨大的潜力。

研究中国政治、文化和思想的历史学家们一旦放眼"长时段"，令他们感到大为吃惊的就不是它们缺少变迁，而是那种持续性演化以及一个政治和社会体系在反复剧烈的震荡和压力时展示出来的惊人弹性。在公元 1000 到 1800 年间，中国三次受到入侵，历经了无数次叛乱和内战。地缘政治上的中心从北方平原转移到南方的城市；人口数量时有起伏，但是长期来看从 1 亿增加到 4 亿。经济日益商业化，城市在扩展，越来越多的农村地区接入跨地区贸易，以地区专业化生产和家庭商品生产取代了自给自足的农作。印刷和出版业出现、扩展并繁荣；为进入统治精英阶层提供通道的科举考试的应试者，人数之多前所未及。士（学者）与商、农与匠（工）这些古老的分类范畴之间的社会界线，日益混淆且彼此渗透。让大多数历史学家迷惑不解的是，到底是什么让中国在这样的时期仍然没有四分五裂。

目前的中国技术史与宽泛领域的中国历史研究相隔绝，尽管那些在社会史、文化史和思想史领域中从事某些特定题目（这些题目会受益于将文化层面与物质层面，诸如身体和消费的内容连在一起）的研究者

---

[19] "一个成功的社会技术体系能达到让社会和非社会行动者形成稳定的融合，但是这并非静态之事。"（Pfaffenberger，1992：502）与"标准观点"不同的看法，是拉蒙·加丹斯（Ramon Guardans）在 1990 年与作者的私人通信中提出来的。

[20] 在托马斯·休斯（Thomas P. Hughes）关于电气化的奠基性著作之后，斯塔迪梅尔讨论了两个彼此关联的概念——动量（momentum）和惯性（inertia），用来探讨社会技术体系的持续性本质，参见 Staudenmaier（1985）。

对技术史的兴趣在日益增加。[21] 许多研究晚期帝制中国的历史学家以为，技术史研究与他们所鄙视的那种固有的西方优胜观点连在一起，技术史提出的问题大多显得无关紧要，或者远离他们关心的问题。[22] 当"阻滞体系"这一模式聚焦于转型失败之时，研究晚期帝制中国的历史学家们面对的挑战是如何去解释延续性。中国技术史研究也许可以卓有成效地将主要问题转向如何去看待延续性，不去把延续性视为停滞或者缺失变化，而是视为系统的稳定性和抵抗分化。就那些在晚期帝制中国有助于巩固和重生社会政治秩序、播布正统的诸多因素而言，学者们已经探讨过的有：精英对文字的控制、葬礼仪式（在中国社会中葬礼具有极高的重要性，因为这些仪式将死去的亲属转化成祖先）、婚姻实践以及家规。[23] 在这一长长的列表中，我还要添加上技术。本文要集中讨论的是建造祖祠的发展历史，这一民居的核心特征把不同阶层的家庭与历史、与更大的政体连在一起。

生活机器

　　美国的制造业体系塑造了现代世界。它的根基在于"兵工厂实践"，

---

[21] 对于那些感到难以进入物质世界的文化史学者来说，《做文化研究：索尼随身听的故事》一书提供了一个极好的模式，把围绕着一个物品及其设计的生产、消费、规范、表征和认同感联结在一起。见 du Gay & Hall & Janes & Mackay & Negus（1997）。

[22] 我们只能寄希望于那些原本很少注意到生活之物质条件的文化史学家，不久后就会注意到像迪特·库恩（Dieter Kuhn）这类学者的著作：他把宋代的物质文化视为政治关系和社会身份认同的一种表达（Kuhn，1987）。鲁克思（Klaas Ruitenbeek）对《鲁班经》的研究（Ruitenbeek，1993）我将在下文中讨论；萨班（Francoise Sabban）——如西敏司（Sidney Mintz）一样——将口味与美食融入她对中国糖业的研究中（Sabban，1994）；罗泰（Lothar von Falkenhausen）在讨论中将中国的音乐与定音视为政治表达和控制的形式（von Falkenhausen，1993）。

[23] 参见 Johnson & Nathan & Rawski（1985）；Woodside & Elman（1994）；Watson & Rawski（1988）；Watson & Ebrey（1991）。

这是一个机械工具的标准化体系，是专门为足以生产大量可相互置换的部件而设计出来的。这一体系肇始于19世纪初美国小型武器工业，迅速地扩展到制造业的其他领域。在欧洲，有技能的匠人们调整自己的机器，按照所需的样式和大小来生产元件；在美国，制造业却从大量无技能的移民劳动力当中获益，在机器设计中植入匠人的技能和容错性。这些机器推动了一个新制造体系的发展，形成了典型"福特式"工业资本主义所特有的劳务关系、消费模式以及技术设想。围绕着"美国军械部1816型步枪生产委托所蕴含的关于标准化与可置换性的哲学理念"，工业常规化得以形成并逐渐进入了制造业，同时也进入了"标准化、中心控制的铁路系统的增长，进入合作研究与开发的中心化、标准化，进入到利用消费者广告来左右个人购买习惯当中，进入到日益中心化和复杂的供电与通信网络当中"。[24] 换句话说，机械工具开始支撑一个整体的目标和价值体系：这不仅是一个用于生产的机器，也是一个用于生活的机器。

从事中国技术史研究的历史学者们在认定那些对塑造社会本质最有贡献的"举足轻重"的技术时，往往会延续西方历史学家的前例，聚焦那些产出工业社会核心消费品的技术：金属制造业、农业和纺织工业。但是，帝制晚期的中国社会不是资本主义社会，它所特有的社会秩序并非围绕着现代的目标和价值。[25] 对晚期帝制时代的社会和文化起到最根本性塑造作用的制度安排，是围绕着一个建筑设计特征而形成的父权制宗族制度：家居中的祖先龛位。在中国，居室的建筑设计是一项举足轻重的技术，它将晚期帝制社会常规化，正如机械工具塑造和夯实了"福特式"资本主义世界的价值一样。

---

24 Staudenmaier（1985：200）。关于美国制造业体系的发展，可参见 Pursell（1994）。
25 这并非意味着人们并不去逐利。远非如此，但是在晚期帝制社会这一话语是"无声的"。参见 Brook（1995：84 - 90；第6和第7章）。

（著名的建筑学家）勒·柯布西耶（Le Corbusier）在谈到自己的建筑设计作为居住之器时，表达了现代主义的理念，即居家空间应该设计得尽可能有效地满足在科学上定义的需求：一个现代住宅应该是卫生的，温度恒定，能源得到有效利用，设计上符合人体结构。这些表述也表达了逆向的现代主义原则：起居空间造就了生活格调。包豪斯风格的工人公寓减少了逼仄，增加了舒适，设计出的环境，要有助于居住者成为富有责任感的现代劳动者公民。在当代西方社会，新房子是专业设计的，里面融入了建筑学家和工程师的技能；建筑材料是工业化生产出来的。房子本身以及它的标准设施将居住者绑定到一个复杂的技术网络当中，其组成者包括用品供应商、耐用消费品工业、道路和汽车制造业、超市、电视电缆公司等。通过房子这一器具，人能活出一种特有的晚期资本主义生活格调，带有其消费主义、财产权、私密性、性别与代际身份认同等特有的体系。桃乐丝·海顿（Doleres Hayden）和迈克·戴维斯（Mike Davis）的出色研究，展示了在这些"高上家居"（executive housing）的居住形式中体现出来的道德的、文化的、政治的信息，这些居住形式正在从美国扩展到全世界的中产阶级那里，这让我们去思考家居条件后面的深层意义：安装着大门的房屋院落，房前有令人骄傲的两个甚或三个停车库，无须与邻居共用基础设施，每个孩子都有一个单独的小卧室，当然还要有多个盥洗室。[26]

我们将这些建筑设计中蕴含的道德含义和文化含义都予以自然化了。每个孩子要有一个单独的卧室，要有一个可以关起门来的私密空间，排泄和洗浴时要独自一人，我们以为这些都是普遍存在的需求，一旦条件具备所有社会都会有这样的需求。人类学家和文化批评者却让我

---

[26] 桃乐丝·海顿从女性主义的角度来讨论美国中产阶级住房设计中的理念（Hayden, 1986）；迈克·戴维斯聚焦于当代建筑设计及其他对安全的强调，强化了阶级差异（Davis, 1992）。

们看到，建筑设计并非中立性的。一座房子是一个文化模板，在里面居住可以从中学会那个社会特有的根本性知识、技能和价值。这是一个学习手段，一种能将仪式关系、政治关系、宇宙观转化为日常的空间经验的机制。[27] 房子所蕴含的信息，有些对所有人都是一样的，有些则是不一样的。当孩子在房子中长大并习得生活实践时，所学的是自己在社会当中的正确位置；他们将那些由墙壁、台阶标记出来的性别、代际、地位的等级序列内在化；践行着待客的规矩和礼貌、举办人生礼仪，完成日常任务；学会什么是尊重，如何具体地表达高与低、富与穷之间的差异。

很多这些文化能力的形成都围绕着物品、技能和习惯。在我们自己的文化期待这一框架内，现代家居建筑中的"技术性硬件"都"指定"给特定的空间，限定了它们的用途。当我们搬入一座新房子时，没有人会想在盥洗室里安放一张餐桌，既然抽水马桶已经取代了从前的便盆，我们也不会考虑在卧室里解手。然而，这种对空间和设施的使用既不是"理所当然的"，也非"天性使然"：他们都要去习得。新特征（"整体厨房""书房"）要不断地开发出来并作为需求展示给消费者，这正是资本主义社会的本质。在这些情形下，我们发现自己被好多"用户指南"所引导、诱惑，这可能是房屋经纪人橱窗中展示的地板、家和设计杂志，或者是电视广告。居住者将这些设想当成他们自己的经验和期待，为的是能将四壁之内变成一个家。

㉗ 西格弗里德·吉迪恩（Siegfried Giedion）提供了非常深刻的见解，让人看到在这些表面上不受文化制约的概念如"卫生"和"舒适"当中，内在地存在着机械时代的理念体系（Giedion, 1948）。关于房屋与"惯习"的经典性论述是布迪厄的《贝贝尔人的房屋》（Bourdieu, 1973）。彼得·威尔逊（Peter J. Wilson）对定居文化和采集－狩猎文化进行了比较，他认为居住的物质性经验极大地重新塑造了我们的认知模式和社会价值，实际上我们正是由于有了房屋的空间经验才有了"家庭"这样的制度形式（Wilson, 1988）。关于房子与家庭结构关联的解释，参见 Carsten & Hugh-Jones（1995）。

在晚期帝制中国打造一个新型社会秩序

在接下来的篇幅中我要描写"硬件"（即那些给定空间实践之框架的特有的建筑学特征）以及在建造和分配一座"标准式"中国房屋时的"用户指南"（即那些能教导或者提醒人们去明白，他们所占据的空间意指着哪些文本或者共享的实践行为）。我提出的观点是，家居空间的常规化是让社会行为和价值标准化的一个核心因素。

鲁克思（Klaas Ruitenbeek）在其对中国木匠及其技术技能的出色研究中，观察到非常有意思的一点："人们会得到这样一种印象：在中国存在一种意想中的建筑学，它凌驾于一般建筑学之上，房屋主人、风水先生和木匠都视其为首要的考虑。"鲁克思所指的是，在物理性建筑物之上还叠加了一个能量性（风水）结构。我本人在研究中国的家居建筑和性别构成时，最终看到了三个"意想的建筑"叠加在房子的物质性外壳上，其中的每一个都分别传递一组各不相同的信息，它们关乎居住者、宇宙和社会之间在整体上的关系。首先，中国的房子是一个礼数的空间，是正统理学价值的体现；其次，正如鲁克思和许多人类学家已经指出的那样，房子是展示宇宙观、带有风水活力的空间；最后，房子是文化空间，代表了中国人关于家和住宅应该是什么样的看法。[28] 下文在分析对祖祠的空间安排和认知时，我将集中关注房子的物质性结构与生成"礼数空间"和"风水空间"这两个"意想的建筑"之间的交互作用。

---

[28] Ruitenbeek（1993: 62，着重处为本文作者所加）。我在这里无意于将"中国式"抽象化，但是尽管"中国式"有很多不同变体，我们还是有理由指出一些共同的审美倾向、对特定建筑材料的优先、缺少敞开的炉灶，认为房子应该建筑和装饰成什么样子能给家庭带来好运。可以参考的研究很多，比如由陆元鼎等人主编的《中国民居文化》系列（陆元鼎，1991—1996），Bray（1997: 第1—3章）；Knapp（1998）。

中国房屋在结构上的细节、家居住宅的使用情况显然会随着时代、地域、社会阶层、财富程度和品位有所不同。我所说的"标准"房子，即理学社会价值的具体物质体现，最早是在宋代文本中被定义下来的（大约从公元1100年开始）。当时只有为数不多的士绅家庭有贵族的特权，可以在自己的家中设立祖祠。但是，新出现的理学精英阶层为了巩固自己作为社会领导者的地位，鼓励更多社会成员在自己家里采取同样的空间安排和实践，连带接受与之相应的社会纽带和价值观，其范围之大前所未有。

直到公元1000年左右，原则上中国的统治精英由贵族家庭（士族）组成，他们通过排除其他社会群组而保持自己的文化和特权，尤其是他们给自己保留了可以举办祭祖的家庭礼仪的权利。此后，一个新精英层变得强有力，他们通过接受教育而不是血统来获得成为国家官员的资格。这些新精英并不在自己周围划定一条不能渗透的边界线，他们将自身所属的群体看作一个出类拔萃人物的群体，是对有天赋才能之人敞开大门的。他们发展并推动了一种社会哲学以及与之相伴的社会实践，在英语里这通常被称为"新儒学"（Neo-Confucianism）（在译文中，我用"理学"来代替"新儒学"，以便和中国学术界讨论使用的术语保持一致。——译者注）。理学的根基可以追溯到8到9世纪的唐代晚期，当时的科举取士制度已经形成，这使得非贵族出身的学者官员有可能撼动贵族精英的政治和文化特权。经典的儒学哲学一直在强调的是：国家作为一个有机体的本质、家庭规范与政体规范之间的连贯性、仪式在规范社会秩序方面的核心地位。关于这些话题的讨论，在唐代重新浮现出来，由于正统思想所面临的威胁而更加尖锐，而代表性的威胁则是"外来的"教条和佛教实践。到了宋代初期，平民出身的学者官员已经完全取代了政府中的贵族，他们发展起来的儒学正统的新形式对仪式特别强调，使得他们自身作为社会和文化领袖的主张获得充分的正当性并得以延伸。

理学的社会秩序基于等级原则与互补性。一位从属者需要对其上司表示尊敬和顺从，而后者应该报之以关照和垂怜。在父系宗族体系中，家长与年轻成员所占据的位置关系也是类推的。父与子、夫与妻的关系被理解为是互补的，而非平等的。共同举办的仪式可以在共同目标或者信仰之下将不同地位之人联结在一起，同时也再度确证什么是正确的社会等级差序。

在帝制晚期的中国，人们经常观察到的情形是：统治阶级更愿意采用的社会控制方法是教诲而不是强迫。中国人在思想上强调身体与道德之间的关联，对日常仪式的身体力行让人知晓什么是正确的情感，并学会珍视那些为礼仪所倡导的各种关系。政府要员欧阳修（1007—1072）在论及礼仪对百姓的重要性时，曾经这样写道："非徒以防其乱，又因而教之，使知尊卑长幼，凡人之大伦也。"（欧阳修《本论》）。值得注意的是，在这一表述当中，礼仪并非只承担着简单的象征性角色，而是有着主动性意义：它通过强化社会关系而保证政治秩序。有一种说法认为，中国的当权者对"正行"（orthopraxy）的重视超出了"正信"（orthodoxy），因为实践所行之地，信仰必紧随其后。[29] 因此，身体力行的实践（包括劳作）以及物品都具有道德上的重要性：比如每个人都知道，幼齿之年的孔子（公元前4世纪）在与同伴玩游戏时便拿出祭祀的礼器，中规中矩地演示礼仪，这就预示了他将会在道德方面取得辉煌成就。

正如福柯提醒我们注意到的那样，日常物品和实践作为规训手段更为强有力，因为它们传递的信息是静默的。在中国的道德教诲中，居家建筑是一个特别有力的工具，因为私人伦理与公共伦理的整合是晚期帝制社会的典型特征。西方社会经历了不同活动领域之间的一系列分离，房屋在塑造人之生活方面的主导作用一步步减弱了。古希腊和罗马人

---

[29] 欧阳修的引文英文出自 de Bary（1960：443）；关于仪式，参见 Watson（1988）。

已经在家庭的、公共的和政治的范围之间标记出清晰的界限；在欧洲，最重要的敬拜活动和人生礼仪都在教堂内举行；随着工业化的到来，大多数人口的工作地与生活居住地分离。房子变成了私人领域，是人们可以逃避工作压力、逃避政治上与宗教上的正统要求的场所。在中国所发生的，是一个正好相反的历史进程，这里被绑缚在政体上的人口比例日益增大，而这一政体不认可西方式的公共领域与私人领域之间的区分：出生、成人、结婚和死亡的仪式都在房子里举行；对家庭祖先的礼拜仪式与国家正统的仪式并行不悖；家庭是政治生活中伦理与行为的训练场。[30]

19 世纪和 20 世纪的西方观察者注意到，每一座中国房子，无论其主人是农夫还是士绅，都首先是一座敬奉祖先的神庙：整体结构都以祖龛（祖先牌位）为中心，在分家以后每个兄弟都在自己的新居中设立一个祖龛。[31]尽管这样的风俗似乎久远得不知源自何时，实际上农夫甚至学者并非一直都有资格在自己家中设立祖龛。

宋代以前，供奉祖先牌位的家内祠堂是士族所特有的身份标记，而庶族则不允许在家里供奉祖先。不过，自宋代初年开始，理学的士绅家庭开始构建父系继嗣群体，用设立祠堂这一手段来标记自己的精英身份。[32]住宅内的祠堂（建筑学上的"硬件"）以及与此相关的实践活动（在不同的"用户指南"中有所描写），服务于这一新的精英阶层，成为构建一个稳定、整合性社会秩序的有效工具，而精英们自己则位于这一秩序的顶端。

---

[30] 延续性体现在建筑设计上：在晚期帝制中国，祖祠、衙门和皇宫都有着同样的农房的格局，只是规模更大而已。参见 Boyd（1962：48）。也参见民族学研究所举办的讨论会"空间、家庭与社会"的论文，台北，1994 年 2 月 22—26 日。

[31] 比如，可参见孔迈隆（Myron Cohen）对此的经典论述，Cohen（1976）；Clément & Clément & Shin（1987）。

[32] Ebrey（1991b）。

1169 年，最著名、影响最大的理学思想奠基人朱熹完成了一部供士绅家庭使用的居家礼仪集成，即《家礼》，并附带上一个世纪之前由司马光（1019—1086）编写的《司马氏居家杂仪》。这两个文本组合在一起，基本奠定了家居空间和实践行为的"标准"空间格局。③

朱熹将房子展示为一个仪式空间，供奉祖先的祠堂是其心脏所在："君子将营宫室，先立祠堂于正寝之东。"朱熹声言，这一部分被放置在篇首，因为它对随后而来的内容具有根本性意义，不光是在道德和形而上学意义上，也是在学会正确使用《家礼》一书上。用他的话说，第一卷"使览者知所以先立乎其大者，而凡后篇所以周旋升降出入向背之曲折，亦有所据以考焉"。④

朱熹制定了建造祖祠的一般规则，但是也考虑到贫富不同的各种情况。在理想的情形下，祖祠应该是三间宽，并设有"遗书衣物祭器库及神厨"，但是贫寒之家只能建一间宽的祖祠，或者只能在前堂的"厅事之东亦可"。朱熹也考虑到其他物质方面也可能欠缺合适的条件，比如缺少朝向南面的"正寝"："凡屋之制，不问何向背，但以前为南后为北，左为东右为西。后皆放此。"对朝向的绝对性要求就此被重新表述为一套转换，这样一来任何人都可以接受这些规则。祠堂的中间是香桌，龛内有祖先牌位。在这里也允许有不同的情况存在，从牌位的数量到牌位的排序上都可以不尽相同；要紧的是，应该有一个秩序。⑤

---

③ 中国居家空间规则中有一个根本因素，即不同性别的隔离。司马光在《家范》中为此制定了明确的规则，此后在谈及这一话题时他的文字被反复引用："凡为宫室，必辨内外，深宫固门。内外不共井，不共浴堂，不共厕。男治外事，女治内事。"（英文译本见 Ebrey，1991a：29）。这两个领域被展示为是互补的。在家庭仪式中男性与女性参加者的互补性将在下文中讨论。

④ 引文的英译本见 Ebrey（1991a：8）。

⑤ 引文同上（强调为本文作者所加）。"间"为支撑屋顶的两个柱子之间的空间，宽度大约为 10—12 英尺。关于秩序的突出地位，参见 Watson & Rawski（1988：498）。《清俗纪闻》（见图 4-2）绘制的一个清代商人家庭的祖祠就设置了五个牌位，而不是四个牌位。

每天对祖先牌位的供奉以及礼仪上的"周旋出入"体现了孝心、等级、和谐而多重的互补性，这些都支撑着理学思想中那些关于父系宗族以及父系家长制的原则：晚辈对祖先的尊重和服从是"孝"的模型，因此是子女与父母、妻子与丈夫、仆从与主人之间关系的样板。祠堂构造上一个非常重要的特征是它的东西台阶，这在图4-1中非常清楚。家庭成员有次序地依照辈分上下台阶，而同辈内则依照年齿、性别排序，从世俗世界向上进入祖先的神圣世界，然后再返回俗世；男人和女人分别用东阶和西阶上下。在这里我们需要注意到的是，祭拜（本质上这是一个生殖活动）的基本单元是已婚夫妻：男子做的每一个动作（比如献酒）都必须有妻子做辅助性动作（献茶）来与之匹配。家庭仪式通过共同参与，以及对特定人群的容括和排除而强化父系继嗣原则（图4-2）：已婚的儿子（住在父母的房子里）和他们的妻儿一同参加祭祖仪式；已婚的女儿（在结婚之时便加入到夫家宗族当中）不可以参加；仆人不能参加，同样偏房小妾也不能。被娶进家门之时，她们是不会进祠堂面见祖先的，与娶正妻时的情形大不相同。[36]

依照理学的训诫，全部家庭生活和活动都应该围绕着祠堂来进行：家人的出行和归来、成就和失败都应该告知祖先；新娘进门时要进祠堂拜祖；家庭成员在临终之际要安置在祖龛旁边吐出最后一口气。家庭中最为年长的夫妇住在离祠堂最近的房间，这一方面符合他们在家庭中的地位，同时也表明他们离死亡，也就是离成为先祖身份相去不远。按照朱熹的说法，如果有贼人闯入或者发生水火之灾，当务之急是救出祖先牌位和家谱，而保护财物和金钱则放在最后（"或有水火盗贼，则先救

---

[36] 关于性别的互补性、父系家长式的控制以及将女性隔离的不同含义也可能表明，当时的生产工作（如织布）和生殖工作（如抚养孩子）也被考虑进来。参见 Bray（1997），尤其是第2章和第3章。妾从来不能成为丈夫的宗族中的一部分。她们所生的子女被当作正妻的子女，哪怕在正妻去世以后，她们也不可以参加祭祖的仪式。在这种情况下，丈夫的责任是再娶（Bray，1997：第8和第9章）。

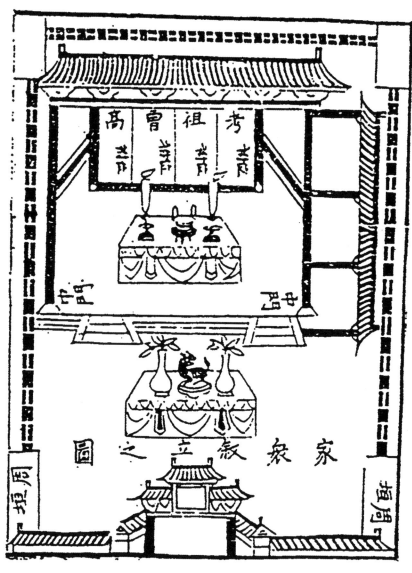

图 4-1：家祠，取自 1602 年版的《朱子家礼》，见 Ebrey（1991a：7）。堂屋后方画面上的字表明了安放牌位的谱系顺序。请注意，从院子进到堂屋上面有两个台阶。

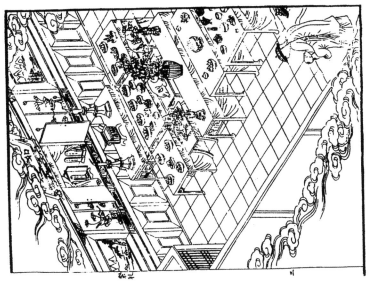

图 4-2："家庙祭祀之图",《清俗纪闻》。这幅画依据商人的讲述完成,于 1800 年在日本长崎刊印,见 Nakagawa (1983 / 1800: 496 – 497)。家庭中的所有夫妇以及未婚娶的儿子都要举行祭拜仪式,妻子站在自己丈夫的身后。

第四章　中国帝制晚期的技术与文明

祠堂，迁神主、遗书，次及祭器，然后及家财"），尽管人们有充分的理由怀疑，这种劝令在真正的生活现实中会不会被经常忽略。[37]

让围绕着祖祠来构建家庭这一做法成为文人精英的普遍行事原则，写下这一看法的第一人是 11 世纪的司马光。一个世纪以后，朱熹迈出了更为极端的一步：他的目标是将宗族祭祖仪式的权利扩展到整个血亲群体。他写作《家礼》的目的在于，给地方管理者教化当地民众提供指导，意在让这一做法获得普及，为普遍应用提供一套明确而且具有可操作性的祭拜实践，尽管朱熹的原本目标可能是教化那些有地位的家庭，而并非大众。

对祠堂予以强调，这并非朱熹的原创想法（毕竟，他是以引用一个世纪以前的文本来开篇的），但是他力图将在 11 和 12 世纪中已经在非贵族的士绅家庭中流行起来的实践活动系统化。地位已经稳固的精英们在扩展自己对本地社会的控制时，宣传祖祠的意义及其相关的理学实践，将贫穷的血亲亲属联结到父系继嗣群体的正规制度安排中；与此同时，那些急于获得精英身份的家庭则会提出建立自己的宗族以及亲属网络的诉求。[38] 敬奉家族肇始祖先的共同仪式在特定的、有大祖龛的宗族祖祠当中举行；这些仪式再度确证，那些拥有土地、受过教育的精英人士是宗族的头领，是仪式专家和顾问。尽管仪式依级别而行，但是整个体系是具有容纳性质的：如果富人和穷人作为共同祖先的后代，出于对先祖的忠心而联结在一起，那么即使穷人家庭也应该有后代（以及祖先和家祠中的仪礼）。

朱熹所倡导的敬奉规则使得人们哪怕只有最基本的物质"硬件"也能合乎礼法地举行仪式，贫寒之家无须花费重资就可以践行最重要的表

---

[37] 英译本见 Ebrey（1991a：5）。

[38] 组建宗族在整个帝制晚期都是一项常见的权利：获得向上流动的地方家庭会确认或者发明一个著名的祖先，会编写对他们有利的家谱，参见华若璧（Rubie S. Watson）的经典性研究（Watson，1985）。

达尊崇的方式。这一切都得益于朱熹所提议的转换：哪怕一个立在墙上的、再简单不过的祖龛，也足以用来向祖先表达敬奉之意。

朱熹对"标准"房屋及其空间实践与含义的表述，产生的影响像池塘中的水波纹一样扩展出去。普通家庭的仪式与空间指南的一个源泉便是共同的宗族仪式，在重要的家庭礼仪，比如年轻人的婚礼上，会经常邀请一位相关的士绅成员作为证婚人来参加。另外一点便是房了的实际建造。原则上，晚期帝制时代的木房建筑是由木匠来负责的，在学徒期间木匠们就将这一行当的神圣之书《鲁班经》里的建筑规则背诵得烂熟于心。这些规则涉及前厅、放置祖龛的房间、祖龛本身以及其他关键性的家居物件如婚床等的方位、比例和大小。在建造新房子或者在老房子当中添加新设施时，一个家庭会有意识地去考虑这些问题。[39]

朱熹的著作开始特别流行，有不同的刻印版本。最早的一个插图版本出现在宋代末年（图4-1取自于明代的一个刻本）。文本流传广泛，也节选到日用类书当中，比如《居家必用事类全集》，该书初刊于1301年，修订的1560年明代版本得到广泛流传。尽管在1500年之前只有殷实之家才能买得起刻印版书籍，此后的读者数量却快速增加，尤其是在城市里。1500—1800年间形成的社会中层乐于置买图书，书籍一方面用来研读学习，另外一方面也用来标明身份，关于礼仪的书籍非常流行。[40]

随着宗族的扩张，对正确的居家仪礼的考虑也扩展开来，无论在社会意义上还是地理意义上。理学思想家们越来越多地考虑"粗鄙实践"和"本地风俗"所带来的问题。他们对朱熹的著作予以注疏或者在总体

---

[39] 鲁克思曾经研究过《鲁班经》的历史、内容和使用情况（Ruitenbeek，1993）；也参照Bray（1997：159 - 166）。

[40] 1560年明代刻本的《居家必用事类全集》由田汝成编辑。关于嘉靖年间（1522—1566）的"出版革命"亦可参见Ko（1994：34-37）。

上对礼仪进行重新考虑，尝试着去协商这些问题，将更多数量的礼仪包括进正统范围。国家在扩张正统影响方面采用的手段，往往与士绅的活动有部分重合或者完全合拍。这些做法包括对仪式规矩进行立法（比如元代规定，只有依照《家礼》而举办的婚礼仪式才是合法的）、建立学校、组织讲学（尤其是在清朝初年，贯穿于整个18世纪）、给有突出的美德懿行的人颁布荣誉。[41]

如果就此将国家或者精英与普通民众之间的关系理解为直截了当的支配，那也是错误的。对仪式和空间规则的遵守形成了一种人们愿意看到的、可行的表示敬意的符号。诺伯特·埃利亚斯（Norbert Elias）解码巴黎贵族府邸的空间结构，发现那是一个精心设计的舞台。路易十四手下的贵族们在上面尽情地表演他们认为那一阶级所承担的角色，他们精致地将审美、关系以及理性之形式都汇入适意休闲当中，与正在形成的市民阶层形成反差。只有那些同为贵族的人，才能够对这些展演进行评判或者加入其中；此外的人，要么太粗俗（市民阶层，他们被认为是满心嫉妒的旁观者），要么不算是真正的人（仆人——也正因为如此，法国贵族妇女会当着男仆的面脱衣服，一点儿也不会感到难为情）。[42]在中国，宗祠也是理学精英们设计的舞台，他们要在上面展示自己的道德价值以及自身在社会生活中的超凡脱俗。但是，社会卓越性的这一特殊形式，要求拥有并践行共同价值观的低等级群体加入进来。理学精英们邀请那些比自己社会地位低的人，他们不光要作为演员出现在宗祠的舞台上，还要在精英的家中再现这些表演。

中国的精英们认为自己的任务在于，一定要将低级的秩序拉进文明、有教养的领域当中，同时却要保持在地位和学识上的差异，正是这二者让他们获得了权威。普通家庭通过设立自己的家祠，他们认可

---

⑪ 关于元代婚姻的法律，参见 Ebrey（1991b: 151）；关于清代的讲学，参见 Mair（1985）。
⑫ Elias（1985/1933）.

这一社会秩序，以赢得尊重感、祖先（的庇护）、宗族的成员身份、对女性的控制（对男性有吸引力）和对年轻人的控制（对年长女性也有吸引力）、某种政治上的融入感。在理学思想的教条中，房子是国家的一个缩微形式，夫妻关系与君臣关系相平行。当房屋的空间规则在晚期帝制期间扩展到中国社会上以后，以祭坛为核心的日常仪礼将越来越多的普通人，甚至包括许多不识字的家庭，绑缚到一个秩序井然的社会空间当中。其范围之大，在地理意义上扩展到中国政体的边界；在历史意义上扩展到伟大的学者和道德家朱熹，因而也一直可以回溯到孔子本人。

上述的情况都倾向于让人感觉到，家祠是推广具有支配性的正统价值观的一种工具。不过，这枚硬币还有另外一面。使得家祠得以普遍流行开来的一个重要因素是"宅居风水"，这是"正统"与"风俗"相调适所具有的典型的中国式过程。"宅居风水"塑造了理学祭拜中的礼义象征性，将其自身的、各不相同的道德强加到家祠上。

风水学是应用宇宙观学说。风水学的技艺，包括从宇宙能量（"气"）在空间与时间中的流动这一角度来"看"本地山川地貌，而后对山川地貌有所操纵，以便将"气"导向自己想要的方向上去。这是一门古老的学问，随着宋代宇宙观学说的兴起进入一个更为精密细致的新阶段。其中所涉及的关于宇宙规则的专门知识，只有学者和专家才具备；但是，几乎每个人都有些散碎的风水知识，都在一定程度上了解跟建造"阴宅"（墓穴）和"阳宅"（住房）相关的基本原则。木匠，即那些负责建造典型的中国木结构房屋的匠人，实际上是风水专家：木匠的尺子（"鲁班尺"）上标记出那些吉利和不吉利的尺寸。当一位木匠在计算一个门楣的宽度，或者一个大梁的长度时，他是在进行一系列的宇宙学计算。不管多穷的人家，在建造或者改造住宅时都首先要找人来看风水。如果他们请不起一位专门的风水先生，负责建造的木匠就会拿起罗盘，行使风水先生的角色。[43]

　　正如理学上的祭拜规定一样，祭祖之地是风水住宅的心脏所在。[44]
风水最好的地点被定为家祠以后，住宅的其余部分便围绕着它来设计，
其构造便是有意地将"气"引入祖龛所在的大堂（参见图4-3）。风水
师在看宅基和设计房屋时，要让"气"的流动有利于房子的主人。一处
位置和结构都好的住宅可以给主人带来健康、财富、幸福以及众多的男
性后代；风水不好的住宅会让父子反目，女人败坏门风，财物遭受损失，
疾病降临。（参见图4-4）。

图4-3：中国台湾东部的安泰林，参见 Li（1980）。这一建筑整体中各建筑和房间的风水
地位与社会地位经由房顶的高度和风格而有所区别。该建筑群中的最高点是主厅堂的屋
顶，位于院中天井的后方，那里安放着祖先的祠堂。

　　理学哲学认为，美德带来幸福，秩序带来成功，围绕着祖龛的日常

---

[43] Benntett（1978）。有很多中文的关于住宅风水的材料。Knapp（1998）在他的文献目
录当中引用了其中最重要的著作。关于木匠作为风水先生的替代者，参见 Ruitenbeek
（1993：6）。
[44] 厨房的位置也极其重要，我们有足够的理由认为，中国的住宅房屋是一个两极结构，
在构建群体身份认同感以及再生的过程当中，二者同样重要。参见 Bray（1997：106–114）。

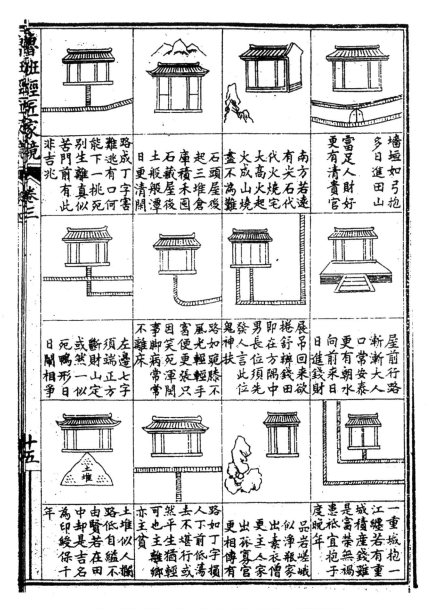

图4-4：1808年版本《鲁班经》中的一页，描绘了吉与不吉的建筑形式。

仪式是在培养道德和确认社会结构。屋顶屋脊的高度以及房子高度各家并不相同，它们映射了住宅主人的地位差异，但是这些差异的产生不来自于住宅。不过，风水先生们还是会说：经由建筑而对"气"的摆布却能产生美德以及合适的关系。"家庙不比寻常，人家子弟贤否能在此处钟秀。又且寝堂及听雨廊至三门只可步步高，儿孙方有尊卑，勿小觑大之故。做者深详记之。"[45]

虽然风水并非一定不能与儒家价值观相容，然而正如王斯福（Stephan Feuchtwang）所着重指出的那样：潜藏在"风水"下的原则是非社群性的，或者甚至可以说非道德的。"风水"手段是竞争性的：它们并不能增加当地地形地貌中的能量（"气"），只是将能量引向新方向。确立一个宅基地或者墓穴地的位置，建造一座墙，甚至栽下一棵树，都能扰乱现有"气"的流动，会被共同体看作在以牺牲别人家为代价而将好运吸引到自己的住宅。"在一个村子里，如果一个人把围墙修得太高，如果他修建的门窗可以被解释为一种威胁，那么他就难免得与人争斗。"[46]

在有教养的理学解读中，祖先崇拜是一项最重要的象征，是达成社会和谐与政治秩序的工具；祠堂是展示尊崇的实在物，家庭美德的展示都围绕着这一核心点而得以安排和组织；祖先牌位是父系继嗣的象征。不过，大多数普通人真的相信，祖先的魂灵留在牌位当中并主动地干预他们的生活；祖先给后人提供帮助的力量，会受到以"风水"手段导入到祠堂中的"气"的影响。在这个意义上，家祠是一个能将宇宙能量转化为人之受益的机器。朱熹表述的"标准"居家空间实践的知识，连同那些对如何强化这一机器效能的通俗理解在晚期帝制时代传播，后者是通过技术专家（风水先生和木匠）以及"用户指南"来传播的。从《鲁班经》中节选出来的图文与朱熹《家礼》中的文本出现在同样的类书和

---

[45] 引文源自元代版《鲁班经》，英译本见 Ruitenbeek（1993：197）。

[46] Feuchtwang（1974）；Freedman（1979：330）．

历书当中。当印刷文化大力发展之时，关于"风水"的专门著作以及风水先生的服务就有了更大的市场。[47]

因此，祠堂这一物品同时负载着两种理念体系。在看不见的"礼数建筑"上，它体现了理学对于社会和谐与稳定的支配性理念，其基础是孝心、美德与合作。祠堂也是住宅的"风水建筑"的一个核心点，它将家庭联结在一起，并非进入一个条理井然、社会和谐的政体空间，而是进入本地地形地貌中不同家庭之间的无序竞争。在这一层面上，它体现了一种不安全感和竞争性的理念：每个家庭的生存都需要毫无顾忌地去操纵当地的环境，以获得自家的好处。

祖龛也是对晚期帝制社会进行规则化的一个核心手段。为居家建筑所支撑的理学价值的社会－技术体系，并非是静态的：它逐渐地从一个新精英阶层扩展，几乎包括进全部中国人口。它历经多个世纪，面对那些由人口增长、城市化、商业化以及此前不同因素导致的巨大张力而不分崩离析。祠堂高度赞扬对家庭的尊重感，让人们明了自己在社会中的位置、追求更高的福祉，而不仅仅是物质上的成功。同时人们也渴望成功，毕竟机会有限，所以他们害怕失败，竞争和不确定感在增长。家祠在"风水"方面的功能使得家庭能将命运掌握在自己手中，如果未能如愿成功，他们会谴责自己，因为自身的技术能力还不够精到。因此，祠堂就如同一个保险阀门，将潜在的、破坏性的社会能量导入安全的方向。

结语

在本文中，我聚焦了一项在惯常看法中的"非生产性"技术及其所具有的转变社会的效应，以此表明采取一种有机的、人类学的进路来研究技术及其在社会中的角色，这是十分有益的。对于那些以非西方社会

---

[47] Feuchtwang（1974）；Smith & Kwok（1993）；何晓昕（1990）。

为对象的技术史研究来说，这种修正论史学有着明确的吸引力：它让所涉社会摆脱一个与欧洲进行负面比较的体系，而是集中于那些在该社会中被认为重要的物质领域。更进一步，视技术为文化这种做法，也为将技术史融入更宽广的历史学当中提供了思想基础。宋代知识精英通过理学的社会哲学让自身的地位具有正当性，通过推进扩大父系继嗣群体来延伸自身的影响和控制力。祖祠是宗族纽带和价值的物质性象征，我在本文中分析了宋代以来中国的学术精英和政治精英如何利用以祖祠为核心的仪式和礼节行为，通过设定祖祠建造的规矩，将越来越多的民众纳入正统类别。我也指出，作为物质实在物的祖祠体现了含义的模糊性以及与之相应的道德变通性，这有效地帮助它在民众中得以普及，让它在面对潜在的解体性力量时成为一种再生社会秩序的强有力工具。

"技术"（technology）是一个现代术语，在大多数前现代语言里没有与之对等的词。在古代汉语当中当然也没有。然而，我并不认为我们就应该因此而拒绝将"技术"当作一个探讨范畴。当我在晚期帝制时代的资料中搜寻那些我标记为"至关重要的技术"时，我去找那些在当时讨论中占据显著位置的物质生产和实践类别。（这当然会带来偏颇，只看到男性文人精英所虑及的话题，不过这毕竟让我有入手之处。）我从中发现，若干目前被视为根本性的技术领域（如金属加工和建筑工程）在当时则完全是边缘话题。另外一些如农业和纺织品生产等技术，则是他们的核心考虑。然而，如果从现代工程学和经济学出发的话，它们的地方性意义和价值就无法被恰如其分地理解。当然，农业这一"本业"产出粮食商品，多少可以从经济或者环境出发来安排。但是，在更高的层面上，正确地安排农业被视为理想的统治者与臣民关系的基础，是国力的根基，是对一种道德秩序的确证——自私的逐利行为要让位于简朴的安康与稳定。一些晚期帝制时代的农书作者是土地所有者，意在经营一个能维持生计、如有可能也要获利的经济实体；另外一些作者则是国家官员，他们的目标在于维护或者修复男性"百姓"之间的恰当关系，这些人通常是耕种的农人（他们的妻子和女儿是织工）。这两类农书经常引用相同的材料，讨论同样的问题，却有着各不相同的目标。在晚期帝制中国，农业是一项至关重要的技术。但是，如果我们不去考虑农作这一职业被赋予了怎样的意义，不去考虑不同的社会成员在晚期帝制那个商品化、职业分化日益加剧，并不时地有足以威胁到国家存亡的危机的时代里给这一职业赋予的意义，不考虑农业在政治中的角色，那么我们就不可能透彻地理解那些与农业技术和农业知识的推广、扩散和演化相涉的问题，或者它们是被如何展现在历史资料当中的。[48]

一些在今天的我们（西方人）眼里至关重要的技术，在其他社会的话语体系中可能完全缺失；另外一些技术可能居位显要，但是它们在社会上以及物质上的重要性与我们今天赋予这些技术的重要性则有着重要差异。一些我们现在不会认为重要（或者甚至不属于技术）的东西，在其他社会里则是核心的筹算和策略，以便来产出人们渴求的物质世界——比如，我在本文聚焦的晚期帝制中国的祖祠。我还想再次强调的是，我们也许可以去寻找那些举足轻重的技术体系——它们连接了在我们看来不太可能的技术领域组合。比如，在晚期帝制中国的研究中，我提出了用一种方法来理解在历史长河中性别差异是如何被阐释，以及性别差异在推进社会秩序方面占据的位置，那就是透过我称之为"女子之术"（gynotecnics）的、在通行的社会秩序之内来解释女性身份认同并构建相应的物质世界的一套技术，去看待性别关系以及不平等与权利的其他社会体系。[49]为此我把三个在我们现代经验中未必会看作相关的技术领域放在一起：差异化家居空间的产生；纺织品的制作（这被命名为"妇工"，哪怕在男人迅速取代女人坐在织机前的时代也如此）；生殖的技术，也就是为达成所愿的家庭所采用社会和生理手段。通常的技术史

---

[48] Will（1994）；Bray（1995）。

[49] Bray（1997）。

把女性当作边缘性角色来看待，充其量是物质和理念的消费者而不是创造者。在对"女子之术"的研究中，我在物质经验中寻找理念的根基，将文化产出与物品产出连在一起，表明物质世界中的女性活动既非边缘也非被动，相反它们对于生成中国的"文明的进程"（如果用埃利亚斯的概念的话）是具有根本性作用的。性别史与妇女史是目前中国史领域当中最为活跃、产出也最为丰富的，因此我希望自己在研究技术与性别时采用的进路有助于将目前游离于主流史学之外的技术史重新整合进更大范围的中国文化史当中。

显而易见，非西方社会的技术史可能会从重新思考其对象和方法中有所收获，而西方技术史学家也同样会对此感兴趣。毫无疑问，技术史这门学科会在与经济学、工程学和科学的关联中继续汲取力量和分析力。如果我们让自己更富有想象力地去思考技术可能会是什么、它承担的社会功能，如果我们能把技术构想为文化表达的形式，是理念的生成和传递中的核心工具，我们就提供了一个全新的理解过去的可能性，开启了与历史学以及文化研究的其他分支展开新对话的可能性。于是，这篇论文便是对一种新型的、更富有想象力的物质主义研究方法的呼吁。

参考文献：

Adas, Michael. 1989. *Machines as the Measure of Men*: *Science, Technology, and Ideologies of Western Dominance*. Ithaca, NY: Cornell University Press.

Basalla, George. 1988. *The Evolution of Technology*. Cambridge: Cambridge University Press.

Bayly, C. A. 1986. The Origins of *Swadeshi*: Cloth and Indian Society. In *The Social Life of Things*: *Commodities in Cultural Perspective*, edited by Arjun Appadurai, 285–321. Cambridge: Cambridge University Press.

Bennett, Steven J. 1978. Patterns of the sky and earth: a Chinese science of applied cosmology. *Chinese Science* 3(1): 1–26.

Bourdieu, Pierre. 1973. The Berber house. In *Rules and Meanings*, edited by Mary Douglas, 98–110. Harmondsworth: Penguin.

Boyd, Andrew. 1962. *Chinese Architecture and Town Planning: 1500 B.C.-A.D. 1911.* Chicago: University Chicago Press.

Braudel, Fernand. 1992. *Civilization and Capitalism, Fifteenth to Eighteenth Century, Vol. 1: The Structures of Everyday Life,* trans. Sian Reynolds. Berkeley: University California Press.

Bray, Francesca. 1984. *Agriculture. Pt. 2 of Biology and Biological Technology, vol. 6 in Science and Civilisation in China,* edited by Joseph Needham. Cambridge: Cambridge University Press.

———. 1995. Who Was the Author of the Nongzheng quanshu? Paper presented at the conference on *"Xu Guangqi, Seventeenth-Century Scholar, Statesman and Scientist"*. Paris: Fondation Hugo.

———. 1997. *Technology and Gender: Fabrics of Power in Late Imperial China.* Berkeley: University of California Press.

Brook, Timothy. 1995. Weber, Mencius, and the history of Chinese capitalism. *Asian Perspective* 19: 79–97.

Carsten, Janet & Hugh-Jones, Stephen, eds. 1995. *About the House: Lévi-Strauss and Beyond.* Cambridge: Cambridge University Press.

Clément, Sophie & Clément, Pierre & Shin, Yong-hak. 1987. *Architecture du paysage en Extrême-Orient.* Paris: Ecole nationale supérieure des Beaux-Arts.

Clifford, James. 1988. *The Predicament of Culture: Twentieth-Century Ethnography, Literature, and Art.* Cambridge, Mass.: Harvard University Press.

Cohen, Myron. 1976. *House United, House Divided: The Chinese Family in Taiwan.* Palo Alto, CA: Stanford University Press.

Davis, Mike. 1992. *City of Quartz.* New York: Vintage.

de Bary, William Theodore, ed. 1960. *Sources of Chinese Tradition.* New York: Columbia

University Press.

du Gay, Paul & Hall, Stuart & Janes, Linda & Mackay, Hugh & Negus, Keith. 1997. *Doing Cultural Studies: The Story of the Sony Walkman.* London: Sage/Open University.

Ebrey, Patricia B. 1991a. *Chu Hsi's Family Rituals: a Twelfth-Century Chinese Manual for the Performance of Cappings, Weddings, Funerals, and Ancestral Rites.* Princeton, NJ: Princeton University Press.

———. 1991b. *Confucianism and Family Rituals in Imperial China.* Princeton, NJ: Princeton University Press.

Elias, Norbert. 1985/1933. Structures et signification de l'habitat, in *La société de cour*, trans. by Pierre Kamnitzer and Jeanne Etoré. Paris: Calmann-Lévy.

Ellul, Jacques. 1962. The Technological Order. *Technology and Culture* 3: 391–421.

Elvin, Mark. 1973. *The Pattern of the Chinese Past.* Palo Alto, CA: Stanford University Press.

Feuchtwang, Stephan. 1974. *An Anthropological Analysis of Chinese Geomancy.* Vientiane, Laos: Vithagna.

Finley, Moses. I. 1973/1985. *The Ancient Economy.* Berkeley: University of California Press.

Freedman, Maurice. 1979. Geomancy. In *The Study of Chinese Society: Essays by Maurice Freedman*, 313–333. Stanford, Calif.: Stanford Univ. Press.

Giedion, Siegfried. 1948. *Mechanization Takes Command: A Contribution to Anonymous History.* New York: Oxford University Press.

Gille, Bertrand. 1978. Les systèmes bloqués. In *Histoire des techniques*, edited by Bertrand Gille, 441–507. Paris: Encyclopédie de la Pléiade.

Hayden, Dolores. 1986. *Redesigning the American Dream: The Future of Housing, Work and Family Life.* New York: Norton.

何晓昕. 1990. 风水探源 (*Exploring the sources of fengshui*). 南京: 东南大学出版社.

Huff, Toby. 1993. *The Rise of Modern Science: Islam, China, and the West.* Cambridge:

Cambridge University Press.

Johnson, David & Nathan, Andrew J. & Rawski, Evelyn S., eds. 1985. *Popular Culture in Late Imperial China*. Berkeley: University of California Press.

Jones, Eric L. 1981. *The European Miracle: Environments, Economies, and Geopolitics in the History of Europe and Asia*. Cambridge: Cambridge University Press.

Knapp, Ronald G. 1998. *China's Living Houses: Folk Beliefs, Symbols, and Household Ornamentation*. Honolulu, HI: University of Hawaii Press.

Ko, Dorothy. 1994. *Teachers of the Inner Chambers: Women and Culture in Seventeenth-Century China*. Palo Alto, CA: Stanford University Press.

Kuhn, Dieter. 1987. *Die Song-Dynastie (960 bis 1279): eine neue Gesellschaft im Spiegel ihrer Kultur*. Wienheim: Acta Humaniorum VCH.

Lemonnier, Pierre, ed. 1993. *Technological Choices: Transformation in Material Cultures since the Neolithic*. London: Routledge.

Li, Chien-lang. 1980. *Taiwan jiangong shi (A history of Chinese architecture)*. Taipei: Beiwu Press.

陆元鼎, 主编. 1991—1996. 中国传统民居与文化 (*China's traditional vernacular dwellings and culture*), 4 vols. 北京: 中国建筑工业出版社.

Mahias, Marie-Claude. 1989. Les mots et les actes: Baratter, allumer le feu: Questions de texte et d'ensemble technique. *Techniques Cult.* 14: 157–176.

Mair, Victor. 1985. Language and ideology in the Written Popularizations of the Sacred Edict. In *Popular Culture in Late Imperial China*, edited by David Johnson & Andrew J. Nathan & Evelyn S. Rawski, 325–359. Berkeley, CA: University of California Press.

Mokyr, Joel. 1990. *The Lever of Riches: Technological Creativity and Economic Progress*. New York: Oxford University Press.

Mumford, Lewis. 1934. *Technics and Civilization*. New York: Harcourt Brace.

———. 1966. Technics and the *Nature* of Man. *Technology and Culture* 7: 303–317.

Nakagawa, Tadahide. 1983. *Shinzoku kibun (Recorded accounts of Qing customs)*, facsimile of

1800 edition. Taipei: Tali Press.

Needham, Joseph. 1954. *Science and Civilisation in China*. Cambridge: Cambridge University Press.

Pacey, Arnold. 1990. *Technology in World Civilization: A Thousand-Year History*. Cambridge, Mass.: MIT Press.

Pfaffenberger, Bryan P. 1992. Social anthropology of technology. *Annual Review of Anthropology* 21: 491–516.

Pursell, Carroll. 1984. History of Technology. In *A Guide to the Culture of Science, Technology, and Medicine*, edited by Paul T. Durbin, 70–120. New York: Free Press.

Pursell, Carroll. 1994. *White Heat: People and Technology*. London: BBC Books.

Ruitenbeek, Klaas. 1993. *Carpentry and Building in Late Imperial China: A Study of the Fifteenth-Century Carpenter's Manual* Lu Ban Jing. Leiden: Brill.

Sabban, Françoise. 1994. L'industrie sucrière, le moulin à sucre et les relations sino-portugaises aux XIVe–XVIIIe siècles. *Annales Histoires, Sciences Sociales* 49: 817–862.

Smith, Richard J. & Kwok, D.W.Y., eds. 1993. *Cosmology, Ontology and Human Efficacy: Essays in Chinese Thought*. Honolulu, HI: University of Hawaii Press.

Staudenmaier, John M. 1985. *Technology's Storytellers: Reweaving the Human Fabric*. Cambridge, MA: MIT Press.

———. 1990. Recent Trends in the History of Technology. *American Historical Review* 95: 715–725.

von Falkenhausen, Lothar. 1993. *Suspended Music: Chime-Bells in the Culture of Bronze Age China*. Berkeley, CA: University of California Press.

Wagner, Donald. 1993. *Iron and Steel in Ancient China*. Leiden: Brill.

———. 1997. *The Traditional Chinese Iron Industry and its Modern Fate*. Richmond, Surrey: Curzon Press.

Watson, James L. 1988. The structure of Chinese funerary rites: elementary forms, ritual sequence, and the primacy of performance. In *Death Ritual in Late Imperial and*

Modern China, edited by James L. Watson & Evelyn S. Rawski, 3–19. Berkeley, CA: University of California Press.

Watson, James L. & Rawski, Evelyn S., eds. 1988. *Death Ritual in Late Imperial and Modern China*. Berkeley, CA: University of California Press.

Watson, Rubie S. 1985. *Inequality among Brothers: Class and Kinship in South China*. Cambridge: Cambridge University Press.

Watson, Rubie S. & Ebrey, Patricia B., eds. 1991. *Marriage and Inequality in Chinese Society*. Berkeley, CA: University of California Press.

White, Lynn. 1984. Symposium on Joseph Needham's *Science* and Civilisation in China. *Isis* 75: 715–725.

Will, Pierre-Etienne. 1994. Développement quantitatif et développement qualitatif en Chine a la fin de l'époque impériale. *Annales Histoire, Sciences Sociales* 49(4): 863–902.

Wilson, Peter J. 1988. *The Domestication of the Human Species*. New Haven, CT: Yale University Press.

Wong, R. Bin. 2002. The Political Economy of Agrarian Empire and Its Modern Legacy. In *China and Historical Capitalism: Genealogies of Sinological Knowledge*, edited by Gregory Blue & Timothy Brook, 210–245. Cambridge: Cambridge University Press.

Woodside, Alexander & Elman, Benjamin A. 1994. Afterword. In *Education and Society in Late Imperial China, 1600— 1900*, edited by Benjamin A. Elman & Alexander Woodside, 525–560. Berkely: University of California Press.

注述文本：

古典晚期与数学史①

瑞夫·内茨

导言

在本文中，我将重新评价数学史上的古典晚期以及中世纪。出于这一目的，我提出用一种更宽泛的概念来理解"注述式"（deuteronomic）文本，即那些从根本上依赖更早文本的文本。我会详细描写在西方数学史上注述式文本特别重要的一段时期——古典晚期与中世纪——所具有的一些典型特征。接下来我会简要地论述，这些特征在改变数学实践和数学形象方面有着重要后果；我也认为，这些特征直接来自注述式文本的角色。因此，我的论点是：古典晚期与中世纪做出了真正的历史性贡献，而这一切源于该时期产出的文本所具有的基本特质。

如今，古典晚期（大而言之，也包括中世纪）依然受到数学史家的关注。比如，最受青睐的帕普斯（Pappus）[①]经常被认为是古典晚期最有才华的数学家，而琼斯（Alexander Jones）是其最认真的当代读者。因此，这值得我们去注意琼斯如何去介绍他的研究对象：

> 在后来的希腊化时期，经过几百年的进步，希腊数学的主流，综合几何学，经历了深刻而持久的衰落。对这一学科的研究和教学没有停止，但是原创性的发现越来越不频繁，越来越不重要……
>
> 亚历山大城的帕普斯，是这一衰落的传统中首屈一指的作者，我们能够看到他关于高等几何学的重要著作。（Jones，1986：1）

---

* 本文的雏形是我在 QED 会议（于 1998 年 5 月在柏林马普科学史研究所举行）上的发言以及随后的热烈讨论。我要向会议的主办人罗蕤安·达斯顿（Loraine Daston）以及参与讨论者致谢。我也要感谢尚拉（Karine Chemla，）戈尔茨担（Catherine Goldstein）和埃勒曼（Alain Herreman）等人在我准备该文时给予我的启发。

① 帕普斯活跃在公元 4 世纪的亚历山大城，后人对他的生平基本上一无所知。他研究的范围宽泛，题目从算术到力学不一而足。他最为重要的著作是《文集》（*The Collection*），是一部数学百科全书，分 8 卷，近 7 卷得以保存至今。参见 Jones（1986）；Cuomo（2000）。

许多历史学家会警惕对往昔进行目的论式的阅读，他们可能会本能地反对诸如"衰落"或者"退化"这类用词。然而，琼斯的判断是难以回避的。在希腊化阶段的末期确实发生了一些事情，而"衰落"是人们能想到的用词。因此，我在这篇文章中的目的，并非想去表明古典晚期多么有原创性——因为它并非如此。它是深度保守的。不过我会认为，它还是做出了真正的贡献，哪怕并非有意为之：它发展出一种全新的数学，与此前的数学有着质的差异，并塑造了此后的数学史。矛盾之处在于，这一变化的到来没有任何意图，古典晚期的数学家们没想去改变自己的数学。我的论点是：在特定情形下，尤其是在数学里，保守主义能成为一种推动变化的力量（不过，在后文中我们需要精确地指出这一"保守主义"的目的性意义）。

我们可以这样开始：我们应该注意到，古典晚期的文本经常采取评注的形式，即便不是评注，也往往是我所说的"注述文本"（deuteroronic texts）。古典晚期是出新版本、概要、汇编大全的时代。此后，在中世纪期间，除继续发展这一中古晚期已明朗化的倾向，另外一种注述文本又添加进来，即翻译文本——翻译成叙利亚文、阿拉伯文和拉丁文的文本。[②] 从古典晚期到中世纪的整个时期，是以评注和旁注为主的时期。所有文本都是"注述式的"：它们明确地从已有的文本（一个或者多个）出发，以产出新文本为目标；新文本或者重新激活早年旧文本（如翻译本或者新版本），或者以更为极端的方式利用旧文本（如概述或者汇编）。至少从现代角度看，评注是注述文本最重要的类型，因为它也最具雄心：这是一种可以与原始本文分离自立的注述文本。但

---

② 至少还可以添加希腊文化内部的一桩个案，即阿基米德的一些著作（《论球和圆柱》和《论方法》）从原初的多利克（Doric）方言，被翻译成占主导地位的通用希腊语（*koine dialect*）。

是在本文中，我会更强调不同类型注述文本的共性，而不是其区别。总体上，我会将评注形式当成理解注述文本的关键。

总体而言，现代学人不太高看评注者，提到这些人时，经常用诸如"繁规缛则的"（pedantic）或者"述而不作的"（scholastic③）这类贬义词。④ 我也无意于来争论这些特征：我的目的是，在细节上确定是什么让一位著作者显得"述而不作"，而后我会提出，这样的"述而不作主义"（scholasticism）可能具有真正的历史学与哲学上的重要性。事实上，通过"述而不作主义"这一渠道，保守主义可以成为一种促成改变的力量。

什么是"述而不作主义"？

我们用"述而不作的"或者"繁规缛则的"这些词，指的是什么？现在我会试着借助于例子来解析这些概念。我认为，用这些词所指的若干事情紧密关联。在看到其中的一些可能含义以后，我们会试着去探究可能的关联：这些评注者到底想做什么，是什么让他们有了那些贬义的名头？

1. 述而不作与"纵向的繁缛"（vertical pedantry）

首先，评注者所做的是解释显而易见的东西。这是纵向的繁缛：他们挖掘得太深。当然，什么是"显而易见的"，这难以定义；很清楚，这受到不同数学教育的塑造，在每一种数学文化中，被当作"显而易

③ Scholastic 一词在中世纪神学研究的语境下，通常被译成"经院式的"，但是在本文中指的是那种对原初文本进行阐释和解读、自己并不形成新论点的学术方法，与中国古代处理经典文本有相似之处，故而在译文中采用了"述而不作的"这一现成说法。——译者注
④ 参见 Knorr（1989：238–239；812–816）。

见的"事物会有所不同。⑤ 然而，在进行证明时有必要在某个地方中止，否则卡罗尔（Lewis Carroll）那个著名的悖论就会随之而来（Carroll，1895）：在这一悖论当中，要证明 Q 是由 P 导出的，那么就必须证明 P 生成 Q，然后你需要证明从 P 开始，P 生成 Q，Q 派生于……，如此下去，以至无穷。这不是一个空泛的哲学担心：这类反向推导可能被称为"'注述式'反向推导"，这在历史上有据可查。比如，我们可以拿阿基米德的《论球和圆柱体》第一卷的最后一个命题为例。下面的引用取自文本自身（也就是说，并非源于与原文分开的评注），但是很清楚的是，这并非仅出自阿基米德一人之手。注疏汇集并进入阿基米德的文本，于是评注文本直接左右了原初文本——这一要点我们还会论及。如下的例子，就是这一过程究竟如何运行的 ⑥（图 5-1）。

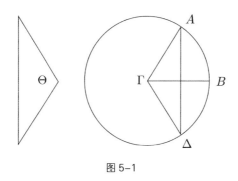

图 5-1

（阿基米德的推理思路得出的结论：）

因此，内接于扇形的图形，也比圆锥体 Θ 的面积大；这是不

---

⑤ 关于"显而易见的"这类看似中性的概念在历史上的不同理解，尤其可以参见 Goldstein（1995）。

⑥ Heiberg（1910：162.25–164.11）。清楚的是，许多现代版本——以及很多主观性断言——在提及"阿基米德"或者"评注者"时都是不明确的。然而，在这一个案里，这两个词似乎颇有必要，出于语言学上的以及其他理由。

可能的。

从数学的上语境中，可以直接看到这一不可能性。事实上，这是由此前的一个命题直接推导出来的。某一注疏者增加了如下评注，来注释这一事实：

> 因为在上面（的命题中）已经被证明它小于这类圆锥体。

这是第一个繁缛的注释，是对显而易见之事的首个阐释。现在，同一个注疏者在一分钟以后，或者另外一个注疏者在一个世纪以后，再加上一句：

> 这是一个有圆形底的锥体，其半径与从锥体顶点到圆周（这是锥体的底）之间的直线距离相同，其高度为球的半径。

这当然是常规描述——注疏者在意常规描述，我们还会回到这一事实。但是，略等一下——这真的是我们这里谈的那个圆锥体吗？是的，那个学究证实说：

> 这就是所说的圆锥体 Θ。

或者，是这样吗？如果同一位学究感到奇怪，或者是另外一位在一个世纪以后感到奇怪的话，那么就必须说出为什么！

> 因为它有两个条件：其圆形底面积与锥体面积相同，那就是（与）所说的圆形相同，其高度与球的半径相同。

这就是被称为"繁规缛则的"：一丝不苟地去解释那些理所当然就

应该理解的东西——这一过程原则上没有尽头，因此，这让繁缛陈述者看起来不光蠢笨，也荒谬。不管怎样，这确是一种繁缛类型，即纵向繁缛：抠得太深。上面引用的这一明显荒谬的类型，相对来说并不频繁（尽管要加上更多的例子也很容易，即同一本书中的命题13，参见Heiberg，1910：56.10–24），因为只有当最初的注述文本变成流传下来的文本中的一部分之后，注述文本才会再出现——这是一种常见但并非普遍存在的现象，为旁注加旁注的情况则更不常见。不过，这几乎是我们在数学著作中最经常发现的注述式文本的类型：一条简短、本质上不重要的数学解释，展示为什么一个推导可行——原则上这是一个总可以提出的问题，因此，原本的希腊数学家们不那么频繁地提出来。⑦

2."横向繁缛"（horizontal pedantry）

以上描述的是那种挖掘得太深的情况，我称之为"纵向繁缛"。另外一种相关的繁缛类型是"横向繁缛"：挖掘得太广。正如一个人可以在（数学）证明之前，不停地去证实显而易见之事一样，一个人也能在（数学）证明之后不断地去证实那些业已隐含其中之事。无论是从古典希腊数学还是从现代数学的角度看，对隐含的结果进行证明都是多余的。一项数学证明，当然是经典的希腊证明，典型做法是：处理单一的情形，让若干其他情形仅隐含其中。后来的评注者经常去继续证实这些隐含的情形。让我们以图5-2为例：这（很有可能）是被阿基米德证明的一个引理，在欧托基奥斯（Eutocius）⑧对《球和圆柱体》第二卷的评注中被引用。这一引理展示的是，在直线 AB 上，在 E 点上可以截取某个最大面积。其展示手段是，通过选取另一任意点 Σ，来表明从 Σ 点截取的面

⑦ 关于这类经常非常简短的、对论点的解释（即以交叉引用的形式，有关内容详见下文）的现象的全面讨论，参见 Knorr（1996：222–242）。
⑧ 欧托基奥斯是对阿基米德古代存留文本的唯一评注者。他活跃在公元6世纪。这一图表取自 Netz（1999b：19），我在那里详细地讨论了这一文本的历史背景（Heiberg，1913：140–146)，并提出了存在"横向繁缛"的观点。

积比从 E 点截取的要小。这是因为，在 AB 直线之上的面积里，一个特定的双曲线总是"包含"在某个抛物线当中，由此，这些锥体截面形成的切点 K 正好在 E 点的上方。因此，其结果被不容置疑地看作是具有普遍性的：因为切点是唯一的，因此在 E 点上截取的面积一定是最大的。这种不言自明的普遍性在古典希腊数学中是典型的，实际上在数学当中普遍如此。你任意选取一种情况，让人看到一个特定结果；由于产生这一结果的基础被认为是普遍的，很清楚可以普遍地得出同样的结果，不仅限于为了证明所采用的那一种任意情况。因此，这是一个具有普遍性的证明。在 Σ 这一个案当中，证明当中没有任何因素有赖于 Σ 点是在 K 点的这一边而不是另外那一边。

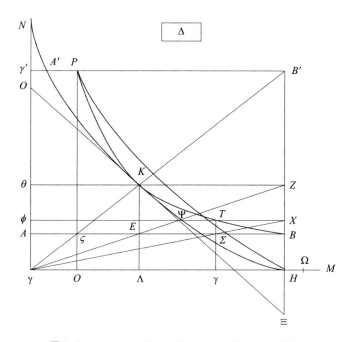

图 5-2: *reproduite avec l'ainmable autorisation de Springer-Verlag*

然而，以上的这些只是我们看到的证明当中的一部分。在目前可获取的文本当中，接续在这第一部分之后，该证明讨论的是：在 E 点另一

侧的任意点 ε 的特殊个案。我曾经提出，这第二部分是欧托基奥斯的添加（Netz，1999a）。也就是说，阿基米德做了一项普遍性证明，只考虑到 E 点的右侧，评注者欧托基奥斯添加上了一个完全多余的证明，在 E 点的左侧。这就是横向繁缛，在这一个案当中，正如"横向"一词字面意义所言。评注者挖掘得太宽，继续证明那些已经被隐含地证明过的东西，通过添加一些个案，而后者无非是原初文本中已经包含的那些个案无关紧要的扩充而已。需要注意的是，如果我的阐释是正确的，评注者又一次左右并干预了文本——与我们在阿基米德的《球和圆柱体》所看到的注述文本的添加是一样的。当然，这样做并非要有意误导别人——我认为，欧托基奥斯指望读者能看出来，在哪一个节点上阿基米德的证明完结了，在哪一个节点上他自己的附录开始了。可是在本质上，他产出了序列性文本，一部分是由阿基米德完成，一部分由他自己完成，而后世读者被误导以为，欧托基奥斯添加的特殊情形是阿基米德本人所做的证明中的一部分。阿基米德作为一位历史人物，部分地被欧托基奥斯所建构了。

虽然这里提到的例子由于其巨大的复杂性是特殊的，然而这一情形在其他个案中则是非常典型的。后者对于我自己提出的论点（Netz，1999b）来说，显然是必不可少的。评注者和衍生文本的作者们经常累积这样的个例。比如，布伦捷斯（Brentjes，1998）已经分析了欧几里得的《几何原本》第一卷在阿拉伯文译本／版本中的主要增添。在布伦捷斯讨论的 18 个添加丛（clusters）中（我们用"丛"这个词，因为在这些添加内容与那些从一条线路到另一线路的传统，有着很大的差异），其中的 14 个涉及这样的个例添加——欧几里得证明了若干可能情况当中的一个，阿拉伯文和拉丁文的作者（或者他们的阿拉伯文或者希腊文的源资料）或者在评注当中，或者在翻译的、编辑的文本自身当中，添加了更多例子。堆积那些总是重复同样模式的更多例子，是不必要的。在上面的各一个例子中，对既有文本的主要添加形式，即注述的主要形式，是增加个例。⑨

3. 标准化

除了增加一些无足轻重的证明，评注者还通过其他方式来展示他们的"注述"特质，如关注文本中所谓的无足轻重的方面，比如内容与形式的对立。当然，"无足轻重"（trivial）一词可能有误导性，因为在数学这类学科，形式不可能不重要。不过，我们在这里也会看到同样的原则：注述文本的作者特别关注那些在原作者眼中并不那么重要的事情。后者看重的大多是数学上的事实和证明，前者看重的是那些事实和证明被呈现的形式。这至少有两个不同层次。

首先，存在局部形式这一层次，即单个命题的形式。评注者花时间来描写这一特定形式，以不同方式提及。必须弄明白的是，我们所见的这些术语都是评注者的创造。命题各部分的希腊语用词是人们所熟悉的：portasis，ekthesis，diorismos，kataskeue，apodeixis，sumperasma。⑩这里是普罗克洛斯（Proclus）如何来描写这一情况：

> 每一个完备齐全的问题和定理应该包含下列因素：开宗明义、立论、定义目标、构建、证明、结论，各有其一。⑪

---

⑨ 例子分析是"横向繁缛"最为常见的形式。也有其他形式存在，即明确地去证明原初文本中没有做的反向事物，就如同普罗克洛斯（Proclus）对欧几里得《几何原本》I.5 所做的评论那样；或者那些提供了一个从原初的分析中自然而然就能得到的综合，正如欧托基奥斯对阿基米德的《球与圆柱体》II.8 的另类证明（Heiberg, 1913：206.11—12）；或者，如果原初文本采用了直接综合方法，则提供一个完整的分析与综合组对（这就是对欧几里得的《几何原本》XIII. 1—5 中的另类证明，在一些传统当中仍然存在）。

⑩ 我把它们翻译成"开宗名义"（enunciation）、"立论"（setting-out）、"定义目标"（definition of goal）、"构建"（construction）、"证明"（proof）、"结论"（conclusion）。但是，读者应该注意到，这些术语传统上也有其他译法。相关讨论，见 Mueller（1981：11–14）。

⑪ 普罗克洛斯（Proclus）是公元 5 世纪的一位哲学家，在他传世的诸多著作中也包括了对欧几里得的《几何原本》第一卷的评议：其哲学兴趣超过了数学。这里的引文出自他的评注（Friedlein, 1873：203.1–5）。我采用了 Morrow（1992：159）的译本，把相应的术语替换成我自己的翻译。

这是普罗克洛斯最有名、最有影响的段落。必须强调的是，普罗克洛斯很可能是自己发明的这些术语和分析。这些不是古典希腊数学家使用的系列术语，更多是特定评注者的言说方式；它们透露出典型的评注者对描写形式的兴趣。⑫ 另一个也非常典型的情况是，普罗克洛斯的描写从一个大体上存于欧几里得自身文本中的实践出发，比实际存在于文本中的系统化程度走得更远：这是形成经典的典型过程，经典地位的确立与原初文本的转变携手并进。普罗克洛斯真正的诉求，即应该有这些形式，甚至还更为繁缛：他想把数学文本的形式标准化。此时，普罗克洛斯的评注是他对《几何原本》第一个命题的评注的一部分。有了这一关联，去注意由海贝格（Heiberg）推出的印刷本——他的标准辨析版本——中这一命题的文本，就非常有意思。第一个命题的结尾包括了在方括号中的一段文字，也就是说，那些文本属于为海贝格所拒绝的文本传统。这段文本是这样的：

> 因此，在一个已知有限直线上作一个等边三角形。（Heiberg，
> 1883：16–17）。

海贝格的辨析式评注如下："不存在于所有的手抄本；仅出现于普罗克洛斯；被奥古斯特（August）所接受；几乎不可能是真的。"（"出自普罗克洛斯的"所指的是这一事实：大量引用文本的普罗克洛斯也引用这个句子，好像这是出自他所用的欧几里得的文本一样。）海贝格拒绝这个句子，但是其他编辑者却接受了它，依循了普罗克洛斯的著作，而不是手抄本。可是，这个文本是什么？这是结论——是命题的最后一

---

⑫ 我在另外一篇文章中给出了详细的语文学论点，赞同这一系统是由评议者后来发明出来的（Netz，1999a）。

部分，按照普罗克洛斯的说法，应该出现在每一个命题当中。几乎可以肯定，普罗克洛斯在对第一命题进行评注，在这一语境中引入对他所乐见的命题格式之整体分析时，他改变了文本，让文本符合他自己的格式体系。[13] 他加上了在欧几里得原初文本中不存在的一部分，干脆让欧几里得与他给出的形式要求相符合，而这个添加而来的部分后来变成了欧几里得传统的一部分，尽管得承认，这部分不是主流，但毕竟还是一部分。

这一个案不太可能是孤例。按照普罗克洛斯的说法，比如，"开宗名义"部分应该在结论中逐字（verbatim）重复，一般都是这种情形。但是也有证据表明，后来的抄写者在看到"结论"与"开宗名义"有所偏离时，他们有时候会予以修正。在一些（但并非全部）手稿当中，确实可以发现在"开宗名义"和"结论"之间会有不一致之处。只要这种不一致并非明显的抄写错误，持有"以难读本为古本"（lectio-difficilior）型观点的人，就可能得出这一假设：这些不一致之处在原型文本当中已经存在，在一些手抄本中，或者是"开宗名义"部分，或者"结论"部分（这更有可能）被改正以便彼此相符。

离开原初文本越远，对命题结构形式上的自觉意识就越发醒目。希腊数学的许多译本中，存在一种以标准方式去标明命题不同部分的趋势，去引入证明，即采用"……的证明"字样[14]，或者去用明确的标题如"论证"（demonstratio），"结论"（conclusio）等来标记命题的不同部分（至少其中的一些如此）。[15] 后世的评注者对单一命题的形式所做的分析，其结果是开启了一个普遍的标准化过程。

---

[13] 为什么在分析与文本之间，居然能出现这样一个空隙，其深层原因在于，普罗克洛斯的分析指向定理（在希腊数学当中更为常见的命题类型），而这第一个命题偏巧是一个问题。在欧几里得的著作以及其他地方，问题倾向于没有结论部分。

[14] 这在阿拉伯文的译本中极常见，参见 Toomer（1990: passim）。

[15] 这发生在一些拉丁文本当中，参见 Knorr（1989: 681，注释 63）。

4. 分类

注述作者对于命题各部分的注意，除了标准化以外，还展示他们的另外一种趋势，即提供数学术语和分类。这一趋势的其他形式有着更为直接的数学意义。在对《几何原本》进行评注这一个案中，也许是要为古代几何学解发展出一种分类："平面"（planar）（即只需要基本的欧几里得方法）、"立体"（solid）（要求圆锥截面）以及"线性"（linear）（要求一些专门生成的线）。[⑯] 一方面，来自古代累积起来的数学题解表明，当时的作者会乐于利用任何可资利用的手段来深究穷理，而后世作者在方法上受到的限制要更多。比如，帕普斯批评一个求得的"解"无法归属到正确的分类当中。帕普斯的这一要求——"解"应该属于特定的正确分类——与上文提及的普罗克洛斯要将命题安排成特定的、正确划分各部分的要求，具有同构性。另一方面，原则上，对"解"的类型进行分类，有着富于说服力的数学基础，这一数学基础无法被古代手段所验证。古希腊人干脆不知道"解"的不同类型之间的数学关系：他们所具备的、作为基础的东西，是那些被接受的"解"的集合。因此，"解"的分类有赖于数学经典的权威性：一种典型的对传统的"注述式"利用。

5. 体系化

在上文当中，我们检视了在一个层次上人们对形式结构的注意，即那些单个命题的形式。在全方位的层次上，也有着一种类似对"形式"的关注。在这里，我们完全可以着手于那些受评注者影响而产生的深层转变。这里我会介绍一个特别有意义的例子。

《几何原本》第二卷是围绕着所谓"几何的代数"之争议的核心。[⑰] 该书所证明的几何关系，可以看成是在为基本的代数方程提供求解。出

---

⑯ 主张这一分类秩序的是帕普斯，《几何原本》第三卷；参见 Knorr（1986：341 ff）对此的讨论，以及 Cuomo（2000：第 4 章），后者对于这些设想所源自的历史环境更为敏感（作者尤其详细地讨论了帕普斯对于我提到的那些预定题解的批评）。

⑰ 参见 Unguru（1975；1979）（其中提及的著作），以及 Høyrup（1990）。

于两个主要理由，乌恩古鲁（Unguru）和其他人认为这并非代数。第一点在于：这里没有企图从一个方程式推导出另外一个方程式，来表明方程式之间的相互依赖。如果要把它们当成方程式的话，这样做就是自然不过的。每一个命题都是分别证明的，该书并没有严格的演绎结构——实际上，这是《几何原本》中在编排上最少演绎性质的一卷。[18] 这些证明的立足点是什么？这就涉及第二点：每一个命题都是分别证明的，经由那些只在某一给定命题的特有构成中才有效的几何关系。每一项证明的完成都是几何性质的，都是通过图解来进行的。这就是欧几里得的《几何原本》第二卷的样子，因此，这是几何学，不是几何的代数学。

但是，接下来它被一个后来的传统所转换，我指的不是现代数学史家。欧几里得的一位阿拉伯评注者，卒于公元 922 年的纳利兹（Al-Narizi）记载了希罗（Hero）的评注，后者对大部分命题给出了不一样的证明。[19] 在隔着遥远时间距离的我们看来，他们二人似乎属于同一项工作，我们不需要深入到这一问题当中：在纳利兹的文本中，区分出哪些属于希罗或者属于纳利兹。但是，这一工作到底是什么，纳利兹的文本中所说的不一样的证明到底是什么呢？这些证明有两个主要特征：（1）单一的演绎链条将全书贯通，每一个证明都回指到那些更早的证明；（2）这样一来，证明不那么依赖于图解。希罗和（或）纳利兹取了一系列自足的证明，将它们变成了单一的统一体。这就是一个全方位形式体系化的案例。在这里我们可以看得非常清楚，这本书的全部本质被改变了。将其称为代数学还仍显不足，因为其意图仍然是空间性的；然而，深层的某些东西改变了。我们必须强调，这一文本让人看不到隐含在这一转变之下任何哲学考虑的痕迹。纳利兹／希罗没有着手尽可能演绎式地将全书归于一致（这不是希罗本人著作的特征）。更多的情况是，

---

[18] 关于欧几里得这一著作的结构，参见 Mueller（1981：41–52）。

[19] 参见 Heiberg & Besthorn（1900）。

在对欧几里得著作的其他部分予以评注时，纳利兹／希罗还仍然依靠图解，正如希罗在其个人著作当中所做的那样。简单地说，纳利兹／希罗试图将一种完全式编排引到一个在结构上原本不连续的著作中。目标在于增加这个文本似乎缺少的一致性和系统性。因此，这种统一化的类型与抄写者改变结论以符合"开宗名义"所带来的转变是一样的。希罗和纳利兹所做的位于"注述的"、形式细节这一层次上。然而，我们开始考虑到这些转变可能具有的重要性。毫不奇怪，添加一致性与系统性清晰无误地是一种有意义的转变。

注述文本要做到比作为其出发点的原文更系统，还有很多其他方式。一种典型的过程，发生在托勒密《天文学大成》的文本上。我们今日所见的文本出自古典晚期的一个校订本，其特征之一是在每一章篇首系统地给正文添加了标题，在每一卷的开头都有综述（Tommer，1984：4-5）。我们应该意识到，非常可能的是，托勒密的文本完全没有区分章节（这不是古代的做法），更不用说章节的题目。原初的托勒密著作是一个发散性文本，在这整部天文学著作中行文流畅，没有中断；古典晚期的传统产生了一个托勒密：从一个个本不相关联、标记完善的论点，进一步行进到下一个。这一过程又是一类转化原文而形成经典的典型过程。简言之，古典晚期的传统生成了一个结构更为明晰的托勒密，其手段并没有改变其天文学的本质，只是增加了对这一天文学的展现。

6. 概述本的现象

还有另外一类全方位体系化，那就是概述。这是注述文本（或者经典形成）的主要形式之一：以缩写原文为主要特征的新版本。正如维特拉克（Bernard Vitrac）最近注意到的那样，这带来了某种矛盾之处[20]：后世版本在经常给文本添加内容（评注和旁注逐渐累加，如上文提到的那样）的同时，也从原初文本中抽走一些东西。这一重要现象值得仔细探究一番。

---

[20] 在 1998 年 7 月举行的第四次国际希腊数学大会（Les Treilles）上的发言。

希腊数学的许多阿拉伯文和拉丁文手稿都是缩写本的形式，这一事实经常不被注意到，因为这些缩写本不用于印刷版本（相反，印刷本依靠的是完整本）。不过，印刷版本误导了人们对手抄本本质的认识：构成手抄本世界的，不是完备的文本而是缩写本。有时候缩写本形成了特出的版本，甚至可能是唯一的现存版本。比如，即使在古希腊时期，阿基米德的《圆的度量》也仅以简缩本的形式存在。[21] 更为重要的是，普罗克洛斯对欧几里得的评注让人们知道，在古典时代，某位希拉波利斯的埃吉亚斯（Aigeias of Hierapolis）已经做了《几何原本》的概述本。[22] 我们从中读到，埃吉亚斯将关于平行线的两个不同命题，即第一卷中的命题 27 和 28 组合在一起。原则上，这一做法的结果会是一个大而无当的命题，需要两个基于不同条件的证明。另一可能性，也许在概述本中更理所当然的是，埃吉亚斯根本没有给读者提供任何证明，相反，只是一个由各命题的"开宗名义"构成的缩写版《几何原本》：在"开宗名义"这一层次上，将命题 27 和 28 组合在一起的这类做法确实是自然的。[23] 我们当然无法肯定情况是否确实如此；但是，非常清楚的是，这类概述（在我们的手抄本图书馆中是常见的）在古代流通着。四个已知的从古代存留下来的羊皮纸稿本，在某种意义上被认为源于欧几里得的"文本"。[24] 其中，P. Mich. Iii143 只包含了定义，因此可能会属于"完整

---

[21] 参见 Knorr（1989：第三部分）讨论传世的文本是一个缩写本，以及雄心勃勃地尝试着去追踪这一缩写本的历史。

[22] Friedlein（1873：361.20–22）。关于埃吉亚斯的信息，我们一无所知。

[23] "开宗名义"如下：（27）"如果一条直线和两条直线相交而成的内错角彼此相等，则这两条直线平行。"（28）"如果一条直和两条直线相交，同位角彼此相等，或者同旁内角互补，即二者的和为两直角和，则两条直线也平行。"（依据 Heath［1956］的译本）一个可能的埃吉亚斯版本是："如果一条直线和两条直线相交而成的内错角彼此相等，或者同位角彼此相等，或者同旁内角的和为两个直角，那么这两条直线平行。"

[24] 我在这里对于若干羊皮书——表明知道欧几里得的内容，却并非"欧几里得的文本"——没有予以考虑，比如公元前 3 世纪重要的陶片系列。对此的讨论参见 Mau & Mueller（1962）。

的”或者“缩写的”文本——如果这还是属于文本（不光是一个私人的备忘录）的话。[25] P. Fay. 9 最可能属于某一欧几里得的完整文本（尽管与我们通用的文本不同）。[26] P. Oxy. i. 29 出自公元二世纪，已经与前两者有所不同：在图解中没有字母（证明的文本中要求有字母），我们碰巧只有第二卷的第 5 个命题（直接跟着第二卷第 4 个命题的“结论”——抑或也可能是“开宗名义”？）。因此，福勒（David. H. F. Fowler）猜测，这并非《几何原本》的“完整”文本，而是只包含一些“开宗名义”的缩写本。这一猜测得到了最近发表的一份羊皮纸稿本 P. Berol 17469（Brashear，1994）的证实。这份羊皮纸文稿出自公元 2 世纪，包含了（没有做标记的）图解和《几何原本》第一卷命题 9 的“开宗名义”，还有命题 8 和 10 的“开宗名义”的零星内容。这肯定源于类似的缩写本，只有“开宗名义”和没有做标记的图形。[27] 由于实存的考古学证据非常薄弱，这也算得上我们所拥有的最为直接的证据。它表明，至少在公元 2 世纪，流传的《几何原本》不光有“全本的”欧几里得形式，还有一个概述本的（埃吉亚斯的？）形式。其重要性自不待言：因为毋庸讳言，《几何原本》这一版本的意义与完整本极其不同。这意味着，这不再是一系列的数学探讨，不再力图展示数学断言的真理性；这是数学结论的静态储藏库，其真理性仅仅基于对一位作者的信任。此时，读者的兴趣已经不是去知道为什么（也就是说，去知道为什么这样或者这样的数学断言是真的），而是去知道是什么（也就是说，欧几里得断言了什么——这也被认为代表了唯一的数学真理是什么）。这里又是一次“注述式”转变：也许，我们从批判式探索，走向被动吸收那些已经被接受的结论。一方面，概述是评注的反面——概述在缩减文本，评注在增加

---

[25] Turner & Fowler & Koenen & Youtie（1985）.

[26] 关于此个以及下一个羊皮纸稿本，参见 Fowler（1987：209 起）。

[27] 值得注意的是，这样一份概述的优势是，它显然可以将所有的欧几里得的全部内容“挤压”在单独一张羊皮纸卷上。

文本。但是，另一方面，概述和评注在本质上是相连的：二者都源于一种尝试，即让一个文本代表就某一给定题目之真理的完美汇藏；二者都代表了一种可以被认为更"述而不作"的思想痕迹。

7. 正确性

还有更多需要我们去解析的"述而不作式"或者"繁缛式"的情况。比如，我在上文中提到一种方式：评注者看重那些所谓的无关紧要之事，也就是说，他们对形式的在意超过了内容。此外，可以说他们对"正确性"（correctness）的在意超过了"智慧"（intelligence）：这是对映射在经典中的价值坚守。与此关联在一起的，是将事物标准化的努力、对形式的兴趣。普罗克洛斯几乎像一个会因为学生的笔迹整洁就给予特殊表扬的教师爷。他经常评点欧几里得，几乎总是因为逻辑上的正确性，从来没有因为那些数学证明后面的想法中的智慧闪光。我找到四处普罗克洛斯表达其对于数学实践细节的真情流露，说出来他"喜欢"这个或者"惊喜于"那个[28]——全部都是关于精确性的。比如，欧几里得做着全部的必需工作，或者他让证明适合所有的个例（又是对个例的兴趣！）。有意思的是，这些才是让普罗克洛斯感到兴奋的东西。

8. 一致性

我想集中于一类非常特别的"正确性"，即一致性。注述文本的作者经常引入连贯性——也就是说，如我们已经看到的那样，对于文本中偏离了某些类型的地方，比如普罗克洛斯给定的一个命题的各部分，他们可能会予以"纠正"。在欧几里得的《光学》当中，我们也许能看到这种连贯性的一个特殊例子。这一个案中所涉及的校勘学上的问题超出了本文的范围（也根本没有被完全解决），而从最近的研究中出现的图景如下：

（1）我们有两种所谓的《欧几里得光学》的版本，可以被称之为版

---

[28] 参见 Friedlein（1873: 232.11–12;251.2; 260.10; 426.11）。

本 A 和版本 B。

（2）海贝格（Heiberg）认为版本 B 源自版本 A（Heiberg，1895：xxx ff.）

（3）琼斯（Jones，1994）以及和追随他的克诺尔（Knorr，1994）认为，情况正好相反，也就是说版本 B 早于版本 A。

（4）这是版本流传中的一种典型情形：两个版本尽管紧密相关，但无法表明一个版本源于另外一个。于是，最有可能的情况是，它们代表了一个已经失传的原型本两种各不相同的转变。㉙

因此，可以这样设想：版本 B 是一个古典原本的一种后古典转变，注意到它展示了一类非常有意思的一致性，我们可以从中获益。只有在希腊数学著作当中，一个字母才非常一致地与一个物体连在一起：字母 K 与圆心㉚。在版本 B 中的 24 个圆心当中，有 12 个标记为 K，其余的 12 个视为图形的一部分，而这些图形与版本 A 中的图形密切关联（可以对比一下，在版本 A 中，有 22 个圆心，其中只有一个标记为 K）。所以说，版本 B 引入了一种在希腊数学时不为人所知的新型一致性。一致地使用的字母 K，获得了作为符号（不光是指图形中一个点的索引）的一种意义：无所谓图形，K"意味着"一个中心。㉛我认为，版本 B 的作者想通过采用这类用法而生成一个更正确的文本。他确保始终一致地以同样方式指同一对象。这当然都是一连串的推测：我们不可能证明，

㉙ 琼斯的立场是，显然两个版本都不是欧几里得的"原初文本"，尽管他认为版本 B 在数学内容上与原初版本更靠近（私人通信）。有意思的是，琼斯（Jones，1994）提到，版本 A 更为标准的字母标记，更倾向于让人认为这是一个"注述文本"（用我自己采用的术语）。在他看来，字母标记的原初的衍生体系，的确在其后的版本中被"改正"了。这也有可能：注述文本的能动力量有时候会走向相反的方向（见上文中关于"概述"的评论）。不过，对于我的直接目的而言，注意到这一点就够了：琼斯同意版本 B 可能的确是一个注述文本。

㉚ 这当然是一个字头语：K 代表了 kentron，圆心。

㉛ 当然，我调整了皮尔斯关于"符号"（symbol）的观点，作为一个靠惯例来有所指的标记。参见在希腊数学上这一术语的应用的讨论，参见 Netz（1999b：47）。

对 K 的使用是注述式的，对它的起源也不可能有把握。不过虽然仅是推测，但这也是一个最为简单的解释：一位在意一致性和"正确性"的注述作者，无意中带来了某些影响长远的结果。

9. 旁征博引

最后，评注者还在意的另外一件事情是旁征博引。他们所展示的，并非单单的领会本身，即阅读和理解，而是他们的博学。这是说，他们关于这个文本如何能放置到一个更广阔的其他文本的语境中的理解。在数学当中如何做到这一点，有一个显而易见的方式，事实上这是评注者的最大创新。他们在从前的数学命题中添加了参考文献，这提供了数学断言的基础。我在这里附上一张图，展示的是一篇拜占庭古典数学文本中的典型一页（图 5-3）。[32] 在这个例子当中，文本的主体重复了古典文本——该文本自然会经常以上文提到的不同方式被改变，旁注中包含了古典晚期评注者引入的评注。在右侧，是更为详细的数学评注；在左侧，是两个非常简短的旁注，分别写着（典型地用缩写）"经由归原的论点"和"经由第 10 卷的第 5 命题"——前者又是一个例子，评注者们感兴趣将他们的材料按照某种元数学图式分类；后者是我想让读者现在要注意到的。

对于最后这一说法（"经由第 10 卷的第 5 命题"），在古典希腊数学当中并无相应的内容。在后者当中，只有对证明的直接领会，基于读者已经内化的数学知识工具箱。[33] 你无法明确地说出，你可能指的是哪一本从前看过的书，最可能的是你也回忆不起来这本书——你无法引用章节和字句。你只知道事实，而不知道文本的参考资料。这就是领会，评注者要用旁征博引来取而代之。他们提供了章节和字句的参考文献，出

---

[32] 这是牛津大学博德利图书馆藏 Ms d'Orville 301 中的《几何原本》第十卷中的 fol. 268r（公元 888 年）。

[33] 关于内在化的工具箱现象的讨论，参见 Saito（1997）。

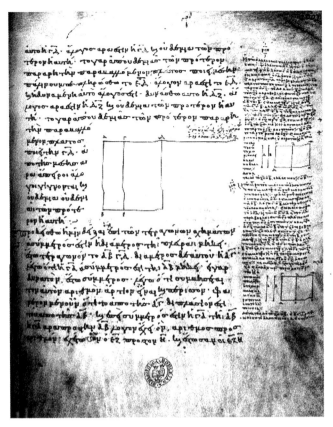

图 5-3

于这一目的，他们做了一件大事：他们引入了章节和字句。这是形成数学经典的关键。欧几里得在这方面也许是个例外（这又是基于羊皮纸手稿的证据），但是其他经典的作者阿波罗尼奥斯（Apollonius）和阿基米德可能根本没有给他们的命题标记数字——从不同的手稿传统以及不同评注者采用了不同的数字编号体系（经常像其他旁注性评议一样，包含在命题的边角部分）这一事实中可见一斑。这一情况堪比添加章节的标题，比如在托勒密文本当中引入的那些。不仅如此，古典晚期的读者基于这些数字添加了参考文献。由于有数字标号的命题是当代数学形式当中最为通行的特征——没有它们，我们几乎无法想象一本数学教科书！——我们可以明确地看到，用这种实践方式完成的数学与那些没有用这种实践方式完成的数学，有着重大的不同。我们已经看到了注述作者们给古典文本带来的若干重大转变，因此，现在我们可以来欣赏这些转变在整体上的重要性。

"述而不作主义"与注述式文本：其历史意义

我们已经在上文中综述了许多关联在一起的现象。首先，有我称之为"挖掘得太深"（1）和"挖掘得太宽"（2）的现象，那就是证明显而易见的和已经隐含其中的内容的现象。前者增加更多论点，拿原初数学家未提及的细节来填充证明过程并因此获得完整的证明链条；后者在所有例解中都要添加内容，于是在证明中实现了所有的概念上的可能性，并对其全面覆盖。这两个过程的结果，造成一个特定的文本，目标在于成为其获取的概念世界的一对一图谱。

在下一步我们检视了两种情况：或者引入标准化的标记——将命题视为文本单元（3）；或者在一个更大规模上，对文本结构做类似的体系化（5）。许多过程都与这样的标准化连在一起：比如，通过利用符号来（8），或者展示博学，尤其是文本上旁征博引（9）引入更大的一致性。所有这些进程，都与把很大的注意力放在将文本**作为文本**上有关：注意力集中于文本本身，而不是文本所攫取的世界。重要的事情不再是仅仅提供一个有效的证明，而是（也许甚至更为重要）在编排得当的证明文本中将证明展示出来。光有数学上的可行性，已经不足以作为立论的基础，也得提及某些特定的早先的文本单元。

与上述情况关联的是对元数学特征的兴趣——在原作者那里，元数学特征似乎并不重要，但是一直被提及，好像它们立足于那些被接受的经典的权威性之上。没有人明确地指出，欧几里得、阿波罗尼奥斯和阿基米德的著作被当作"经典的"（canonical）。但是这些著作，而不是其他著作被流传下来这一不争的事实，给它们带来了新的重要性。文本是重要的，那不光因为它们所说的内容，也是因为它们存在这一事实：它们代表了数学，因为它们是古典晚期和中世纪文化中可以看到的。这带来若干后果。最为重要的是，如今强调更为形式上的"正确性"（比方说，被普罗克洛斯阐释过的经典），而不是数学上的原创性（7）。原作中更自由的数学实践的可能范围，被一些规定性的规则缩小并局限，因此，数学活动不太那么注重去发现新结果——迄今为止的未知事实——而是沿着限定的规则来展示已知的事实（4）。最后，概述创造了一个数学新类型：不是一系列指望读者会对此有所反应和批评的新发现，而是一套已经被接受的结果——仅仅由于它们的经典性文本的地位才有效力。

综上所述，涉及"述而不作式"做法指向三个主要方向：力图将文本构建成它所蕴含的概念世界的一对一图谱；聚焦文本作为文本的那些特性；引入一种有更多限制性和规定性的数学实践准则，形成经典（Canon 为这一目的，经典被建构和操纵）。如此一来，我会这样认为，在一定程度上，数学之所以被定义，干脆取决于对经典的遵循。

就数学实践的图景而言，这一切都意味着什么呢？

首先，强调这一切都与数学实践相关，这一点非常重要。一方面我所描写的作者们都特别着迷于文本，但是他们都不是校勘学家。他们并不像现代文本批评家那样，为能对文本说些什么来对待数学文本——那是关于某些文本的历史。当文本成为人们的关注焦点时，它们是数学的关注：对数学文本的关注，被当成从事数学的方式。只有在 17 世纪，甚至 18 世纪，当文本批评成为一项单独的活动，形成了其自身的目标和标准以后，西方数学与希腊经典间的脐带才被切断。但是，在那之前，提及希腊数学经典那就是数学。这并不是说，这一文化以牺牲数学为代价来强调校勘学。不，更多的则是，数学认为自身形象受到参考经典文本这一做法的塑造。这三个向量——文本与概念世界之间的一对一图谱、对文本作为文本的兴趣、经典的角色——都影响了从事数学活动的方式。

不仅如此，这三个向量以明确的方式影响了数学。这三个向量可能会指向某些不同的方向，于是有时候"述而不作主义"会导致相反的结果（如上文提及的，按照维特拉克的说法，导致了对文本的增加和减少）。这三个向量放在一起，会意味着一个一致性的数学图景。让我们用更详尽的细节把这一图景拼在一起。

其次，这一图景的一个核心特征是，它关涉到一种完美文本的理念。当然，评注者对一个事实有明确意识，那就是他们面前的文本并非完美：并非所有论点都表达明确，并非所有例案都论述完备。但是，认识到缺陷便意味着完美具有可能性。欧几里得略掉的东西，是一些原则上他本来能添加上的；因此，在原则上这是一种启发：可以设想一个完美的数学文本。

标准化又意指着存在一个标准——存在一个唯一的受青睐的展示数学的方式。当完美的、唯一的文本与现有的经典如欧几里得的文本不一致时，现有的经典经常被视为标准，存在一部受崇拜的经典会让数学致力于完美文本这一形象得到进一步强化。

这一理想的文本也是统一的。这当然都被标准化，在逻辑意义上是完备的，在一个丰富的互文性网络中——它由经典之内的互相参照而形成——联结在一起。原初的数学家给出的那些独立的、对问题的"解"，变成了互为依赖的命题构成的单一体系中的一部分，一切都嵌入在单一的经典中。一个独有的、理想的数学图景投射出来，如今有着一个大写字母 M[34]。

这一理想的数学是一个概念式对象还是文本式对象？在以概念世界与文本之间的一对一图谱为目标的文本展示中，这一问题变得眼花缭乱了。当原初文本是发散性质时，展示了关于一个数学问题或者情境（只

---

[34] 作者在此用 Mathematics，而不是正常行文中的 mathematics 来写数学一词。这是大写 M 的由来，表明数学变成了一个重要的学科。——译者注

经由文本才被提及）的思考方式；新的数学经典，会在文本自身当中映照出一切，至少在理想化层面上如此。因此，这一形象可能被定义为那个独一无二的、完美的、像文本一样的数学。这一数学形象是由"述而不作的"注述作者所构建的。如果说我们很容易能揭开这一形象的内容，多是因为这一形象还仍然和我们在一起。但是，我断言，这一形象在古典时代还不存在。[35]

换言之，"注述式"作者把数学当作文本来走近它，也把它设想为文本。因此，他们也把数学的过去重新阐释为行进在建构完美文本方向上的许多步骤。普罗克洛斯对于《几何原本》起源的说明是典型的。普罗克洛斯在一段非常有名的关于早期希腊数学的段落中，描写了一种渐进式的完成：欧几里得的《几何原本》是被逐渐地放到一起，被在他之前的全体数学家们重新编辑，一直到欧几里得本人。他明确地说到，科斯岛的希波克拉底斯（Hippocrates of Chios）、马格尼西亚的勒俄和修迪奥斯（Leon and Theudius of Magnesia）写作了《几何原本》的早期版本；其他作者被描写成"给《原本》增添了结果"或者把以前已知的结果"完美化"，"安排得更好"，直到最后：

> 欧几里得来了，他将《几何原本》放到一起，将欧多克索斯（Eudoxus）的许多定理系统化，将西厄蒂特斯（Theaetetus）的定理完美化，将其前人以松散形式建立起来的命题放在无法辩驳的论证形式当中。（Friedlein，1873：68.6–10）

---

[35] 这一讨论会超出本文的范围。我认为，古代的资料，诸如柏拉图和亚里士多德，主要是在单个证明的语境中考虑数学，而不是在单一的、理想化的数学这一语境当中。我希望在另一篇文章中来深入这一论点。需要注意的是，由于数学的这一形象广为人知，我认为没有必要来详细记录它存在于古典晚期以及中世纪：我在文中提及两个非常典型的例子，分别来自希腊古典晚期以及伊斯兰世界（当然，此外也提及本文第一节写到的数学实践的整体性）。

然而，历史的发展路线是完全不同的：在公元前 5 世纪到 4 世纪的人，没有为欧几里得准备基础，却在追求他们自己的项目（对此我们所知的非常模糊）。我们完全不清楚，在欧几里得之前有任何人试图将这些内容放到一起形成《几何原本》。普罗克洛斯简单地从他自己所知道的数学实践这一透镜看待过去，所以他认为数学家是向一个理想的、独一无二的文本这一终极目标迈进。

五个世纪以后，纳迪姆（Al-Nadim），《索引书》（*Fihrist*）——一部早期生平著作研究，也就是一个深度注述文本——的作者，最为清楚地表达了同样的立场[36]：

> 欧几里得，几何学大师。
> 他是欧几里得，伯罗尼克斯（Berenicus）的儿子诺克拉底斯（Naucrates）之子，他是几何学的揭示者和宣称者，先于阿基米德和其他人。

在这里，最终，欧几里得——尤其是在纳迪姆写的传记著作的语境中，欧几里得指的是欧几里得的文本——成为几何学的化身。宗教性的折光也许并非偶然，但是我们马上可以明显地看到的是，介于注述文本、经典形成、完美文本的理想之间的关联，在古典晚期以及中世纪文化的其他方面也可以找到。一方面这种比较是有意义的，但是另一方面我会认为，关于数学是有一个特殊故事可以拿来讲述的。因此，我会提出自己所见的数学史上的原则。

---

[36] 译文采用了 Dodge（1970：634）。

结论：注述文本，提出数学史上的一个原则

我的论点简单得令人尴尬。因为，在古典晚期至中世纪，注述变成了数学工作的主要形式（正如上文解释的那样，不光是一个处理数学文本的方式）。正是出于这一原因，数学实践标记为指涉文本的二阶文本语境。数学活动的核心成为对一个已经确立的文本经典进行改正、关联和操纵。评注者把数学证明完美化、增添参考文献、写概述以及诸如此类活动——此外还有什么好做的？关于圆形和三角形，他们不直接写什么；他们的书写对象，是那些关于圆和三角形的著述。因此，这是同义反复式的结果：他们所写的，是关于著作的著作。

这一情形更令人兴趣盎然的地方，不仅仅在于那种同义式描述二阶文本实际上就是关于文本的文本，而是这一事实：我们在这里看到一种因果机制，它始于更为普遍的文化力量，在数学里导致了一种特殊的结果。我不要试图在这里去解释造就了古典晚期和中世纪的力量，但是（正如我在谈及《索引书》时简短地提及的那样），这些时期在总体上以产出注述文本为特征。也许这与这些时期内的文化力量有关，比如书写式宗教内容的重要性日益增加；也许这干脆与书籍增加的内在逻辑有关——这导致了经典形成，与经典有着相对定位的注述文本的角色日益重要。无论如何，随处都能发现注述活动：从犹太法律书到希腊哲学，从阿拉伯文的语法到基督教会的教义。

但是，因为这一过程是普遍性的（当然也会因此有普遍性的后果），由于数学有其特殊的概念性本质，它必定会以特殊方式对数学产生影响。正如考瑞（Corry, 1989）指出的那样，数学（在较轻程度上，还有哲学）这一学科，是一阶与二阶讨论都是同一学科之组成部分的学科。比如，此命题或者彼命题基于此工具或者彼工具是否可证明，这是一个数学问题。在数学当中，关于论点和理由的内容，本质上不亚于关

于事实和对象，数学对于向二阶文本的转换非常敏感。当你开始关于数学提出问题之时，你已经开始在数学之内提出新问题。因此，想对论点不同部分予以区分的数学（如普罗克洛斯所坚持的那种），或者想对问题的合理之解予以分类的数学（如帕普斯所坚持的那种），是一种与不管以什么方式要试图解决某一特定问题的数学有所不同的数学。尤其是，一旦数学的形象变成了一个完美的、独一无二的、像文本一样的对象，这就提出了新工作：比如，尝试着去除这一理想对象上的污点，如关于平行线假设的历史[37]；填补经典在结构上的空白——比如，海什木（Al-Haytham）补充完整《圆锥体》一书，这在近代初期有很多平行之举[38]；或者要形成那些想要覆盖全部概念空间的全解——比如，赫亚姆（Al-Khayyam）的代数学，当然还有科学革命的许多领域。我认为，所有这些都是注述文本的干预文化所带来的一个直接后果，这改变了数学的形象——作为本质上的二阶文本，它怎么能做不到这一点呢？——并因此铺垫了现代数学之路。

最后，还有必要做两个提醒。

首先，我在这里提出了一个推测：从古典时期到古典晚期及至中世纪，数学的形象出现了某些改变，在这里是数学的形象"缩减"到它的文本行为——对于这一数学形象的效度（validity），我当然是持中立态度的。去指出一种形象在历史中的出现，并非去说它是真是假。也许，将数学看成是一种理想的、独一无二的、像文本一样的对象，才更正确；也许，将它看成是一套更为孤立的、有特定目的的实践，才更正确；也许，这里的"正确性"问题，全是误入歧途。对于这一问题，我没有什么可说的。

其次，在我提出那些文本为注述式文本这一事实有着直接的因果意

---

[37] 在古典晚期已经开始，参见 Friedlein（1873：191–195；362–375）。

[38] 关于赫亚姆的著作，参见 Hogendijk（1985）。

义时，我试图避免限定注述文本的存在可能会以哪些方式对某一既成文化领域内关涉的实践带来影响。显然，这些效果部分地取决于经典自身的性质。希腊数学经典以提供逻辑论证为特征，因此，基于这些经典的注述文本，自然就聚焦于这一方面并转换其含义。在其他领域或者其他文化当中，原初经典中的逻辑证明无须有这样的支配地位，于是注述文本会有不同的影响：比如在中国数学中（注述文本作为数学实践的渠道，其重要性一点儿也不逊色），注述文本似乎以一种不同的方式让数学发生了转变。[39] 从这一观点出发，考虑到经典的本质以及注述文本的特征，我在这里的目标只在于为一种注定内容丰富的类型提供一种可能的发展线路而已。

综上所述，我提出的论点是：

· 古典晚期与中世纪的数学文本的主要特征是其注述式规则。

· 这一注述式规则表明，在这些文本中有着数学实践的新类型（经常被贬义地指为"述而不作的"或者"繁规缛则的"）。

· 合在一起，这些实践投射出数学的新形象：作为一个理想的、独一无二的、像文本一样的对象。

· 最终，这些新形象和实践改变了数学自身的本质。

· 因此，注述文本改变了数学。要保存经典的努力以及对经典的加工，无意中产生了一种新数学：保守主义成为变革的工具。

---

[39] 参见 Chemla（1992）。

参考文献：

Brashear, William. 1994. Vier neue Texte zum antiken Bildungswesen. *Archiv für Papyrusforschung* 40: 29-35.

Brentjes, Sonja. 1998. Additions to book I in the Arabic traditions of Euclid's elements. *Studies in History and Philosophy of Science* 15A(1—2), 55-117.

Carroll, Lewis. 1895. What the tortoise said to Achilles. *Mind*: 278-280.

Chemla, Karine. 1992. Résonances entre démonstration et procédure: Remarques sur le commentaire de Liu Hui (IIIe siècle) aux *Neuf Chapitres sur les Procédures Mathématiques (Ier siècle), Extrême-Orient, Extrême-Occident* 14: 91-129.

Corry, Leo. 1989. Linearity and Reflexivity in the Growth of Mathematical Knowledge. *Science in Context* 3: 409-440.

Cuomo, Serafina. 2000. *Pappus of Alexandria and the Mathematics of Late Antiquity* Cambridge: Cambridge University Press.

Dodge, Bayard. 1970. *The Fihrist of al-Nadim; a Tenth-Century Survey of Muslim Culture*. New York.

Fowler, David H. F. 1987. *The Mathematics of Plato's Academy*. Oxford.

Friedlein, Gottfried, ed. 1873. *Procli Diadochi In Primum Euclidis Elementorum Librum Commentarii*. Leipzig.

Goldstein, Catherine. 1995. *Un théorème de Fermat et ses lecteurs*. Saint-Denis: Presses Universitaires de Vincennes.

Heath, Thomas L. 1956. *The Thirteen Books of Euclid's Elements, réimpr. de la2 éd.* New York: Dover Publisher.

Heiberg, Johan Ludwig, ed. 1883. *Euclidis Elementa*. Leipzig.

———, ed. 1895. *Euclidis Optica*. Leipzig.

———, ed. 1910. *Archimedis Opera* Vol. I. Leipzig.

———, ed. 1913. Archimedis Opera Vol. III. Leipzig.

Heiberg, Johan Ludwig & Besthorn, Rasmus O., eds. 1900. *Codex Leidensis 399, 1* Vol.

II. Copenhagen.

Hogendijk, Jan P. 1985. *Ibn Al-Haytham's Completion of the Conics*. New York.

Høyrup, Jens. 1990. Algebra and Naive Geometry. An Investigation of Some Basic Aspects of Old Babylonian Mathematical Thought. *Altorientalische Forschungen* 17: 27–69; 262–354.

Jones, Alexander. 1986. *Book 7 of the Collection / Pappus of Alexandria*. New York.

————. 1994. Peripatetic and Euclidean Theories of the Visual Ray. *Physis* 31: 47–76.

Knorr, Wilbur R. 1986. *The Ancient Tradition of Geometric Problems*. Boston: Birkhäuser.

————. 1989. *Textual Studies in Ancient and Medieval Geometry*. Boston: Birkhäuser.

————. 1994. Pseudo-Euclidean Reflections in Ancient Optics: a Re-examination of Textual Issues Pertaining to the Euclidean *Optica* and *Catoptrica*. *Physis* 31: 1–45.

————. 1996. The Wrong Text of Euclid: on Heiberg's Text and its Alternatives. *Centaurus* 38: 208–276.

Mau, Jürgen & Mueller, W. 1962. Mathematische Ostraka aus der Berliner Sammlung. *Archiv für Papyrusforschung* 17: 1–10.

Morrow, Glenn R. 1992. *Proclus: a Commentary on the First Book of Euclid's Elements*. Princeton.

Mueller, Ian. 1981. *Philosophy of Mathematics and Deductive Structure in Euclid's Elements*. Cambridge MA.

Netz, Reviel. 1999a. Proclus ' Division of the Mathematical Proposition into Parts: how and why was it Formulated? *Classical Quarterly* 49(1): 282–303.

————. 1999b. Archimedes Transformed: the Case of a Result Stating a Maximum for a Cubic Equation. *Archive for the History of Exact Sciences* 54: 1–50.

————. 1999c. *The Shaping of Deduction in Greek Mathematics: a Study in Cognitive History*. Cambridge.

Saito, Ken. 1997. Index of the Propositions Used in Book 7 of Pappus ' Collection. *Jinbun Kenkyu: The Journal of Humanities (Faculty of Letters, Chiba University)* 26:

155–188.

Toomer, Gerald J. 1984. *Ptolemy's Almagest*. London.

———. 1990. *Conics*: *Books V to VII / Apollonius*: *The Arabic Translation*. New York.

Turner, Eric G. & Fowler, David H. F. & Koenen, Ludwig & Youtie, Louise C. 1985. Euclid, Elements I, Definitions 1–10 (P. Mich. iii 143). *Yale Classical Studies* 28: 13–24.

Unguru, Sabetai. 1975. On the Need to Rewrite the History of Greek Mathematics. *Archive for the History of Exact Sciences* 15: 67–114.

———. 1979. History of Ancient Mathematics: Some Reflections on the State of the Art. *Isis* 70: 555–564.

果蝇遗传学研究中的道义经济、物质文化和共同体

罗伯特·E.科勒

科学是怎样运行的——为什么会如此这般？科学家们如何生成关于自然世界的知识？是什么让他们变得对自己做的那些事情有所擅长？自从 20 世纪 70 年代末以来，科学史家和科学社会学家就越发坚持不懈地反躬自问。如今，对科学工作和实践的兴趣，已经成为科学元勘（science studies）的核心所在，如同二十年前人们热衷对科学理论进行逻辑分析一样。

对科学家实践活动的浓厚兴趣，体现在不同形式中，但是若干核心问题尤为突出。物质文化是其中之一：器材和实验程序，这是知识生产的工具和方法。另一核心问题便是工作共同体的组织及其道义经济，即那些规范共同体生活重要方面的社会规则和习俗，其重要方面包括对工作场所和生产工具的获取、对研究议程的决定权，以及如何分配科研成果带来的荣誉。物质文化与社会习俗密切相关，这些都显而易见，也得到了完备的记录。工具和方法只有在成为社会体系的一部分，在让新来者社会化、锁定可行而且会带来成果的问题、调动资源、扩散成果之时才能派上用场，才具有产出性。问题在于，工具、行为实践和道义经济如何恰到好处地与某一特定的从业者群体协同运行，形成一条成果丰富、对新成员以及资助机构有吸引力的工作线，或者（更为常见的是）如何形成一个毫无创新，一直是小规模和地方性的行当。

本项个案研究考察的是现代生物学史上最成功的故事之一，即由托马斯·亨特·摩尔根（Thomas Hunt Morgan）领导的果蝇遗传学研究的学术共同体，其肇始于 1910 年在哥伦比亚大学组建的果蝇研究小组，而后迁到加州理工学院。摩尔根是这一共同体的带头人，直至他于 1949 年去世。[①] 在摩尔根小组，即"果蝇小组"中，我们看到了若干

---

① 本文是对《蝇爵：果蝇遗传学与实验生活》（*Lords of the Fly: Drosophila Genetics and the Experimental Life*）（Kohler，1994）一书主要论点的重述。我把参考文献控制在最低限度，那些想对这一个案的整体故事以及全部资料感兴趣的读者会去查阅原书。

现代实验科学实践因素的突出形式。这里有一种全新的实践模式：研究基因在不同突变形式的交配中如何分离，以及绘制染色体图谱。这一遗传学的实践模式，今天我们习以为常地认为是"现代"遗传学，而在摩尔根和他的三位学生斯特蒂文特（Alfred Sturtevant）、布里奇斯（Calvin Bridges）与穆勒（Hermann Joseph Muller）在1910—1912年之间发明这一模式之时，还是新生事物并且充满争议。遗传图谱模式与当时所有的实验遗传学模式不同，它将遗传从发展和演化当中剥离，聚焦在基因传代中染色体的机理。这是一种更窄的，然而更易于做成，也更能带来产出的（科学）实践模式。

遗传学实践的这一新模式之所以成为可能，得益于一种新型科学工具的发明。这一新工具便是"标准"生物体。在本文的个案当中，这便是标准果蝇，即黑腹果蝇（Drosophila melanogaster）。标准果蝇与基因图谱是不可分的：标准果蝇是在斯特蒂文特和布里奇斯1912年5月5日开始的那个图谱项目过程中被创造出来的。如果没有专门为这一目的而创造的标准生物体，绘制遗传图谱便不可能。有了果蝇小组的做法后，生物学家们已经制造了许多这类生物体：玉米、细菌、噬菌体、小鼠、白鼠、最近还有斑马鱼、线虫类的秀丽隐杆线虫（Caenorhabditis elegans）和拟南芥（Arabidopsis thallina，对其热衷者来说，这就是植物果蝇），诸如此类。也有许多其他生物体，生物学家也曾经尝试过，但遭到失败，比如卤虫（Brine Shrimp Gammarus，朱利安·赫胥黎希望这会成为一桩"英国果蝇"）、涡虫（Planaria，摩尔根的美国对手希望借此将果蝇淘汰）、蚱蜢、蕈蚊等等。

将生物体视为技术的一部分，将它们与如电流计或者反应堆等这类物理仪器放在一起，让人觉得难以理喻甚至反常。但是，它们的确是被构建出来的物品，与其野生祖先有着重要不同（比如，就生态学意义而言，它们只能存活在实验室的人工环境下）。标准生物体如今变成了常见的实验室设备，我们视其为理所当然，忘记作为其先驱和原型的"果蝇"是在几个高年级大学生的毕业论文项目中发明出来的。

实验室里的人所形成的文化也与众不同，没有哪一个共同体能比早期的果蝇小组更独树一帜。比如，非常引人注目的是，他们的习俗是共享工具（有基因突变的蝇群）和学术问题。小组中的每个人都介入别人的项目，每一份发表的成果或多或少都是一项集体产物。在有些情况下，很难确定谁做了哪些工作，果蝇小组中根本不存在争夺作者权归属的问题，这是绝无仅有的，是一个令人刮目相看的社会行为。在指导学生方面也是如此：尽管摩尔根是正式的导师，（指导学生）实际上那也是斯特蒂文特或者布里奇斯的工作，或者是二人共同完成。在科学家事业生涯中常见的地位争夺，在这里几乎没有。果蝇小组另外一个与众不同的习俗是，他们同意其他"果蝇人"——果蝇研究者们的自称——借用他们的基因突变蝇群。果蝇小组是一个精致的交换体系的核心，他们共享蝇群和技能知识。尽管当时其他生物学家（最显著的是类型学家）也有这一习俗，但都没有像果蝇小组那样把它发展得如此精致。尽管继果蝇小组之后，研究其他标准生物体的生物学家们普遍接受了这一交换体系，但是直到今天，"果蝇人"的君子之风与合作精神仍然为生物学家们所称道——这是在第一个果蝇小组成立后的一个世纪！工作共同体的"道义经济"可以非常强劲。

指导果蝇人共处的默会规则是什么，它们源自哪里？回答这些问题，正是科学元勘的任务。我的观点是："果蝇人"的道义经济是在遗传图谱项目早期自发形成的，得益于标准果蝇这一小小的奇迹之物被用于遗传图谱项目时出现的大量突变体以及众多的研究问题。图谱项目如同一个聚宝盆，每完成一件工作都会引出更多诱人的问题，这不是几个人能做完的。这种丰富性几乎迫使第一批"果蝇人"实践分享和无偿交换的习俗。标准果蝇和遗传图谱、道义经济以及交换网络一起兴起，彼此生成。可以说，它们是一架生成遗传学知识的非凡机器所具有的物质的、社会的和道德的层面。

那么，这架机器是怎样被制造出来的呢？

遗传制图与制造标准果蝇

关于果蝇遗传学的创始情形，有一个标准故事一代一代地在生物学新生中传递，如同部落英雄的神话一样。故事是这样讲述的：摩尔根把野生黑腹果蝇带到实验室，因为它比其他常见的实验室生物（小鼠、豌豆、金鱼草）都更适合用于孟德尔遗传学：它的生命周期短（只有十天），后代数量多（多达一千），有实验室生活的耐受性，能受得了 X 光辐射剂量、乙醚以及人不断地处置。这是一个规整有序、符合理性的故事，在引导学生入门时对增强教育效果颇有用处。但是，这不是对研究工作真实情形的描述。果蝇的优势是真实的，但这并非摩尔根最初采用果蝇的原因。

实际上，果蝇用于遗传学研究上的优点，是摩尔根在用它进行进化实验时才意外发现的。摩尔根在检验一个想法：一个野生生物在经过集中选择之后，会进入弗里斯（Hugo de Vries）所说的"突变期"，也就是说，开始超出通常的变异范围。为什么摩尔根会喜欢那个（在我们看来）奇怪的想法，那是一个长长的故事。但是，在实验期间，摩尔根观察到许多突变形式，其中最为醒目的（尽管不是第一个）则是著名的白眼突变。这不是摩尔根希望发现的那种变异（他怀疑这种极端变异在生物进化上是否有意义），但是，当白眼突变被证明与性别相关（只有雄性才有这种特质）并在孟德尔比率中出现分异时，摩尔根被迫承认，遗传因子，或者称之为"基因"，确确实实在特定染色体当中。在接下来的几个月里，当这类突变出现了十几个甚至更多时，他意识到自己发现了一个要比任何小鼠或者豌豆——它们身上只有非常有限的孟德尔式特质——都更适于孟德尔遗传研究的动物。很快摩尔根就放弃了对"突变阶段"的研究以及其他项目，让他的实验室几乎完全投入到孟德尔遗传学和果蝇研究。其他实验生物体败落了，果蝇入主摩尔根的实验室。

随着果蝇入主摩尔根的实验室，该昆虫的命运发生了一大转变。到那时为止，果蝇成为实验室中的动物已经有十多个年头，但是从来没有用于重要的实验。摩尔根把它用在关于化学性突变和拉马克遗传学说的学生项目上（其结果均为负面）；哈佛大学的威廉·卡斯尔（William Castle）用果蝇为他的啮齿类动物实验做验证实验，意在反驳对于"近亲繁殖会降低生殖力"这一论断可能出现的批评（其结果又是负面的）。其他生物学家发现，果蝇可以方便地用来在课堂上展示什么是向性和蜕变。事实上，有证据表明，果蝇当初能进入实验室，主要是因为它特别适合学生项目：项目需要活体时，秋天的花园和果园里果蝇数量众多，并且冬天也能存活；养殖的果蝇被没有经验的学生弄死了，获得替代品也廉价而容易。相比之下，植物和啮齿类动物有季节性或者维护费用高昂，会患枯萎病或者流行病，学生们在它们身上犯下的错误弥补起来也困难。果蝇对学生项目是有用的；但是，也正因为如此，它作为研究工具的地位就注定低下。这种情况一直持续到它偶然被纳入遗传学实验。

这个故事与奠基者神话完全不同，它指出了自然与实验实践之关系当中的一个重要问题。如果说，突变果蝇数量巨大而引发了对其使用的急剧改变，那么，是什么引起了这一情况，在那个特定的时间和地点——1910 年的 1 月到 5 月间在摩尔根的实验室——突然出现了呢？为什么没有更早，或者更晚？或者根本没发生？为什么没有出现在别人的实验中，比如卡斯尔在哈佛大学的实验？我相信，突变的出现，是实验规模扩大的结果。果蝇如同所有生物一样会产生看得见的变异，这肯定会有，但是概率低，比如说每十万当中有几个。因此，如果实验中的果蝇样本数量大，那么变异体之多就可能会被注意到，更何况实验的目标就是找到这些突变。

接下来的问题便是，在 1910 年前后，什么样的特殊实验才大到足以跨越这一统计学上的门槛？能做到这一点的实验并不太多：摩尔根对化学性突变的实验当然不行，那不过用到几百只果蝇；他的学生们在无光条件下培殖的多代果蝇（寄希望于它们能像穴居动物一样，变得没有眼睛），可能也不行。摩尔根找寻"突变期"，大约两年时间没有成功（他在 1910 年 1 月向一位同事大吐苦水），而他的实验当中果蝇数量肯定大得足以有开始出现突变的可能性。摩尔根对新孟德尔式异分的实验规模甚至更大，其中一些要培殖和分析十万只以上的果蝇。正是在这些大型实验当中，突变果蝇大量出现。卡斯尔的实验可能也大得足以出现突变。由于他只对近亲交配的果蝇的生殖力感兴趣，他（为节省时间）只对蝇蛹计数，没有去检验大量的成年果蝇，因而失掉了发现突变体的机会。因而，果蝇遗传学在哥伦比亚大学由摩尔根和他的学生们创立出来，而不是在其他同样使用果蝇的实验室当中。

但是，突变体的存在，不光要足以被看到，实验人员还得察觉到它们的存在。一旦摩尔根发现了几个如白眼果蝇这样特别醒目的突变体，那么他就倾向会看到更多。那些此前被他认为尚且处于正常范围内，因而被无视的极端变异体，如今被他看成是突出的变异体。相似突变体的"流行病"成了果蝇小组的平常经验，这是实验规模增大以及实验人员的感知与分类体系有所改变带来的一个组合性结果。简言之，最初的突变体之所以在那个特定的时间和地点出现，是因为摩尔根的实验有着不同寻常的质性。当时进行的其他实验模式都没能做到所有条件都恰到好处。

需要注意的是，这一论点既非严格地从生物学也非严格地从文化出发，而是二者的组合。果蝇因为其生命周期短、繁殖量大，产生了很多突变。但是，只有当果蝇被纳入特定实验类别之后，这一特质才将自身展示在生物学家眼前，变得可见和有意义。果蝇的繁殖力是在某一特殊实验文化中的生物体所具有的复杂特性。这是一个关键点。我们这里面对的，既非生物决定论，也非文化决定论：实验生活是一种自然与文化整合性的、不可分割的混合，关于实验生活的历史与社会学研究，也必须将自然与文化无缝地融会在一起。

果蝇出现突变体的潜力，在制成遗传图式时显现得最为突出。绘制图谱的实验有一种自催化的特征，这与其他实验模式都不相同。每一个图谱实验都产生更多突变体，这些必须被绘制下来，要求有更大的实验，这又反过来生成更多需要被绘制下来的突变体，循环往复。在这一特殊实验模式当中，果蝇成为一种生物增殖反应堆，在实验进程当中产出的材料多于实验人员所需。这一实验性质的链条反应，使得果蝇变成了一项研究工作中材料和目标问题的聚宝盆，与以前在生物学实验室当中曾经出现过的任何情形都有所不同。用"增殖反应堆"做比喻，似乎是个不很恰当的笑话，但是它很好地抓到了早期"果蝇人"的经验：他们感觉自己要被淹没在待处理的新材料洪流当中，根本不知道该怎么办。摩尔根是有这一经验的第一人。"我开始意识到，我原本应该准备一场大战斗"，他在1911年年初写信给一位同事："但是谁能预见到这么大的洪流。只有在助理的帮助下，我经过了峰段，但是我害怕又遇到另一个。"但是在一年以后，他又一次"完全陷入蝇子里"，来不及去处理那些大量材料。十年以后，查尔斯·梅茨（Charles Metz）有了相似的经验："我遭遇突变体的方式……超出我以前曾经有过的任何经验。如果东西一直在增加，我会再陷入其中一个月，之后就得寻求帮助。"[2] 果蝇从来没有失去这个能力，它们能让实验者几乎窒息在成果斐然的工作当中。

图谱遗传学之所以具有这一特殊的自催化性，有若干个理由。第一个原因，这一工作是定量性质的：统计学上要计算的是一个染色体上的两个位置之间交叉的频率距离，记入的果蝇数量越多，统计数字就越准

---

② 摩尔根写给查尔斯·达文波特（Charles B. Davenport）的信，1911年3月14日；查尔斯·梅茨写给达文波特的信，1911年4月13日，1922年7月13日，存于美国哲学学会达文波特文件（Davenport Papers, American Philosophical Society）。摩尔根写给汉斯·德里施（Hans Driesch）的信，1912年1月1日，存于美国哲学学会摩尔根文件（Morgan Papers, American Philosophical Society）。

确。基因图谱在当时还是新生的、有争议的，其正当性部分取决于定量上的精确性（也许生物学家们与易变的生物体打交道，他们倾向于被量化的东西所打动），这种需求是一个强有力的动机，让果蝇研究者做非常大的实验。这样一来，就有更多突变体。第二个原因，是图谱作为给突变体进行分类和归序的方式，有着特殊的性质。图谱与许多数据分类体系有所不同，它有着无尽的弹性：越满越好，永不封顶。因此，当新突变体出现时，"果蝇人"不能只把它当多余物放在一旁，而是被迫将它放到图谱上，这就要求有更多实验。因此，更多突变体、更多染色体互换，更多突变体……增殖反应堆。

其他类型的遗传学实践不具有这种自催化的特性。比如，摩尔根在1912年转到图谱遗传学之前所做的新孟德尔遗传学。在这一较早的模式当中，突变体并非被归入染色体组，而是归入器官组（发生突变的眼睛、毛发、身体颜色，诸如此类）。这一数据管理体系不是量化的：其最终的产品不是一张图谱，而是每一种突变形式都有一套像化学公式那样的东西，由现存的或者尚缺失的因子组成。新突变的出现并非一定会导致更大的实验。不过它们要求，每有一个新突变被发现时，就要去检验突变公式。正是这种类别不稳定性敲响了警钟，才最终引起摩尔根和他的学生们（是后者首先行动的）放弃了那种越来越丰满、越来越好的依照器官组构成的染色体图。物质文化和实践有极端重塑实验者的目标和概念设想的力量，这一个案把此种情形描述得再形象不过了。我们喜欢设想，理念和理论先行于实验室活动得出的结果；而在实际上，实践更多地行在理论之前。在这一个案当中，当"果蝇人"受迫于小小蝇子的生殖力而不得不改变处理数据的方式时，关于基因、图谱、染色体互换的理念也出现了。

遗传图谱的实践也推动了果蝇从野生、易变的生物转化为实验室技术中可靠的物品，即"标准果蝇"。很少有实践模式会推动实验者来进行这一艰巨的、长达几十年的任务，但是这对编制图谱是重要的。这让我们再次看到生物学与人类文化的混合，再次看到精确这一因素多么重要。结果的一致性以及过程的可重复性，这是对诸多类型的实验提出的根本性要求。这在图谱遗传学中尤其重要，因为图谱方法在提出之后十年左右，都是相当有争议的。"基因"与那些被抛弃的19世纪理论家们所倡导的物质因子太相似了。许多生物学家以为，果蝇学家们所兜售的论点——关于染色体结构和机理的丰富数据对胚胎学和生物进化至关重要——不会是什么好东西。在那些怀疑者眼中，一致的、精确的结果，是赋予新实践以正当性不可或缺的。但是，要从果蝇那里获得一致性结果，说起来容易做起来难。

野生果蝇是一种变异度高的生物，它们的染色体当中有变形的基因、隐性致死因子以及其他遗传杂质，先期的实验很少能出现孟德尔理论所预言的结果。采用同种，但来自不同地理方位的果蝇做实验，会得出不同的结果；在略为不同的食物、温度、湿度等条件下的实验，也会有不同的结果。当然如此！在自然界，变异性使得生物体能在无法预测的环境下活命。然而，在实验室当中，变异性却威胁着果蝇的生存。每一桩偏离理论的结果，都是怀疑果蝇可用性的理由；不同实验室得出的结果之间的每一个偏差，都让人有理由以为图谱遗传学只在哥伦比亚大学行得通。这会是这一新实验模式的死亡证书——当时的实验室文化认为，只有到处都能重复出同样结果的知识才被视为有价值。（在一定程度上，正是实验室结果不受所在地因素所左右这一点，让实验比在大自然当中"单纯的"观察更被看重。）

于是，斯特蒂文特、布里奇斯和穆勒的第一个任务便是清理果蝇，摆脱其变异性，把它修整停当，以便每个实验都能有同样的、"正确的"结果。他们采取了不同的方式来做这件事。首先，他们寄希望于应用校正因子或者公开绘制染色体片段的临时顺序，就能容易地让批评者无话可说。但是，这些权宜之计不奏效。其次，他们认为将实验条件标准化会更有效，用同一种食物和培殖瓶来消除许多变异性，以及将遗传交配程序标准化。但是，对果蝇顽固的变异性的终极解决途径，是让果蝇自身返古，切除遗传杂质，采用不同种群的材料来编排成染色体——它们能得出与孟德尔理论相符合的实验结果。标准图谱果蝇种群的染色体是许多果蝇基因材料的拼装，它们被拼装到一起，以保证干净的实验。因此，孟德尔遗传学的目标被建置在工具自身当中。果蝇身上建构性、人工性这一本质的明证，于此再好不过了！

对标准果蝇的建构主要是由布里奇斯完成的，他用了将近十年的时间，尽管此后布里奇斯从来没有间断对其修修补补，准备新设备以及合成性培殖介质，引入新的、更有效的图谱种群，不断地重新计算图谱。由此一来，果蝇的生物多样性和生殖力被生物学家的文化需求——注重精确、可重复性（因而具有可信性）——转换成那个引人注目的生物学人工物，即标准果蝇。它曾经是野生生物吗？是的。它是实验室技术吗？也是。在"果蝇人"的"增殖反应堆"中，大自然与人类文化汇合在一起。其他实验生物学模式也许不会产生一个标准生物体：标准化是受绘制图谱所特有的实践上和认知上的要求促成的。在斯特蒂文特和布里奇斯的遗传图谱绘制项目中，工具和实践共同演进。

果蝇小组的道义经济

工具和物质本身还不足以形成一个产出丰富的科研共同体。借用斯蒂芬·夏平（Steven Shapin）那个颇为有用的说法：知识生产也需要有效的社会技术。这些社会技术包括：将有天赋的新人动员进来，培训他们如何使用标准工具和执行常规任务，告诫他们什么对小组来说至关重要，哪些研究题目是能博取学术声誉的。头脑聪明并有雄心的人组成的群体不可避免会出现的那些争端，必须以能够防止群体四分五裂，不至于形成敌意对手和纷争的方式来解决；必须保持一种文化氛围，鼓励原创而细致的工作；必须构想出一些方式，来传播新实践并让那些重要的非本行从业者相信该实践有价值。一个研究共同体正如一个标准有机体，它是一种复杂的技术，一种巧妙构建起来的社会工具，以便将原质的智慧、热忱和雄心化为科学实践，产出那些每个人都想要学习或者使用的知识。

共事活动中最重要的一个层面，是该共同体的"道义经济"。这个从历史学家爱德华·汤普森（Edward P. Thompson）那里借用而来的词，指的是生产活动下面的道德原则（以示有别于经济和机构组织原则）。汤普森用这一理念来解释 18 世纪英格兰饥民骚乱那些表面上无序，但实际上有规矩的行动。他的个案中的规则，并非那些政治经济学规则（供给、需求、价格），而是更为古老的道德律令，它们定义了在短缺时期拥有者与消费者之间的相互义务。这些道义规则嵌入在农业社区的历史和日常生活当中，很少被表述出来，但还是有力地指导着人们的行动，尤其是在面对压力的时代，对群体行为进行深入考察就会发现这些道义规则。③ 汤普森认为，"道义经济"只能用在他的特殊个案当中。不过，我认为这一概念可以普遍应用在任何种类的生产，食品、制造业或者文化产出，如科学。实际上，这一概念用在科学家们身上显得特别可行，相对于经济价值，他们更倾向于交易象征价值。

在科学研究中，共事活动的三个因素似乎对共同体的道义经济尤其具有核心意义：获取工具的通道、成果带来的名誉归属上的公平以及在确立研究议程和确定哪些题目具有学术价值方面的权威性。**获取通道、公平、权威**——一个学术共同体的成功或者失败，取决于他们如何处理共事活动中这些重要的、易发生争执的因素。

果蝇小组的道义经济与众不同，而且有着非同寻常的自觉。首先，在获取通道方面，果蝇小组的每一个人都享有完全自由、无任何障碍的

③ Thompson（1991a；1991b）。我也从斯蒂芬·夏平（Steven Shapin）对这一概念的发展中受益，参见 Shapin（1994），尤其是第 392—407 页。

获取通道，能得到生产工具、共有的突变果蝇种群、研究器具以及知识技能。其次，果蝇小组里的工作，是高度公用和平等的——访问学者们经常会这样评论，尤其是那些从等级森严的欧洲实验室来到此地的人。果蝇小组里的每个人都基于自愿原则介入他人的项目，持续提供建议和批评，运送突变蝇体，提供好主意，投入缤纷多样的合作项目。果蝇小组的论文当中有很大一部分都是合署发表的（在今天这颇为常见，在当时却罕见）。负责共有蝇群的布里奇斯，其大度地向任何求助者提供物质材料和技术知识而美名在外。斯特蒂文特在提供他无与伦比的果蝇文献知识方面亦如此，他是非正式的文献持有人。个人拥有特定蝇群的做法不受到鼓励；力图让某个研究题目为自己所独自拥有的努力，也一样不受欢迎。当然这不难理解，一个人不应该强行夺走他人的富有成果前景的题目。但是，所有的工具和研究题目都是敞开的，任何有技能、有好主意知道如何处理它们的人都可以加以利用。他们从来没有过把果蝇遗传学再细分成专业分支领域的做法。平等而且开放获取，也明显地体现在哥伦比亚大学"蝇室"的空间当中：一个共有的空间，唯一的隔离门是通向摩尔根的办公室，而那个门也总是敞开。（在加州理工学院，每人有各自的房间，但是大家也都不关门。）

平等原则对于"果蝇人"的道义经济同样重要。作者权归属给第一个将某个想法付诸实践的人，而不是那位最先有了该好想法的人。同事提出来的想法，或者从共同的业务讨论中生发出来的想法，都是公共资源，大家都可以随意使用，甚至连在发表论文时都无须正式表示感谢。考虑到果蝇小组的共事方式，用任何其他方式来安排作者权归属都会是困难且能引起争议的。谁能说准在果蝇嗡嗡声伴随的专业讨论中，谁最先有了某个想法？相反，技能娴熟地操作实验，这一工作的归属则是清晰的。严格地将名誉归属给以纯熟技能和认真态度来完成工作的人，这是"果蝇人"的金科玉律。

这一公平原则并不能平息作者权归属当中的全部问题。对于像布里奇斯或者斯特蒂文特这样有许多好想法并习惯做扎实的、富有成果的工作的人，这条规则似乎非常公平。对另外一些有着不同工作习惯的人，则并非如此。比如穆勒，他能非常快地看到想法的衍生成果，但是做起来非常有目的性，他喜欢那种花几年时间来准备和完成的大实验。他觉得小组中许多最好的想法都出自他，认为摩尔根制定的作者权归属规则，就是为了剥夺那些本该归他所有的东西。

事实上，在开放获取和公平这些道义原则背后的理由是：工作才是最重要的，超过个人名誉。技巧娴熟地完成实验并写出来，推进了果蝇遗传学的总体领域，让每个人都从中受益。因此，这里的金科玉律是：谁把工作做得最好，谁就该得到名誉。

同样的理念也是"果蝇人"在工作上如何处理学术权威这一问题的导向。对科研议程和题目的选择，并不是由摩尔根或者斯特蒂文特和布里奇斯来拍板，而是小组在工作室的共同工作中形成的。比如，从果蝇小组对学生和访问学者的安排中就可见一斑。在正式层面上，所有的学生都是摩尔根的，因为只有他才有教授身份。④ 可是，摩尔根不喜欢做那种没完没了地给大学生和访问学者分派题目的工作，斯特蒂文特和布里奇斯——人们称二人为"门徒"（开始做绘制遗传图谱项目时，他们还是大学高年级的学生！）——逐渐地接手了指导和培养学生的任务。事实上，所有的大学生和访问学者都是整个小组的学生。所有经验丰富的工作人员都承担帮助学生选择论文题目的责任，当访问学者到来时，斯特蒂文特会看他们的技能如何，给他们建议一个合适的练习工作，然后他和布里奇斯会指导他们做那些要求更高的项目，直到他们能彻底独立完成。没有哪一个资深"果蝇人"会像当时许多学术部门习以为常的

---

④ 自1914年开始，斯特蒂文特和布里奇斯是华盛顿卡内基研究所的正式雇员，他们并无学术上的聘任。果蝇小组在1928年转移到加州理工学院时，斯特蒂文特当上了教授，布里奇斯却从来没有得到过教授职位。

那样，把大学生或者访问学者当作应该听从自己领导的弟子，用来增强自身的地位。果蝇小组有许多忠诚度极高的"前成员"，但他们不是一个"学派"。

这种分散式权威的构想也决定着摩尔根与他的"门徒"之间的关系，尽管并非完全清晰明了。几乎从图谱项目开始的1912年起，摩尔根实际上完全让斯特蒂文特和布里奇斯（当穆勒还留在小组里时也包括他）来决定实验室要做什么。门徒们掌管工作。摩尔根虽然独自掌管卡内基研究所的资金花费以及学术事务（比如课程设置），但是从来没有试图设定科研议程或者指导小组的工作。实际上，当工作变得更为技术性和难以把握时，摩尔根依赖他的门徒们来帮助他设计自己的实验。在20世纪20年代，当摩尔根的兴趣转向其他生物体时，是他的门徒们在从事果蝇研究。在工作室里，摩尔根的行为——他被满怀敬意地称为"老板"——更像是"门徒"当中的一员。当小组中的单个成员去追踪出现的不同线索时，科研议程就从小组的共事当中出现了。

这些价值观没有被宣导，而是被践行。杰克·舒尔茨（Jack Schultz）于1929年在那里获得博士学位，留在果蝇小组直到1942年。他认为小组的合作精神源于摩尔根，但是他不记得他们曾经明确地讨论过小组的美德。这些美德都是以身作则式地传授，他认为，美德来自摩尔根和其他人认为做好工作有着无与伦比的重要性。[5] 他们最后真正在意的，是把工作做好，小组的道义经济原则实际上就是鼓励把工作放在首位。

这些关于获取通道、公平和权威的理念，没有哪一个是果蝇小组所独有的，但是很少有哪个研究小组能将它们都展示得如此完备，如此有自觉意识。那么，果蝇小组的哪些特征可以对这一与众不同的习俗做出解释呢？我认为，最为重要的原因是果蝇本身——这是研究资料和题目

---

⑤ 杰克·舒尔茨写给乔治·比德尔（George Beadle）的信件，1970年7月31日，存于美国哲学学会舒尔茨文件（Schultz Papers, American Philosophical Society）。

的聚宝盆。果蝇小组的社会组织和道义经济与图谱项目协同并进，其设计在于去尽可能地利用材料超级丰富这一优势。对工具的获取通道加以限制，或者让研究题目为独家所有，不能带来任何好处。如果追随一个预先设定的议程，或者当作为图谱项目副产品的最宝贵的研究题目刚一出乎意料地出现时，就分割研究领域，这些都会是自残的行为。材料的丰富性不仅仅减少了自利的诱惑，它还导致了另外的情形：让人无偿获取工具、随意交流想法（哪怕别人可能会偶尔地从中获益）以及让选题不受限制，这些都能最好地服务于自身利益。正如布里奇斯的染色体图谱代表了标准果蝇的蓝图，果蝇人的道义经济规则构成了一个精致的社会工具设计图，使得他们能够把那些从图谱项目和果蝇当中获取的大多数机会派上用场。

如果他们所采用的生物体和实验体系不太多产，无疑会带来非常不同的道义经济。同样，在另外的实验室文化背景下，采用果蝇也一样会带来不同的道义经济。物质文化自身不能决定行为。关于优势和价值的逻辑，只有在特定的科学文化与实践背景下才是符合逻辑的。比如，我不假思索地推测，"果蝇人"理所当然要尽量利用他们的"增殖反应堆"带来的优势。但是，为什么是理所当然的呢？他们这样做了，但是，是什么促使他们这样做的？一部分答案是，他们最初是一个小小的少数人团体，在追寻一种不寻常的、受到质疑的遗传学科研实践模式，而他们置身其中的世界到处是那些成熟的、得到信任的实践模式——其他群体利用自身的生物体和实验体系的优势而让这些模式变得强大有力。在这种大背景下，承受疼痛而去穷尽自身的优势都是符合逻辑的，甚至是生存所必需的。这就是当时的实验科学在总体上是如何运行的（在今天仍然行之有效）。

答案的另外一部分在于摩尔根这个人。作为 1900 年前后的美国实验生物学家，他是一个看重互助与合作（即使并不真正践行）的更大共同体当中的一员。在那个特定的时间和空间里，这种互助文化之所以特别强大，自有其历史原因。这与美国学术界在这一期间要在高等教育体系中吸纳欧洲科研理念的做法有关。美国的高等教育体系注重大众教育，缺少从事研究的资源以及对研究者的培养。⑥高等教育学院的过度扩张以及那种任何机构都有权利参与高等文化的美国习俗，产生出一代学人——他们热衷从事研究，但是缺少培训和机会。在这种背景下，互助是一种在理念上可以接受的，也能行得通的策略。

生物学家共同体的核心机构，如位于伍兹霍尔（Woods Hole）的海洋生物学实验室（Marine Biological Laboratory）的互助文化就特别强劲，其主要目的之一便是让小型高等院校以及高中的教师们能够了解到研究型大学中的前沿研究成果。⑦海洋生物学实验室的夏季工作营也有力地加强了平等获取以及互助的美德。摩尔根是海洋生物学实验室夏令工作营的一个领军角色，在任职哥伦比亚大学期间，每年夏天都带着整个果蝇小组、蝇群以及器皿来到伍兹霍尔。他有意识地将海洋生物学实验室的开放获取和互助的美德演示出来。

于是，果蝇小组的道义经济可能最好被理解为，那是当时美国实验生物学家们广泛认可的价值观被放大的形式，而放大器就是果蝇这一增殖反应堆。它在数量上的丰富性，给摆脱互助理想的自私性诱惑浇上一盆冷水，帮助"果蝇人"将工作场所当中对于获取工具、名誉归于工作、平等的话语权等价值，变成了生活价值。

如果不了解总体上的学术文化以及科学家在其中做事的大社会背景，我们就无法理解学术共同体如何去定义什么是美德，什么是寻求"优势"。没有哪个共同体用来意会如"美德"和"优势"这些基本社会品质的方式，能够不受任何制约。科学家就如同任何亚文化当中的成员一样，会以其社会给定的、熟悉的方式让自身的行事符合社会和伦理的要

---

⑥ Kohler（1991）.

⑦ Pauly（1988：121–150）.

求。如果科学家们的工作习俗不是其成长与生活环境所具有的习俗的一个变体，那么这就是一个奇怪的群体，这样的群体也无法长久存在。仔细考察群组行为，带我们走上正确了解为什么群组会做所为之事的路途，但是其风险在于变成庸俗的功能主义阐释，单从群体成员利益的角度来解释行为，不去探究"益处"这一概念以及正当求取"益处"是怎样从更大的社会背景中衍生出来的。

交换的道义经济

果蝇小组的价值观并不限于该群体自身，而是经由一个非同寻常的免费交换突变体蝇群的习俗，延伸到世界范围的果蝇研究者。这是非常早就开始的习俗，甚至早于图谱项目启动的 1912 年。如果一位研究者请求给予蝇群，果蝇小组会免费提供，没有任何连带条件。而且不光是那些已经被研究完毕并有成果发表的种群，甚至新种群，那些正在形成的突变体，如果有人以为自己可以颇有成效地将它们派上用场，这些种群也会被分享。尽管研究其他生物体的生物学家也模仿这一交换习俗，能像果蝇小组这样如此系统而真诚地进行交换的群体，实属凤毛麟角。"果蝇人"可以毫无报颜地为他们的部落习俗骄傲。对他们来说，这远不只是工作上的技术帮助，这是职业性身份认同的象征，是一个特殊共同体的成员徽标。

这一交换习俗的重要性怎么高估都不过分。交换让果蝇小组能够使果蝇的数量丰富性物尽其用，其程度是果蝇小组维持地域垄断的做法不可能达到的。最为重要的是，交换习俗使得图谱遗传学变成并非若干竞争性的遗传学实践模式之一，而是其中的优选模式。交换使得图谱遗传学成为标准遗传学，果蝇成为标准果蝇；它让一个受到限制的、地方性的实践形式变成了一种广泛的、通行的模式；它把果蝇小组的习俗和道义经济扩散到无论在哪里的果蝇研究者当中。对知识和工作结果的免费交换，早已成为实验科学的一个重要特征；但是，对工具以及知识生产手段的交换则是一个更有力的扩散工具。正式出版物传播了图谱的语言和标准果蝇，但是，交换蝇群和知识技能则传播了研究工作自身。

一个交换体系（像果蝇小组）是社会机器的一个复杂部分，它要求细心的设计和维护。其复杂性更多的不在于其机制，而在于其道德规则——交换果蝇所用的运输箱并不比使用公共邮政更为复杂。只需设想一下，当这些"果蝇人"将自己最有产出能力的突变体蝇群寄给潜在的对手时，他们承担着怎样的风险！这多么容易让别人占上并不公平的便宜！然而，滥用的案例几乎没有听说过。果蝇学家曾经是，今天仍然是一个不同凡响的有教养、有信誉的群体，遵守着那些指引其交换体系的道德守则。

这些守则尽管很少明确表达，但是能够在大量的信件当中看到，这些信件附在一位果蝇学家发送给另外一位同行的果蝇运输箱当中。受惠人需要做的一件事情是互惠性回报：得到蝇群的特权，包含着他们有给予回馈的责任——当有人请求他们给予支持时，他们不能推卸。可以肯定的是，果蝇小组以及其他大中心的付出远多于他们的所得——布里奇斯花费大量时间来寄送蝇群，指导如何使用它们。但是，回馈原则展示了果蝇生产者之间预先设定的对等责任。总体而言，货币并非一个可以接受的替代性选择，尽管提供给教学使用的蝇群没有回馈基础，逐渐地从道义经济中移出，变成了货币交易。物品交易与货币交易之间的交易分界线描绘了互惠式回馈的道义特征，这是其他交易都不能做到的。我们要做的不关涉市场价值（政治经济），而是一个道义经济。

这种道义经济的第二个原则是对研究计划开诚布公。获得蝇群者被期待能毫无保留地告诉捐赠者他们想用蝇群做怎样的实验，尤其是如果他们想研究相似的问题。在潜在的对手当中，开诚布公对于保证信任是非常重要的，驱散了那些完全正常的人与人之间的怀疑，背叛信任的诱惑一直都存在。开诚布公让人轻易不能去偷窃，让接受方不可能（或者会非常蹩脚地）把"不知道该如此"当成自己行为不当的借口，让给予方有机会把不希望看到的竞争扼杀在萌芽之中。不肯开诚布公使得借用者有理由被怀疑其意图不端，他们会被排除在交换体系之外（尽管几乎从来没有到那种份上）。

开诚布公这一习俗的一个重要副产品是，交换蝇群行为也可以作为一个非正规体系，来沟通计划，或在发表之前交流研究成果。每一个蝇群都带着快速出现的结果以及未来的计划。这些生产者之间的非正式沟通体系对于现时的实践来说，比正式出版物更为迅捷也更为有用（是个人性质的，更少些护卫的姿态），这当然是一个主要原因，造成了果蝇遗传学那种扩散的、多产的力量。

交换的第三个原则是有限的所有权。研究题目可能会暂时地归个人所有，工具则被认为是果蝇生产者整个共同体的财富。在一定的限度内，习惯上当请求获得那些特殊种群，如布里奇斯那些多重标记的图谱种群，或者多种染色体三倍体种群或者染色体易位的种群时，需要获得其发明者的许可。这种客气也表明了对构建这些特殊工具所投入的技能和劳动的尊重。人们理所当然地认为，没有人会对此拒绝。但是如果不去询问的话，则有理由怀疑借用者可能会是一个偷盗者。当瑞典的遗传学家根·波尼埃尔（Gen Bonnier）在没有获得布里奇斯的许可就使用了他的特殊种群时，果蝇学家们怀疑还能不能信任他，要不要再给他礼物。在这一个案中，如同在大多数情况一样，这只是一个初来乍到者对礼节的无知而已。然而，当库特·施泰恩（Curt Stern）请果蝇小组把一个他们双方都开始着眼的问题出手相让时，斯特蒂文特的反应是非常尖锐的：没有人对于任何题目有知识产权，况且施泰恩可以确信，他们（斯特蒂文特的小组）正在做的肯定是最佳的。对果蝇学家们设定的金科玉律没有可以商量的余地，施泰恩不再有这种打算了。[8]对滥用交换体系

---

⑧ Kohler（1994：145–146；150）.

的惩罚并不严重，但是效果非常明显。据我所知，没有严重滥用的例子，隐含的排除威胁也没有真正实行过。

没有商业秘密，没有垄断，没有偷窃，没有滥用——这些是"果蝇人"彼此间维持信任与和谐关系的实用原则。

果蝇交换体系的道德原则，明显是果蝇群体的共事习俗对一个更大共同体的调适，在后者当中信任不能靠日常的、面对面的交流来维持。这里的问题又是：这些习俗是怎样出现的，为什么他们运行得这么好？一部分答案在于个人的偏好，正如摩尔根所说："在发表之前不让材料外泄，或者让自己的想法和进展秘而不宣，对我个人来说这从来都没有吸引力。"但是，能让个体学者依照自己的偏好而放开行动的，是果蝇数量的丰富："可能，"摩尔根接着写道，"我们不可以说这里有特殊的美德，因为果蝇像我们呼吸的空气一样——足够每个人使用。"⑨

摩尔根认为，正是果蝇数量丰富才使得果蝇学家大度。这的确有据可查。我们所见的第一次实行交换体系是在1911—1912年，正是摩尔根绝望地考虑如何来处理那些突变体的洪流之时。出于他自身的需要，他找到小学院的生物学教师，邀请他们做一些果蝇研究课题来获得博士学位。摩尔根提供突变体种群和知识，他的远程合作者按照限定的日程完成工作。当斯特蒂文特和布里奇斯成为图谱项目的长期成员并作为在职研究生接手一些工作时，这些权宜之计的做法就减少了。然而，图谱项目只是增加了材料量，摩尔根急就章式的出让体系变成了果蝇研究者之间的一个常规交换体系，他们当中的许多人都是果蝇小组的前成员。

交换习惯混合着利他主义与开明的自利，这给果蝇小组带来重要的利益。对图谱课题的传播，使得它广为人知并被接受。有前途的学生和追随者们不断加入，他们可以有把握地指望在离开果蝇小组以后，一

---

⑨ 摩尔根写信给罗伯特·伍德沃德（Robert S. Woodward）的信，1917年7月25日，存于卡内基学院档案馆（Carnegie Institution Archives）。

直能够获取这项新生计所需要的工具。如果没有如此保证，谁会加入进来？摩尔根清楚地意识到，力量来自数量。限定在一个地方的实践，会被攻击为只是地方性的和特殊性的，而科学家们相信那些得到广泛践行、无所不在的内容。对于一个没有被检验的实践模式，还有什么能比一个人作为学生亲眼看到或者亲手做过这一工作更有说服力呢？最终，交换让果蝇小组对其他果蝇学家正在做什么有所了解，能让他们看到新思路，从而避免陷入穷途。这些都无损于交换习俗的美德：关键的问题在于，果蝇和遗传学图谱的数量丰富，将美德与自利组合在一起。

交换习俗并非"果蝇人"的发明，比如，博物学家几个世纪以来都在交换标本。[⑩] 但是，果蝇学家们根据实验室和标准生物体的条件调适了这一习俗，让这一实践更为精致，让它成为共同体美德的权威标杆。自此以后，几乎围绕着每一个标准生物体，如玉米、细菌、抗生素等，都形成了相似的交换体系。但是，"果蝇人"直到今天最强烈地认同互助和修养这些理想。这些品德和实践定义了他们是谁，以及是什么让他们变得与众不同。这部分地反应了摩尔根小组不寻常的持久权威，在一个变得比先前大得多而且充满竞争的世界里，他们给定了工作的步伐和道德的调门。标准果蝇以及围绕着它而繁生出来的实践和价值观，既是一个生产手段，也是一个共同体独特生活方式的表达。

结论

我们能否从这一个案研究当中得出泛化的结论？果蝇小组是一个特殊的，甚至是少见的个案。首先，这是一个由外来资金支持的研究所，被包围在大学的动物学系里显得有些捉襟见肘，有着非常不同的习俗（大学里的生物学家们通常通过研究不同的生物体而避开竞争）。其

---

⑩ Larsen（1993）.

次，让摩尔根和他的学生们能留在一起进行三十年研究的资助，在他们尚且是导师指导学生的阶段就冻结了"老板"与"门徒"的社会心理动力，这种"原生"关系影响了小组中的人际关系。最后，没有出现比他们的小组更大、更天才的研究群体来挑战果蝇小组的领导地位，这使得他们独占鳌头长达 25 年之久，没有机构上的对手当然也鼓励了免费交换（这在 20 世纪 30 年代发生了改变）。但是，如果果蝇研究者们是如此特殊，那么，从这一个案当中我们能在一般意义上对于实验生物学，或者生理学，或者物理学，获得什么样的了解呢？

事实上，我们能了解到很多：当科学家们以不同方式来处理实践的问题以及道义经济时，有赖于个人性格、政治和物质条件在当时当地的可能性，这些问题对实验生活而言都是普遍的。产出实验知识的实际过程，要求问题得到定义、有工具和方法要设计、资金要得到保障、共同体以及群体之间的关系要构建、道德秩序要维持。对不同群体中不同实践形式的研究，非常有可能让我们深入洞悉这些科学工作的根本性因素。

这一观察有很多证据支持。从事不同标准遗传学生物体研究的人已经设计了类似的交流体系。这有力地说明，物质文化和道德秩序之间存在的因果关联是普遍性的。生物医学学科的标准动物（主要是哺乳动物）倾向于以货币售出而不是交换，这说明跟一个强有力的职业联结在一起可以改变这一关联。[11] 也有证据表明，材料的丰富性从总体上支持互助的道义经济。但是，在诸如寻找新的维生素和荷尔蒙、传染性病原体（比如艾滋病病毒）或基因这些领域中，实验成果被归功于单个获胜者，这样一来，秘密的激烈竞争和为获胜而不择手段的道德就较为盛行。果蝇学家乔治·比德尔在进入维生素测定领域时发现了这一点，这让他感到不快。分子生物学家当中的开放交换在最近开始减少，与他们介入高额赢利的生物技术业有很大关系。如今，新工具申请了专利，大学的

---

⑪ Clause（1993）.

律师们来处理那些交换请求。

实验科学或者任何种类的科学都没有永恒的或者普遍性的道义经济，也不再有普遍性的科学方法或者组织形式。科学实践的研究题目和环境太多样化，并没有一条最好的路径。但是，这样的假设并不为过：每一种实践模式都会有某种道义经济，也会有某类物质文化和社会组织。

科学是如何运作的？为什么会如此呢？科学家如何面对他们产出自然知识这一任务，他们的哪些实践和共同体习俗，使得他们在现代社会中赢得如此高的地位？研究方法是如何与物质文化、实践模式、道义经济共进的？特定共同体的习俗是如何从那些更大的社会背景当中衍生和分离出来的，它们是如何有赖于题目、历史和环境的特殊之处的？正是寄希望于能对于这些普遍性问题给出答案，我们才去研究像"果蝇人"这类特出群体的物质文化和实践、道义经济以及社会史。

参考文献：

Clause, Bonnie T. 1993. The Wistar rat as a right choice: Establishing mammalian standards and the ideal of a standardized mammal. *Journal of the History of Biology* 26: 329–350.

Kohler, Robert E. 1991. The Ph. D. machine: building on the collegiate base. *Isis* 81: 638–662.

———. 1994. *Lords of the Fly*: *Drosophila Genetics and the Experimental Life*. Chicago: University of Chicago Press.

Larsen, Anne L. 1993. *Not Since Noah*: *The English Scientific Zoologist and the Craft of Collecting, 1800—1840*. Ph. D. dissertation, Princeton University.

Pauly, Philip J. 1988. Summer resort and scientific discipline: Woods Hole and the structure of American biology, 1882—1925. In *The American Development of Biology*, edited by Ronald Rainger & Keith R. Benson & Jane Maienschein, 121–150.

Philadelphia: University of Pennsylvania Press.

Shapin, Steven. 1994. *A Social History of Truth: Civility and Science in Seventeenth-Century England*. Chicago: University of Chicago Press.

Thompson, E. P. 1991a. The moral economy of the English crowd in the eighteenth century. In *Customs in Common*, edited by E. P. Thompson, 185–258. New York: New Press.

———. 1991b. The moral economy revisited. In Customs in Common, edited by E. P. Thompson, 259–351. New York: New Press.

拥有"库鲁":

医学科学与生物殖民主义交换

沃里克·安德森

丹尼尔·卡尔顿·盖杜谢克（Daniel Carleton Gajdusek）在 1957 年写道："当然，每个人都想让自己的手摸得着'库鲁'（kuru）患者的脑体。"[①] 当这位年轻的医学科学家在新几内亚东部高地丛林中的实验室里写下这个句子时，他想到的是：澳大利亚墨尔本和美国马里兰贝塞斯达的病理学家们都争相要获取这些有价值的标本。不过，也许他也想到了自己最近与弗尔人（Fore）的交往：那些他认为患上了"库鲁"病的弗尔人，他依赖这些人的待客之道。他田野研究的医学对象，包括血液和脑体，在多方面被卷入到本地社区关系以及全球科学研究网络。对弗尔人来说，它们传递了一种含义；对盖杜谢克来说，已是另外一种；对于远在澳大利亚和美国的实验室人员来说又有所不同。这些对象（物品）在不同情境下，可以被当作礼物或者商品进行交换；或者，在同一场合下，不同主体会将礼物交换与商品交易混淆。有些时候，科学家会通过物物交换来取得这些物品，甚至干脆将它们据为己有；而后他们又可能会发现，自己想要获取的东西根本不能流通。在田野中，盖杜谢克曾经进入到与弗尔人结成的一种复杂而脆弱的关系网络，为的是能获取标本；他把这些标本拿来与地位更高的同行科学家进行交换，这也许还成就了他的科学声望。

　　在这篇文章里，我要考察弗尔人与那些在 20 世纪 50 年代首次进入新几内亚高地的人类学与医学田野工作者之间的不同交换形式。我在这里要关注的不是"库鲁"的故事本身，也不是要说明谁破解了它，因为已经有人很好地整理了关于"库鲁"知识快速积累的情况。[②] 我的问题不是人们关于弗尔人和"库鲁"病学到的是什么，而是他们如何去学的。实际上我的问题是：他们如何将这些知识转变为蕴含价值，而且让这些

[①] 盖杜谢克写给斯马德尔（J. E. Smadel）的信件，1957 年 8 月 25 日，参见 Farquhar & Gajdusek（1981：121）。

[②] 近年来关于"库鲁"病研究的情况，参见 Nelson（1996）；Rhodes（1997）。

知识认定为归他们所有。因而，对于本文的读者来说，"库鲁"的真正含义——不管是疾病、巫术、适应障碍症、某种慢性病毒，某个种族还是某一地区的特有症候——最终仍然是模棱两可的或者不透明的，正如对卷入"库鲁"交易中的每一个人一样。如何去理解像"库鲁"这样千变万化的现象？一个人如何能同时因为拥有特定知识，而又因为扩散这种知识而获得赞扬？盖杜谢克或者任何其他人是如何做到拥有"库鲁"的？

我希望这篇文章能给科学史、经济人类学和后殖民研究之间的交流开辟一席之地。[3] 在研究围绕着"库鲁"而发展起来的诸多交换领域——弗尔人与其他当地群体之间、医学科学家与研究对象之间、人类学家与受访者之间、科学家群体与人类学家群体之间——应该足以勾勒出殖民地晚期以及第二次世界大战后科学研究交易中涉及的物质文化轮廓。我选择了"库鲁"患者的脑体及其相关物品，以它们为出发点在更具一般意义的层面上思考这一问题：在全球科学研究中的价值创造和物品流通。这项研究与近年关于人体材料商品化及其入主全球医疗市场的研究并行不悖，但是又与那些研究有所不同。[4] 让"库鲁"物品在某个科学交换领域内流动，绝非仅止于简单地将其商品化。相反，盖杜谢克从弗尔人那里获取的那些人体材料，在一段时间内成了他与其他科学家同事打交道时不可让与的财富。正如我们将会看到的那样，在这一个案中，

---

③ 这篇论文是一项将人类学与科学研究连在一起的更为总体性研究的一部分。此前的这种努力体现在引入民族志方法上，比如在拉图尔（Bruno Latour）和伍尔加（Steve Woolgar）的开创性著作（Latour & Woolgar, 1986/1979），或者表现为越来越多地使用文化分析并聚焦身份构成问题。最近的研究请参见 Hess & Layne（1992）；Hess（1995）；Franklin（1995）；Layne（1998）。

④ 参见 Radin（1996）。关于受到争议和拒绝的人体器官和体液商品化，参见 Titmuss（1970）以及 Golden（1996）。

对科学署名权的诉求阻碍了惯常的商品化过程。⑤

在"库鲁"研究中，对于交换关系的错误理解反复出现，这表明我们应该避免奴隶式地盲从（现有的）交换类型。对礼物经济与商品经济做一般性的区分具有启发意义，但是在跨文化情境下对这些类别的辨识却并非易事——什么是礼物，什么是商品，什么是物物交换或者据为己有，什么不能流通，在这些问题上都难以形成一致的看法。⑥ 典型情形是，在礼物的交换中，物品有一种个人性价值，它们从来不能完全脱离那些制作或者给出它们的人。礼物交换意在生成一种社会强制，因此非常重要的是：给予者要机智地给出，接受者要能认识到这类交换的性质。一份礼物总是在一定程度上跟它的制作者和给予者连在一起，它携带着某种社会债务（social debt），意味着互惠关系（哪怕那是不平衡的）。但是，在无论是地方性还是全球性的更为商品化的交往中，物品与交往主体之间的关系要独立得多，黏附着很少量的社交情义或者根本没有。在把某物当作商品时，该物件上他人的残留利益就会遭到否决，物品就会被据为己有。⑦ 这样一来，去追问在殖民地末期科学界的交换关系里，一个"库鲁"患者的脑体是礼物还是商品，便非常引人入胜。如果是礼物，那么这一对象（物品）能抛开弗尔人或者盖杜谢克吗？如果是商品，

---

⑤ 我在本文的结论部分勾勒了最近将科学商品化的趋势。参见 Nelkin（1984）；Gold（1996）。"就人体器官的法律争议"学术研讨会的论文，请参见 Nelkin & Andrews（1999）。

⑥ 关于礼物经济与商品经济之间的区别，最明确的辨析参见 Gregory（1982）以及 Carrier（1995）。我同意托马斯（Nicholas Thomas）的看法，认为值得保留礼物与商品之间的分析性区分，只要这种区分还没有简单地落入本土社会与西方社会二元划分的窠臼，没有模糊"地方性与全球性权力关系在殖民地边缘地区的不均等缠绕，尤其是因为这些权力关系已经显示出有能力去定义和挪用物品的意义"（Thomas，1991：xi）。在一般意义上关于物品的文化构成，参见 Appadurai（1986）以及 Parry & Bloch（1989）。

⑦ 关于礼物交换，参见 Mauss（1970/1925）；Malinowski（1922）；Sahlins（1978）；Strathern. M.（1988）；Weiner（1985；1992）；Cheal（1988）；Godelier（1999）。当然，这些著作中的许多都源自于对新几内亚社会的研究，因此，将这些成果再度应用到对新几内亚的科学交换研究上显得尤为合适。

其价格如何？这样的问题能吊起人们的胃口，但是"库鲁"材料的交换从来都不那么简单，无法有简单的答案。

因为"库鲁"研究最初在实行殖民地秩序的规则内，交换活动可能不那么透明，或者是单边的。如果这些活动都发生在那些被大多数科学史学者认定为殖民地边缘地带的地区里，那么，交易秩序的不平等性与不对称性、估价的困难、对意图的错会等所有这些情况，都很容易符合人们头脑中的（殖民地）设想，其程度之甚，可能让我们根本无法看到在"库鲁"研究中弗尔人的介入及其能动性。他们的所有物，似乎就是简单地被抢去一样。然而，许多研究殖民科学的历史学家——他们借鉴了人类学家的研究成果——在最近的研究中指出，殖民地秩序经常遮蔽了一种不平等、不规整的互惠关系。[8] 在非同寻常的个案中，我们无法认识到科学对象的地方性关联及其交换中的互惠特质，也许仅仅源于我们不假思索地信赖那些从遥远而神秘之地归来的科学家们给出的价值评判。也许，殖民科学最显著的殖民特征便是：其历史似乎是纯粹的抽取和挪用，将先前没有价值的物品插入科学交换领域，将其上那些繁复的本土社会性和本土政治的影响抹掉。但是，在"库鲁"研究的田野工作中涉及的复杂交换，以及后来那些在科学上有价值的物品在全球的流通，都证实了一点：在支配与服从框架下的解释会经常（并非总是）曲解本土意义以及全球的权力关系。

在总体上，科学史家与科学社会学家不太愿意借鉴经济人类学来解释北美和欧洲（或者其他什么地方）的现代科学交易。哈格斯特龙（Warren Hagstrom）这位功能学派的科学社会学学者在一份具有开拓意义的分析中观察到：科学家提供研究论文这份礼物，其回报是从科学共同体中得到认可。这一交易对科学家产生了一种"特定的责任"来减少其"经济行事中的合理性"，因此让科学家遵守行为规范。哈格斯特龙

---

[8] 参见 Arnold（1993）；Prakash（1999）。

依照功能主义的传统，把自己的描述置于礼物关系，即在个体科学家与科学共同体之间，来解释科学标准如何得以再生产的问题。但是，他对为什么这种"往往没有效力，又不理性的控制形式"持续到现代科学感到惊讶。为什么在科学活动中给予礼物就应该如此重要，而"在现代生活中的大多数领域，尤其是在那些最为突出的'文明'领域里，这已经不被当作一种交换形式了"？⑨ 十几年以后，拉图尔（Bruno Latour）和伍尔加（Steve Woolgar）对同样的问题做出了回应，他们抗议哈格斯特龙诉诸"礼物交换这一古旧的体系"来解释科学活动中的交换关系。拉图尔和伍尔加研究了一个神经内分泌实验室中的"事实"（facts）产出过程并提出，"发生在实验室中的持续投入和可靠性转化，映照了现代资本主义的典型经济行为"。但是，尽管他们力图将自己观察所见的关系予以商品化的阐释，他们还是提供了丰富的证据足以表明，实验室内的物品具有不可让与的性质，物的价值与社会地位之间的纽带具有弹性。⑩实际上，他们描述了一种带有计算和竞争因素的礼物关系，与布尔迪厄在卡拜尔人（Kabyle）当中所见的对于互惠的策略性运用有异曲同工之处。⑪ 不幸的是，哈格斯特龙将礼物交换与规范行为连在一起的做法，让一代科学社会学的研究者们——他们大多数都对功能主义的阐释心存戒心——远离了经济人类学。

近年来，若干科学史与科学社会学领域的学者又回过头来，用经济学语汇来解释地方的，甚至全球性的科学研究对象的交换活动。科勒（Robert Kohler）在其关于托马斯·亨特·摩尔根（Thomas Hunt Morgan）团队果蝇遗传学的创新性研究著作中（相关内容参见本书第六章），描述科学家们的"道义经济"、实验室之内（成果的著作权和回报

---

⑨ 参见 Hagstrom（1982：28）。该文最初发表于1965年。

⑩ 参见 Latour & Woolgar（1986/1979：203；204）。

⑪ 参见 Bourdieu（1977/1972）。

在那里分配）以及在更大范围内各实验室间交换中的分配情形。⑫比昂吉奥里（Mario Biagioli）熟知哈格斯特龙和布尔迪厄的著作，他描述了在近代早期的意大利，礼物交换作为一种"借以让襄赞关系得以表达和维系的手段"。在受助人和襄赞者之间发展出债务循环，这是一种互惠式不均衡，促使伽利略勤奋地"产出或者发现那些可以当作礼物送给其襄赞者的物事"⑬。尽管比昂吉奥里将他对近代初期的科学交易的解析限定在襄赞者和受助者之间的交往，尽管他似乎也不时地认为这一交换领域有古代遗风，他的经济学方法如果用在对更为现代的科学交易进行分析时，可能会是大有用场的。⑭

当然，也有另外一些理解科学交换的方式。伽里森（Peter Galison）在他那备受好评的关于现代物理学中实验行为、仪器设备和理论的研究中认识到，有必要对那些发生在科学研究的不同"亚文化"之间的"贸易地带"（trading zone）的交换进行分析。不过，他的分析性框架主要是从语言学或者话语入手，是"对语言观念予以扩展，将实验室之物品的配置包括进来"。因此，伽里森从族群语言学的角度来看待物品交换的模式形成，如同"非词语的洋泾浜和克里奥尔土话"的形成一样。伽里森试图去"将接触语言的观念予以扩展，将那些一般不会被包括在'自然'语言当中的结构性象征体系包括进来"⑮，以便能形成重要的认知论点。尽管如此，当语言学分析取代了政治经济因素时，交换中的物质性中的某些东西以及它在塑造交易者身份认同中所担当的角色，似乎就丢失了。我希望，对于"库鲁"的研究会证实，用不着求助于诱人的语言学模型，我们仍然能够解释现代交换关系当中那种复杂的地方与全球

---

⑫ 参见 Kohler（1994）。他采用的"道义经济"（moral economy）一词来自英国历史学家汤普森（E. P. Thompson）对18世纪英国的研究（Thompson，1971）。

⑬ 参见 Biagioli（1993：36；48）。也可参见 Findlen（1991）。

⑭ 也参见其他重要著作，Oudshoorn（1990）；Clarke（1995）；Lindee（1998）。

⑮ 参见 Galison（1997：51；52；835）。

的模式形成。

　　显然，没有哪篇论文能传递出人所遭受的折磨和痛苦——弗尔人的不能，任何人的都不能。经济人类学和科学史当然都不指望自己去完成这一任务。但是，至少它们能帮助我们理解，曾几何时，人所承受的苦痛是如何作为科学来流通的——也许在今天还依旧如此。

锁定"库鲁"

　　弗尔人生活在巴布亚新几内亚东部高地。在 20 世纪 50 年代，超过 1 万的弗尔人生活在村寨里，他们养猪，打理番薯园子。男性住在男人房里，所有的女人和孩子有另外的住处。村子由"大人物"（big men）来控制，动武是常见的：实际上，这可能是男性死亡的主要原因。尽管政府在奥卡帕（Okapa）已经设立了一个巡视站，在 20 世纪 50 年代的大部分时间里，绝大部分地区仍然没有在政府的掌控之下。对澳大利亚所属的巴布亚新几内亚的行政管理，是从遥远的莫尔兹比港（Port Moresby）施行的。让管理机构覆盖已经受政府掌控的地区，这对当局来说已经相当困难了。约翰·冈瑟（John Gunther）医生领导下的公共卫生部在太平洋战争之后有非常大的扩展，但是在 1957 年也不过只有 67 位医生，其中大多数是欧洲难民。人们指望着他们给群岛上的全部居民防病和治病。疟疾、肺结核、腹泻、肺炎和营养不良是常见病状，那些原本可以预防或者治疗的疾病仍然会造成每年上千人殒命。[16]

　　20 世纪 30 年代，弗尔人第一次看到飞机从头顶上飞过；在大战期间，澳大利亚人曾溜进弗尔人地区，至少有 3 架战斗机在这里坠毁；再

---

⑯ Nelson（1996）；Mathews（1971）；Denoon（1989）；关于总体上的情况，参见 Jinks & Bishop & Nelson（1973）以及 Nelson（1982）。关于弗尔人，参见 Berndt. R.（1962a）以及 Glasse & Lindenbaum（1971）。

往后有若干不畏艰难的勘探者快速路经此处。在 20 世纪 40 年代末，澳大利亚的巡视官员开始跟弗尔人接触。最早的管理巡视人员在某一地方受到弓箭的威胁，但是在其他地方则受到当地居民的热烈欢迎，哪怕后者心中不乏余虑。在最初的巡视（有时候也在后来的探访中），巡视官员将弗尔人中比较胆大的男性带回来，让他们学一些皮钦语（Tok Pisin），给他们展示政府所做的工作。后来，这些官员也可能雇用村干部、设立警点。他们总是告诉当地人要修路、要停止打仗。巡视官员发现，许多当地人一定要让他们来访问自己的村落，用大量食物款待他们，并请求他们留下来。慢慢地，新作物引进到这一地区，弗尔人开始吃土豆和西红柿。他们也开始种植咖啡，很多人开始身穿纺织物。[17] 交换食物和其他物品的发生频率在增加，在接下来的二十多年里，很少有外来者能无视这一地区出现的巨大社会转型，以及弗尔人那令人刮目相看的适应能力。

大多数巡视人员，包括医疗勤务员的报告都注意到，大范围糟糕的健康问题，那往往是伤口造成的后果，或者是热带肉芽肿病造成的。麻疹、腮腺炎和百日咳随着与外来人的接触接踵而至。对于这些（以及其他）感染的反应，巫术指控多了起来，巡视官员经常听说巫术致死。凯里（Arthur Carey）在 20 世纪 50 年代巡视东部的弗尔人时，看到过这一巫术的效果，其形式是若干人在没有发烧时也剧烈摇晃。人们告诉凯里，摇晃或者抖动被称为"古里阿"（guria）或者"库鲁"（kuru），染上的人会很快死掉。[18]1953 年 8 月，巡视官员麦克阿瑟（J. McArthur）证实了凯里的发现：

---

[17] 参见 Nelson（1996）。在 20 世纪 60 年代初期，澳大利亚殖民地当局开始积极地将当地的交换活动转化为货币经济。

[18] 参见 Nelson（1996：188）中的引述。

　　　　　　第七章　拥有"库鲁"：医学科学与生物殖民主义交换

在其中一个住房附近，我观察到一个小女孩在火边坐下。她剧烈地打着哆嗦，她的头痉挛地抽搐着，从一侧转到另外一侧。我得知，她是巫术的牺牲品，会一直这样下去，战栗着无法吃东西，在几个星期以内死亡找上门来。[19]

正如纳尔逊（Hank Nelson）指出的那样，"库鲁"对于政府官员来说"更多的是对有序管理的妨碍，而不是疾病"。[20]他们已经有很多种有碍管理的其他障碍，也有很多需要去对付的疾病。

人类学家来到弗尔人当中最早是在 1951 到 1953 年间。罗纳德·伯恩特（Ronald Berndt）和凯瑟琳·伯恩特（Catherine Berndt）在悉尼受到人类学的训练，他们有兴趣研究暴力的摧毁性效应，这让他们来到东部高地。他们原本想将自己的田野调查限定在澳大利亚土著人那里，但是悉尼的人类学教授埃尔金（A.P. Elkin）建议他们，田野调查至少要有一段时间在另一文化当中进行。[21]罗纳德·伯恩特与钦纳里（E. W. P. Chinnery）和里德（K. E. Mick Read）商量在新几内亚确定田野调查点的可能性。在决定来东部高地之前，他也读了莱希（Leahy）的《被时间遗忘之地》（*The Land that Time Forgot*）以及希尔德斯（Hildes）的《穿越最荒野的巴布亚》（*Through Wildest Papua*）。[22]伯恩特夫妇乘飞机到了莱城（Lae），然后在 1951 年年末到了凯南图（Kainantu）。当他们离开凯南图去田野调查点时，凯瑟琳·伯恩特的脚踝扭伤了，她骑在马上，走在长长一列搬运者行列的前面："兴奋的人群陪着我们和搬运工，抓我

---

⑲ 麦克阿瑟（J. McArthur）的奥卡帕巡视报告，引自 Lindenbaum（1979：9）。

⑳ 参见 Nelson（1996：189）。

㉑ 对凯瑟琳·伯恩特的访谈，1992 年 8 月。参见 Berndt. C.（1992）；Berndt. R.（1992）。尽管伯恩特夫妇从 20 世纪 40 年代起就研究澳大利亚的土著群体，他们意图用巴布亚新几内亚的材料做博士论文，以伦敦经济学院的雷蒙德·弗斯（Raymond Firth）为导师。他们对巴布亚新几内亚的田野调查从不感到满意，后来他们只在澳大利亚进行研究。

㉒ 参见 Leahy & Crain（1937）；Hides（1935）。

们，拉住我们，发出哑嘴的、嘶嘶的声音，向我们喊着叫着，用他们的欢迎话'我吃你'来向我们致以问候。"[23] 多年以后，罗纳德·伯恩特回忆道：

> 我们前行看到的画面让人在某种程度上想到了《所罗门国王的矿山》（一部探险小说）中的景象。地形粗粝，很多时候非常陡；路的两旁经常都是密林，又滑又窄。一长列的搬运者（多于我们想要的），将我们的箱笼扛在棍子上，一眼看不到头。最前面是凯瑟琳，高高地坐在马背上，被带着羽饰、弓和箭装饰起来的男人们围绕着，他们边走边唱歌，一路跳着舞。[24]

伯恩特夫妇在科古（Kogu）的埋拉（Maira）停下来。当地人在这里已经给他们建了一座大房子，好像（对他们来说）他们是当地祖先归返而来的鬼魂。"园子里的果蔬堆在我们的面前，猪被宰了，跳舞唱歌一直到天黑以后……我们被当成了死者回归的鬼魂，他们已经忘记了祖先的语言，想要重新学会。"[25] 房子已经准备好放置伯恩特夫妇带来的东西。

在田野调查的第一个阶段，即从 1951 年 11 月到 1952 年 5 月，伯恩特夫妇聚焦于文化接触、暴力、个人责任问题以及社会控制。他们力图将自己的观察与当地人的讲述整合在一起，对于本地的社会、亲属制度、语言群体、不安全的感觉、武力的诉求以及商业模式给出一种有内在关联的说明。埋拉是一个困难重重的田野调查地点。"很多时候我们不喜欢这些人，不过这也是常有的情况。他们这种摇摆不定的态度在一定程度上映射了他们自己对生活的反应：攻击和暴力带来的兴奋与极度

---

[23] Berndt. R.（1962a：viii）.

[24] Berndt. R.（1992：72）.

[25] Berndt. R.（1962a：viii, ix）.

的，有时候甚至是痛哭流涕的感伤构成反差。"伯恩特夫妇对自己在当地交换领域中到底有怎样的地位和角色，并没有把握：

> 我们是鬼魂和外来人，一方面被看作和他们一样；另外一方面，他们愿意时又把我们看成是陌生人。我们被设想成是反复无常的、不可靠的人，有鬼或者恶灵才有的那种"力量"，如果我们觉得自己受怠慢了就会加害于人——必须得通过长时间的录音、描述和解释来抚慰。这导致了人际关系上的某种紧张，构成了一些误会的基础。

一开始，伯恩特夫妇想通过火柴、贝壳和盐来换取信息。而后这两位外来人发现自己被卷入某种礼物关系中：田野调查的最后，"礼物的分发一视同仁"。但是，弗尔人似乎并不相信他们的谈话者在这种交往中有什么好意。在弗尔人当中流传的一个故事说，人类学家们"要将他们集合到一起，送到监狱里，先砍掉他们的手，甚至他们的头！"[26] 弗尔人已经对白人猎头者有所警惕。

伯恩特夫妇相信，他们观察所见的怀疑和社会崩裂，部分反映了当地人努力在社会和心理层面上去适应同欧洲人的接触。乌苏鲁发人（Usurufa）、弗尔人和当地其他语言群体似乎遵循着在新几内亚其他族群所发现的模式。[27] 按照伯恩特夫妇的说法，这一地区的人相信，他们祖先的魂灵送来了一飞机的欧洲物品，但是欧洲人或者不适当地侵占了

---

[26] 参见 Berndt. R.（1962a：vii, ix, xiii, ix）。

[27] 他们的第一个田野调查点是在乌苏鲁发人地区，但是在他们早期的出版物中，伯恩特夫妇力图将他们的发现泛化，覆盖相邻的语言群体，比如弗尔人（尽管他们确定了四个不同的语言群团，但是他们认为是"带有地方变异性的共同文化"）（Berndt. R., 1962a：8）。他们后来的田野调查是在弗尔人当中做的，这似乎证实了早期从乌苏鲁发人的观察中所做的泛化。不过，在后来发表的著作中，他们更为清晰地区分这些不同的语言群体。

它们，或者那些喜怒无常的祖先拒绝认识到他们有责任来分发这些宝贵的东西（当地人对欧洲人的态度似乎是暧昧的）。为了能够拿到自己的财物，弗尔人和其他群体举行了跟鬼魂附体相关的巫术表演活动，希望这能让飞机把东西直接带给他们。伯恩特夫妇将当地人的行为与功能主义人类学的一个经典话题连在一起——曾经以"威拉拉疯狂"（Vailala madness）为人所知，但是更为常见的是被描写成"船货崇拜"（cargo cult）或者"适应运动"（adjustment movement）。[28] 他们强调弗尔人在情感上的不安全感，对白人的到来感到敬仰和恐惧，对物质好处有所期待。

"船货崇拜"运动充斥着仇恨和挫败感。人们认为，一种"走拿"风（zona wind）或者鬼风吹过来，带来了亡灵。当"走拿"风吹来之时，许多人在风中被亡灵附体，开始发抖哆嗦。伯恩特夫妇报告说，这种发抖被称为"古日阿"（guria），"与通过巫术引起的抖动病相似（但是有所不同）"。[29] 在其他的"适应运动"中也有集体发作的情形，伯恩特夫妇可以从人类学著作中引述众多关于不由自主的蜷缩、结巴和剧烈哆嗦等明显的"传染"现象。一旦被"走拿"的鬼魂附体，人们就开始建一座大房子，里面填满了石头、木头和树叶，这些物品被认为会魔术般地转化成纸张、火枪和刀子。宰杀一头猪以后，弗尔人会在这些物品上涂油、用血涂抹房子，等着自己的拥有物发生转化。当伯恩特夫妇这两位人类学家来做田野调查时，这类崇拜运动在这一地区还会偶尔出现，但是政府官员和传教士能在这样的活动兴起时把它扼杀在萌芽之中。伯恩特夫妇写道，当两位传教士来到附近的一个村子时，"当地人得知要将全部的人骨头和骷髅埋起来，这些都是随着'船货崇拜'活动死于冷

---

[28] 参见 Berndt. R.（1952）；Berndt. R.（1962b）。

[29] 参见 Berndt. R.（1952：57）。关于"古日阿"，更广义地说，"对不同的刺激主题包括生理上的疾病、人际以及生态上的紧张关系所做出的那些受文化决定的表达形式"。参见 Hoskin & Kiloh & Cawte（1969）。

风附体以及颤抖的人的尸骨，一直被放在村里的空地上"。[30] 不过，如果说这种政策能将集体展示压制下去，它当然不能将所有的"古日阿"附体情形消除。

1952 和 1953 年，伯恩特夫妇又进行了一段时间的田野调查，这次更深入到弗尔人地区。对于集体的和个人的偶发性心身反应，他们现在能更清晰地区分；他们也更多关注所谓的"巫术作为引发心身状况之原因"这一问题。尽管"走拿"魂灵附体似乎仍然是引起"古日阿"的一个重要原因，伯恩特夫妇提到了另外一种颤抖形式，相关症状为部分瘫痪以及缺少肌肉控制力，经常导致死亡。按照罗纳德·伯恩特的说法，"有不自主的抽搐，一种超乎寻常发冷的感觉，眼睛膨大而显得呆滞，缺少对肢体的控制"。[31] 弗尔人将该症状在个体身上的发作归结为"古滋格里"（guzigli）巫术，伯恩特夫妇认为这类巫术指控是文化接触参与者身心焦虑的另外一种体现。[32] 巫术可能会用来尝试着去解决日益增加的内部和外部冲突，然而却同时导致这些冲突进一步加剧。总体而言，伯恩特夫妇已经立意将许多弗尔人的怪异行为解释成一种"歇斯底里"的形式，是对于近期的紧张所做出的心身反应。但是凯瑟琳·伯恩特回忆说，他们尝试过让当局主管卫生的部门介入，但未能成功。她曾经对玛格丽特·米德讲到过"库鲁"，米德建议她应该找医生介入。[33] 尽管如此，伯恩特夫妇还是建议后来的研究者不要将心身原因排除在外。直到 1959 年，罗纳德·伯恩特仍然致力描写在弗尔人地区普遍存在的情感上不确定、不信任和怀疑的感觉、常见的巫术指控以及对巫术毒药的普遍信仰。

㉚ 参见 Berndt. R.（1952：65）。

㉛ 参见 Berndt. R.（1953）。关于对文化接触之反应的另外一种解释，参见 Berndt. C.（1953）。

㉜ 参见 Berndt. R.（1962a：218—219）。伯恩特注意到，"攻击被描述为变得越来越频繁和集中，死亡是不可避免的高潮"（第 218 页）。

㉝ 对凯瑟琳·伯恩特的访谈，1992 年 8 月。

他写道:"社会事件或者文化事件，可能会对人的有机体本身有长远的作用，其干扰程度甚至能极端到让机体丧失其功能。"㉞

令人吃惊的是，伯恩特夫妇在其早期论文里很少提到食人行为。但是在 20 世纪 60 年代，当他们已经完成了发表田野调查材料的工作以后，他们似乎和当时的许多学者一样，对这一题目着迷。巡视官员们不时地报告一些弗尔人的群内食人行为；伯恩特夫妇几乎顺带证实，弗尔人，尤其是女性，在所爱之人死后会举行仪式性消费死者的活动。一般来说:"那会是一位亲戚，在死后几乎马上就会被煮了吃掉，尽管一个更受青睐的做法是先将尸体埋起来，等到几天之后肉已经腐烂变味之后再扒出来。"㉟ 最初，食人行为不过是伯恩特夫妇关注的主要题目之外一个饶有兴味的额外话题而已。但是等到罗纳德·伯恩特撰写《放纵与制约》(*Excess and Restraint*) 一书时，他已经准备去详细叙述这种不同寻常的葬礼实践。他写道:"吃掉人肉并非去吸收死者的'能量'或者力气，男人也不认为女人肉对他们会产生衰弱的作用。"相反，人们认为死人喜欢被吃掉，他们的愿望应该得到尊重。大多数弗尔人相信，在自己吃掉所爱之人时，庄稼的收成会增加。㊱ 尽管罗纳德·伯恩特和其他大多数食人主义分析者一样，从来没有亲见亲历过这一活动，但他接受了信息提供人对于此事的说法，甚至包括那些非常奇异的将消费尸身与奸尸连在一起的故事。阿伦斯（Walter Arens）后来指责罗纳德·伯恩特那种"冗长而挑逗式的、往往将食人和性活动组合在一起"的描写。但是，他认为《放纵与制约》一书"就其学术基础而言，它展示了前者（放纵）太多而后者（制约）太少；只有在这个意义上，这本书的标题才是

㉞ 参见 Berndt. R.（1959：25）。

㉟ Berndt. R.（1952：44）。凯瑟琳·伯恩特后来说，罗纳德得到了部分煮过的"库鲁"死者的肉，但是实在太令人作呕了，他没吃。

㊱ Berndt. R.（1962a：271）。

恰当的"。这样的批评就未免有些太言重了。[37]

到1957年，"库鲁"已经在若干政府报告和人类学论文中被认定，但主要仍然是一个地方现象，纠结在弗尔人的社会生活以及平常的政治安排当中。如果"库鲁"出现的地方还能为世界所知的话，那么它是被当成"弗尔人地区"的。但是，没过多久，这就被当作"'库鲁'地区"而为人所知。这种改变是怎样发生的呢？

让"库鲁"流转

弗尔人相信巫术毒药能引发"库鲁"；伯恩特夫妇认为，文化接触引起的焦虑会产生感情上的不安全感和心身失调，甚至能像"库鲁"一样致命；但是，凯南图的医疗官员文森特·齐噶斯（Vincent Zigas）医生怀疑，"库鲁"——出现症状的弗尔人数日益增多——是脑炎的症状，这是大脑感染了炎症。一开始，齐噶斯认同伯恩特夫妇的想法，认为"库鲁"是一种歇斯底里式反应；但是，当他于1956年在弗尔人当中停留了二十多天以后，他的想法改变了。在同一年，他给冈瑟写信，要求对这一疾病暴发的情况进行更深入的医学研究。[38] 冈瑟建议齐噶斯与在墨尔本霍尔医学研究所（Walter and Eliza Hall Institute）的格雷·安德森（Gray Anderson）博士合作。安德森一直在研究新几内亚其他症状的大脑炎症，冈瑟和霍尔医学研究所的所长麦克法兰·伯内特爵士（Sir Macfarlane Burnet）都热衷携手工作，来推进解决当地问题的医学研究。

---

[37] Arens（1979: 99）。阿伦斯不无讽刺地指出，"新几内亚的食人者名单以及他们那些没有被看到的行为的记录者名单，长得几乎无尽无休"（同上: 98）。公平地说，罗纳德·伯恩特对食人行为的描写在420页文字当中只占了不超过21页。伯恩特夫妇作为研究澳大利亚土著的人类学家，在西澳大利亚大学有着长久而杰出的事业成就。

[38] 参见Nelson（1996: 189）。也参见Zigas（1990）。齐噶斯有爱装腔作势、容易夸大编造故事的名声。参见Gajdusek（1990）；Lindenbaum（1990）。

"库鲁"似乎为他们的这一计划提供了很好的机会。[39]

但是，丹尼尔·卡尔顿·盖杜谢克，一位在霍尔医学研究所工作的美国人，在他就要动身返回美国之前获悉了这一磋商。对"库鲁"的研究，恰好是他要寻找的那种旁逸斜出的课题。盖杜谢克原本已经决定中断去新几内亚的行程——他本来计划在那里继续关于儿童生长和发育的研究——现在却希望还能重续对传染病的研究，并将注意力转向"库鲁"。盖杜谢克的绝大多数同行都觉得他是一位科学神童，尽管也是一位古怪的、有时颇令人恼怒的同事。在哈佛大学医学专业毕业之后，盖杜谢克曾经与莱纳斯·鲍林（Linus Pauling）和马克斯·戴尔布鲁克（Max Delbruck）在加州理工学院，与约翰·恩德斯（John Enders）在哈佛大学，与约瑟夫·斯马德尔（Joseph Smadel）在华特·里德军事医学院一起工作过，然后在伯内特的实验室里工作了一年左右，他在这里协助研发出一种自身免疫补体结合试验。在任职期间，盖杜谢克会中断实验室工作到遥远地区，对当地的疾病进行非正式的普查，深入研究那些不那么寻常的疾病。在墨尔本，伯内特已经发觉盖杜谢克这个人"很不同寻常"。尽管他显然非常聪明，伯内特担心的是，"你从来不知道他会不会把工作撂下一个星期去研究黑格尔，或者走掉一个月去探究霍皮印第安人"。盖杜谢克似乎"完全自我中心、脸皮厚得刀枪不入、轻率"，但同时他也不会让"危险、现实困难或者他人的感觉对自己想做之事产生哪怕一点点的干扰"。[40]在贝塞斯达的斯马德尔相信，盖杜谢克是"在医学领域里难得一见的人物之一，有着几乎堪称天才般的才智以及一位

---

[39] 麦克法兰·伯内特的文件，墨尔本大学档案，第 10 号。

[40] 麦克法兰·伯内特写给冈瑟的信件，1957 年 4 月，Farquhar & Gajdusek（1981：41）。伯内特痛恨盖杜谢克闯入了一个保留给澳大利亚科学家的领地。伯内特因为在免疫学方面的研究于 1960 年获得诺贝尔医学奖。

特立独行之人的冒险精神"。[41]

盖杜谢克在凯南图见到了齐噶斯。两个人几乎没有停顿地谈了好几天关于"库鲁"的问题。在 1957 年 3 月，盖杜谢克和齐噶斯向南行进，住在奥卡帕（伯恩特夫妇称之为"莫克"），盖杜谢克在这里观察了许多当地人的病况：

> 典型的进展性"帕金森病"涉及每个年龄段，女性占压倒性多数，尽管也有很多男孩和若干男人，这是非常奇怪的症候。看到整群健康的年轻人舞来舞去，似乎更像是歇斯底里式的手足徐动震颤，而不是肌体上的，这真难得一见。不过，也会看到他们在 3 到 6 个月内持续发展为神经性退化……会导致死亡，无可避免。[42]

尽管甚至盖杜谢克也认为，"库鲁"在其早期阶段与歇斯底里症状相似，他几乎毫不怀疑这会是一种有生物学理由的疾病，或者是传染性、中毒性质的，或者是遗传性质的。他和齐噶斯从奥卡帕开始绘制弗尔人地区"库鲁"病的分布图。盖杜谢克得首先界定疾病实体，或者临床症状，这意味着他得确立典型的病史，一系列临床标记以及对"库鲁"病的预测。盖杜谢克很快学会了基本的弗尔人语言，这样他能听懂对疾病症状及其通常病程的描述。他运用神经检验的技能和自己带来的器械，如敲诊锤，来划定其典型的标记。很快他就能将"真库鲁"与"歇斯底里库鲁"予以区分。一经辨认出特有的临床症状类型，他就能追踪"库

---

[41] 斯马德尔的引文，转引自 Rhodes（1997：55）。约瑟夫·斯马德尔是美国国家健康研究所（National Institutes of Health）的副所长，是盖杜谢克的主要支持者。他后来在 NIH 给盖杜谢克谋到一个职位。（盖杜谢克到达弗尔人地区时，时年 34 岁。）

[42] 盖杜谢克写给斯马德尔的信件，1957 年 3 月 15 日，见 Gajdusek（1976：50）。盖杜谢克后来再次提到"一种突出的颤抖，似乎更像是歇斯底里而不是肌体性质的"，见于盖杜谢克写给斯马德尔的信件，1957 年 4 月 3 日，见 Gajdusek（1976：65）。

鲁"在这个地区的分布情况，只要他身体的坚忍之力和靴子还能够承受那艰难的"巡视"。在实际效果上，他编辑了该地区的第一份人口统计。在接下来的十多个月当中，他发现，尤其是在南部的弗尔人患"库鲁"的人数比任何外来者所设想的都要多。盖杜谢克估计，过去的 12 个月，8000 到 1 万人口中至少有 100 人死于"库鲁"。在某些居住村落，有 10% 的人口得上了这种进展迅速的症状。因为妇女和儿童最易感染，一些地区的成年人口中男性比女性多出很多。"还能在任何地方发现更令人吃惊、更引人注目的画面吗？"盖杜谢克写道。[43]

在界定"库鲁"疾病、绘制其分布图的同时，盖杜谢克也在寻找并认定其原因。在进入弗尔人地区之前，他曾经做过传染病研究，这让他怀疑是某些传染性病原体造成了"库鲁"病。他写道："我们甚至将出发推迟，以便能获得缓冲甘油（丙三醇）来储存尸体解剖时提取的肌体组织，以便做病毒研究。"而且，"当我们进入'库鲁'地区时，我们带来了能做更进一步尸检的设备，这能搜集更多的标本做集中的微生物学研究，尤其是血清和病毒学的研究"。[44]盖杜谢克恳求在莫尔兹比港的冈瑟，在墨尔本的伯内特以及在贝塞斯达的斯马德尔给他提供更多设备以及生活费；他吁请弗尔人捐献血样、脑脊液、尿液以及所爱之人的遗体；当他的吁请不再奏效时，他就开始要求将他们的遗体用于科学研究。为了研究"库鲁"病的遗传情况，他编制了弗尔人的亲属关系图表；为了排除中毒原因，盖杜谢克和一位来访的营养学家一起对弗尔人的环境和食物做了取样。到 1957 年 8 月时，盖杜谢克已经完成了 150 个患有"库鲁"病者——他开始称他们为"患者"——的完备图表，包括他们的病史、病情、血缘谱系、疾病标记、血液检查结果以及其他调查结果。从这些材料出发，"我们可以研究过去所做过的一切，所有那些实验室

[43] 盖杜谢克写给斯马德尔的信件，1957 年 5 月 28 日，Gajdusek（1976：91）。
[44] 参见 Gajdusek（1981：xxiii）。

检验表明的情况，做所有那些我们想从'库鲁'入手进行的分析"。[45] 由此一来，弗尔人的遗体、他们的社会生活和环境都有可能被简化为标记和数字组成的移动档案馆，供人们在奥卡帕、墨尔本、贝塞斯达或者其他地方进行研究。

许多血液化验和全部的尸体解剖都是在当地进行的。盖杜谢克竭力去获得那些为分析和保持已经搜集到的样本所必需的设备，尽可能将田野调查地变成一个实验室。到达该地区不久以后他写道："我们的迫切需要是一个治疗小屋"，因为"无法在家里和在村子里研究疾病"。[46] 一个月内，他已经建立了一个"简陋医院，里面有一架显微镜、血球测量计、一个试剂宿主，这样的一个'丛林'医院指望能拥有的一切诊断器械"。[47] 一些信息可以在当地获取，然而许多比信息重要得多的标本，尤其是在尸检中提取的肌体部分，只能由远方实验室里的病理学家和其他专家进行研究。盖杜谢克发现，有时候很难按照要求来制成标本，以便它们在其他地方也能派上用场。"我们没有合适的套管"，他曾经在某一情形下发出这样的警告，"冷风和对于'丛林尸检'的高度兴奋，也无利于谨慎而精确的全神贯注"。[48] 但是，他还是力图跟外面那些见多识广的同行们保持通信联系，跟他们进行有价值的交流。"身在丛林的与世隔绝，让人难以从事书写和工作，"他曾经这样写道，"我悲哀地感觉到这里缺少同事和批评性讨论。"[49] 然而，他几乎天天都在打字机上写信或者写临床记录、准备那些用于分析的材料。标本、照片、录影带、信件和报告行进在路上或者在小飞机上；设备、试剂、药品以及访问专家来

[45] 盖杜谢克写给 J. 斯马德尔的信件，1957 年 8 月 6 日，Gajdusek（1976：172）。

[46] 盖杜谢克写给巴布亚新几内亚公共健康部主任斯克拉格（R.F.R. Scragg）的信件，1957年 3 月 20 日，Farquhar & Gajdusek（1981：22）。在这里可以看到，盖杜谢克对田野调查的态度与伯恩特夫妇的态度形成鲜明的反差。

[47] 盖杜谢克写给斯马德尔的信件，1957 年 4 月 3 日，Farquhar & Gajdusek（1981：29）。

[48] 盖杜谢克写给斯马德尔的信件，1957 年 7 月 8 日，Farquhar & Gajdusek（1981：87）。

[49] 盖杜谢克写给斯马德尔的信件，1957 年 7 月 10 日，Farquhar & Gajdusek（1981：91）。

到这里。脑体和尸检中取下的其他肌体组织连同装着血液和尿液的容器，空运到大都市的实验室，它们的目标地取决于当时盖杜谢克与伯内特和斯马德尔的关系。如果盖杜谢克没有把握该如何准备标本，他很快就会收到来自澳大利亚和美国的神经病理学家和毒物学家的指导。

　　贝塞斯达国家健康研究所的病理学家们在不久以后就报告说，"库鲁"患者的脑组织显示出退化性改变，尤其是在小脑上[50]，他们指出，这种病变与在克雅氏病患者和阿尔茨海默症患者身上发现的病变不无相似之处。但是，神经病理学上的原因仍然不确定。[51]没有炎症，而且没有长出病原生物体，这使得盖杜谢克（哪怕他并不情愿地）将传染性病变作为原因予以排除。没有任何毒性因素得到确认，无论如何，在神经病理学上那也不是对毒性物的典型反应。遗传学的解释仍然有吸引力，单一基因所造成的损害不太可能达到如此高的频率，足以来解释"库鲁"症状能在弗尔人当中流行。[52]不管这一疾病的原因是什么，盖杜谢克在不到一年的时间里，在交换"库鲁"材料中制造了具有非同寻常医学价值的研究对象。他曾经写道："如果我们不能破解'库鲁'病——在3—6个月的期间就有数百个可供研究的病案——那么我基本上看不到有破解'帕金森病''亨廷顿舞蹈症'、'多发性硬化症'的希望。"[53]"库鲁"病不光是弗尔人的痛苦：盖杜谢克让它变得对于破解神经性疾病有着非同小可的重要性，不管是在地方还是在全球范围内。

　　在医学期刊和大众媒体上，弗尔人地区变成了"库鲁"地区（或者，像很多报纸那样称其为"笑而死"地区）。弗尔人的身体及其社会生活

----

[50] 贝克尔（Carl G. Baker）写给盖杜谢克的信件，1957年7月26日，见于Gajdusek（1976：164）。宣布发现这一新疾病，参见Gajdusek & Zigas（1957）。

[51] 罗纳德·伯恩斯特坚持认为，病理学的存在并不能排除心身上的原因，但是这一论点在医学研究者那里没有什么分量。

[52] 很多年盖杜谢克都相信最可能的解释是，弗尔人在遗传学上偏向于对某一种特殊毒物产生反应。

[53] 盖杜谢克写给斯马德尔的信件，1957年8月25日，Farquhar & Gajdusek（1981：121）。

被重新放置在"库鲁"的框架内。这一地区的分界线被沿着"库鲁"线而重新划定,对弗尔人的人口统计变成了"库鲁"病统计,弗尔人的分布图成了"库鲁"病分布图。正如林登鲍姆(Shirley Lindenbaum)所观察的那样,在对"库鲁"的研究中,"西方医学和殖民主义将许多内容放置在单独一场遭遇当中"。[54] 一场医学上的重划地域以及这类殖民化,不光在文本上或者书面上写就。弗尔人身体的一些部分以及环境中的一些东西,开始在全世界流通。作为交换,科学和医学中的一些东西在弗尔人中流通。该如何来理解这种交换?它们是如何协商以及争夺的?

医学中的"食人主义"

弗尔人的食人行为的故事让盖杜谢克非常感兴趣。在他从"库鲁地区"写给斯马德尔的第一封信中,他吹嘘说自己"在新几内亚最遥远、不久前刚刚开放的地区……在食人部落群的中心,接触到这些人,这是在近十年才有的事情,对这一地区能有所控制只有 5 年——他们仍然互相以矛相刺,就在几天以前还将一位'库鲁'患者的遗体煮了喂孩子吃"。但是,他确信"尽管这里的人们仍然是武士和食人族,但他们都很好地'受到掌控',非常合作"。[55] 几个月以后,盖杜谢克的一位弗尔人朋友说,同部族人"违背他的建议"而吃掉了他的祖父。盖杜谢克写道:"这种最近的,不,现行的食人行为情形在这里并非罕见,但是不大可能所有'库鲁'患者都吃过人的脑体。"不管怎样,这是一个诱人

---

[54] 参见 Lindenbaum(1990)。

[55] 盖杜谢克写给斯马德尔的信件,1957 年 3 月 15 日,Gajdusek(1976:50,51)。斯马德尔担心盖杜谢克会被吃掉:"如果飞机掉到丛林里,或者某一个土著人决定回到食人行为的话,那么你头脑中的那些记录、材料和信息会怎么样呢?"斯马德尔写给盖杜谢克的信件,1957 年 8 月 16 日,Gajdusek(1976:177)。关于医学和科学界中一直所采用的食人的比喻,请参见 Arens(1998)。

的想法。"这是一个如此特出的设想，如此浪漫的设想，我几乎愿意看到食人行为要比实际上的情况更通行一些。"⑤

在田野调查期间，盖杜谢克在写信时经常调侃地把食人主义与他的医学活动，尤其是尸体解剖关联在一起，收信人会心一笑。⑤ 从一开始，他就试图将死于"库鲁"病者的脑体和其他脏器弄到手。"解剖材料，"他写给斯马德尔说，"是最难获取的，需要花很多时间，做说服工作，但是我们会得到的。我答应过给墨尔本一个脑体。如果你能承诺有神经病理学专家（来研究），我会给你弄过去一个。"⑤ 只要有可能，他就解剖尸体，在他的"丛林医院"里浸泡和处理肌体，在同一张桌子上他也写报告、吃饭——他的"遗体解剖—喝茶—实验—打字—召集座谈—急诊手术——桌子必须每天清理三次，用来吃饭"。⑤ 一旦这些肌体组织已经准备完毕，他就把它们送往墨尔本或者贝塞斯达做进一步研究。通常，说服弗尔人与他们所爱之人的遗体分开并不容易。然而，他还是经常能够成功做到。"我现在给你写信，告诉你我们有一位'库鲁'死者，一个完整的尸体解剖。我在凌晨2点做的，在一场呼啸的暴风雨中，在一个本地人的小屋子里，在灯笼的光照下，没用脑刀取出了脑体。"⑥ 但是，在另外一个尸体解剖之后，盖杜谢克告诉斯马德尔："这些是珍贵的标本，花费了我们大量时间和努力才得到，在如此原始的条件下，甚至巫

---

⑤ 盖杜谢克写给斯马德尔的信件，1957年9月27日，Gajdusek（1976：234）。盖杜谢克一旦将传染性病原排除以后，就不再重视食人行为与"库鲁"病之间的关联。

⑤ 伽里森（Peter Galison）观察到，在物理学当中"实验者喜欢将萃取动作称为'同类相食'一件设备"。参见 Galison（1997：54）。

⑤ 盖杜谢克写给斯马德尔的信件，1957年4月3日，Gajdusek（1976：67）。

⑤ 盖杜谢克写给斯马德尔的信件，没有明确日期（可能为1957年5月？），Gajdusek（1976：95）。这给予盖杜谢克顺手而写的话"我希望不久以后就能开始消化我们的数据"以一种新的含义，盖杜谢克写给西蒙斯（Roy Simmons）的信件，1957年6月30日，Farquhar & Gajdusek（1981：81）。

⑥ 盖杜谢克写给斯马德尔的信件，没有明确的日期（1957年5月？），Gajdusek（1976：88）。

术怀疑都能在身体的某些部分起作用，或者连排泄物都是大障碍。"⑥ 当盖杜谢克将一些脑体送往贝塞斯达时，他提醒接收者"我们幸运地得到了两个，也许还能再得到一个，但是那些曾经的食人者（以及并非曾经的食人者）不喜欢开颅这个主意"。⑥ 当盖杜谢克在商谈"库鲁"病死者的遗体，而后在自己的饭桌上将他们卸开、仪式性地对其处理以备科学研究之消费时，土著的食人主义行为已经遭到澳大利亚当局的禁止。

　　盖杜谢克多次玩笑式地提到他的医学食人主义，表明他对于自己正在进行的交换所具有的特征感到某种困惑，因此他自己在科学前沿阵地上的身份认同尚未确定。当一位科学家把自己想象为食人者时，这对他来说意味着什么？对于像弗尔人这样偶尔会消费自己亲属的族内食人者，用桑迪（Peggy Sanday）的话来说便是，这种仪式允许重新生成"社会力量——它被认为实在地同时存在于身体材料和骨头，它将活人和死者永久地连在一起"。⑥ 一般而言，族内食人主义是上一代向下一代传递社会价值的一种手段。但是，医学食人者一定是族外食人者，所消费的不是自己所爱之人的遗体，而是陌生人的遗体。当盖杜谢克把自己归入到一个族外食人者行列，他是在试图将那些显而易见的紊乱简单化，来予以控制吗？他在想象一种手段，能让他利用陌生人的资源而不让自己变成陌生人中的一员吗？⑥ 与此同时，他也在让自己耽于一种幻想和一种愿望当中吗？——一种不安分的毫无保留的消费幻想，一种意味着其自身不

---

⑥ 盖杜谢克写给斯马德尔的信件，1957 年 5 月 28 日，Gajdusek（1976：90）。

⑥ 盖杜谢克写给斯马德尔的信件，没有明确日期（1957 年 5 月末？），Gajdusek（1976：94）。关于获取尸体解剖的困难，见盖杜谢克写给斯马德尔的信件，1957 年 6 月 29 日，Gajdusek（1976：119）。考虑到他后来声称"库鲁"病是经由食用人的脑体而传播的，他关于厌恶打开头颅的评论有些奇怪。

⑥ 参见 Sanday（1986：7）。萨林斯（Marshall Sahlins）曾经推测过在社会秩序源起中仪式性食人行为的作用，见 Sahlins（1963）。

⑥ 关于社会再生产问题，参见 Weiner（1982）；关于更新人之能量的类似手段，参见 Rosaldo（1977）。

可能性的愿望。医学中的族外食人主义可以将殖民性科学工作置入绝对消费的结构中，同时承认那种能允许这一节庆的支配与屈从关系是被禁止的。因此，"食人的胃口就是其自身不可能的愿望"。[65] 最重要的是，在这一时刻出现的食人比喻，标记着盖杜谢克与弗尔人交换关系中的一场危机。

　　盖杜谢克拒绝在这些情形下采用猎头的比喻，这显得特别非同寻常。当然，他相信弗尔人平常是会进行猎头的；况且，伯恩特夫妇提到猎头的传言在弗尔人当中散布得很广。但是，盖杜谢克在极尽想象力之际，既没有把自己当成一位猎头者，也没有提到自己被当地人指控为猎头者。不过，盖杜谢克不愿意设想自己是一个科学猎头人的角色，真的那么让人吃惊吗？按照霍斯金斯（Janet Hoskins）的说法，猎头是"暴力有组织、有连贯性的一种形式，割断的头颅被赋予一种特殊的仪式性意义，取头的行动是对神的奉献，要以某种方式纪念"。割断的头颅即战斗的奖杯，体现了生命力的一种形式。在美拉尼西亚，"猎头"被一直被用来"以比喻的方式谈及那些可能会被标记为不平等、经济剥削以及政治决策中的不平等发声等关系"。霍斯金斯认为，"无论在想象中还是在传统做法当中，拿走头颅（都意味着）抓到权力的标志、恐吓对手，将生命从一个群体转移到另外一个群体"。[66] 因此，如果说食人主义，甚至族外食人主义都意味着不可抗拒地接纳他者身体、一种绝对的肉体消费，猎头则让人注意到其暴力使用。盖杜谢克在想象中已经准备好要将他与弗尔人的交换关系简单化，对自己在医学中的食人主义插科打诨，但是他不打算在自己那无所保留的消费愿望中设想任何暴力行为。这位科学家放弃了使用"猎头"的想象，他肯定也意识到自己永远也无法彻底变成一个食人者。

---

[65] 参见 Bartolovich（1998：234）。

[66] 参见 Hoskins（1996：2，37，38）。关于用来理解猎头之文化逻辑的交换模式，请参见 George（1991）。用猎头的比喻来解析华莱士（A.R. Wallace）和福布斯（H.O. Forbes）的收藏实践的尝试，请参见 Pannell（1992）。

"库鲁"作为商品,"库鲁"作为礼物

盖杜谢克想要得到的遗体置身于由交换关系和社会责任所构成的无序缠结中:

> 更多的解剖材料好像不太可能得到了。也就是说,当地人放弃了我们的医疗……他们知道这根本不管用……我在斗争(言语上的战斗,用弗尔人语言)、贿赂、哄骗、乞求、吁请以及按价交换来获取任何看到患者的机会,为让一个患者在医院里多待上一天、接受治疗等等,要费好几个小时的口舌,说得口干舌燥。要设法让每一个病案都在我们的关照之下,这所要求的"人身胁迫"让文(文森特·齐噶斯)感到讨厌和疲倦,我不喜欢这种做法。这意味着,除非我们能很快治愈此病,否则我们就不能指望有临床材料,更不用说解剖标本了。我愿意一直采用任何非强力或者当局之胁迫的策略……那是我们不能去考虑的做法。[67]

弗尔人在将他们的血液、尿液、脑脊髓以及所爱之人的遗体当作礼物给出时,他们也因此生成了一种(接受方该有的)社会责任,一种盖杜谢克已经认识到,也在努力去偿还的社会债务。(正如莫斯指出的那样,在这类礼物往来中"物品与交换它们的人从来不能完全分开",因而莫斯认为,考虑控制交换也就是考虑身份认同的转换。[68])作为回报,

---

[67] 盖杜谢克写给斯马德尔的信件,1957 年 11 月 24 日,Gajdusek(1976:309–310)。此前,盖杜谢克在给冈瑟的信中写道:"我们有些不好对付的问题,如何不让当地人感觉到任何强制的痕迹。在莫克(Moke)周围我们已经赢得了他们的信任。"盖杜谢克写给冈瑟的信件,1957 年 4 月 3 日,Farquhar & Gajdusek(1981:28–29)。

[68] Mauss(1970 / 1925:31)。

盖杜谢克护理弗尔人的伤口，给他们抗生素治疗平常感染，他努力地给"库鲁"病患者各种西方医学能够提供的药物，帮助扭转他们病情。盖杜谢克给他的弗尔人"库鲁"病患者配发了抗组胺药、促肾上腺皮质激素、磺胺类药、氯霉素、维生素、铁、苯巴比妥、安坦（苯海索）、支气管肺泡灌洗药、抗惊厥药、睾酮素以及其他药物，但是这些都没有效果——至少没有立竿见影的效果。[69] 没过多久，盖杜谢克就发现，许多弗尔人对他的礼物无动于衷。尽管如此，他也观察到："为了让我高兴，回报我走好几英里山路下去找他们，他们拖着担架走好几英里的崖面和陡峭的密林坡路把病人带到这里，在我们的治疗中再打上一针，被实验性地戳开……我完全敬仰并尊重他们。"[70]

"库鲁"患者的脑体，以及那些科学家们感兴趣的当地其他物品不能简单地被占有。盖杜谢克和先于他来到这里的伯恩特夫妇一样，也许是不情愿地加入一个复杂的、暧昧的道义经济当中。伯恩特夫妇试图进行抵制，尽管他们住在一座当地人为他们修建的房子里。他们不喜欢乌苏鲁弗人和弗尔人，拒绝提供当地人所期待的有价值的物品。当他们终于离开那座房子时，他们抱怨（当地人）不断的小偷小摸行为，从前的房东对他们充满敌意。[71] 但是，盖杜谢克似乎与弗尔人建立起更为符合惯例的交换关系，建了一个与当地有别的男人房子和一个储藏

---

[69] 见盖杜谢克写给伯内特的信件中列出的单子，1957 年 4 月，Gajdusek（1976：72）。盖杜谢克后来抱怨说，"每个人都想打针和得到药片，他们想得到这些就说自己 *sik*（病了）。要从他们那里得到病史和症候是一个漫长而沉闷的任务，要想让他们满意，得让他们得到的药片和旁边的人一样多"（写于 1960 年 3 月 27 日）。Gajdesuk（1964：98）。

[70] 盖杜谢克写给斯马德尔的信件，1957 年 5 月末，Gajdusek（1976：92）。在后来的一次田野调查中，盖杜谢克这样写道他的一位弗尔人朋友："我敬仰他，对他感激不尽，我对他和他的同人们给予的关照那么少，却获得了这超乎寻常的忠诚和奉献。我只能希望自己能恰当地回馈他们。"1960 年 3 月 17 日的工作日记，Gajdesuk（1964：59）。

[71] 参见 Berndt. C.（1992）。伯恩特夫妇当然认识到，弗尔人期待着他们提供礼物，参见 Berndt. R.（1953：271–272）。

室（或者医院），并在那里发放医药品。他也介入当地的商品交易，用斧子和其他物品换取猪和蔬菜，当他行进在这个地区时带着食盐、通行货币基纳、珍珠和烟草等"买卖品"。[72] 盖杜谢克发现相邻的库库人（Kukukuku）——后来以安加部落（Anga）为人所知——是热衷交易的商人，"让人想到拉丁美洲人。随便我们提供什么，他们都不接受，而是讨价还价。此外，他们知道如何乖巧地讨价还价，出一个价，拒绝那些他们认为不合适的，建议一个更好的价格，坚持一个我们或者不会支付或者没有可用来支付的物品的价格"。[73]

一些东西有价格，但是盖杜谢克最想要的东西——血、体液、尸体——或者根本不能流通，或者只能作为礼物给出。在一些情况下，盖杜谢克还是试图让交换商品化，但很少成功。"我在我们的治疗室／实验室中，在灯笼的光线下做了一个完整的尸体解剖，当鸡叫头遍时让遗体跟悲伤的妈妈上路回家，给她斧子、食盐和纺织物来好好地回报"，但是那位妈妈几乎根本不在乎这些东西。[74] 尽管弗尔人还没有实行货币经济，盖杜谢克至少试着将这些交易转化成一种等价交换形式。一般来说，在等价交易中，各方之间的关系为非持续性的、非稳固的；交换的比率或者说替代性，是在讨价还价中决定的。经由这一过程，"物物交换从非相似性中产生出对等性"。各方之间要有某些信任，这仍然是必需的；但是，各方之间所形成的关系更倾向于"互惠式不依赖"，与礼物交换的"互惠式依赖"相反。[75] 不过，正如托马斯（Nick Thomas）指

---

[72] 盖杜谢克写给齐噶斯和贝克尔（Jack Baker）的信件，1957 年 9 月 1 日，Gajdusek（1963：40）。盖杜谢克经常感觉难以"在这一地区复杂的多重关系中保持均衡"。1960 年 4 月 16 日的工作日记（Gajdusek，1964：137）。

[73] 工作日记，1957 年 10 月 5 日，Gajdusek（1963：76）。

[74] 盖杜谢克写给伯内特和安德森的信件，1957 年 5 月 19 日，Farquhar & Gajdusek（1981：57）。

[75] 参见 Humphrey & Hugh-Jones（1992：11）。也参见 Gregory（1982：42）。

科学史新论

出的那样，"对一方来说是礼物关系，对另外一方则可能是物物交换"。[76]

盖杜谢克用物物交换的用词展示他与弗尔人的交换，这样做的好处是显而易见的。盖杜谢克接受了弗尔人的礼物，认识到自己陷入一种他未必能以令人满意的方式来偿还的债务。何况，他得到的礼物将永远与原初所有者绑定在一起，哪怕这些原初所有者已经失去掌控，那些礼物在一定程度上仍然是不可让与的；哪怕这些物品已经落入其他人手中，它们在一定程度上仍然与弗尔人连在一起。[77]然而，如果盖杜谢克要让他的工作在科学研究上获得名誉，就需要使这些对象（物品）与弗尔人分开，将它们视为和其他物品一样的商品，或者去消费它们，"食掉"（cannibalize）它们。他力图划定一条界线来把弗尔人与他们的物品分开，将地方性与全球性的交换领域分开，从而生成一个有可能在其中同化或者使得那些在科学研究上有价值的物品进行流通的空间。也许盖杜谢克很想"食掉"或者消费"库鲁"病死者的遗体，但是他从来没能做到这一点。他也没能干脆将"库鲁"患者的脑体当作商品，当作从原初拥有者那里异化出来的、有着抽象的或者可协商的价值因而可供等价交换的对象（物品）。盖杜谢克曾经写道："'库鲁'死者的脑体不是开放市场上的商品，永远也不会是。能得到任何一个，都是我们的幸运。"[78]他尽其所能，将"库鲁"死者的脑体让自己拥有或者为己所用。医学研究中的礼物交换把他和弗尔人绑在一起，把他带入一种具有相互义务和不平衡的回报关系中。

交换关系的特征源于通行的关于物品（对象）、交易者、其相遇所

---

[76] 参见 Thomas（1992：38）。托马斯也指出，"物物交换也总是与社会边际价值连在一起"（Thomas，1992：21）。

[77] 关于"保留的同时给出"的观念，参见 Weiner（1985）。在这样的情况下，"构成了给予者的社会认同和政治认同的情感质性仍然嵌入在物品当中，于是在给其他人时，物品会在接受者的身上生成一种情感留置权"（Weiner，1985：212）。

[78] 盖杜谢克写给斯马德尔的信件，没有明确日期（1957 年 5 月末？），Gajdusek（1963：93）。

在地点的文化设想。[79] 由于社会场地（比如，可以是一个市场、一个诊所或者家庭）的不同，物品作为商品或者礼物的身份可能会有所改变。在跨文化的相遇中，出现错误的可能性、对交易形成错误感知是多方面的。由于礼物意味着一种社会意义上的互惠，"在给予礼物时犯下的错误所具有的后果，是商品交易中几乎从来不会有的"。[80] 当盖杜谢克从弗尔人那里拿到血液时，他知道这种给出是自愿的，是没有价格的，他需要给出回馈。但是，他似乎无法测算礼物的质量，不知道在弗尔人给外人的礼物当中这属于哪一级别。在一种场合下，盖杜谢克发现"让任何人流血都没有遇到抵抗或者困难。当我们的储血容器用光时，当地人显示出某种失望"。[81] 但是，后来他承认的一个"事实是，我让原始人流了那么多的血，很可能我是自信过头了"。[82] 他对价值和礼貌进行判断时的过度自信可能会导致误解。

盖杜谢克接受了作为礼物的血液，不可逃避地接触到关于伤口、月经、和解、身份认同等当地理念。在一个女性的经血被认为低下、肮脏，而模仿式的男性流血则被认为有增强力量和净化之功用的社会里，取血行为肯定因为献血人性别不同而意义有别。弗尔人很可能将盖杜谢克让男人流血的做法与那些标志着男人成年的放血仪式连在一起。如果的确如此，盖杜谢克肯定没有意识到这种特定关联。[83] 对盖杜谢克来说，血液的意义主要是医学上的。伯恩特夫妇曾经对血液的象征意义更有兴趣，当然他们从来没有想到要获取一些血。他们注意到人们把血液分成不同

---

79 参见 Appadurai（1986）。托马斯也指出，跨文化的交换"经常包含着关于一个物品是商品还是礼物的不同设想或者诉求，以及人们对于物品的商品备选性以及交换本身的关联背景有不同的看法"（Thomas，1991：30）。

80 参见 Thomas（1991：15）。

81 盖杜谢克写给齐嘎斯和贝克尔的信件，1957 年 9 月 8 日，Gajdusek（1963：48）。

82 工作日记，1957 年 9 月 28 日，Gajdusek（1963：57）。

83 关于仪式，参见 Berndt. R.（1962a：94–97；104）以及 Lindenbaum（1976），特别是第57 页。

份额并喷洒，用血液来涂抹仪式参与者，或者将血液喷在储藏室中等着转化的物品上：

> 血（不管是猪血还是人血）是一种"人的"因素，因此，在鬼魂看来，这是一种被渴望的成分。在本质上，血是"生命"，于是在将血这一礼物献给魂灵时，其推理是魂灵会进入人的轨道。况且，血液是生命和真实的象征（不仅如此，也是一个必需的成分），将血溅在那些放置在特殊房子中的叶子、沙子和石头上则意味着，它们的真实性得到了保证：它们注定变成真的物品。[84]

盖杜谢克的标本是处于特殊秩序中的礼物，但是他明显对其地位的认识有所不足，这肯定扭曲或者折损了那些在交换中锻造出来的关系。

脑中的信任

正如弗尔人想把盖杜谢克纳入他们的轨道一样，盖杜谢克也在力图与墨尔本和贝塞斯达的首席科学家们建立社会纽带。况且，如果盖杜谢克要想在科学界的交换领域里获取相匹配的社会名誉，那么接受者就得认识到这些物品（对象）是无价的礼物，而不是开放市场上的商品。（当盖杜谢克给斯马德尔写信指出，"库鲁"患者的脑体不是商品，"我们"幸运地得到一个时，可能他想说的是：斯马德尔是那个幸运地得到了一个标本的人。）正如斯特拉森（Marilyn Strathern）观察到的那样：在礼物交换中"必须让他人进入债务：一个行动主体的对象，必须变成另外一个行动主体的对象"。在获取"库鲁"患者脑体并使其可供使用时，盖杜谢克尝试着预先接过他在墨尔本和贝塞斯达的同事的"抽离式

---

[84] 参见 Berndt. R.（1953：226）。

视角"（extractive perspective），将他的新型价值物来"对象化"。[85]

但是，即便接受者认可这些物品是礼物，他们也认可捐赠者吗？作为礼物，物品仍然在一定程度上与原初所有者无法疏离。因此，对于盖杜谢克来说，在他与伯内特和斯马德尔的关系中，就有必要将物品从它们与弗尔人的关涉中抽象出来，让这些脑体进入新语境，作为他的所有物，而不是弗尔人的。因此，对盖杜谢克来说，要捐献"库鲁"医学材料——在交换中给他（而不是弗尔人）赢得名誉和让自己为人所知——他必须在地方的和全球的交换领域之间构建一个清晰的边界线。弗尔人遗体可能是一种地方性物品，但是有了聪明的"划界工作"，"库鲁"病患者的脑体在一系列科学研究的礼物交换中就变成了与盖杜谢克不可疏离的价值体。[86]伯内特和斯马德尔因此把这些礼物作为"盖杜谢克的'库鲁'患者脑体"，而不是一般的、无价值的弗尔人脑体来接受。科学交换中的对象变成了盖杜谢克所拥有的、不可让与的所有物一部分，是其不朽与力量的见证。[87]

但是，情况当然很复杂。尽管这些物品被同事们看作"盖杜谢克的'库鲁'患者脑体"，这些物品仍然带有弗尔人的光晕。实际上，带有异域的关联，也正是其展览价值的一部分。但是，交换价值有赖于将物品中的某些部分（盖杜谢克部分）插入科学网络当中。实际上，它要求这些被重新框定的片块组成一个网络，使其有意义、有价值。要想让这些脑体——归他所属的脑体——能为科学所用，盖杜谢克得确保弗尔人的光晕要黯淡：要减少，但是不能消失。[88]在科学界的交换网络上，这些物品与弗尔人的关联，无非是要远远地申明其来源地而已。

盖杜谢克小心地将他的礼物——血液、脑体和肌体组织——分发给

[85] 参见 Strathern.M.（1992：177，178）。

[86] 关于科学中边界线的构建和维护，参见 Gieryn（1983）以及 Gray（1984）。

[87] 参见 Weiner（1985）。

[88] 参见 Benjamin（1969）。

彼此竞争的科学研究机构，以便那些举足轻重的大都市人物对他有越来越多的社会债务。当物品稀少并且能够与重要的医学问题关联在一起时，它们在交换中就有了重大价值。盖杜谢克得到的回报是获得承认、有机构归属和研究支持，最终还有一项诺贝尔奖。盖杜谢克在弗尔人当中观察到，"大人物"如何操纵相互竞争的仪式性交换体系来强化自己的社会地位。在科学领域亦如此，一个人可以把交换伙伴网络管理成获取信誉的驱动器。无论是在美拉尼西亚人还是在科学家中，"对大人物来说，重要的是既要有大型网络，还要管理好它们"。[89]

但是盖杜谢克也发现，并非所有那些科学界感兴趣的对象（物品）都能进入流通（其中的某些，比如"库鲁"患者的脑体，如果交换关系受阻的话就可能会从流通中撤出）。在早期的田野工作中，盖杜谢克曾经承诺给澳大利亚的研究者提供一位活体"库鲁"患者，以便他们能在大城市医院里进行研究。他曾经建议说：

> 把一个理想病案送到布里斯班、悉尼或者墨尔本，在像伍德（Ian Wood）博士的临床研究部那样的地方进行研究。就长远而言，这会比所有那些漫不经心地将专家和设备弄到高地上的做法都能获取更多的信息、更可靠的结果、更少的费用……我所建议的，不是为了遗体解剖的目的在临床部接受一个早期病例，而是为临床研究和评估的目的。[90]

在那时他还以为弗尔人不会在意让这一"病案"离开该地区，这可能会让获得遗体解剖容易些。但是，他很快就发现，弗尔人更倾向于允

---

[89] 参见 Strathern.A.（1971：221）；也参见 Sahlins（1963）。
[90] 盖杜谢克写给伯内特的信件，1957 年 3 月 13 日，Farquhar & Gajdusek（1981：6）。伍德（Ian Wood）当时是霍尔医学研究所下属的临床研究部主任。

许遗体解剖，而不要任何人在远离亲属和社区的地方死去。某些物品（对象）是不能把它们从地方性背景当中抽象出来的，不能让它们流通，被重新包装成一个礼物置于全球科学网络中。（不管怎样，盖杜谢克与墨尔本的研究者们——那些最可能的接受者——之间的关系很快就中断了。）

材料交换与全球范围内科学界的社会关系再生产，要求不间断的维护和不出纰漏的手法。[91] 在同一文化内的礼物交换，发生错误的可能性要小于发生在盖杜谢克与弗尔人之间的交换。然而，有一点是相同的：交易是复杂的，这要求有精密的计算和安排。在对墨尔本和贝塞斯达所获得的脑体数量进行调节方面，盖杜谢克是勤勉的，但并非总是慎重得无可挑剔。他闯入了澳大利亚人的领域，这已经冒犯了伯内特，即便他将第一份"库鲁"患者的脑体给了霍尔医学研究所，他们之间的关系还是没能完全修复。很快伯内特就知道，盖杜谢克将第一份遗体解剖中脑体以外的部分以及后来遗体解剖中的大多数脑体，都给了美国国家健康研究所的斯马德尔。[92] 对第一个"库鲁"病患者脑体进行研究的墨尔本病理学家罗伯森（E. Graeme Robertson）博士认为："在不告知其他人的情况下，将标本送往两个地方应该受到谴责……我完全感到困惑，显然不全知情，因此还是少说为佳。我对麦克法兰·伯内特爵士提到了我的反应，他也同意。"[93] 盖杜谢克在他的主要提携者斯马德尔面前为自己辩护。"尽管我尝试着与我们的所有合作者直截了当地打交道，"他写道，"对于声望和公开性的考虑还是在很多阶段上打了无数个'折扣'……是的，乔，关于'库鲁'研究，并非每一样东西都在他们手里，这已经

---

[91] 我希望自己以后能将对于"库鲁"科学研究中交换领域的这一分析与夏平（Shapin, 1994）提出的关于信任与修养的问题连在一起。

[92] 盖杜谢克写给斯马德尔的信件，日期不详（可能在 1957 年 5 月？），Gajdusek（1976: 88）。他后来给斯马德尔（1957 年 7 月 10 日）写道："我们手里已经有另外两个脑体——一个给你，一个给墨尔本。"Gajdusek（1976: 145）。

[93] 罗伯森（Graeme Robertson）写给格林菲尔德（J. G. Greenfield）的信件，NIH，1957 年 10 月 31 日，Gajdusek（1976: 305）。

伤害了澳大利亚人的感觉。"[94] 但是，当澳大利亚人认可他的工作而去拜
访他时，盖杜谢克在提供材料方面也出手大方。他第一次在高地滞留行
将结束之际，盖杜谢克将两个脑体送往斯马德尔那里，但是将另外一个
给了在不久前访问他并对其工作予以赞赏的墨尔本医学院院长森德兰
（Sydney Sunderland）。[95] 在贝塞斯达，一份脑体礼物可能会提高盖杜谢
克的地位；在墨尔本，它可能会修复关系。在全球科学界的礼物经济中，
在给出礼物时犯下的错误可能是昂贵的；但是，犯错之后人们通常也可
以尝试再次美满地给出礼物。

"库鲁"的命运

1957 年 8 月，当盖杜谢克还在弗尔人当中时，他曾经对能给"库
鲁"病找到适当的科学解释或者治疗方案感到绝望。"巫术解释，"他承
认说，"似乎和我们能提供给他们的解释一样好。"[96] 当盖杜谢克于 1957
年 11 月离开新几内亚时，他还在考虑着什么可能是"库鲁"病的原因。
很多年间他倾向于这一观点：弗尔人先天性地对某些尚未确定的成分发
生一种特别的、病理学上的反应。斯马德尔在国家健康研究所给他找到
一个职位，他此后的全部学术生涯都留在那里。不过，在 20 世纪 60 年
代，他经常设法回到新几内亚去访问他的弗尔人朋友们。

在他于 1957 年离开巴布亚新几内亚高地不久以后，盖杜谢克已
经组织了关于"库鲁"的流动展览，展示了该病症最为鲜明的病理学

---

[94] 盖杜谢克写给斯马德尔的信件，1957 年 12 月 7 日，Gajdusek（1976：336）。

[95] 盖杜谢克写给斯马德尔的信件，1957 年 12 月 24 日，Gajdusek（1976：342）。

[96] 盖杜谢克写给斯马德尔的信件，1957 年 8 月 6 日，Gajdusek（1976：173）。此后，在
1957 年 9 月 17 日，盖杜谢克在给斯马德尔的信件中写道，"到现在我们还找不到任何线
索"，"我找不到可以开始传染病研究或者中毒学研究的任何立足点"。见伯内特文献，档
案 10/3。

特征。一位在伦敦看过展览的动物学专家注意到，"库鲁"病的病理学发现与那些在绵羊瘙痒病中所见的情形非常相似：那是发生在羊身上的退行性疾病，是明确的传染性疾病。[97] 盖杜谢克在刚开始时有些怀疑，但是他让吉布斯（Joe Gibbs）在帕图森特野生动物中心（Patuxent Wildlife Center）的黑猩猩身上做接种实验，使用阿尔帕斯（Michael Alpers）——一位在新几内亚研究"库鲁"病的澳大利亚学者——送过来的新鲜"库鲁"患者脑体。[98]（盖杜谢克和其他人还能确定，接种所用的材料来自两个叫作吉格阿［Kigea］和厄纳格［Enage］的弗尔人患者，这也表明"先前拥有"的光晕还持续地存在。）在他们公布这一做法几年之后的 1965 年，接种的黑猩猩开始颤抖，丧失平衡能力。当这些动物"牺牲"了以后，对其脑体进行解剖时所发现的改变，与"库鲁"患者脑体的改变并无区别。[99] 如果说"库鲁"病是传播性质的，那么什么是造成感染的病原体？在自然条件下，病原体是如何扩散的？为什么要等这么长时间，临床症状才明显起来？

当盖杜谢克在 1961 年再度回到弗尔人那里时，他遇到了罗伯特·格拉斯（Robert Glasse）和雪莉·格拉斯（Shirley Glasse，后来改名为 Shirley Lindenbaum），他们是住在瓦尼塔泊（Wanitabe）的人类学家，研究"库鲁"巫术以及弗尔人中男性与女性之间的紧张关系在最近发生恶化的情况。由于这两位学者的目标是"关注新型社会政治秩序与流行疾病给弗尔人带来的效应"，他们的田野调查部分依赖对重大事件做医学上的新阐释。这与伯恩特夫妇形成对比，让他们成为"一个跨学科项目"的参与者。[100] 在 1957 到 1977 年之间，有超过 2500 名当地居民死

---

[97] 参见 Hadlow（1959）；也可参见 Hadlow（1992）。

[98] 参见 Alpers（1992）。

[99] 参见 Gajdusek & Gibbs & Alpers（1966）。也参见 Rhodes（1997）；Nelson（1996）。

[100] 参见 Lindenbaum（1979：viii）。格拉斯是一位美国人，在澳大利亚国立大学获得人类博士学位；林登鲍姆在悉尼的人类学专业受过培训。

于"库鲁"病，其中80%来自讲弗尔人语言的群体。在最初的若干年里，每年有200人——其中大多数是女人和孩子——死掉，年死亡率超过1%。这一时期，弗尔人仍然将"库鲁"归因于巫术。对这一症状的地方性解释强调"施咒的人以及受到干扰的社会关系"：巫术信仰帮助界定群体的边界线，让地方社区巩固，同时也加剧了很多社会张力。[101]"库鲁"巫术似乎大多指向女性，弗尔人担心用不了多久女人就会死光，成为若干恶意的男性施巫术者的牺牲者。在20世纪50年代和60年代，涉事的社区找"梦幻人"（dream men）来对付巫术。"梦幻人"往往来自位于不同语言群体的交界地带，借助摄入对精神有影响的热带植物后做的梦来找出敌人。他们和盖杜谢克以及医疗勤务员一样，都是疗病者的备选人。由于弗尔人很快对生物医学的治疗者失去了耐心，"梦幻人"获得了大量财富，经常变成了"大人物"（big men）。林登鲍姆写道："弗尔人以互惠式交换物品和服务来表达社会关系；没有互惠式交换，和谐的关系就不复存在。"弗尔人因此给盖杜谢克和其他外来者提供了"地盘、食物和服务，他们期待着珍贵的互惠式赠予"。但是在这一点上，他们很快就不抱任何幻想了。[102]

格拉斯和林登鲍姆都认为，一些引发了"库鲁"病的不确定病原体可能是通过食人行为来传递的；杜兰大学的两位人类学家安·费希尔（Ann Fischer）和J. L. 费希尔（J. L. Fischer）在读过伯恩特夫妇的著作后，有着类似猜测。然而，那时还没能确定传播该病的病原体。[103]不过，这时盖杜谢克和吉布斯已经证明，"库鲁"是一种传染性疾病，食人行为的角色必须重新考虑。[104]正如阿伦斯（Walter Arens）所说的那样，"人类学在田野上盯住食人主义的做法（已经）与实验室中的实验更为

---

⑩ 参见 Lindenbaum（1979：72）。

⑩ 参见 Lindenbaum（1979：111）。

⑩ 参见 Fischer .A. & Fischer · J.（1960）。

⑩ 参见 Glasse（1967）以及 Glasse & Lindenbaum（1992）。

兼容"。⑯一开始，盖杜谢克不愿意将"库鲁"病和食人主义连在一起，因为他认为这种病已经够离奇的了。但是，阿尔帕斯和马修斯（John Mathews）各自都得出了这样的结论，流行病学上的证据支持这一关联。族内食人主义造成的传播，似乎能解释"库鲁"病患者在年龄和性别上的分布、家族分布以及这一事实：最后一代在食人行为受到打压之后出生的弗尔人儿童，除少数例外几乎没有人罹患这种疾病。⑯甚至在还没有对其提出科学的解释之前，"库鲁"病开始消失了。

20 世纪 60 年代末期之前，"库鲁"的科学研究似乎多少告一段落了：它的原因是一种"慢性病毒"（用盖杜谢克的说法），如果说不是经由严格意义上的族内食人主义行为，那便是通过在葬礼上对尸体的处理而在弗尔人当中扩散的。⑰因为对"慢性病毒"这一人类疾病新因子的发现，盖杜谢克在 1976 年获得了诺贝尔奖。他的病因模型也用来解释克雅氏病以及后来的疯牛病（BSE）；它也影响了艾滋病（AIDS）病因研究的方向。但是，盖杜谢克的"慢性病毒"在化学意义上只是一种蛋白质，一种没有 DNA 或者 RNA 的"病毒"。下一代科学家们更倾向称这一致病因子为"朊"，一种可传播、带有特别立体化学属性的蛋白质。布鲁西纳（Stanley Prusiner）后来因为这一观点而获得了一项诺贝尔奖。⑱

---

⑯ 参见 Arens（1979：109）。阿伦斯认为，"库鲁"病与食人主义之间流行病学上的关联性只在"旁证性的证据基础上"，这种疾病也可能与跟欧洲人的接触或者生活方式上的其他改变有关（Arens，1979：112）。他引用了伯内特在 1971 年发出的警告："如果（我们）不幸地太轻易就接受了食人主义病因的假设，那会妨碍对'库鲁'病理发生学的进一步探讨。"见（Burnet，1971：5）。有意思的是，罗纳德·伯恩特曾经说过"平常人们不会食用痢疾病或者'古滋格里'（guzugli）巫术的死者"（Berndt. R.，1962：270）。不过，林登鲍姆提出，弗尔人不会食用那些痢疾或者麻风病死者，但是"库鲁"病死者"备受青睐，那些快速死亡者的脂肪层增加了人肉与猪肉的相似之处"。（Lindenbaum，1979：20）。
⑯ 参见 Alpers（1965）；Mathews & Glasse & Lindenbaum（1968）。
⑰ 参见 Gajdusek（1977）。实验表明，库鲁不是经由消化道来传输的，因此盖杜谢克认为，传输途径可能是与患病大脑的皮肤接触。参见 Gajdusek et al.（1977）。
⑱ 参见 Prusiner（1982）。

到了 20 世纪 80 年代末，让盖杜谢克早年曾因此获得诺贝尔奖的"慢性病毒"像"库鲁"一样令人难以捉摸。[109] 不过，此时的盖杜谢克已经用他的珍贵材料让自己变成了医学界的"梦幻人"，科学领域里的"大人物"。

结语

在本文中，我力图去展示殖民地科学研究中各种交换形式——占据（食人主义、）商品化、物物交换以及更多带有回馈性质的交换——之间的紧张和混乱，有时候是各种形式的混杂。我探寻的问题是，获取"库鲁"患者脑体对于盖杜谢克、伯内特和斯马德尔来说意味着什么。通过描述现代医学中价值生成这一复杂且通常暧昧之过程中的单一个案，我也想在更普遍意义上追踪科学交换的道义经济轮廓，以及分配学术声誉、认可社会债务的典型方式。然而，在这一个案所提出的问题当中，也有很多我在这里没有进行讨论。比如，在规范这些交易秩序时，科学研究管理和殖民地管理担当着什么样的角色？中间人（比如医疗勤务员）如何影响了交换关系？作为礼物的医学材料的性别（大多数死者是女性）在哪种意义上是重要的？最为重要的是，弗尔人从这些研究中真正得到了什么？关于这些问题，历史记录仍然是一团糟或者不透明，或者根本就没有可供使用的资料。[110]

尤其是对于盖杜谢克来说，"库鲁"患者脑体的可疏离性——不管是与弗尔人疏离，还是与他自己——在他的田野工作和实验室的实践中变成了一个重要问题。一些问题从来都不明确：谁有正当的权利来占据"库鲁"资料，拥有它可能会意味着什么，或者更为重要的是，如何

---

[109] 盖杜谢克估计在 1957 到 1982 年之间有超过 2500 个弗尔人死于"库鲁"病，这在当时是少见的。综述见 Gajdusek（1990）。

[110] 关于这些问题，作者在后来以专著和论文的形式进行了详细讨论，见 Anderson（2008），Anderson（2013）。

在将它给出的同时仍然保留它。但是，如果盖杜谢克要在与比他地位高的同事进行交换时获得科学名誉，如果他要在"库鲁"研究中刻上自己的名字，那么他就必须将"库鲁"材料从弗尔人那里疏离出来，让自己拥有他们的遗体，然后当作礼物在科学研究网络中流通。不管盖杜谢克对他与弗尔人之间的交换有怎样不同的理解和表象，有一个特征是恒定不变的：他需要将"库鲁"材料变成他自己的，或者显得是他自己的，哪怕此前这些材料都不在流通中，哪怕这些材料，或者他本人仍然通过一种礼物关系与弗尔人绑在一起。在弗尔人当中，这种有意地对交换疏于承认——不管是不正当地让有价值之物进入流通，还是拒斥交易中的互惠性——都会让当事人陷入道德困境。[⑪] 但是，盖杜谢克一直保持着科学家的身份，是各种科学共同体中的成员。于是，盖杜谢克将发生在自己与弗尔人之间的交换过分简单化，对"他的""库鲁"材料重新研究并交换，来获得在科学界的认可。一旦这些材料小心地与其"可能性的条件"区分出来，盖杜谢克就自然被认定为"库鲁"的首要署名人，因为他的这一发现而获得科学上的名誉和奖项。[⑫] 他能够将自己的价值物纳入到复杂的科学研究道义经济当中。

毫无疑问，只有当我们开始把近年来大范围科学交易中的物质文化拼接在一起时，才能更有成效地探讨正在变化的科学研究界的经济性关联节点——这通常表现为著作权与所有权之间的张力。比如，将"库鲁"材料的交易与目前的，也许更为商品化、全球范围进行交易的基

---

⑪ 参见 Parry（1989）。盖杜谢克定期地从他的研究旅行带着孩子们回来，将他们送到美国的学校里。到 20 世纪 90 年代为止，有 50 多个孩子曾经在他的房子里住过。1996 年，盖杜谢克被指控曾经对其中的一个孩子有性侵行为，他被判定有罪。尽管这会让人想到收集孩子与收集遗体有某种类似之处，然而交换关系的特征似乎非常不同，对于其中蕴含的道德危险的断定也完全不同。

⑫ 参见 Biagioli（1999）。

因材料进行比较，这会对我们理解问题有所帮助。[113]盖杜谢克本人的事业生涯就提供了科学界新兴交易秩序的线索。在 20 世纪 90 年代，他是神经紊乱与中风研究所（National Institute of Neurological Disorders and Stroke）所属的中枢神经系统实验室（Central Nervous System Laboratory）的成员。此时该实验室提出了对于一位哈加海（Hagahai）人细胞系的专利申请，而他本人位列发明者，在对一位所罗门岛民的细胞系提出类似专利诉求时，也位列发明者。在 1989 年 5 月，巴布亚新几内医学研究所（迈克尔·阿尔伯斯［Michael Alpers］为所长）的医学人类学家詹金斯（Carol Jenkins）从感染了被称为 HTLV-1 的反向病毒的哈加海部落男性和女性身上抽取了血液。这一病毒在该地区常见，在其他地区则不常见，在巴布亚新几内亚似乎很少会引起白血病。受到感染的 T 淋巴细胞在戈罗卡（Goroka）被提炼出来并送到美国国家健康研究所。那里的科学家们猜想，这些感染上变种病毒的细胞系也许会在诊断测试以及疫苗培育方面有用。有"库鲁"材料在先，人们也许并不会感到意外，在对细胞系进行专利申请之前，根本没有人去征询哈加海人或者巴布亚新几内亚政府的意见。[114]但是，科学界交易秩序上的差异是引人注目的。在 20 世纪 50 年代和 60 年代，盖杜谢克在科学奖励体系范围内让弗尔人的材料流通起来；而在 20 世纪 90 年代，他参与了直接在市场上将哈加海人的细胞商品化。从前他是一位作者，如今是专利权拥有者。将土著人的遗体对象化已经出现了若干个世纪，但是一般来说，那些搜集而来的材料或者已经完全退出流通（经常进入了博物馆），

---

[113] 关于变化中的科学界交易秩序，参见 Nelkin（1984）；Zuckerman（1988）；Haraway（1997：244 - 253）；Krimsky（1999）；Lock（1999）。

[114] 詹金斯与哈加海人一直保持着良好的关系，承诺将专利所获的一半给他们。专利号 No 5,397.696——DNA 序列"PNG 人类 T 淋巴细胞病毒（PNG-1）"后来因为巴布亚新几内亚政府以及控诉"生物剽窃"的活动人士的反抗而未能通过专利注册。参见 Lehrman（1996a）；Lehrman（1996b）以及 Lock（1999）。关于詹金斯的研究，参见 Jenkins（1987）。

或者如同在"库鲁"材料的个案中一样，变成科学交换领域的一个部分。如今，政府和公司——新的医学产业综合体——可以指定脑体、血液、细胞和 DNA 作为知识财富。因此，他们将这些人体的组成部分"变得不朽"，在全球市场上将作为商品交易。

在这篇文章中，也隐含了一个方法论上的论点。我相信，我们需要开发出更具有地方特定性的科学界礼物与商品交换模式，更进一步考虑用于科学研究的物品所具有的社会生活与道德分量，去记录科学物品的文化差异，而不是去泛化科学研究的全球经济。但是，对地方知识的强调不应该用来否认全球性结构和体系所具有的重要性。相反，它对我们提出了一项挑战，要求我们把全球性科学研究理解为地方经济成就的系列之作。⑮ 我们需要多点式的科学史（mult-sited histories of science），它研究知识产出地的边界在哪里，在边界之内价值如何生成，与本地社会的其他状况之间的关系，以及物品与学者生涯在这些不同地点之间、在其之内和之外的迁徙。⑯ 这类历史会帮助我们理解科学家们的处境和他们的流动性，认识到科学界的交易是不稳定经济。如果我们特别幸运的话，这些历史描述会创造性地完善那些惯常的二元区分，诸如中心与边缘、现代与传统、支配与从属、开化与野蛮、全球与地方。⑰

参考文献：

Anderson, Warwick. 2008. *The Collectors of Lost Souls: Turning Kuru Scientists into Whitemen*. Baltimore: Johns Hopkins University Press.

Anderson, Warwick. 2013. Objectivity and its Discontents. *Social Studies of Science* 43:

⑮ 参见 MacLeod（1987）；Chambers（1987）。
⑯ Marcus（1995）（提出了"多点民族志"的说法，被人类学广为接受并付诸实践）。多点历史学并非旧式比较史学——它倾向于产出更体系的比较（更少互动性比较）。一系列的微观史学研究，将它们串起来的，是物品与职业生涯的递接。参见 Levi（1991：95）。
⑰ 参见 Nader（1996）。

557—576.

Alpers, Miohael. 1965. Epidemiological Changes in Kuru, 1957—1963. In *Slow, Latent and Temperate Virus Infections*, edited by D. C. Gajdusek & C. J. Gibbs & M. Alpers, 65—82. Washington, DC: National Institute of Neurological Diseases and Blindness.

———. 1992. Reflections and Highlights: A Life with Kuru. In *Prion Diseases of Humans and Animals*, edited by Stanley Prusiner & John Collinge & John Powell & Britan Anderton, 66—76. New York: Ellis Horwood.

Appadurai, Arjun, ed. 1986. *The Social Life of Things: Commodities in Cultural Perspective*. Cambridge: Cambridge University Press.

Arens, William. 1998. Rethinking Anthropophagy. In *Cannibalism and the Colonial World*, edited by Francis Barker & Peter Hulme & Margaret Iverson, 39—62. Cambridge: Cambridge University Press.

Arens, Walter. 1979. *The Man-Eating Myth: Anthropology and Anthropophagy*. New York: Oxford University Press.

Arnold, David. 1993. *Colonizing the Body: State Medicine and Epidemic Disease in Nineteenth Century India*. Delhi: Oxford University Press.

Bartolovich, Crystal. 1998. Consumerism, or the Cultural logic of Late Cannibalism. In *Cannibalism and the Colonial World*, edited by Francis Barker & Peter Hulme & Margaret Iverson, 204—237. Cambridge: Cambridge University Press.

Benjamin, Walter. 1969. The Work of Art in the Age of Mechanical Reproduction. In *Illuminations: Essays and Reflections,* translated by Harry Zohn, edited by Hannah Arendt, 217—252. New York: Schocken Books.

Berndt, Catherine. 1953. Socio-cultural Change in the Eastern Highlands of New Guinea. *Southwestern Journal of Anthropology* 9: 112—138.

———. 1992. Journey along Mythic Paths. In *Ethnographic Presents: Pioneering Anthropologists in the Papua New Guinea Highlands*, edited by Terence E. Hay, 98—136. Berkeley: University of California Press.

Berndt, Ronald M. 1952. A Cargo Movement in the Eastern Central Highlands of New Guinea. *Oceania* 23: 42–65, 137–58, 202–234.

———. 1953. Reaction to Contact in the Eastern Highlands of New Guinea. *Oceania* 24: 190–272.

———. 1959. A "Devastating Disease Syndrome": Kuru Sorcery in the Eastern Central Highlands of New Guinea. *Sociologus* 8: 4–28.

———. 1962a. *Excess and Restraint: Social Control Among a New Guinea Mountain People*. Chicago: University Chicago Press.

———. 1962b. *An Adjustment Movement in Arnhem Land, Northern Territory of Australia*. Paris: Mouton.

———. 1992. "Into the Unknown!". In *Ethnographic Presents: Pioneering Anthropologists in the Papua New Guinea Highlands*, edited by Terence E. Hay, 68–97. Berkeley: University of California Press.

Biagioli, Mario. 1993. *Galileo Courtier: The Practice of Science in the Culture of Absolutism*. Chicago: University of Chicago Press.

———. 1999. Aporias of Scientific Authorship: Credit and Responsibility in Contemporary Biomedicine. In *The Science Studies Reader*, edited by Mario Biagioli, 12–30. New York: Routledge.

Bourdieu, Pierre. 1977/1972. *Outline of a Theory of Practice,* translated by Richard Nice. Cambridge: Cambridge University Press.

Burnet, F. Macfarlane. 1971. Reflections on Kuru. *Human Biology in Oceania* 1: 3–9.

Carrier, James G. 1995. *Gifts and Commodities: Exchange and Western Capitalism since 1700*. London and New York: Routledge.

Chambers, David W. 1987. Period and Process in Colonial and National Science. In *Scientific Colonialism: A Cross-Cultural Comparison*, edited by Nathan Reingold & Marc Rothenberg, 297–322. Washington, DC: Smithsonian Institution Press.

Cheal, David. 1988. *The Gift Economy*. London: Routledge.

Clarke, Adele E. 1995. Research Materials and Reproductive *Science* in the United States, 1910—1940. In *Ecologies of Knowlege: Work and Politics in Science and Technology*, edited by Susan Leigh Star, 183—225. Albany: SUNY Press.

Denoon, Donald. 1989. *Public Health in Papua New Guinea: Medical Possibility and Social Constraint, 1884—1984.* Cambridge: Cambridge University Press.

Farquhar, Judith & Gajdusek, D. Carleton, eds. 1981. *Kuru: Early Letters and Fieldnotes from the Collection of D. Carleton Gajdusek.* New York: Raven Press.

Findlen, Paula. 1991. The Economy of Scientific Exchange in Early Modern Italy. In *Patronage and Institutions*, edited by Bruce Moran, 5—24. Rochester, NY: Boydell.

Fischer, Ann & Fischer, J. L. 1960. Aetiology of Kuru. *Lancet* 275（7139）: 1417—1418.

Franklin, Sarah. 1995. *Science* as Culture, Cultures of Science. *Annual Review of Anthropology* 24: 163—184.

Gajdusek, D. C. 1977. Unconventional Viruses and the Origin and disappearance of Kuru. *Science* 197: 943—460.

———. 1990. Subacute Spongiform Encephalopathies: Transmissible Cerebral Amyloidoses caused by Unconventional Viruses. In *Virology*, 2nd ed., edited by B. N. Fields et al., 2289—2324. New York: Raven Press.

Gajdusek, D. C. et.al. 1977. Precautions in the Medical Care of, and in Handling Materials from, Patients with Transmissible Virus Dementias. *New England Journal of Medicine* 297: 1253.

Gajdusek, D. C. & Gibbs, C. J. & Alpers, M. 1966. Experimental Transmission of a Kuru-like Syndrome to Chimpanzees. *Nature* 209: 257—259.

Gajdusek, D. Carleton, ed. 1963. *Kuru Epidemiological Patrols from the New Guinea Highlands to Papua 1957.* Bethesda, MD: National Institutes of Health.

———. 1964. *Solomon Islands, New Britain and East New Guinea Journal 1960.* Bethesda, MD: National Institutes of Health.

———, ed. 1976. *Correspondence on the Discovery and Original Investigations of Kuru:*

Smadel-Gajdusek Correspondence, 1955—1958. Bethesda: U.S. Department of Health, Education and Welfare.

———. 1981. Introduction. In *Kuru: Early Letters and Fieldnotes from the Collection of D. Carleton Gajdusek*, edited by Judith Farquhar & D. C. Gajdusek. New York: Raven Press.

———. 1990. Preface. In *Laughing Death: The Untold Story of Kuru*, by Vincent Zigas. Clifton, NJ: Humana Press.

Gajdusek, D. Carleton & Zigas, Vincent. 1957. Degenerative Disease of the Central Nervous System in New Guinea. The Endemic Occurrence of „Kuru " in the Native Population. *New England Journal of Medicine* 257: 974–978.

Galison, Peter. 1997. *Image and Logic: A Material Culture of Microphysics*. Chicago: University of Chicago Press.

George, Kenneth M. 1991. Headhunting, History and Exchange in Upland Sulawesi. *Journal of Asian Studies* 50: 536–564.

Gieryn, Thomas I. 1983. Boundary Work and the Demarcation of *Science* from Non-Science: Strains and Internets in Professional Ideologies of Scientists. *American Sociological Review* 48: 781–796.

Glasse, Robert. 1967. Cannibalism in the kuru region of New Guinea. *Transactions of the New York Academy of Sciences* 29: 748–754.

Glasse, Robert & Lindenbaum, Shirley. 1971. South Fore Politics. In *Politics in New Guinea, Traditional and in the Context of Change: Some Anthropological Perspectives*, edited by Ronald M. Berndt & Peter Lawrence, 362–380. Perth: University of Western Australia Press.

———. 1992. Fieldwork in the South Fore: The Process of Ethnographic Inquiry. In *Prion Diseases of Humans and Animals*, edited by Stanley Prusiner & John Collinge & John Powell & Britan Anderton, 77–91. New York: Ellis Horwood.

Godelier, Maurice. 1999. *The Enigma of the gift,* translated by Nora Scott. Cambridge:

Polity Press.

Gold, E. Richard. 1996. *Property Rights and the Ownership of Human Biological Materials*. Washington, DC: Georgetown University Press.

Golden, Janet. 1996. From Commodity to Gift: Gender, Class and the Meaning of Breast Milk in the Twentieth Century. *Historian* 59: 75–87.

Gray, John N. 1984. Lamb Auctions on the Borders. *European Journal of Sociology* 25, no. 1: 54–82.

Gregory, C. A. 1982. *Gifts and Commodities*. London: Academic Press.

Hadlow, W. J. 1959. Scrapie and Kuru. *Lancet* 274（7079）: 289–290.

———. 1992. The Scrapie-Kuru Connection: Recollections of How it Came About. In *Prion Diseases of Humans and Animals*, edited by Stanley Prusiner & John Collinge & John Powell & Britan Anderton, 40—46. New York: Ellis Horwood.

Hagstrom, Warren O. 1982. Gift Giving as an Organizing Principle in Science. In *Science in Context: Readings in the Sociology of Science*, edited by Barry Barnes & David Edge, 21–34. Milton Keynes: Open University Press.

Haraway, Donna J. 1997. *Modest_Witness@Second_Millennium.FemaleMan©_Meets_Oncomouse™. Feminism and Technoscience*. New York: Routledge.

Hess, David J. 1995. *Science and Technology in a Multicultural World: The Cultural Politics of Facts and Artifacts*. New York: Columbia University Press.

Hess, David J. & Layne, Linda L., eds. 1992. *The Anthropology of Science and Technology. Knowledge and Society,* vol. 9. Greenwich, CT: JAI Press.

Hides, J. G. 1935. *Through Wildest Papua*. London: Blackie.

Hoskin, J. O. & Kiloh, L. G. & Cawte, J. E. 1969. Epilepsy and Guria: the Shaking Syndromes of New Guinea. *Social Science and Medicine* 3: 39–48.

Hoskins, Janet. 1996. Introduction: Headhunting as Practice and Trope. In *Headhunting and the Social Imagination in Southeast Asia*, edited by Janet Hoskins, 1–49. Stanford: Stanford University Press.

Humphrey, Caroline & Hugh-Jones, Stephen. 1992. Introduction: Barter, Exchange and Value. In *Barter, Exchange and Value: An Anthropological Approach*, edited by Caroline Humphrey & Stephen Hugh-Jones, 1–20. Cambridge: Cambridge University Press.

Jenkins, Carol. 1987. Medical Anthropology in the Western Schrader Range, Papua New Guinea. *National Geographic Research* 3: 412–430.

Jinks, B. & Bishop, P. & Nelson, H., eds. 1973. *Readings in New Guinea History*. Sydney: Angus and Roberston.

Kohler, Robert E. 1994. *Lords of the Fly: Drosophila Genetics and the Experimental Life*. Chicago: University of Chicago Press.

Krimsky, Sheldon. 1999. The Profit of Scientific Discovery and its Normative Implications. *Chicago-Kent Law Review* 75: 15–39.

Latour, Bruno & Woolgar, Steve. 1986/1979. *Laborartory Life: The Construction of Scientific Facts*. Princeton: Princeton University Press.

Layne, Linda L. 1998. Introduction. *Science, Technology and Human Values* 23: 4–23.

Leahy, M. & Crain, M. 1937. *The Land that Time Forgot: Adventures and Discoveries in New Guinea*. London: Hurst and Blackett.

Lehrman, S. 1996a. Anthropologist Cleared in Patent Dispute. *Nature* 380: 374.

———. 1996b. US Drops Patent Claim to Hagahai Cell Line. *Nature* 384: 500.

Levi, Giovanni. 1991. On Microhistory. In *New Perspectives on Historical Writing*, edited by Peter Burke, 93–113. University Park, PA: Pennsylvania State University Press.

Lindee, M. Susan. 1998. The Repatriation of Atomic Bomb Victim Body Parts to Japan: Natural Objects and Diplomacy. *Osiris* 13: 376–409.

Lindenbaum, Shirley. 1976. A Wife is the Hand of Man. In *Man and Woman in the New Guinea Highlands*, edited by Paula Brown & Georgeda Buchbinder, 54–62. Washington, DC: American Anthropological Association.

———. 1979. *Kuru Sorcery: Diesease and Danger in the New Guinea Highlands*. Palo Alto: Mayfield Publishing Co.

————. 1990. Science, Sorcery and the Tropics. *New York Times Book Review* July 1, 1990.

Lock, Margaret. 1999. Genetic Diversity and the Politics of Difference. *Chicago-Kent Law Review* 75: 83–111.

MacLeod, Roy. 1987. On Visiting the "Moving Metropolis": Reflections on the Architecture of Imperial Science. In *Scientific Colonialism: A Cross-Cultural Comparison*, edited by Nathan Reingold & Marc Rothenberg, 217–250. Washington, DC: Smithsonian Institution Press.

Malinowski, Bronislaw. 1922. *Argonauts of the Western Pacific*. London: Routledge.

Marcus, George E. 1995. Ethnography in/of the World System: The Emergence of Multisited Ethnography. *Annual Review of Anthropology* 24: 95–117.

Mathews, John D. 1971. *Kuru: A Puzzle in Cultural and Environmental Medicine*. MD thesis, Univiersity of Melbourne.

Mathews, John D. & Glasse, Robert & Lindenbaum, Shirley. 1968. Kuru and Cannibalism. *Lancet* 292（7565）: 449–452.

Mauss, Marcel. 1970/1925. *The Gift: Forms and Functions of Exchange in Archaic Societies*, translated by Ian Cunnison. London: Cohen and West.

Nader, Laura, ed. 1996. *Naked Science: Anthropological Inquiry into Boundaries, Power and Knowledge*. New York/London: Routledge.

Nelkin, Dorothy. 1984. *Science as Intellectual Property*. New York: Macmillan.

Nelkin, Dorothy & Andrews, Lori B., eds. 1999. *Legal Disputes over Body Tissue: Chicago-Kent Law Review* 75: 3–133.

Nelson, Hank. 1982. *Taim Biling Masta: The Australian Involvement with Papua New Guinea*. Sydney: Australian Broadcasting Commission.

————. 1996. Kuru: The Pursuit of the Prize and the Cure. *Journal of Pacific History* 31: 178–201.

Oudshoorn, Nelly. 1990. On the Making of Sex Hormones: Research Materials and the

Production of Knowledge. *Social Studies of Science* 20: 5–33.

Pannell, Sandra. 1992. Travelling in Other Worlds: Narratives of Headhunting, Appropriation and the Other in the Eastern Archipelago. *Oceania* 62: 162–178.

Parry, Jonathan. 1989. On the Moral Perils of Exchange. In *Money and the Morality of Exchange*, edited by Jonathan Parry & Maurice Bloch, 64–93. Cambridge: Cambridge University Press.

Parry, Jonathan & Bloch, Maurice, eds. 1989. *Money and the Morality of Exchange*. Cambridge: Cambridge University Press.

Prakash, Gyan. 1999. *Another Reason: Science and the Imagination of Modern India*. Princeton: Princeton University Press.

Prusiner, S.B. 1982. Novel Proteinaceous Infectious Particles cause Scrapie. *Science* 216: 136–144.

Radin, Margaret Jane. 1996. *Contested Commodities: The Trouble with Trade in Sex, Children, Body Parts, and Other Things*. Cambridge, MA: Harvard University Press.

Rhodes, Richard. 1997. *Deadly Feasts: Tracking the Secrets of a Terrifying New Plague*. New York: Simon and Schuster.

Rosaldo, Michelle Z. 1977. Skulls and Causality. *Man ns* 12: 168–170.

Sahlins, Marshall. 1963. Poor Man, Rich Man, Big Man, Chief. *Comparative Studies in Society and History* 5: 285–303.

———. 1978. *Stone Age Economics*. London: Routledge.

———. 1983. Row Women, Cooked Men, and Other "Great Things" of the Fiji Islands. In *The Ethnography of Cannibalism*, edited by Paula Brown & Donald Tuzin, 72–93. Washington, DC: Society for Psychological Anthropology.

Shapin, Steven. 1994. *A Social History of Truth: Civility and Science in Seventeenth-Century England*. Chicago: University of Chicago Press.

Sanday, Peggy Reeves. 1986. *Divine Hunger: Cannibalism as a Cultural System*. Cambridge: Cambridge University.

Strathern, Andrew. 1971. *The Rope of Moka: Big-Men and Ceremonial Exchange in Mt Hagen, New Guinea*. Cambridge: Cambridge University Press.

Strathern, Marilyn. 1988. *The Gender of the Gift: Problems with Women and Problems with Society in Melanesia*. Berkeley: University of California Press.

―――. 1992. Qualified Value: The Perspective of Gift Exchange. In *Barter, Exchange and Value: An Anthropological Approach*, edited by Caroline Humphrey & Stephen Hugh-Jones, 169–191. Cambridge: Cambridge University Press.

Thomas, Nicholas. 1991. *Entangled Objects: Exchange, Material Culture and Colonization in the Pacific*. Cambridge, MA: Harvard University.

―――. 1992. The Cultural Dynamics of Peripheral Exchange. In *Barter, Exchange and Value: An Anthropological Approach*, edited by Caroline Humphrey & Stephen Hugh-Jones, 21–41. Cambridge: Cambridge University Press.

Thompson, E. P. 1971. The Moral Economy of the English Crowd in the Eighteenth Century. *Past and Present* 50: 76–136.

Titmuss, Richard. 1970. *The Gift Relationship: From Human Blood to Social Policy*. London: George Allen and Unwin.

Weiner, Annette B. 1982. Sexuality among the Anthropologists, Reproduction among the Informants. *Social Analysis* 12: 52–65.

―――. 1985. Inalienable Wealth. *American Ethnologist* 12: 210–217.

―――. 1992. *Inalienable Possessions: The Paradox of Keeping While Giving*. Berkeley, CA: University of California Press.

Zigas, Vincent. 1990. *Laughing Death: The Untold Story of Kuru*. Lifton, NJ: Humana Press.

Zuckerman, Harriet A. 1988. Introduction: Intellectual Property and Diverse Rights of Ownership in Science. *Science, Technology and Human Values* 13: 7–16.

第

八

章

1550—1700 年间应对
信息过剩的阅读策略

安·布莱尔

"书量繁多"——这一情况让 16 至 18 世纪那些对学术处境进行思考的著作者们感到既惊奇又焦虑。康拉德·格斯纳（Conrad Gessner）在他的大型作品《世界书目》（*Bibliotheca univeralis*）（1545）——他要将所有已知书籍编目——的序言中，痛斥"令人困惑而有害的书籍泛滥"，这是他呼吁王公和学者们来解决的问题。[①] 到了 1685 年，在阿德里安·巴耶（Adrien Baillet）看来，形势甚至似乎极度危险，他发出这般警告：

> 我们有理由害怕，每天都在惊人增加的书量之多，会让接下来若干世纪落入罗马帝国崩塌后几百年间的野蛮状态，除非我们能把那些要扔掉或者无视的书与那些要保留下来的书区分开，而在后者当中还要区分有用的和无用的。[②]

巴耶将学者们的论断汇集在他的九卷本（那仍然不过是半成品而已）的《学人的判断》（*Jugemens des sçavans*）中，并声称以这种方式抵御野蛮。

人们感到书籍量过大，这又促使产出更多书籍，经常还是那种特别大型的、专为疗救这些问题而出现的书籍：诸如图书总目和书评这种新类型，以及已有类型（包括草木读本、辞书和百科全书汇编）中的新著作（或者不那么新的著作），不一而足。这些已有的类型与按照字母排序的书籍索引都源于 13 世纪，也是出于应对类似的书籍过剩压力而出现的。对此，博韦的樊尚（Vincent de Beauvais）在其四卷本的《大宝鉴》（*Speculum maius*，1255）的序言中表述得极为雅致：

---

① 参见 Gessner（1545: sig. ★3v）。

② Baillet（1685），I，avertissement au lecteur, sig. avij verso；参见 Waquet（1988）。

书籍浩如烟海，而时日苦短、脑力不济，这不允许（我们）将书中全部内容都一视同仁地保留在头脑中。现将自身阅读所及作者著述中那些依照鄙人领悟之能而拣择出来的繁花嘉蕙，以概要和综述的形式缩减为一册。③

本文所涉的研究有这一预设：书籍数量过大这一经验不光促发了研读辅助类书籍或者"工具书类"（reference genres）④书籍的扩散和持续产出，也影响了学者们从阅读、做笔记到完成自身著作的工作方式。在近代初期，学者们在面临书籍太多、资源——尤其是时间、记忆力和金钱这些资源——太少时采取了哪些阅读和做笔记的方法，关于这些内容，本文提供一些初步研究结果。

古代用以处理大量文本的许多方法自古代存留至今，在这种或那种形式当中，依然可以辨识出来：常见的是，这些方法都关乎遴选、编排和储存，在实施中有不同的组合，带着不同的动机，采取着不同的技术。同样，我在这里提及的那些实用的权宜之计——从选择性阅读到采用缩写，或者利用他人的笔记——在我聚焦的那个历史时期，它们既不新鲜，也非独有。我们会看到，由于近年来研究"为行动而阅读"（reading for action）（与为精神沉思和休闲阅读而阅读相反）的文献大增，我们能够更为全面地评判从古代到近代初期及其后不同时间和空间中，学术研究的方法以及与之相关的便捷方式的承递中所出现的长期连续性以及变异。⑤

我无意去回顾那些关于阅读革命（reading revolution），甚或阅读演

---

③ de Beauvais（1624），I: Speculum naturale, Prologue, 1. 参见 Lusignan（1979）。

④ "工具书"一词尽管出现在 19 世纪，但是还是很适合用于描写在近代初期得到认可的一类书籍，今天用"工具书"来称呼这类书比用当时的名称"全集"（repertoire）更中肯。参见 Weijers（1990）以及 Naudé（1627 / 1963: 51）。

⑤ 参见 Jardine & Grafton（1990）；Sherman（1995）以及 Sharpe（2000）。

化（reading evolution）的断言。⑥ 实际上，任何关于近代早期阅读实践有所改变的断言，其"此前"的图景都需要纳入那些在 13 世纪已经存在的情形，这样补充之后画面才会完整：当时不光存在索引和参考书类别，文字排版的特征也有利于深入研读：在经院式手稿书页的最上方有连续标题，文本细分为卷、章、问题、辨析、反诘，经常标有数字顺序，整体上会以某种方式在书页上凸显出来（即通过栏目或者利用特殊的首写字母）。⑦ 与其去设想中世纪的阅读方式为反复咀嚼若干已经熟记的宗教文本，我更倾向这样的设想：在大多数时期，训练有素的读者根据不同情况采用了一系列不同的阅读策略。到了 18 世纪，我们就有了塞缪尔·约翰逊（Samuel Johnson）这一透彻研究的个案。有记载说，他除了"读书像个突厥人一样，把一本书的心摘出来"，当他躺在床上难以成眠时，也用四个不同的词语来描述至少四种不同的阅读方式：研读（包括做笔记）、精读（点式深究）、猎读（沉浸在小说当中的猎奇式阅读）、浅读（浏览，像读杂志一样）。⑧

约翰逊的用词出现的时间在我选取的时间段之后，不过我们可以在弗朗西斯·培根的《论学习》（1612）当中找到类似的、非常明确的区分：

> 书有可浅尝者，有可吞食者，少数则须咀嚼消化。换言之，有只须读其部分者，有只须大体涉猎者，少数则须全读，读时须全神贯注，孜孜不倦。⑨（译注：此处采用了王佐良的中文译本）

---

⑥ 参见 Engelsing（1978）；Wittmann（1999）。

⑦ 参见 Rouse & Rouse（1991），尤其是第 6—7 章；Carruthers（1990）；更为总体上的情况，参见 Hamesse（1999）。

⑧ 这些分类是 Robert DeMaria Jr. 总结出来的，参见 DeMaria（1997）。"读书像个突厥人"的说法见于 Hill（1934：IV，409）；Yeo（2001：90）。

⑨ 弗朗西斯·培根的随笔《论学习》（1612 年）见 Vickers（1996：439）。他注意到，curiously 在这里应该从其词根 cura 上来理解："对细节注意。"（同上，第 773 页）

这一段落在后世的流传，不光见于培根散文的诸多版本，也见于其拉丁文译本。毛浩芬（Daniel Georg Morhof, 1639—1691）在他的大作《博学者》（*Polyhistor*）当中至少两次赞同地引用过。该书在 1687 至 1747 年间出版过五个版本，吸引着德语世界的大学生和学者们。[⑩] 类似的、也许不那么精致的区分，也可以在其他人文学者的著作里找到。[⑪] 这一策略的要义是，从众多不同的读书方式中，为每一本书挑选出合适的阅读方法。

"读书要广泛且区别对待，并非一味详尽"的这一建议，与另一同样长久不衰的读书建议——要精读"最佳书籍"中的少量经典——同时存在。（古罗马的）塞内加（Seneca）已经嘲笑过那些收藏的书籍量超出自己阅读能力的人，推荐（将阅读能力）集中在若干个好作者上。[⑫] 彼特拉克（Petrarch）在列出大约 40 种他一再反复阅读的"至爱"书目，而对其他书则仅仅一带而过时，他采用了塞内加的词汇"作为探报"，从而间接地提及后者。[⑬] 宗教教育者在读书上的审慎节制与道德学家们如出一辙。耶稣会的撒济尼（Francesco Sacchini）撰写了一本讨论如何让阅读带来收益的书（1614），不光拉丁文版本重印多次——估计是为耶稣会士用——也吸引了宗教上的头号对手。这从该书 1786 年的

---

⑩ Gibson（1959：xiii）列出了《培根散文集》到 1750 年时的 28 个不同版本。参见 Morhof（1732）的 I, I, 2, #9（第 14 页）和 I, II, 8 #20（第 409 页）。参见 Waquet（2000）。

⑪ 比如，比亚图斯·雷纳努斯（Beatus Rhenanus）在谈及阅读古代文本的方式时把 "degustare"（享受品味）和 "diligentius perlegere"（认真阅读）进行对比。参见 Petitmengin（2000：198）。

⑫ Seneca, *Epistles*, 2 以及 45, *De tranquillitate animi*, 第 9 章，引文出自 Morhof（1732），I, I, ch. 3, #4,（第 21 页）。

⑬ 这个书单是非常极端的，几乎上面所有作者都是非基督徒："Libri mei peculiares. Ad reliquos non transfuga, sed explorator"（所指是 Seneca Ep. I, 2, 5）；参见 Ullman（1973：第 4 章，113–133）。

法文译本献给一位福音教派的神父、日内瓦的神学教授的题记中可见一斑。⑭ 波赛维诺（Antonio Possevino，1533—1611）也像其他耶稣会士一样，主张藏书要有选择（而且要大力清除过）而非兼收并蓄⑮，撒济尼强调仔细选择和阅读"好书"的核心内容——他指的是那些能增进宗教虔敬的书籍，以及那些应该非常认真阅读的古代经典。

> 当一个年轻人有些闲暇时，我力劝他要诚心诚意地再读、重温那些从老师的教诲中已经有所知的书籍，而不是去读新书……在开始阶段，将少数东西学精透，要好过对许多事情的浅尝辄止……因此，如果你开始读一本书，给自己定个要求从头读到尾，以这种方式你能更容易理解和记住书里的全部内容。⑯

当然，如果教育家如此强烈地表示不满，如此强调读书要少而精并且要真正读完的重要性，那么我们就不得不怀疑，这一建议也许经常被违背。然而，直到 18 世纪末，（很多学者）对书籍过量的反应仍然是：坚持让那些评判力和阅读习惯正在形成阶段的年轻人集中精力来认真并重复地阅读为数不多的经典书籍。这与后来人们断言在这一时期发生了整体上的阅读革命的图景有所不同。

书籍量日益增加带来的最为直接的实际后果是，藏书规模变大了。只需从对图书拥有状况的众多研究中挑选一些结果便可见端倪：在

---

⑭ 撒济尼（Sacchini）的著作 *De ratione libros cum profectu legendi libellus* 写于 1603 年，1614 年在维尔茨堡（Würzburg）首次出版，1615、1617、1618、1711、1738、1754、1856 和 1866 年再版。法文版 *Moyens de lire avec fruit*（Durey de Morsan 翻译，LaHaye, et se trouvent à Paris chez Guilot, 1786），题献给日内瓦的福音派教会牧师、神学教授克拉帕莱德（M. Claude Claparede）。非常感谢赫尔穆特（Helmut Zedelmaier）为我提供了一份 1614 年版本的复印本，文中所有引文出自这一版本（Sacchini，1614）。

⑮ 参见 Zedelmaier（1992）；Balsamo（2001）。

⑯ 参见 Sacchini（1614：32，41—42）。

15 世纪末，一位典型的法国王室长官会有 60 本书；一百年以后的蒙田提到，他有大约 1000 本书，在当时这个私人藏书量大得超乎寻常；在 18 世纪早期，另外一位著名的地方官员孟德斯鸠拥有的书超过 3000 册。[17] 描绘学者工作情形的图画也提供了证据，表明他们使用的图书数量在增加。在中世纪早期的图像上，典型的画面是一位学者读一个文本。一位历史学家注意到，在公元 1200 年以前，描绘学者的图画上看不到有多本书同时打开；而多个文本同时打开的画面直到 1400 年才变得常见。[18] 可是，在近代初期的学者画像上，经常描绘了许多打开的、合上的图书和手稿摊开在书桌上、书架上和地板上，甚至显得杂乱无章。[19] 尽管拥有书以及让书出现在绘画中，当然都不足以作为阅读的证明，但这些还是能表明学者们让越来越多的书把自己包围起来。

我们在管窥学者拥有更多图书之余，也可以蠡测学者们会尽可能去多读书。第一个方法便是比以往更加勤奋和刻苦。在人文学著作的序言和题记上，一个常见的说法是，他们强调完成该著作要求"大量劳动和无数个不眠之夜"，要克服很多（经济上和行动上的）障碍和困难。[20] 到了 17 世纪，对勤勉的呼声才更为明晰：许多学者认为自 1600 年以来学习风气在衰退，他们哀叹于此并痛斥其原因在于，采用便捷手段和不同类型参考书的情况日益增多。这些作者呼吁，应该让"刻苦学习"的传统焕然一新。因此，卡萨本（Meric Casaubon，1599—1671）在他论"学习总览"（Generall Learning）的手稿中解释说，不要转向从兰姆主义到笛卡儿主义这些承诺有"捷径"的取巧方法，"最好的学习方

---

[17] 参见 Hasenohr（1988：239）；Burke（2000：191–192）；Desgraves & Volpilhac-Auger（1999）；de Botton & Pottiée-Sperry（1997）以及蒙田的散文，参见 Villey（1988：III, 12, 第 1056 页）。我非常感谢霍夫曼（George Hoffman）分享他关于蒙田的专业知识。

[18] 参见 Small（1997：168）。

[19] 参见 Clark（1901：295–297）；Thornton（1997）。

[20] 参见伊拉斯谟（Erasmus）的著作 *Adagiorum chiliades tres*（《箴言》）（1508 年在威尼斯出版）的封面页，"summis certe laboribus summis vigiliis."。

法……是不倦地（只要身体能够承受）勤奋、刻苦，读好作者的书，诸如那些在一切文才辈出的时代得到承认的作者们"。[21] 甚至工具书和其他辅助书籍的作者和支持者们都不否认勤勉的重要性。因此，阿斯特德（Johann Heinrich Alsted/Alstedius，1588—1638）——一部大型《百科全书》（*Encyclopedia*）（1630）的作者——因为最看重"勤勉"这一美德而获得了"苦读者"（sedulitas）的绰号。[22] 但是，单纯靠勤奋有加的做法不可避免地会有极限，因而就有快捷方法被设计出来。

分块阅读

我们如何能知道某一本书如培根所推荐的那样"只是部分阅读"了呢？（假如）书页旁空白处的批注并非持续地从头到尾，而是聚集在此处或者彼处，这可能表明读者只读了该书中特定的部分，尽管我们从来无法确凿地说，批注者只读过那些被批注过的地方。尺寸很大的对开本图书被分成章节或者带有主题性标题，附有按字母排序的索引，这些形式让人推测，它们更可能是被定点阅读而非通读。另外一些书也是可以用来查询式阅读的，不过一个人也有可能把一本词典或者百科全书从封面读到封底。因此，书籍的形式本身并不能决定它将被读者以怎样的方式来阅读，那些可以被称为查询式的阅读，其确凿证据是难以得到的。

作者偶尔也会表达，他们期望自己的著作被查阅而非通读。我迄今所发现的第一个例子是康拉德·格斯纳，他在为依照字母顺序来编排其著作《动物史》（*Historia animalium*，1551）辩护时解释说，像他的著作这类"辞典的有用之处，不在于让人从头读到尾通读——这会令人

㉑ 卡萨本的《学习总览》，见 Serjeantson（1999：177）。也参见 Feingold（2001：160–164）；Feingold（1997：218–221, 240）。

㉒ 参见 Hotson（2000：8）。

乏味有余而用处不足——而是不时地查阅"（ut consulat ea per intervalla）。[23]
在这里我们可以看到，通常在向人或者神谕征询建议时使用的古典拉丁文的 consulere 一词被用在书上。格斯纳好像意识到有必要更好地框定他所指的是什么，因为使用这一用词的方式不同寻常，他增加了 per intervalla 一词，让他所描写的这种做法具有的那种间断的、不连贯的本质变得非常清晰。正如理查德·约（Richard Yeo）的文章让人看到的那样，在格斯纳之后 150 年，这个词语在约翰·哈里斯（John Harris，1666—1719）这里似乎完全不成问题了，他吹嘘说自己的《技术辞典》（*Lexicon technicum*，1701）不光可以很容易地查阅，也适合于"认真通读"。

近代早期的读者有查询式阅读愿望的最好证据，是他们对书籍的索引投入相当可观的注意力，不管是自己编排索引还是纠正、完善出版人提供的索引。[24] 在近代早期，书中旁注的主要功能是标出该书正文谈及的题目，为读者提供找回某一特殊段落的路径。（批注者）最感兴趣的题目可能会集中写在空白衬页上，带有书中页码。[25] 当然，一份手书的索引只会领着读者回到他已经读过的段落，但是印刷者提供的索引对于找到新信息则特别珍贵，正如格斯纳在倡导编辑索引的做法并对如何有效地给一本书编制索引提出忠告时所言。[26] 读者甚至耗费很大努力来改进印制本中提供的索引。伊拉斯谟《箴言》1508 年版的一位读者，显然恼火于大标题的编排是杂录式的，而大标题下的箴言排序则依照书中给出的"第二份索引"。这一个案中，"索引"这一设定的寻找工具，却没

---

[23] 参见 Gessner（1551）。sig. beta 1v.

[24] 参见 Blair（2000）；Vanautgaerden（2001）；Leonardi & Morelli & Santi（1995）；Zedelmaier（2007）。

[25] 参见 Blair（1997：196–197）。更为总体的情况，参见 Sherman（2002）。

[26] Gessner（1548：titulus xiii, part 2, f. 19v）："Mihi profecto in vita tam brevi et tanta studiorum varietate versantibus necessarij videntur librorum indices, non minus quam in trivio Mercurius, sive ut reminiscatur quae quis legerit, sive ut nova primum inveniat."

有按照字母顺序来排列，而是以杂录式的方式编排：读者得先浏览一个仅有 257 个标题的长单，确定自己感兴趣的标题；然后再转而去看标题依同样顺序罗列，但加有文本出处部分的单子，从中获知在哪处正文中能找到一条相关的箴言。但是，这位读者想把大标题和相应的箴言编排得更易于寻找，为此他另行做了一份索引：把每一个大标题按照其出现在那个混乱的单子中的顺序编上数字号，然后将大标题按照字母顺序排序，在每条标题上写明其数字编号，作为印刷本中"第二份索引"的寻找工具。[27] 此后出版的《箴言》印刷本中，就增加了这个与混乱的"第二份索引"相匹配的，但使用起来更费劲的查询辅助工具。[28]

出版人明白读者对索引的要求，即便他们并不总能满足这一要求。封面页经常吹嘘，该书有"最为完备的"或者"经过增强和完善的"一个或者多个索引，哪怕偶尔也会有始料不及的困难而造成索引实际缺失的情况。[29] 在大型参考书中，按照字母顺序编排索引的做法尤为重要。我认为典型的情况是，初版就有索引，无论书的内容编排是有条理的还是杂录式的，索引都是进入著作的主要方式。杂录式为文艺复兴时期的许多博学作者所青睐，典型的是那些原本作为评注而出现的作品，诸如伊拉斯谟的《箴言》或者罗德维戈（Caelius Rhodiginus）的《古训》（*Lectiones antiquae*，1516）。[30] 在这类著作的索引中可以发现大量评注，甚为常见的是：纠正引文的出处页码，添加被删掉的条目，或者将某条目放置在某一新关键词之下重新按字母排序，安放到读者期望能找到的地方。对查询手段的评注记录了"分块"阅读一本书的结果，也表明了读

---

[27] 参见伊拉斯谟的 *Adagiorum chiliades tres*（Erasmus, 1508），存于 Houghton Library, *fNC5.Er153.A2.1508 的副本。参见 Blair（2008）。

[28] 在 1515 年的巴塞尔版当中，混乱的原初的"第二份索引"被加上了分栏的数码，指明按照字母顺序排列的大标题所在的位置。

[29] 比如，茨温格（Theodor Zwinger）的 *Theatrum vitae humanae*（1565 年在巴塞尔出版）就有因索引缺失的致歉。

[30] 参见 Blair（2006）。

者希望日后能够更为便利地利用这些查询手段。[31]

做笔记的便捷方式

所有那些提供治学建议的书都主张，为研学、获取信息或知识的阅读都应该做笔记。耶稣会的德雷克塞尔（Jeremias Drexel）在一本指导如何做笔记（该书属于传播最广的同类书籍之一）的手册中解释如下："光读而不动手摘记是无用的、自负而愚蠢的，除非你正在全身心投入地读托马斯·肯皮斯（Thomas a Kempis，另一译名为金碧士，文艺复兴时期提倡灵修的宗教作家）或者其他类似的著作，尽管我会说，就算阅读那类书籍也不能完全不做笔记。"[32] 德雷克塞尔并没有专门说，一个人在为灵修目的而阅读时该如何做笔记。但是，德雷克塞尔本人的以及 17 世纪许多工具书都集中在一个话题上：学生们在阅读古今不同学科——从修辞学到数学史以及政治史——作者的著作时该如何做笔记。[33] 据言，这一"摘录"过程至少在两种方式上有助于记忆：书写这一活动本身帮助将段落刻在记忆当中，而后可以将摘抄下来的段落背诵，以便练习记忆力。[34]

笔记可以有许多形式。弗朗西斯·培根简洁地解释说，笔记的内容既可以"通过概述或者提炼"（即对原资料的释义），也可以"通过小

---

[31] 索引的广泛使用还有另外一类我在这里不想深入讨论的证据，包括对其使用的抱怨，从德雷克塞尔苛责那些希望通过索引找到全部所需内容的年轻人，到斯威夫特（Jonathan Swift）对"索引学习"的嘲讽。参见 Drexel（1638：72–73），以及 Yeo（2003）。

[32] 参见 Drexel（1638：72）。原文如下："Otiosa, vana, nugatoria est lectio, cui nulla miscetur scriptio. Nisi Thomam Kempensem aut similes legas. Quamvis nec hanc quidem lectionem velim annotationis omnis expertem."参见 Neumann（2001），亦参见 Zedelmaier（2003）。

[33] Drexel（1638），Part I，ch. 8；关于将那些听到、看到、读到的事情包括进来，参见 Drexel（1638：sig A7v）。

[34] Sacchini（1614：75）；Drexel（1638：84）。

标题或者大标题"（通过复制某个段落、储存到一个笔记本的某一大标题下，以便后来找回和使用）而形成。培根认为后一种方法"更有效益、更为有用"。[35]

在 17 世纪的德语学术环境中，有很多对摘抄方法的详细描述，每一位作者都骄傲地贡献出自己的不同方法。比如，耶稣会的德雷克塞尔描写了三类笔记，笔记要写在单独的（不在书页里）的四开本笔记本里，每类笔记都要有按字母排序的索引，排列在八开本纸页上。第一类笔记"主题词"（lemmata）要包含就某一题目重要参考文献的精确信息，连同对被引述著作的用处做简短评判，但是没有对原文本的引文或者释义。第二类"杂说"（adversaria）会去搜集诸如"那些古今罕见且令人景仰的古代仪式、墓志铭、值得关注的描述、有详细解释的格言和俗语"。最后一类"历史"（historica）汇集了或详述或略写的历史实例。[36]德雷克塞尔好像没有在直接引用或者释义之间予以区分，并承认读者（做读书笔记时）可能会更愿意建立自己的体系："如果你不喜欢依照这些说教和规则，就给你自己写些其他的……适合于你自己的研读的。"[37]在德雷克塞尔看来，最重要的事情是做笔记，不管采用什么形式。

撒济尼这位超级勤勉的耶稣会士，倾向于两次抄写相关的段落：第一次在笔记本当中保持原书中的顺序；第二次则将它们归置到合适的标题之下——他还加上一句：就如同一个细心的商贩将自己的货物登记列表一样。[38]并不属于耶稣会的一位汉堡教授文森特·普拉齐乌斯

㉟ 参见 Snow（1960：370）。

㊱ 参见 Drexel（1638：Part II, ch. 3, 85–87）。

㊲ 参见 Drexel（1638：sig. A7v），原文为：Quod si praeceptiones istae et excerpendi leges non placeant, scribe tibi alias, pauciores, breviores, studiis tuis commodas, dummodo excerpas。

㊳ 参见 Sacchini（1614：90–91）。学术上的笔记与其他形式的记录——由商人、律师和政府官员所做的——之间的并行对比，是很值得深入探讨的。参见 te Heesen（2002）。

（Vincent Placcius）描写了一种更为精致的系统方法。普拉齐乌斯在他的著作《摘抄的艺术》（De arte excerpendi）（1689）当中，刊出了一份描写"研读匣"（arca studiorum）的匿名手稿（现藏于大英博物馆），并展示了他自己对这一笔记储存箱的改进。³⁹ 普拉齐乌斯把笔记写在纸条上，把纸条储存在专为这一目的而制作的特殊"文献箱"（scrinium literatum）内，卡在标有主题的钩子上。普拉齐乌斯这种更愿意用纸条而不是合订笔记本的做法相当独特，尽管在准备编辑索引或者笔记书录时，活动纸条也会偶尔被当作一种临时性工具而推荐使用。⁴⁰ 普拉齐乌斯对"文献箱"的赞赏，主要因为它让所有的材料一目了然，而且这些纸条可以轻松地从一个类别换到另外一个类别。⁴¹ 普拉齐乌斯的方法，避免了用笔记本做读书笔记时的常见困扰：给某一标题下的笔记内容预留出空间，而后发现空间不够用；或者在不同的标题下完成了读书笔记，最后却想在不重新抄写笔记内容的情况下更换标题（因原标题已经按照一定的索引方式排序，更换标题意味着这部分有可能需要整体移动位置。——译者注）。⁴² 普拉齐乌斯也喜欢使用"文献箱"把他从德国学术界产出丰富的众多印刷本小册子、"论纲、书籍的片段或者其他人的辩论"中做的笔记，交叉地存放在一起。⁴³

据说，莱布尼茨有一个按照普拉齐乌斯的说明做成的"文献箱"，然而完成这样一个笔记储存设备所要求的费用和精力，都是大多数人力所不及的。⁴⁴ 普拉齐乌斯在其《摘抄的艺术》附录中的自传性描述中，

㉟ British Library MS Add. 41,846, ca. 1637, 存于柯内尔姆·迪格比（Kenelm Digby）文件。参见 Meinel（1995：181）。

㊵ 参见 Meinel（1995：169–175）。对于另外一种精致的做笔记方法，参见 Weimar（2003）。

㊶ 参见 Placcius（1689：70, 159）。普拉齐乌斯著作中的"文献箱"（scrinium）的图画，在 Meinel（1995）中有复制。

㊷ 对这些困难的另外一个解决途径，参见 Locke（1686：II，315–340）。

㊸ 参见 Placcius（1689：157）。

㊹ Murr, von（1779），引文出自 Meinel（1995：182）。

的确透露，他一生在做笔记和储存笔记方面的投入非同寻常。终其一生，他致力于编制索引和表格、汇集文献资料、引文和词汇表，其成果是72部作品。除了笔名与匿名作者著作目录——该书于1674年首次出版，后来增加了内容，在他去世后于1708年以《匿名与笔名作者著作目录汇览》（*Theatrum anonymorum et pseudonymorum*）为书名出版，成为一本广为人知的参考书[45]——这一例外，他的其他著作都是以手稿形式留存世间。

做阅读笔记即便没有普拉齐乌斯的摘抄量，哪怕连撒济尼也不如，显然也是一项非常耗时的活动。对于这件阅读时必做之事，走捷径大有助益。捷径之一便是依赖他人做的笔记：这些"他人"或者是专为这一目的而雇佣的抄写者，或者是这类辅助性印刷读本的作者和编纂者，后者恰好是读书人可以自己做的那类笔记，以概述、备忘录和草木读本尤为显著。建言者经常指责说，利用他人的笔记没有多大益处，因为笔记首当其冲的作用在于提高做笔记之人的记忆。与此同时，大多数工具书的作者也设定，他们的读者会谙熟这类辅助手段。因此，就如何选择"你的汇集者"和"缩写者"方面培根提供了一些建议，比如要遵循"了不起的书记员并非总是最睿智的人"这一原则。[46]毛浩芬鼓励这一做法：如果你有能力支付，那么雇佣"学养深厚的抄写员，他们在汇集材料时采用你的判断力，正如梭默斯（Claude Saumaise）和其他著名人物曾经做过的那样"。[47]哈维（Gabriel Harvey）就是这类"服务者"（facilitator）中一个很好的例子，他写在书页空白处的那些综述和评注

---

[45] Placcius（1674）。参见 Mulsow（2006）。

[46] Snow（1960：374）。

[47] 参见 Morhof（1732：I, 1, 21 #12, p. 239）。原文为：Vel si opibus non destituaris, amanuenses alas non ineruditos, quibus rem illam committas; sed qui tuo judicio in colligendo utantur. Id Salmasius aliique viri praestantissimi fecerunt。

就是要在其襄赞人当中传用的。⁴⁸其他依赖他人的工作，所涉及的读者群体，如大学生或者文学社团，他们会在自身群体内分工完成做笔记的任务，指定给每个人摘抄不同的书籍或者题目。⁴⁹

那些现成的辅助书印刷品，不管被认为是有用的工具、不得已的罪恶也好，还是造成文明坍塌的原因也好，它们当然都经常重印。⁵⁰诺代（Gabriel Naudé，1600—1653）是这些参考书极热心的倡导者之一，推荐任何图书馆都要购入这类书籍："我认为这些收藏能带来非常多益处并且有必要，考虑到我们的生命之短，如今需要我们去知晓的事物之多，那些饱学之人可以意料到的一件事是，我们不能什么都自己做。"⁵¹另外的人在这些辅助性书籍当中只看到真正的学习在衰退："这么多综述，这么多新方法，这么多索引，这么多词典，这些都让那些促使人们学习的生命热情大为降低…… 全部的科学在今天都缩减为一本一本的词典，没有人去找寻走进科学大门的其他钥匙。"⁵²批评者和热衷者都同样记录了这类工具被广泛使用。比如，诺代提到，一位颇有名望的饱学之士，从他所拥有的 50 本各类词典中的某一本当中，看到关于某个颇有难度的词语的讨论，就把它抄下来并抄写到他自己的著作的某一页上……当着一个我和他的共同朋友的面。

---

⁴⁸ 参见 Jardine & Grafton（1990）。

⁴⁹ 参见 Placcius（1689：146, 161–162）。普拉齐乌斯提到凯克曼（Keckermann）是第一个提及 "合作摘抄" 的人，见于 *Cons. log. de adornandis locis communibus*, c. 1. p. 3 col. 2. 关于《马格德堡世纪史》的情况，参见 Grafton（2001）。

⁵⁰ 比如，Domenico Nani Mirabelli 的 *Polyanthea* (1503)，截至 1681 年至少出版了 26 个版本；Caelius Rhodiginus 的 *Lectiones antiquae* (1516)，截至 1666 年出版了 10 个版本；Ambrogio Calepino 的 *Dictionarium* (1503)，截至 1785 年出版了 150 个版本；Theodor Zwinger 的 *Theatrum Humanae Vitae* (1565) 截至 1604 年出版了 4 个版本；构成了 Laurentius Beyerlinck 的 *Magnum Theatrum Humanae Vitae* (1631) 的基础，截至 1707 年有 5 个版本，每个版本都有 8 卷。

⁵¹ 参见 Naudé（1661/1903：60–61）。

⁵² 参见 Huet（1722：#74, 171）。

对于此举，这位朋友没法不承认，那些读到这一内容的人会轻易地相信，他花了两天以上的时间来完成，尽管实际上他付出的痛苦只是抄写而已。[53]

尽管诺代小心翼翼地让当事人保持匿名，以此来表明这一行为在某些方面是可耻的，但是他也赞扬参考书是节省时间的工具。

相反，德雷克塞尔则注意到这类参考工具书的不完整和错误。典型的情况是删掉了引述内容原来的页码和章节数，段落和人名不全，只依赖不多的几个作者，他也抱怨花费太大——他愤愤不平地说，一套大得非同寻常的1631年版的《人类生活纵览》（*Magnum theatrum vitae*）要70个弗洛林，不消说还有装订费，得到的回报却极少。[54] "在这些书里，你最想找的东西，什么都没有。……如果你饮用源头之水，你会饮得更香甜、更安全，哪怕你饮得少些。"[55] 同时，德雷克塞尔也推定读者会有若干卷本这类书在手，他让读者去从里面找到自己笔记当中的标题。[56] 实际上，"罗马学院"（Collegio Romano）——那是所有耶稣会学院的样板——在成立之初，就要求在教学用书以及教会的和世俗的历史学家著作之外，收藏一些这类著作，包括字典、类似罗德维戈（Caelius Rhodiginus）的《古训》（*Lectiones antiquae*）那样广取博收的百科全书式的著作，以便学生们能在私人学习时间积累自己的摘录。[57] 这些辅助书籍印刷品让其使用者节省了从不同资料来源中挑选值得关注的段落、给

---

[53] 参见 Naudé（1661/1903：60）。

[54] 参见 Drexel（1638：139–140）。

[55] 参见 Drexel（1638：139）；原文为：Longe suavius, longeque tutius ex ipso fonte bibes, tametsi parcius bibas. In illis voluminibus id plerumque minime invenies, quod maxime quaesieris. 德雷克塞尔在重复那些他已经用在针对索引上的怨言（见同书第73页）。

[56] "Abi modo et scrutare tuos illos codices ..."见于 Drexel（1638：140）。

[57] Nelles（2007：注释79），引自 Lukács（1965–：II, 76，557–58）。

予其以合适的标题所需要的精力和时间；然而，使用者得将这些段落抄写到手稿中，这或许是私人笔记，或许是像诺德描述的事例当中的讲课笔记，或许是距出版更近一步的文章。

在笔记本上，尤其是书页的侧旁采用缩写形式（做笔记），可以让做笔记的速度大大提高。要标记不同类型段落，在文本字行下面或者在书页侧旁画线时可以采用不同颜色的墨水。[58] 普拉齐乌斯盛赞在书页侧旁中诸如 v.gr.，N.B.，obj，resp 之类的缩写"用处不小"，但是他把这些缩写与摘抄予以明确区分，并不认为缩写可以取代摘抄。[59] 另一方面，法国宫廷历史学家夏尔·索雷尔（Charles Sorel）对于如何主要依靠缩写来做读书笔记提供了详细的建议。索雷尔解释说，学者们珍视自己的时间，把做一般性笔记的工作留给学生，对于学生来说这是很好的练习。"研究者"（hommes d'études）最多将参考文献转写成一段文字写进笔记本里（如同德雷克塞尔所说的"主题词"），而不会抄写整段文字，除非是那些他们自己不拥有或者不能保留的书。[60] 索雷尔也注意到，这些节省时间的手段对于那些沉浸在阅读的乐趣当中、不想因为做笔记而中断阅读的人（很可能是他的通俗著作的读者）也有吸引力。[61] 索雷尔解释如何将词语和表达减少到一个或者两个字母或者符号，如何通过画线或者在侧旁做记号来标出某个段落。"最大的秘密"是给不同类型的段落做不同的记号："十字、圆圈、半圆、数字、字母以及其他符号，它们规定了不同的含义。"[62] 这样一来，一位学者可以在半个小时内概览一本

---

[58] 参见 Grafton（2002：2,注释 5）。

[59] 参见 Placcius（1689：7）。

[60] 参见 Sorel（1673：12）。

[61] 参见 Sorel（1673：9）；也参见 Drexel（1638：74）。

[62] 参见 Sorel（1673：9–10；13）。

书，而读它则需要花费四五天的时间。[63]索雷尔信心十足地期待着二十年后学者们还能识别出这些符号以及是哪些想法促成了它们的出现。不管情况是否如此，碰到这类笔记的历史学家们大多不再能知晓其含义。[64]只是偶尔才有这些缩写的使用者留下了破解这些缩写符号的钥匙，后人借此才能明白它们的含义。[65]

另外两种缩略式笔记形式甚至让读者连笔都不用。艾萨克·牛顿的"狗耳朵"做法显然是独一无二的——他将书的页脚折叠起来，折到书中他感兴趣的部分。[66]撒济尼注意到，有些读者在书页之间留下纸条作为标记，但是他特别斥责那些用指甲划痕来标记段落的做法，他和德雷克塞尔都谴责这一做法是可耻的、对书有所损害，而普拉齐乌斯重复德雷克塞尔的谴责则似乎并不那么铿锵有力。[67]这种做法在今天可能难得一见，但是肯定曾经极为普遍，以至于这种做法不光遭到谴责，而且到了18世纪还成了讽刺那些"珍爱指甲好方便做旁注的女人"的材料。[68]

一种做笔记或者写书的行为——将印刷的书页裁剪下来以节省复制之劳——对印刷品书籍的毁坏性更大。尽管这并非常规的使用书籍的做法，却吸引着编纂者以及那些编写众多或者特大型书籍的作者，剪裁和粘贴书本的事情在近代初期并非闻所未闻。由于印刷技术的出现，书籍变得廉价了；尤其是在作者、出版人和书商的家中，那些长期未能售出的书堆积起来，这也促使这种对书籍的破坏性使用在经济层面上是可行的，尽管这一做法也会认为有中世纪的先例，比如将旧手稿页用于

---

63 参见 Sorel（1673：12）。原文为：Cela est de grande utilité quand mesme avec cela on feroit des Recueils ou des Tables, pource qu'en moins d'une demy-heure, un homme fait la reveue d'un Livre dont la lecture entiere luy auroit couté quatre ou cinq jours。

64 参见 Grafton（1997：152 及其后）；Stoddard（1985）；Jackson（2001）；Sherman（2008）。

65 参见 Sherman（2001）。

66 参见 Harrison（1978：26）；相关图画，参见 Mandelbrote（2001：43）。

67 参见 Sacchini（1614：64）；Drexel（1638：72）；Placcius（1689：5）。

68 参见 Sheridan（1979：19，第一幕第 2 场）。我感谢普赖斯（Leah Price）提及这一文献。

装订。[69] 在改换图像方面所采用的与之相类的剪裁－粘贴的做法，比如用正确的图像来替代错误的，或者在书籍原有的版面之外放上一张图，这些问题也有待于研究，但是那些做法中涉及颇为不同的限定因素和动机。[70]

裁剪加粘贴的方法，格斯纳是我迄今发现的首个主要使用者。他描述说，自己把收到的信件裁剪成片，以便在自己的文献当中依照题目来给它们分拣归类。其结果是，他向一位通信者解释说，自己无法再找回某一封信件、对该信件予以第二次回应。[71] 他也倡导采用类似办法，在可以重新编排的纸条上做笔记以便编写索引条目，这些纸条或者用线绳穿起来，或者轻粘，直到最终的编排形式完成才永久性地粘贴在一起。格斯纳在 1548 年出版的一本为如何编制索引提供各种建议的书中也解释说：纸条上的内容无须总是手工抄写，也可以是"从其他书中剪出来的作者的引文。出于这一目的，同样的书需要两本……只要有可能用上这一方法，真的可以获得许多工作捷径和各种研读上的便利"。[72]

我们可以同意这样的假设，格斯纳所描述的正是他自己在工作中——即编写自己的大量书目文献以及利用他的《世界书目》(*Bibliotheca universalis*) 的注释本来编制《学说汇纂》(*Pandectae*) 时——所采用的方法之一。这一"手本"(Handexemplar) 明显地展示了它的排印本在最后出版之前的状态。在第 454—455 页的下方空白处，贴着两段从原书裁剪下来的印刷文本；在该书最终的、广为流传的版本中，

---

⑥⑨ 参见 Goldschmidt（1928：I，119–122）。更为总体上的情况，参见 de Hamel（1998）。

⑦⓪ 参见 Finé（1557）。关于那些被设计为用来剪裁的印刷品，参见 Carlino（1999）；Gingerich（1993）；Lindberg（1979）。

⑦① 格斯纳于 1563 年 11 月 14 日写给 Bauhin 的信件，见 Gessner（1976：28,71）。感谢奥希尔维（Brian Ogilvie）告知这条文献。

⑦② Gessner（1548：fol.20r），其英译本见 Wellisch（1981：12）。

它们都出现在相应的书页上。不过，在"手本"上做的手写的评注经常没有融入最后的版本。⑦³同样的方法也被格斯纳用在后续的文献目录编制工作中，尤其是弗里修斯（Johann Jakob Frisius）1583 年版的《书目》（*Bibliotheca*）的插页本。在增加了手写的书页之余，插入的书页也包括粘贴进印制的弗朗索瓦·霍特曼（François Hotman）某一本书的表格式目录。其意图也许是，在下一个版本中这份材料要添加进去，尽管这本书从来没有出现过。⑦⁴对格斯纳和他的后继者来说，在编排书籍信息的大型项目中，节省复制之劳是他们的首要考虑。

著作丰富的意大利通才学者吉罗拉莫·卡尔达诺（Girolamo Cardano）也推荐用剪裁和粘贴的办法来"快速让一本书成形"：将文本（可能是一个人自己写的手稿，也可能是预备好的印刷文本）的段落剪出来，把它们按照自己想要的顺序进行排列，然后粘贴好，"用这种方式，你能用三天时间完成抄写需要一年完成的事情"。⑦⁵卡尔达诺为这一手段骄傲，他在《事物之精妙》（*De subtilitate*）的索引中呼吁人们关注这一方法。乌利塞·阿尔德罗万迪（Ulisse Aldrovandi）这位处理大量收藏——不光是自然物品，也包括图书笔记——的学者感谢夫人将他的五卷本《无生命之物辞典》汇总到一起，这也可以看成是这一做法被采用的线索。最可能的情形是，她为出版人将大量写在纸条上的笔记按照正确顺序编排和固定，正如她对丈夫的《认知汇纂》（*Pandechion Epistemonicon*）所做的贡献那样——那本书是古今学术权威有关自然历史

㉓ 参见 Gessner（1545：454v-455r），苏黎世 Zentralbibliothek 的复印本，Dr M 3，与 Houghton Library 的该书复印本的比较，后者为重印本的蓝本（Osnabrück, 1966）。

㉔ 参见 *Bibliotheca instituta et collecta ... amplificata per Johannem Frisium*（Zurich, 1583），苏黎世 Zentralbibliothek 的复印本，Ms Car XII 14。我还没能够找到弗朗索瓦·霍特曼的著作。

㉕ 参见 Cardano（1582：book 17, 503），"Ita tridui labore totum librum melius in ordinem ac facilius rediges, quam si toto anno transcribendo laborasses"；参见 Cardano（1663：III，626）。对此的讨论见 Siraisi（1997：18）；Grafton（1999：4）。

这一话题的著作片段的汇编。[76] 这两个个案所涉及的工作，主要或者完全是从个人的手稿笔记中进行剪裁并粘贴。但是，一个世纪以后，在目录学家德特拉戈（Jean-Nicolas de Tralage）身后留下的笔记本中，既有粘贴上去的手写的纸条，偶尔也有印刷的书页。比如一本 1666 年版书的封面，这或者是从印刷本上撕下来的，或者也许是从出版人或者书商那里得来的——他们可能特别存留些封面用于广告。[77] 个人笔记当中混合了手写的笔记与从印刷书籍中剪出的片段的其他个案，目前正在研究之中。[78]

编纂这些大型参考书的人——比如特奥多尔·茨温格（Theodor Zwinger）的《人类生活汇览》（*Theatrum Vitae Humanae*）在 1565 年初版时是对开本，1400 页，到 1604 年篇幅增加了五倍，无疑会特别易于采用这些捷径手段。不管哈特立布（Samuel Hartlib）的断言是有确凿证据，还是只是建立在对茨温格的工作方法的合理重构之上，当他在 1641 年的日记中写下如此句子时，他的评判似乎是可信的："茨温格的摘抄，利用了旧书，他将整页书撕下来。不然的话，如果什么都得写下或者抄写出来，他不可能做这么多。"[79] 当然，就哈特立布所处的环境而言，对印刷本书籍的剪裁和粘贴并非不可思议之事。大约一百年后，情况依旧如此。当威廉·斯梅利（William Smellie）编写《大英百科全书》（三卷本，1768—1771）时，虽然他用"剪裁和粘贴"的说法来贬低这种做法，但他其实就是这么干的。"不过，他（斯梅利）对编字典极为蔑视，曾经开玩笑地说，他用一把剪刀做成了科学和艺术的辞典，从不同的书籍

---

[76] 参见 Findlen（1999：44，以及注释 62）。

[77] Surius（1666）；参见 Jean-Nicolas de Tralage 的收藏材料，Bibliothèque Mazarine, Ms 4299, 页码标记"Nomb. 68"。

[78] 这些例子包括 17 世纪中期皇家成员约翰·吉布森（John Gibson）爵士的备忘录，对其的研究见 Smyth（2004）；对耶稣会士 Jesuit Claude-François Menestrier 的笔记，洛克（Judi Loach）（University of Cardiff）正在进行研究。

[79] 参见 Hartlib（1995），"ars excerpendi"。

中给出版者剪出够量的材料。"[80]

剪裁和粘贴也许只是到了现代时期才更为通行。比如，注定成为垃圾的廉价报纸推动了收集剪报的活动。[81]从手稿笔记中剪裁和粘贴，这总能节省学者的时间。当柯林伍德（R. G. Collingwood）指责某些历史学家采用"剪刀加糨糊"的方法来汇编权威人物的说法，而不是带有批判意识、推理式推进问题时，这个用语也许不光带有比喻含义。在柯林伍德的时代，糨糊是文具店出售的物品，最常见的用处是粘贴从笔记本上裁剪出来的东西（比如，准备一份演讲稿），但是也可以用于粘贴从印刷的书页中剪出来的段落。[82]实际上，一位研究文艺复兴的学者告诉过我，他在当研究生时曾经得到这样的建议：买一本廉价版的基本资料，把引文裁剪出来贴到索引卡片上，并借助卡片完成博士论文。[83]

意识到书籍的数量过于庞大，这导致了人们用各种不同的方式来使用更多的书籍。除了已有的、倾注了读者个人判断和努力的精细阅读与做笔记这些方式以外，近代早期的学者也依赖捷径来"处理"书籍，通过投入较少的时间和精力，就能猎获到有用的东西。在某些情况下，当读者依赖于他人——尤其是职业性的编纂者和抄书人——的劳动时，（读者）个人的判断就不见了；在另外一些情况下，为节省复制之劳，一些段落被剪裁出来重新使用，手稿和印刷文本（笔记、信件和印刷的书籍）的完整性就牺牲了。同时，特殊的缩略和笔记存储体系也强化了阅读的私人性质。创造性的研读方法以及研读辅助书籍的增多——不管是为单个人所独有的，还是通过官方以及非官方教学而广为传播

---

[80] 参见 Kerr（1811：I，362–363）（着重号为原文所有），也参见 Yeo（2001：180）。

[81] 请注意在马普科学史研究所以及柏林的医学史博物馆举办的展览"1900年前后的剪裁与粘贴：科学中的剪报收集"，策展人为黑森（Anke te Heesen）。相关的文字资料，见 te Heesen et al.（2002）。

[82] 参见 Collingwood（1972：257–261）。

[83] 奥格尔（Stephen Orgel,）私人交流，指的是哈佛大学英语系的布利特（John Bullitt）给的建议。

的——不光可以帮助我们更好地理解近代初期学术著作和教育著作的产出条件，也有助于我们去理解当下：那些我们今天在应对被称为信息过剩的情况时所采取的方式，有着怎样的深层根基。

参考文献：

Baillet, Adrien. 1685. *Jugemens des sçavans sur les principaux ouvrages des auteurs.* Paris.

Balsamo, Luigi. 2001. How to Doctor a Bibliography: Antonio Possevino's Practice. In *Church, Censorship and Culture in Early Modern Italy*, edited by Gigliola Fragnito, 50–79. Cambridge.

Blair, Ann. 1997. *The Theater of Nature*: *Jean Bodin and Renaissance Science*. Princeton.

———. 2000. Annotating and Indexing Natural Philosophy. In *Books and the Sciences in History*, edited by Frasca-Spada & Nick Jardine, 69–89. Cambridge.

———. 2006. The Collective Commentary as Reference Genre. In *Der Kommentar in der frühen Neuzeit*, edited by Ralph Häfner & Markus Völkel, 115–131. Tübingen: Max Niemeyer Verlag.

———. 2008. Corrections manuscrites et listes d'errata à la Renaissance. In *Mélanges en l'honneur de Jean Céard*, edited by Jean Dupèbe & Franco Giacone & Emmanuel Naya & Anne-Pascale Pouey-Mounou, 269–286. Geneva: Droz.

Burke, Peter. 2000. *A Social History of Knowledge 1500—1800. From Gutenberg to Diderot.* Cambridge.

Cardano, Girolamo. 1582. *De subtilitate.* Basel.

———. 1663. *Opera Omnia.* Lyon.

Carlino, Andrea. 1999. *Paper Bodies*: *A Catalogue of Anatomical Fugitive Sheets 1538—1687,* tr. Noga Arikha. London.

Carruthers, Mary. 1990. *The Book of Memory*: *A Study of Memory in Medieval Culture.* Cambridge.

Clark, John Willis. 1901. *The Care of Books*: *An Essay on the Development of Libraries and their Fittings, from the Earliest Times to the End of the Eighteenth Century*. Cambridge.

Collingwood, R. G. 1972. *The Idea of History*. Oxford.

de Beauvais, Vincent. 1624. *Bibliotheca mundi*. Douai.

de Botton, Gilbert & Pottiée-Sperry, Francis. 1997. A la recherche de la "librairie" de Montaigne. *Bulletin du bibliophile* 2: 254–280.

de Hamel, Christopher. 1998. *Cutting Up Manuscripts for Pleasure and Profit*. The 1995 Sol M. Malkin Lecture in Bibliography. Charlottesville, Va.

DeMaria, Robert Jr. 1997. *Samuel Johnson and the Life of Reading*. Baltimore.

Desgraves, Louis & Volpilhac-Auger, Catherine. 1999. *Catalogue de la Bibliothèque de Montesquieu à La Brède*. Naples.

Drexel, Jeremias. 1638. *Aurifodina artium et scientiarum omnium; excerpendi sollertia, omnibus litterarum amantibus monstrata*. Antwerp.

Engelsing, Rolf. 1978. Die Perioden der Lesergeschichte in der Neuzeit. In *Zur Sozialgeschichte deutscher Mittel- und Unterschichten*, by Rolf Engelsing, 112–154. Göttingen.

Erasmus. 1508. *Adagiorum chiliades tres*. Venice.

Feingold, Mordechai. 1997. The Humanities. In *The History of the University of Oxford*, IV, edited by Nicholas Tyacke. Oxford.

———. 2001. English Ramism: A Reinterpretation. In *The Influence of Petrus Ramus: Studies in Sixteenth and Seventeenth Century Philosophy and Sciences*, edited by Mordechai Feingold & et al. Basel.

Findlen, Paula. 1999. Masculine Prerogatives: Gender, Space, and Knowledge in the Early Modern Museum. In *The Architecture of Science*, edited by Peter Galison & Emily Thompson, 29–57. Cambridge.

Finé, Oronce. 1557. *La théorique des cieux et sept planètes*. Paris.

Gessner, Conrad. 1545. *Bibliotheca universalis*. Zurich.

———. 1548. *Pandectae*. Zürich.

——— . 1551. *Historiae Animalium lib. I de Quadrupedibus viviparis.* Zurich.

——— . 1976. *Vingt lettres à Jean Bauhin fils (1563—1565)*, tr. Augustin Sabot, edited by Claude Longeon. Saint-Etienne.

Gibson, Reginald Walter. 1959. *Francis Bacon: a Bibliography of his Works to 1750.* Oxford.

Gingerich, Owen. 1993. Astronomical Paper Instruments with Moving Parts. In *Making Instruments Count. Essays on Historical Scientific Instruments presented to Gerard L'Estrange Turner*, edited by R. G. W. Anderson & et al., 63–74. Aldershot.

Goldschmidt, E. 1928. *Gothic and Renaissance Bookbindings.* London.

Grafton, Anthony. 1997. How Guillaume Budé read his Homer. In *Commerce with the Classics: Ancient Books and Renaissance Readers*, 135–183. Ann Arbor.

——— . 1999. *Cardano's Cosmos: The Worlds and Works of a Renaissance Astrologer.* Cambridge.

——— . 2001. Where was Salomon's House? Ecclesiastical History and the Intellectual Origins of Bacon's *New Atlantis*. In *Die europäische Gelehrtenrepublik im Zeitalter des Konfessionalismus*, edited by Herbert Jaumann, 21–38. Wiesbaden.

——— . 2002. *Bring Out Your Dead: the Past as Revelation.* Cambridge.

Hamesse, Jacqueline. 1999. The Scholastic Model of Reading. In *A History of Reading in the West*, edited by Guglielmo Cavallo & Roger Chartier ,tr. by Lydia Cochrane, 103–119. Amherst, Mass.

Harrison, John. 1978. *The Library of Isaac Newton.* Cambridge.

Hartlib, Samuel. 1995. Ephemerides, 1641. In *The Hartlib Papers*, edited by Hartlib Papers Project & Judith Crawford & et al. Ann Arbor.

Hasenohr, Geneviève. 1988. L'essor des bibliothèques privées aux XIVe et XVe siècles. In *Histoire des Bibliothèques Françaises, I: Les Bibliothèques médiévales, du VIe siècle à 1530*, edited by André Vernet, 215— 63. Paris.

Hill, G. B., ed. 1934. *Boswell's Life of Johnson* (6 vols.). Oxford.

Hotson, Howard. 2000. *Johann Heinrich Alsted (1588— 1638): Between Renaissance,*

Reformation and Universal Reform. Oxford.

Huet, Pierre Daniel. 1722. *Huetiana ou pensées diverses de M. Huet.* Paris

Jackson, Helen. 2001. *Marginalia: Readers Writing in Books.* New Haven, Conn.

Jardine, Lisa & Grafton, Anthony. 1990. Studied for Action: How Gabriel Harvey Read his Livy. *Past and Present* 129: 30–78.

Kerr, Robert. 1811. *Memoirs of the Life, Writings and Correspondence of William Smellie* (2 vols). Edinburgh.

Leonardi, Claudio & Morelli, Marcello & Santi, Francesco, eds. 1995. *Fabula in Tabula. Una storia degli indici dal manoscritto al testo elettronico.* Spoleto.

Lindberg, Sten. 1979. Mobiles in Books: Volvelles, inserts, pyramids, divinations and children's games, tr. William S. Mitchell. *The Private Library* 2: 49–82.

Locke, John. 1686. Nouvelle méthode de dresser des recueils. In *Bibliothèque universelle et historique.* Amsterdam.

Lukács, L., ed. 1965-. *Monumenta Paedagogica Societatis Jesu.* 7 vols. Rome.

Lusignan, Serge. 1979. *Préface au Speculum maius de Vincent de Beauvais.* Montreal.

Mandelbrote, Scott. 2001. *Footprints of the Lion: Isaac Newton at Work.* Cambridge.

Meinel, Christoph. 1995. Enzyklopädie der Welt und Verzettelung des Wissens: Aporien der Empirie bei Joachim Jungius. In *Enzyklopädien der frühen Neuzeit*, edited by Franz M. Eybl & et al., 162–187. Tübingen.

Morhof, Daniel Georg. 1732. *Polyhistor.* Lübeck.

Mulsow, Martin. 2006. Practices of Unmasking: Polyhistors, Correspondence, and the Birth of Dictionaries of Pseudonymity in Seventeenth-Century Germany. *Journal of the History of Ideas* 67, no. 2: 219–250.

Murr, von. 1779. Von Leibnitzens Exzerpirschrank. *Journal zur Kunstgeschichte und allgemeinen Literatur* 7: 210–212.

Naudé, Gabriel. 1627/1963. *Advis pour dresser une bibliothèque.* Leipzig.

——. 1661/1903. *Instructions concerning erecting of a library,* tr. John Evelyn. Cambridge,

Mass.

Nelles, Paul. 2007. Libros de Papel, Libri Bianchi, Libri Papyracei. Note-taking Techniques and the Role of Student Notebooks in the Early Jesuit Colleges. *Archivum Historicum Societatis Iesu* 151: 75–112.

Neumann, Florian. 2001. Jeremias Drexels Aurifodina und die Ars Excerpendi bei den Jesuiten. In *Die Praktiken der Gelehrsamkeit in der Frühen Neuzeit*, edited by Helmut Zedelmaier & Martin Mulsow, 51–62. Tübingen.

Petitmengin, Pierre. 2000. La terminologie philologique de Beatus Rhenanus. In *Beatus Rhenanus. Lecteur et éditeur des textes anciens*, 195–222. Turnhout.

Placcius, Vincent. 1674. *De scriptis et scriptoribus anonymis atque pseudonymis syntagma.* Hamburg.

———. 1689. *De arte excerpendi, vom Gelährten Buchhalten liber singularis quo genera et praecepta excerpendi… exhibentur.* Stockholm.

Rouse, Mary & Rouse, Richard. 1991. *Authentic Witnesses: Approaches to Medieval Texts and Manuscripts.* Notre Dame.

Sacchini, Franciscus. 1614. *De ratione libros cum profectu legendi libellus.* Würzburg.

Serjeantson, Richard, ed. 1999. *Generall Learning by Meric Casaubon.* Cambridge.

Sharpe, Kevin. 2000. *Reading Revolutions: The Politics of Reading in Early Modern England.* New Haven, Conn.

Sheridan, Richard Brinsley. 1979. *The Rivals,* ed. Elizabeth Duthie. London.

Sherman, William H. 1995. *John Dee: The Politics of Reading and Writing in the English Renaissance.* Amherst, Mass.

———. 2001. "Rather soiled by use": Renaissance Readers and Modern Collectors. In *The Reader Revealed*, edited by Sabrina Alcorn Baron, 84–91. Washington, D. C.

———. 2002. What Did Renaissance Readers Write in Their Books? In *Books and Readers in Early Modern England*, edited by Jennifer Andersen & Elizabeth Sauer, 119–137. Cambridge.

————. 2008. *Used books : marking readers in Renaissance England*. Philadelphia: University of Pennsylvania Press.

Siraisi, Nancy G. 1997. *The Clock and the Mirror: Girolamo Cardano and Renaissance Medicine*. Princeton.

Small, Jocelyn Penny. 1997. *Wax Tablets of the Mind: Cognitive Studies of Memory and Literacy in Classical Antiquity*. London.

Smyth, Adam. 2004. *"Profit and delight"* : *printed miscellanies in England, 1640—1682*. Detroit: Wayne State University Press.

Snow, Vernon F. 1960. Francis Bacon's Advice to Fulke Greville on Research Techniques. *Huntington Library Quarterly* 23: 369–379.

Sorel, Charles. 1673. *Supplement des traitez de la connoissance des bons livres*. Paris.

Stoddard, Roger. 1985. *Marks in Books, Illustrated and Explained*. Cambridge, Mass.

Surius, Bernardin. 1666. *Le pieux pelerin ou voyage de Jerusalem*. Brussels.

te Heesen, Anke. 2002. Die dopplete Verzeichnung. Schriftliche und räumliche Aneignungsweisen von Natur im 18. Jahrhundert. Berlin: Max Planck Institut für Wissenschaftsgeschichte, preprint 204.

te Heesen, Anke, et al. 2002. *Cut and paste um 1900. Der Zeitungsausschnitt in den Wissenschaften*. Special issue of *Kaleidoskopien. Zeitschrift für Mediengeschichte und Theorie*, 4, Zurich.

Thornton, Dora. 1997. *The Scholar in his Study: Ownership and Experience in Renaissance Italy*. New Haven, Conn.

Ullman, B. L. 1973. *Studies in the Italian Renaissance*. Rome.

Vanautgaerden, Alexandre, ed. 2001. *Circuler et Naviguer ou les index à l'époque humaniste, Nugae humanisticae sub insigno Erasmi*. Brussels.

Vickers, Brian, ed. 1996. *Francis Bacon*. Oxford.

Villey, Pierre, ed. 1988. *Montaigne, Essais*. Paris.

Waquet, Françoise. 1988. Pour une éthique de la réception: les *Jugemens des livres en général* d'Adrien Baillet (1685). *XVIIe siècle* 159: 157–174.

———, ed. 2000. *Mapping the World of Learning: The Polyhistor of Daniel Georg Morhof.* Wiesbaden.

Weijers, Olga. 1990. Dictionnaires et autres répertoires. In *Méthodes et instruments du travail intellectuel au moyen âge. Etudes sur le vocabulaire*, edited by Olga Weijers, 197–209. Turnhout.

Weimar, Klaus. 2003. Les comptes savants de Johann Caspar Hagenbuch: l'érudit et ses cahiers d'extraits. In *Lire, copier, écrire. Les bibliothèques manuscrites et leurs usages au XVIIIe siècle*, edited by Élisabeth Décultot, 66–78. Paris: CNRS edition.

Wellisch, Hans. 1981. How to Index a Book Sixteenth-Century Style: Conrad Gessner on Indexes and Catalogs. *International Classification* 8: 10–15.

Wittmann, Reinhard. 1999. Was There a Reading Revolution at the End of the Eighteenth Century? In *A History of Reading in the West*, edited by Guglielmo Cavallo & Roger Chartier, tr. Lydia Cochrane, 284–312. Amherst, Mass.

Yeo, Richard. 2001. *Encyclopaedic Visions: Scientific Dictionaries and Enlightenment Culture.* Cambridge.

———. 2003. A Solution to the Multitude of Books: Ephraim Chambers's Cyclopaedia (1728) as "the Best Book in the Universe". *Journal of the History of Ideas* 64, no. 1: 61–72.

Zedelmaier, Helmut. 1992. *Bibliotheca universalis, bibliotheca selecta: das Problem der Ordnung des Gelehrten Wissens in der frühen Neuzeit.* Köln.

———. 2003. Johann Jakob Moser et l'organisation érudite du savoir à l'époque moderne. In *Lire, copier, écrire. Les bibliothèques manuscrites et leurs usages au XVIIIe siècle*, edited by Élisabeth Décultot, 43–62. Paris.

———. 2007. Facilitas inveniendi: the alphabetical index as knowledge management tool. *The Indexer* 25, no. 4: 235–242.

Zwinger, Theodor. 1565. *Theatrum Vitae Humanae.* Basel.

论集体作者

彼得·伽里森

1. 先验的作者

达成合作时，会有一些实际问题让我们头疼。面临聘任或者晋升时，该如何对单一学者进行评估？当团队中的每一个成员都无法对最终出版成果进行评判时，如何能发现错误？这些问题，以及与此相关的问题，都不是我在这里要讨论的，至少不是我的首要考虑。我关注另外一些问题，想探讨的是：一项致力于认识这个世界上某些事物的协作，到底意味着什么。我想带着这个问题来解析有史以来组建的最大、最错综复杂的科技集体——20 世纪末围绕对撞束加速器的探测器团队。协作参与者已经超过 1000 人，根本用不着代数拓扑学我们也能估算到，在不久的将来，它们中的几个团队就会让 7000 位实验粒子物理学家在这里施展身手——到 20 世纪末，这么多人会受聘进入团队。但是，要想追问在何种意义上协作团体能认识、讨论或者展示某些事物，考虑到康德的一个类推也许并非无益。

康德《纯粹理性批判》中的一个核心论点，在同等程度上反驳了经验主义者和笛卡儿。笛卡儿以"我思"开始尝试获取知识，提出"我思故我在"；康德想质询"我"本身。康德要求回答的是：当我们假定在"我"所言说的东西中存在一个统一的自我时，我们正在做的是什么？

> 于是，没有那种先行于直观的一切材料，且一切对象表象都唯因与之相关才成为可能的意识统一性，我们里面就不可能有任何知识发生，也不可能有这些知识之间的任何结合和统一发生。现在，我要把这种纯粹的、本源的和不变的意识称之为先验统觉。①

---

① 本段的中文译本采用了邓晓芒译、杨祖陶校的《纯粹理性批判》，人民出版社 2004 年版，第 191 页。本文作者原稿中采用了英译本（Kant，2007：136），译文为：There （转下页）

康德在这里重申，我们全部的世界表象都得回指到某些共同意识；要不是能回溯到单一的意识点，我们感知到的点和块就一直是散离的，周围的对象于我们而言就什么都不是。这里有一个比喻（不是康德的比喻）：无数位单独的天气观察员，每个人每小时各自记录一次气温，如果这些信息没有全部发送回某一个人手里，那么天气锋面的存在就从来不会认识到。只有当一个或者多个观察者能够看到这些孤立信息的空间组合构成了等温线或者等压线，作为一个概念的冷锋面才会出场。如果没有统觉的一体性，我们每一个人就如同那些单个的、互不相干的天气观察员一样，是没有整合的聚合而已。如果没有统觉的一体性，我们的世界缺少的绝不仅仅是冷锋面、暖锋面或者锢囚锋面，还会缺少客体的概念本身。

　　康德的洞察力在此：我们的个体意识的一体性，是任何客体呈现之一体性的必要前提。实际上，意识的一体性对于在我们看来的任何客体都是必需的。正如气象锋面的比喻已经表明的那样，我在这里的考虑不是传统的康德的问题，而是这种统觉一体性在明确的协作式知识探索运作中的相关性。我在这里要问的是：什么会作为那些能关乎协作团体的现象呢？也就是说，当协作团体在声言某一新事物存在或者对科学的影响时，由此引发出来的"我们"，是采用了哪些特殊机制才得以确保其

（接上页）can be in us no modes of knowledge, no connection or unity of one mode of knowledge with another, without that unity of consciousness which precedes all data of intuitions, and by relation to which representation of objects is alone possible. This pure original unchangeable consciousness I shall name transcendental apperception. (A 107)。该段落的德文版原文：Nun können keine Erkenntnisse in uns stattfinden, keine Verknüpfung und Einheit derselben untereinander, ohne diejenige Einheit des Bewußtseins, welche vor allen Datis der Anschauungen vorhergeht, und, worauf in Beziehung, alle Vorstellung von Gegenständen allein möglich ist. Dieses reine ursprüngliche, unwandelbare Bewußtsein will ich nun die *transzendentale Apperzeption* nennen。源自：Project Gutenberg Online Immanuel Kant: Kritik der reinen Vernunft - 1. Auflage - Kapitel 29。

存在的呢？谁在发声？或者更好的说法是，什么在发声呢？

　　20世纪末的物理学家们面临这样的协作：在欧洲核子研究机构（European Organization for Nuclear Research，CERN）的大型正负电子对撞机（Large Electron-Positron Collider，LEP）加速器的四个探测器团队，每个团队都有差不多500位物理学家，他们来自50多个机构，还有数百个技术员和工程师。在并不太久以前，曾经有过两个协作式探测器团队，他们在有1000多名物理学家的德克萨斯超导超级对撞机（Texas Superconducting Supercollider，SSC）那里建造了自己的机器。属于CERN的大型强子对撞机（Large Hardron Collider，LHC）甚至更大，它有两个协作团队，每个有1500到2000名物理学家参与。我们可以问的是，集体发现了一个粒子或者证实了一个理论，对这种机构链意味着什么？我想知道的是，在那个以协作方式产出的文档当中，我们已经预设了什么。当协作团体掌控物理世界中的某些事物时，那么，信息在哪里，谁拥有它，集体的哪类一体性已经被设想到了？

　　要想从"我"发声的条件挪移到"我们"发声的可能性条件，当然需要以若干方式强力修正康德的立场。首先，非常清楚的是，我所考虑的问题在概念的等级序列中位于一个相对高的层面——这不是那种我们人类说"我看到一支笔"或者"在一般意义上形成关于对象的概念我们需要什么"时的必需条件，而是有可能说出这类句子的条件："OPAL协作团队测量了Z的宽度"或者"UA1协作团队最先看到W的衰变"。其次，康德对统觉一体性之"先验性"的分析，标记出两个特征。第一，先验论追问，什么是被视为理所当然的（在这一点上，我同意康德的看法）。在康德那里意味着"哪些东西已经置入思考中的个体自我当中"，在这里则是"哪些已经置入集体自我中"。不过，第二，当康德将这些可能性条件视为对于先验存在（a priori，也就是说，根本就先于我们的经验）时，他同时采用了"先验的"（transcendental）一词的另一含义。为了反对经验主义者，康德在《纯粹理性批判》的这些章节中一直认为，经验中提取出来一个一体化的"我",正如我们从来不能从经验中提取出统一的"我"。相反（他继续这样论述），需要首先有统觉一体性，事物才能在我们的经验中出现，正如感知的可能性（直觉）预设了我们拥有某种空间和时间感觉。总而言之，康德的视统觉一体性为一种先验真实，因为它不能从个人经验中习得，因而它也是在历史中不能改变的存在。与康德的论点有所不同，我在这里的部分论点是:（1）协作团队——哪怕是有限定时间的协作团队——各不相同地形成他们自身意义上的"自我"。（2）"协作团队自我"（collaborative self）的本质，从战后时期的气泡室到 20 世纪 80 年代和 90 年代的大型对撞束合作，有着大幅度而且明晰的转变；而后，随着所谓的"移动主体"（mobile agents）的引入，更为不可思议的转变甚至已经初露端倪。

尽管在集体性的"我们"与个体性的"我"之间有这些共时与历时的"非同构性"（disanalogies），康德问题的要旨则未改变。在高能物理这一集体协作特别多的领域，公布一项协作活动的背后，对于"我们"的一体性有哪些预设？那些由协作者不无痛苦地达成的、可称为构造集体自我的过程是怎样的？"我们"是什么，它与那些要让协作团队之外的人来接受知识断言的做法，是如何关联在一起的呢？

2."伪我"（Pseudo-I）

集体实验者与先前的科学作者有所不同，这在 20 世纪 60 年代已经显现。当时气泡室物理学开始将协作团队的规模从个位数成员扩展到 15 或者 20 位。当时世界上最著名的氢泡室布鲁克海文国家实验室（Brookhaven National Laboratory）的负责人阿兰·桑代克（Alan Thorndike）在 1967 年有这样的描述：

> 我们一直讨论其活动的那个"实验者"到底是谁？"他"极

少（如果尚有的话）的情况下是单个人。……实验者可能是年轻科学家组的组长，监督和指导他们的工作；"他"可能是一个同行组的组织者，承担推进工作直到圆满完成的主要责任；"他"可能是绑在一起来共同进行工作的群组，没有内部明晰的等级序列；"他"可能是因为共同兴趣而走到一起的个人或者次级小组的协作团队，也许是从前的竞争者的混合，他们因为有着相似的研究计划，于是被更高的权威给合在一起……

于是，实验者不是一个人，而是一个合成（composite）。"他"可能是三个人，更可能是五个或者八个，甚至可以多达十个，二十个或者更多。"他"可能在地理上分散各处，尽管经常是他们都来自一个或者两个机构……"他"可能是短期的，"他"的成员是变换的、开放性的，很难去决定其极限。"他"是一个社会现象，其形式各不相同，无法精确定义。不过，有一点"他"肯定不是。"他"不是传统形象中那位深居简出、孤单单地在实验室长凳上工作的科学家。[2]

在这一不同寻常的文章中，桑代克勾勒了"协作团队作为作者"（collaboration-as-author）。这正是最令我有所触动的核心问题。人们可以提出其他问题，如个人如何决定加入群组，或者每个人如何攀爬事业之梯等问题，但是激发我兴趣的，是桑代克提出的更为极端的东西：他认定自己的协作状况不是实验者的集合，而是"协作团队作为实验者"。正是这一事实的特质让实验者变成了"一个社会现象"，有着不确定的界限、地理上的分散、各不相同的形式以及偶然的内部结构。当桑代克说出来实验者变成了"合成"时，他抓住了战后物理学的某种关键之处，

② 参见 Thorndike（1967: 299–300）。参见 Galison（1997），尤其是第 1、5、7、9 章。

哪怕这在语法上显得蹩脚。

尽管有这种合成性质，在 20 世纪 60 年代，实验者仍然是以作者名字出现的个人。谁都知道在劳伦斯伯克利国家实验室（Lawrence Berkeley National Laboratory，LBL）的最大氢泡室协作团队是阿尔瓦雷茨小组（Alvarez Group）。与此类似，伯克利实验室的其他泡室小组也以其负责人的名字为人所知，比如特里林－戈德哈伯小组（Trilling-Goldhaber Group）或者鲍威尔小组（Powell Group）。在桑代克所在的布鲁克黑文，谁都不难来确定桑代克小组（Thorndike Group）的核心人物是哪一位。尽管一个泡室要求有不同类别的专业知识，这些专家次级组都将报告提交给单一的中心。阿尔瓦雷茨也负责数据处理领域，一如他也跟负责低温领域的工程师和物理学家打交道一样。最后，发表物理学成果的所有决定要由他做出，所有进入小组的资金也都经他之手。出于所有这些理由，我认为实验组以负责人命名这一事实干系重大：20 世纪 60 年代的协作团队，是基于一位可赋名的个人缔造的，这位单一个人的行动，可能是在对他人进行咨询以及最终经由他人而采取的；但是，当阿尔瓦雷茨小组发现了一个新粒子时，在某一种意义上这是阿尔瓦雷茨本人的延伸（至少对外界来说如此），因此阿尔瓦雷茨作为给小组赋名的核心人物。甚至当该组的活动增多，分化成低温、扫描、分析和机械各分组时，"阿尔瓦雷茨"的名字还是有两种使用方式，一种是他个人的，另一种是作为群组整体的"伪我"（pseudo-I）。

3. 等级序列与核心缺失

与规模增加（从账目上的实验费用 1000 万美元，到光设备支出就 1 到 10 亿美元的协作）随之而来的，是协作结构上的许多更改。阿尔瓦雷茨或者桑代克的泡组，有单一的处于领导地位的机构：前者是劳伦斯伯克利实验室，后者是布鲁克黑文国家实验室。在 1967 年，没有哪一位在伯克利实验室的某个小组中工作，来自霍普金斯大学的人，对于"协作团队并不意味着享有平等的权威性"这一点会产生任何质疑。劳伦斯伯克利实验室是众多研究机构中的首个先行者，它与这些机构分担工作。当探测器规模发生改变时，这一地方性主导就无法保持：不再能有某一个人、小组，甚或国家在一个固定的从属位置上加入协作。显然，这一事实不单单是粒子物理学的政治经济中的一个特征，它也映射出美国各大学之间、美国与协作国家（比如日本）之间以及在日内瓦城外的欧洲核子研究机构的参与协作各国之间关系的改变。

核心的增多还有另外一个维度，它是技术意义上的，同时也是象征意义上的。在泡室，设备本身就具有某种一体性：本质上那是一个液态氢的容器，其在结构上和温度上的整体完整构成了主要的工程性困难。泡室能不能承受数百万计的压缩和去压缩——这会让气泡开始形成，然后再将它们压缩回到不存在气泡的状态，准备若干毫秒以后的下一轮交会？能够让氢一直都保持一致的温度，以避免给"真正的"直线粒子轨迹造成错误的曲线？从泡室转换到混合电子探测器的技术，其设计是用于捕捉粒子和反粒子对撞束的碎屑。伴随着这一技术转换，整体的技术一体性也开始分化。

两种效力在这里相遇。一方面，泡室技术混合化在许多方面让分解工作更加容易，将规划、建造、维护和分析分给不同实验室。大型正负电子对撞机的一项协作 OPAL 将其探测器做这样的划分：博洛尼亚和马里兰接手了前方探测器、强子量能器、束管道；芝加哥接手了电磁筒预采样探测器；东京接手了电磁筒热量计、核心探测器以及触发器系统。其他组——有好几十个——分得了所余的无数个探测器组件。另一方面，这种分"财产"也有象征意义的维度：每个组都需要有可以展示给人看的某些东西，一块可以认定的不动产，可以在图片报告和报告书中展示给资助机构——在一些情况下是所在国的科学部委。就分析目的而言，对两个维度予以区分（技术的和象征的）会有所帮助；在真实世界的物理学实践中，这一区分并不清晰：将技术性活动划分成可以认定的组件部分，这同时是一桩政治－象征行动，也是一桩实用－技术行动。底线是：任何一个组都不能对这一多机构的、有越来越多国家参与的协作发号施令。20世纪90年代末期的科学政治不能容许一个主探测器是"美国的"或者"德国的"，更不能是"阿尔瓦雷茨的"或者"桑代克的"。随着这种分化，托个人之名的群组让位于各部分更具有联盟性质的组合；集体自我作为统一体被分解了。

这一转变反映在领导者的名字上——从作为作者的著名物理学家的名字，到明确法团性质的"执行"或者"协作"委员会。在科学与技术管理方案的细分结构中，我们可以从细节中看到：去中心化的作者署名映射了科学产出的这些新条件。让我们将注意力集中到某些特定地点和作者身份的实践。我相信，只有追踪那些协作团队在成果署名方面的特有机制，我们才能看到协作团队的内在结构是什么，以及它如何将自己深信的成果带给外部世界。

4. 作者署名管理方案

在两英里长的斯坦福直线加速器中心（Stanford Linear Accelerator Center，SLAC）的尽头，是20世纪90年代初启动的斯坦福直线探测器（Stanford Linear Detector，SLD）。在团队开始运行之际，斯坦福直线探测器在一份出版物中发表了若干年前制定的作者署名政策来规范目前事务，以备不时之需。他们要做的最基本、最简单明确的规定是，谁应该被包括进来。如果出版物中留给作者署名的版面有限，作者列表遵循依照字母排序的原则；如果署名的版面没有限定，则依照字母顺序列出机构名称，在机构之下作者名字按字母顺序排列。

上述规则不应该有例外，比如，如果论文源于学位论文，则把该学生列为第一作者。我们首要考虑的是团队的凝聚性，要真正承认：对一份物理学成果，所有的协作者都有不同方式的贡献。③

如果该学位论文由一人完成，这应该在第一个注释中明确指出。但是，正如这一严苛的规则所表明的那样，团队的凝聚力从一开始就是排列作者顺序的一个因素，协作团队的稳定性优先于任何个人性贡献。

"谁是作者？"斯坦福直线探测器协作委员会在1988年7月提出这一问题时没考虑太多。但是，对这一问题的回答却有着重要的影响，不光关涉协作中的个人，也关涉整个撰写和认证过程。委员会认为："就物理学论文而言，协作中的所有物理学家成员都是作者。此外，发表的第一篇论文应该包括工程师。"从委员会专门提及"物理学论文"可以看出，显然还有其他形式的书面成果，有不同的署名管理条例。比如，有关于硬件的报告，管理条例对此区分出三种情况。如果是关涉全系统的创新，比如WIC，那么重要的物理学家和工程师都要在论文上署名；关于子系统的建造和运行的成果，也遵循同样的条例。举例而言，发射台电子学是丝室的一个组成部分，该工作分组里的物理学家和工程师可以署名。实际上，条例不反对系统或者子系统的硬件报告仅有工程师署名，只要他们能证明这一做法是合适的。对这些工作毫无（直接）贡献的人，会被建议将自己去掉。最后，还有"个人的贡献"，这被"视为少有的例外，是在一个人做出了个人的'发明'情况下"。首先，系统管理者得同意提议的论文有被归于这一类别的资格；其次，作者要将一份备忘录分发给全系统的物理学家（那些参与进该特殊系统的人），申明自己要完成一篇论文的意图，并"邀请那些对此感兴趣的人与作者联络以便帮助撰写。论文的初稿应该分发，给系统内的其他物理学家提供

---

③ "SLD Policy on Publications and Conference Presentations," 1 July 1988,1.

一个机会，以便提出将自己名字添加其上的要求"。④

正如不同类型硬件成果所表明的那样，根据内容和目标受众的不同，协作体现为不同的样式或者模式。如果是物理学自身，这些样式的差异会更加精细，从内部备忘录到意在发表新成果的最重要的论文。我们可以将斯坦福探测器文献产出转述为如下的类型：

（1）内部备忘录不分发给公众，或者甚至不分发给全体斯坦福探测器成员。撰写者可以自主决定谁是作者、可以包含什么内容。

（2）斯坦福探测器笔记要分送给全体斯坦福探测器协作成员，如果合适的话也可以送到公众手中。要求作者将这类内容分送给所涉数据和设备有关的全体人员。斯坦福探测器笔记要求有重量级系统管理者的同意。

（3）关于斯坦福探测器物理学的会议论文，其署名形式是"斯坦福探测器协作团队，由某某某发表"，在注释中列出全部斯坦福探测器作者。

（4）关于设备研究和开发的会议论文，如果团队界定明晰，应该署名为团队，致谢斯坦福探测器协作人。这也要求得到系统管理者的许可。

（5）对斯坦福探测器物理学或者探测器设计的综述，其处理如类型（3）。

（6）综述性论文，包括但不限于斯坦福探测器的结果，假定为草稿性质的报告但并非类型（3）那样的报告，会被允许引用尚未公开发表的斯坦福探测器结果"作为个人的工作"，因此，这种成果被认定为作者所在机构的出版物。

---

④ "SLD Policy on Publications and Conference Presentations," 1 July 1988,1.

就我们的目的而言，这些不同模式的重要性在于：对作者署名权的管理，既关涉受众范围，也关涉对知识的权益主张范围。如果对知识的权益主张范围限定严格，比如，限定在某个硬件的功能，作者名单可以仅仅为撰写者；如果工作是由工程师来完成的，那么可以将物理学家的名字全部删掉。或者，如果受众范围限定得足够严格的话，如"内部备忘录"，单独一位物理学家也可以作为单一作者。相反，如果发表一项重大的物理学声明，比如发现了不规则衰变，要将该消息发布到全世界，那么必须由协作团队来作为作者，撰写者个人被降格为"发表者"的角色。甚至也要免除下属机构对一项分析的"所有权"，涉事小组被禁止在备忘录上给首页编号，因为这有可能被理解为"出自某机构"（而不是作为整体的协作团队）。

实际上，一项物理学出版物的核心问题是，要非常小心地去定义协作中谁算作涉事作者。这一定义徘徊在两个标准之间：一端是参与者升职结构的实际要求，另一端是哪类工作堪为"作者工作"的概念。

对物理学论文来说，作者被定义为，那些对该题目论文的结果做出贡献的物理学家（参加倒班、做分析、建造硬件等等）。在一般情况下这意味着，任何全职加入直线探测器项目的人本质上立刻就成为作者。为应对无法获取数据的"旱季"阶段，加入协作团队至少一年以上的成员会自动地被包括进所有的论文，甚至那些论文基于的数据来自他们加入团队之前。由于加入协作团队并不一定等同于加入某一机构，准确的开始日期由所涉个人以及代表其所在机构的协作委员会成员来确定。

我们需要注意到，这里存在某种张力。一方面，某些特定种类的工作是成为作者的必要前提（倒班、分析、建造硬件等等）；另一方面，这些评判标准对研究加速器所遭遇的困扰（"旱季"的危险）也予以承认，其方式是允许参与者成为在其入职之前已经取得的成果的作者。出于类似的理由，"一个行将离开协作团队的人，在其任职期间积极参与过的实验的成果，他／她都是作者"，除非该人要求另行处理。

当真正到了撰写论文时，其进程开始于某些撰稿者写出一份详细的备忘录。接下来会在直线加速中心发表，随后形成一个由 5 到 7 人组成的委员会。如果获得许可，他们会将论文提交给协作团队全体成员，他们会有两个星期的时间来评议。委员会对所有评议处理之后，"会安排一次小组阅读会"，一般为 3 个小时。"在这个公开阅读会上，所有在场者都可以发表评议，讨论结论，等等。（这种方式带来的创造性启发一般会让论文得到改进）"公开阅读之后会形成一份新的初稿，再用两个星期来记录下所有的评议；终稿会有一个星期的流转时间，在此时只有"事实错误、英语错误和拼写错误可以纠正"。[5] 最后，如果委员会认定手中有重大发现，就会召开新闻发布会或者发布新闻，只有直线加速器中心主任以及直线探测器项目的共同发言人，并有来自协作委员会和顾问组两个群体的建议，才有资格举办这样活动。这是因为，实验的真实性要经过重重把关来得以保证。

这些规则的复杂性一部分来自两种推向相反方向的渴望。推向"包容性"是基于这一渴望：让协作团队尽可能成为完备的、一体化的，任何人被遗漏都可能损害知识断言的权威性。读者可能会问，为什么某些人的名字没有出现。在费米实验室的 DØ 探测器协作团队的文献中，作者署名规则几乎在首要位置上："因为某些个人未深入参与某个角度的分析而将他们的名字撤掉，这会削弱出版物的影响力，因此这种做法是非常不受鼓励的。"[6] 正如我们所看到的那样，即便学生的学位论文，也

---

⑤ 同上，第 3—4 页。这里值得注意的是，与 17 世纪的"看不见的技术人员"形成反差的是，最初的论文要相应地将那些对设备开发做出重要贡献的工程师的名字包括进来。
⑥ DØ Executive Committee, "Criteria for Authorship of DØ Physics and Technical Papers," 14 March 1991. 后文中写为 DØ 14 March 1991.

要随时随刻完全地被吸收到协作团队的整体中。推向"排斥性"的愿望是，让每个名字都代表着接受工作指令和同意工作。两种趋势（包容性和排斥性）都与可信性绑在一起：必须有足够的一体性，其名称能代表某种东西，协作才能行之有效。一个碎片化的"我们"所拥有的可信性在外界产生的效果，与100年前那些会说，某种物质既是磁性的也不是磁性的个体实验者一般无二，这些自相矛盾之处从根本上抹掉他们作为学术共同体中有贡献的成员的资格。

一致性是重要的。年长的粒子物理学家都对此事记忆犹新：当E1A实验项目的不同成员，就弱中性电流存在或者不存在的问题向公众宣布他们初步的、矛盾的断言时，他们遭受了怎样剧烈的批评。对于他们的可信度来说，悲剧性的结果是：他们那个拿出来过去半个世纪当中最令人刮目相看成果的超级实验，迅速地被嘲笑为发现了"交替性的中电流"。[⑦] 协作团队的命运，与它的结果是并辔而行的。

大型正负电子对撞机中的ALEPH协作团队由475位物理学家组成，其发言人之一罗兰迪（Gigi Rolandi）最近写道："总体原则是，没有协作团队的许可，ALEPH的结果不能对公众发表。对于一个特定的分析，ALEPH只能有一个官方的结果。"[⑧] 他们用来达成这一结果的程序，与直线探测器项目相差无几。一位或者几位物理学家在协作团队星期四的常规会议上发表一份分析，提前要适时地广而告之。在该会议上，协作团队——或者确切地说是它的代表——会投票，是同意用该分析结果做公开报告发表还是准备论文。如果是后者，撰写者要提交给编委会主席（协作团队发言人指定的人选）一份初稿，而后由编委会主席来指定若干评议人。在写过一稿或者二稿之后，论文会第二次提交给协作团队。但是不管是否有这道程序，在所有情况下，编委会最终投票来决定是否

---

⑦ 参见 Galison（1987），第4章。
⑧ 罗兰迪写给本文作者的电子邮件，1995年1月30日。

批准该论文。我们可以用两种不同的，但是关联非常密切的方式来描写这一过程。一方面，协作团队要找到某种方式来集体认知某些东西——完成论文；另外一方面，要以某种方式把协作团队的成果安排成如此的结构：带给外界的是单一的、令人信服的讯息。

费米实验室万亿电子伏特加速器（Tevatron）的 DØ 探测器团队（一项有 424 位物理学家参与的协作，其人数还在增加）的作者署名文献坚持，所有的"真正的"参与者都应该出现在所有的出版物上。毫不意外，这里的问题是如何定义"真正"。该团队在 1991 年 3 月 14 日发布的作者署名政策要求，除某些例外情况以外，如下人员可以成为作者：高年级研究生或者拥有更高学历者，在论文提交发表之日已参与团队工作至少一年。像绝大多数这类协作团队一样，这里也允许前工作人员在离职后一年内仍然有资格成为作者。但是，一位得到认可的作者必须做如下工作：首先，在对该论文有重大意义的数据运行方面，该人达到了平均轮值数的一半；其次，该人必须符合下列两项要求之一：(1) 在原供职机构或者费米实验室工作时间相当于至少一全职年，从事操作探测器某部分或者操作该论文基础数据获取所采用的软件；(2) 对该论文的基础数据分析有主要贡献，这包括编写软件、做分析、建数据站（DST）、撰写文稿、对论文做内部评议等等。⑨

这些标准在某些方面体现的要求，可以被看作早年实验项目的更新版本，因为第一条标准有坐班的要求。这一限定性条款很快就寿终正寝了，因为很清楚，20 世纪 90 年代的实验工作结构根本不能与那种特定的体力劳动形式连在一起。1994 年 6 月 2 日，协作团队修正了其"作者署名规则"，对实验者的身份采取了一个更为宽泛的概念。新规则规定的要求，作者每周总工作时间必须达到 12 小时，所涉范围宽泛到允许

⑨ DØ 14 March 1991.

如下活动的任何组合⑩：

（1）设计、建造或者调试探测器或者 DØ 测试设施。

（2）编写软件，比如应用软件包，探测器的蒙特卡洛模拟；处理或者分析 DØ 数据。

（3）处理蒙特卡洛模拟情况，在 DAB 或者任何 DØ 测试设施上获取的数据。

（4）在 DAB 或者在 DØ 测试设施上做数据运行的轮值工作（每月 4 次被认为是必要的，"以防止遗忘以及需要强化再训练"）。

（5）DØ 的管理人员，合同、资金管理者；担任"物理学召集人"，或者某技术性题目（如电子识别）的召集人。

（6）撰写或者评议 DØ 论文；指导 DØ 课题的研究生。

（7）参加 DØ 工作会议、研讨会或者讨论；分析物理学模拟或者对论文或者博士学位论文做物理学分析。

（作者署名规定特别指出，团队重要人物——其形式为协作团队发言人任命的作者委员会——才有权进行第 6 和 7 条规定的工作。）

等到真正产出论文时，DØ1994 年规定的程序大致如此：如果某人有"萌芽状态"的物理学笔记初稿，协作团队的共同发言人会专门为该文任命一个编辑委员会来审议结果。在每一个案中，编委会的成员构成包含作者及其他四位物理学家：一位顾问（也被称为"教父／教母"），同团队的某人（即来自同一物理学团队或者算法团队），另外两位协作

---

⑩ DØ, "Rules on Auhtorship of DZero Publications," 2 June 1994: "退休与离职权益"允许协作团队成员在离开之后有作者署名权的时间为 6 个月到 1 年，最多 3 年。"发起人"（"masthead"）属于协作团队的活跃成员。发起人与作者并非同延性的。比如：离职成员在归属延展期内可以是作者，但不能是发起人；某些加入到协作团队中的人可以成为发起人，但尚且不能成为作者。

团队成员。在一份物理学笔记初稿提交给编委会的同时，另外一份副本会发放给协作团队的全体成员——任何人都可以通过电子分送的 DØ 消息进行评论。协作团队通过将作者纳入编委会的做法，有意去打破其他团队所采用的那些评审模式，以便"促进更多产出的交流"，"避免误解"以及规避"对抗"。这一更具有包容性质的编委会结构一方面能促进和睦，另一方面也是进一步探索的基础。与其他团队的评审过程不同的是，DØ 的作者署名规则授予编委会有权获取所有备份材料，包括论点、备份分析、DØ 笔记以及所要求的其他事项。

假定该建议获得编委会的发表许可，接下来便是等待期间。DØ 物理学笔记的告示期为 4 天，可能公开发表的论文告示期为 10 天。一般情况下，协作团队中 10% 的人会对公示的笔记进行评议。此外，作者署名规则要求在 DØ 物理学分析会议、协作团队全体会议上做一次"公开审读"，或者安排一场特别会议。最后，在等待期满以后，假如编委会可以确信所有异议都已经处理，完稿的物理学笔记就会得到一个编号（与未经评审的 DØ 笔记有所不同），并进入协作团队所具有的共有储存空间。那些不打算发表的会被标记上"DØ 协作团队的初步结果"，而那些准备公开出版印刷的内容会被提交给目标期刊。

我的最后一桩案例是欧洲核子研究机构的大型正负电子对撞机的 OPAL 协作团队。OPAL（Omni Purpose Apparatus for LEP）由 24 个分组构成，其责任分布在 14 个"次级探测器"上。和所有这些巨大型对撞束探测器遇到的问题一样，从任何角度来看，维护整体集成都变成了核心的、最困难的问题。在论文署名问题上，OPAL 如同直线探测器项目，ALEPH 和 DØ 一样，目标在于让待出版物符合协作团队作为一个整体的某些理念：

> OPAL 对所有将要出版或者在 OPAL 之外展示的物理学结果——不管是初步的还是最终的结果——都实行严格的内部评审程

序。其目标在于保证结果可靠、具有高质量并且得到很好的展示。任何结果，在成员有充分的机会检验、评判并对其予以认可之前，绝不在协作团队之外讨论。

在这个与我们看到的其他团队相似的总体程序中，如果某人有了物理学上的想法，会请求一位物理学协调人来指定一个编委会，该团队由作者以及四位其他 OPAL 物理学家组成，他们当中应该包括一位母语为英语者，一位该论文所涉领域的专家，一位非专家以保证论文能让更广的读者群看懂，以及一位 CERN 以外的专家。撰写者必须给编委会至少一个星期来仔细查验材料，当编委会感到满意后，会采用一个被称为"DISPATCH"的程序将初稿发送到全世界各地的 OPAL 实验室。这种方式的公示至少要保留两个星期，以便能从不同地方得到评议或者批评性反馈。在这一评判阶段的后期，当大协作团队提出的任何异议都得到应有的处理，而后编委会感到满意时，就会安排一次公开审读。参加这一活动的是编委会以及协作团队中对此感兴趣的成员，在初稿提交给协作机构去获得最终许可之前，这是做最后的、重大修正的机会。

OPAL 也像其他协作团队一样，产出的成果有不同形式。物理学笔记被定义为"OPAL 内部文献，以便让读者理解和评判分析的可靠性"。[11]

由于物理学笔记所描写的结果分析属意于公共领域，在限定的基础上它们可以为 OPAL 之外的物理学家所获取。对于那些对此感兴趣并有正当理由来索要文档的人，可以给他们提供单个副本，但是不能发送到任何 OPAL 以外的电子邮件群发名单上。比如，OPAL 协作者可以在与 OPAL 之外的学生和同事讨论时使用这些物

---

[11] Dave Charlton and Peter Maettig, "Analysis: Basic Guidelines for OPAL Physics Notes and Papers. General Editorial Policy and Procedure," 10 January 1997, 第 3 页。

理学笔记。[12]

在这里需要注意的是，正如在其他"立法"中一样，期刊论文初稿要求有公开审读——在核子研究机构举行一个公开的 OPAL 会议，此后作者与编委会商榷并准备文稿，以便获得最终许可。受众的范围越大，文章透入协作团队的程度就必须越深。向外界展示与在内部生成一个"我们"相得益彰。

到了 20 世纪末，（美国）能源部发布一项未来高能物理研究模式的报告，当时的问题在几年之后就大不相同。当委员会充满疑虑地瞩望在得克萨斯州建立的超导超级对撞机时，他们感到上千人的协作是不切实际的。当欧洲大型强子对撞机的研究者增加到 2000 位物理学家时，不满意程度就更大了。当未来加速器欧洲委员会在 1995 年对大型团队做民意调查时，他们发现 75% 的受访者不喜欢目前的出版规则，大多是因为这破坏了职业晋升的可能性，并有碍于从工作中得到科研资本，67%的人希望有所改变。但是，很少有人想限制作者名单，尽管他们确实想给内部出版物更大的分量。[13] 费米实验室发布关于顶夸克（最重要的粒子之一）存在的首份出版物是一个颇具象征性的例子：第一篇论文的署名作者大约为 800 人。

不安也来自外来者的感知。1988 年，能源部的委员会并不情愿地考虑到包容性质的作者名单带来的后果，因为这在其他领域的物理学家当中产生了"所有的个人性都被淹没在高能物理当中的印象"，当牵涉到聘任、任期，甚至对学科领域的资金支持时，这一印象并非无关紧要。更糟糕的是，委员会担心这会造成无法确定谁是责任人、谁真正彻底了

---

⑫ Dave Charlton and Peter Maettig, "Analysis: Basic Guidelines for OPAL Physics Notes and Papers. General Editorial Policy and Procedure," 10 January 1997, 第 4 页。

⑬ ECFA 95/171, "ECFA Report on Sociology of Large Experiments."（ECFA ＝ European Committee for Future Accelerators）

解实验的情形。的确，长长的作者名单最终会极大程度地让个人履历上这份出版物的价值含量大打折扣。这种发表成果贬值的一个直接后果是，委员会注意到对一个人的评估越来越基于推荐信而不是工作本身，而推荐信也带来各种问题。在许多作者署名规则中都考虑的一个想法是，在首份出版物后减少作者的名单。但是，这遭到了一些人的强烈反对，比如那些维护校正器的人，他们的工作是后续结果也需要的。一位年轻物理学家坦率地说："这些实验真正是 100 个人工作的结果，假装不是这个样子，那就是从根本上不够诚实。"[14]

1996 年 2 月，当时的超导超级对撞机（现在已经停用）主任罗伊·施维特斯（Roy Schwitters）在《高等教育纪事报》（*Chronicle of Higher Education*）上发表文章，建议在大团队中应该采取新规则。新指南包括，当"计划中的"即在建设时已经预期到的发现真正出现时，团队人员的名字全部被列出。他也呼吁做些改变，以鼓励人们在自己工作的领域发表著作。机器制造者应该发表关于部件的技术报告；实验者要发表自己的数据分析；软件工程师要发表给同行看的报告。最后，施维特斯还倡议，报告在发表之前要在实验团队内广泛分发，如果在实验团队内看法有所不同，就发表不止一种阐释。[15]

协作团队有明确的、公开发表的不同观点，真正发生这种事情是在1995 年春天，那是围绕着洛斯阿拉莫斯介子物理工厂直线加速器（Los Alamos Meson Facility）进行的研究。协作团队中的多数人发表了一篇论文，强烈支持中微子具有质量这一观点（更确切地说，有很好的备选情形表明，在反缪中微子与反电中微子之间有震荡）。宾夕法尼亚大学的研究生詹姆斯·希（James E. Hill）不同意此说法，期刊《物理评论

---

[14] "Report of the HEPAP Subpanel on Future Modes of Experiemental Research in High Energy Physics," July 1988 (DOE/ER: 0380), 50–51.

[15] 参见 Schwitters（1996）。

快报》（*Physics Review Letters*）立刻发表了他的不同观点的论文：《对液体
闪烁体中微子探测器（Liquid Scintillator Neutrino Detector, LSNS）的寻
找中微子震荡数据的一种另类分析：从反缪中微子到反电中微子》。希
尔认为，所谓的9个震荡情形中，只有2个是真正可用的备选情形。协
作团队马上就陷入了真正的手忙脚乱，开始考虑这类问题：这样公开发
表与协作团队的不同意见，可以吗？如果有不同观点的话，谁应该在论
文上署名？像《物理评论快报》这样的期刊，对产生数据的协作团队应
该有怎样的义务？发表不同意见受到包括施韦特斯在内的一些人的赞美，
也遭到另外一些人的指责。然而，这种公开的冲突几乎无益于解决这一
根本性问题：当个人被淹没在协作当中时，作者权应该如何划分。

实际上人们也可以看到，大协作团队的作者署名规则存在一种根本
性张力，这发生在浓缩于一个人或者小群体周围的作者权与同样强大的
要将作者权分散在整个协作团队中的推力之间。在 ATLAS（A Toroidal
LHC Apparatus，欧洲核子研究机构的大型强子对撞机协作中的一个探测
器）于2000年2月发布的"科学笔记"这一新出版物类别中，这些相
反力量是显而易见的。在题为《一种认可个人对未来大型实验之贡献的
新著作类别》的文章中，ATLAS 人以这种方式将问题展示出来：

> 在高能物理研究领域，近十年里由于每份出版物都有庞大的作
> 者群，在大学和研究机构任职的实验高能物理科学家的职业晋升更
> 加艰难。与其他科学领域相比，作者数量巨大使得难以评估个人贡
> 献。即将开始的大型强子对撞机实验的协作团队要比现有实验大若
> 干倍，因此若不采取行动，认可实验中个人贡献的问题就会变得更
> 为紧迫。[16]

---

[16] "ATLAS Guidelines for the Publication of Scientific Notes," ATLAS 协作委员会于2000年
2月2日批准。本文作者感谢尼克韦尔（Bertrand Nicquevert）提供这一信息。

一方面要将实验团队作为整体来展示，另一方要凸显特定的个人，在这两种要求的夹击之下，ATLAS 团队提出了一个精妙的作者署名方案。首先，他们坚持认为，大型强子对撞机实验的科学成果要"以全体协作团队的名义"来公之于众，这是"可以理解的"。但是，他们接下来马上引入一种新的出版物形式，"科学笔记"处于精心打磨的科学论文（以 ATLAS 为作者）与一般的、相对粗糙的"ATLAS 笔记"之间，后者意在协作团队范围内部流通。

按照 ATLAS 协作委员会的看法，"科学笔记"要强调有着普通科学论文应有的"清晰、完备和样式"，发表在同行评审期刊上（不光公布在网络和内部出版物上），但是不要越界到属于整体协作团队之科学成果的领域。在整体协作团队发表的科学成果中，委员会吁请同仁们要明确地引用那些已经在科学笔记中出现的个人成果。这些科学笔记的署名应该是个人的名字及其责任角色，"子系统共同体"不应该进入到这一凸显个人成就的出版物形式当中。当然，期刊编辑们需要调整版面来刊登这一新型发表形式："要与科学期刊的编辑取得联系，设立一种名为技术或科学笔记的新文献类别。这些笔记包含分析结果、探测器的研发和改进、探测器和物理学模拟、软件、算法和数据运行。"科学笔记的要义在于推进特定人员的职业晋升，协作团队（作者署名）的包容式习惯要缩减，正如在"作者"部分清楚地表明的那样："科学笔记应该代表个人或者小团队的工作，应该由直接作者署名。当然，这些成果经常也得益于非直接作者过去的或者现阶段的贡献。如果出现这种情况，对这类提供帮助者应该给予适当致谢，但无须将其包含进作者行列当中。"[17]

---

[17] "ATLAS Guidelines for the Publication of Scientific Notes," ATLAS 协作委员会于 2000 年 2 月 2 日批准。本文作者感谢尼克韦尔（Bertrand Nicquevert）提供这一信息。

如果说评审过程是作者构成机制的一部分，科学笔记的定位就非常能说明问题。该机制的最后一块关乎内容的检查控制，原则上下列步骤要掌控评判。首先，至少作为一个选项，科学笔记要经过 ATLAS 笔记（目标在内部流通）的正常程序；其次，科学笔记要走规定给整体协作团队论文制定的程序，包括在 ATLAS 编委会指导下的内部评审，并要有协作团队发言人的最终许可；最后，科学笔记同物理学其他期刊投稿一样，要经过外审。

阅读本文讨论的许多协作团队（包括 ALEPH, SLD, DØ, OPAL, 以及 ATLAS）的作者署名条例，这让我们知道施维特斯考虑的问题是多么复杂。某些协作团队（如我们所见那样）主动地不鼓励从作者行列中撤掉人名，因为该行动会被视为有不同意见，会有损于论点的力量。另外一些协作团队禁止个人或者若干人的小组以自己的名义在出版物上署名。群体的凝聚更为重要：是的，为了科学信誉，也为了群体的存在及其产出要具有持续的正当性。其他协作团队严禁某一大学的小组给文献以标号。在一份属于协作团队成果的文献上，公开印上特定预出版物的编号"密歇根大学 97-23"，这既是对信誉也是对责任的越位之举（某些作者署名条例中表达的观点）。即使协作团队力图寻找脱离群体来恢复个人署名权的做法，如 ATLAS 新近提出来的"科学笔记"那样，协作团队不光要求要有权做最后的审批，它也排除了把协作团队对科学成果的重要声明由若干物理学家作者来处理科学笔记的可能性。对许多人来说，如果这些大型协作中不是绝大多数参与者都参与认知颠覆，作者权的不统一性就会出现。所有这些进行控制的做法，都服务于产生内部和外部的社会－认知统一性：其目标在于让那些体现在物理学断言中的知识出自整个协作团体，而不是其某个组成部分。简言之，他们的目标在于保证"我们"的完整结构，其方式往往与施维特斯的建议相抵牾。大量作者署名条例的总体目标在于形成巨大协作中的"自我"，以便让协作团队的"我们"能产出拿得出手的、有著作署名权的科学。

5."移动主体"面对康德

我们已经追踪了成果归属权回报的经济体系，个体作为单一作者与作为集体作者中的一员有所不同。某些发表程序（比如施维特斯的建议，或者洛斯阿拉莫斯的唱反调的论文，或者 ATLAS 的"科学笔记"发表程序中不待明言的妥协）目标在于强化个人对成果的权利主张。与此同时，协作团队也启动一些其他机制来阻止个人对明确认定的贡献的诉求。在这些机制当中，有条例不鼓励人们将自己的名字撤出，有程序来强化团队对个人出版物的支持，有规则来控制谁可以发声，以及在哪里发声。

不过，即便以这种方式来规范作者权，这里预设的想法依然是：原则上，个人的贡献是可以分化凸显出来的。从形式上，这取决于软件，我们面对的是一定程度上固定的作者网络，他们所属机构分散，当然在专业领域上互补。在一个大型对撞束实验当中，某一团队（比如说，加州大学河滨分校）可能会控制实验的某一组成部分（比如一个缪子热量计），并负责编写和维护对大机器该组成部分形成的数据进行收集和格式化的软件。硬件及其软件形象才使得团队能集体主张署名权。

在战后时期工厂风格的实验室结构中，中心（比如，阿尔瓦雷茨的伯利克气泡室）在任何意义上都是协作团队的中心。伯利克实验室是控制任何事情——从软件到探测器控制以及科学评判——的地方，尽管阿尔瓦雷茨偶尔也会在别的地方对分发气泡室的录影进行分析，甚至公开发表。即便在 1975 年以后，中心化协作的某种遗产还存留在数据处理上，尤其是团队继续经由使用者－服务器关系来打交道。到了 20 世纪 90 年代末期，当中心计算机需要分发计算工作负载时，许多大型系统的配备都足以下载特定程序；另外涉及小型应用程序的系统，用户可以有目的地下载某个程序。到了 20 世纪末，在欧洲核子研究中心或者费米实验室，计算机毋庸置疑地构成了协作的核心。计算机的计算能力、获取通道和控制的等级序列过滤了过程：从欧洲核子研究机构经由国家计算机，然后下到实验室、团队，然后到个人工作站。

对计算能力、获取通道和控制所做的严格规定中的每一因素，都展示了21世纪初大型协作的问题。在最大的协作当中，对这些问题的一个回应就是，不得不引入移动主体（mobile agents）——能从一台计算机跳到另外一台计算机的自推进程序，有能力消解获取通道和控制的等级序列关系。[18] 其作用如同经典协作支撑体的溶化剂一样，这些移动主体以令人刮目相看的新形式，完成实验者构建的主体位置。请允许我更进一步解释这一发展路线，因为这直接与大型协作团队著作权的未来情形相关。

在20世纪90年代，当时正在建设当中的四个最大的、数据最为集中的实验联盟成一个元实验，被称为GriPhyN（Grid Physics Network，网格物理网络）[19]。这一项目不光去更改四个项目（激光干涉引力波天文台，the Laser Interferometer Gravitational Wave Observatory，LIGO；斯隆数字化巡天，the Sloan Digital Sky Survey SDSS；还有此前讨论过的欧洲核子研究机构大型强子对撞机的两个协作团队 CMS 和 ATLAS），预期其中每一项在21世纪初都会有几百个千兆兆字节（petabytes）的数据（1 petabytes=1000 TB，1 TB=1000 GB）。这么大的数据组以及与之关联在一起的计算需求，任何计算机网络都没有足够的内存和计算能力，有望

---

[18] 关于移动主体，参见 David Kotz & Robert S. Gray 的文章："Mobile Agents and the Future of the Internet," <http://www.cs.dartmouth.edu/dfk/papers/kotz:future2/> (accessed 27 March 2017)。不那么乐观的观点，见 David Reilly 的文章，<http://www.davidreilly.com/topics/software_agents/mobile_agents/ > (accessed 27 March 2017)。本文对于大型物理学科学协作中移动主体的讨论，主要基于下文中引述的 GriPhyN 项目，以及由其他组织化协作团队（LIGO, SDSS, CMS, ATLAS）分别汇集起来的（大量）文献。

[19] 关于 GriPhyN 的讨论，见 <https://www.nsf.gov/awardsearch/showAward?AWD_ID=0086044> (accessed 18 April 2017)。

在可行的时间内完成工作。作为对这一问题的回应，GriPhyN（元）协作者有意要引入移动主体。这些移动主体能够在适当的时间从系统内的一个计算机跳转到另一个，而不是因循中心计算机的路径。移动主体可以在跳跃中自我再生成，或者简单地跳跃，在其进行计算之处落脚，这样它可以在新计算机中恢复计算。

不只如此。移动主体绕开了通常的等级序列———一般来说从最高中心（比如欧洲核子研究机构）分化为国家中心（比如法国），再到实验室，然后到个人使用。正因为要设立在每一个地方，这也意味着将不同的优先考虑（诸如安全管理、运作、可靠性等等）予以协调。移动主体不像由上层发号施令的程序。GriPhyN 的目标是，在四个海量数据的协作内使用无数个自我激活的程序，来生成某种一致性管理的分派系统模式，让国家与地区的设施能够在全球网络中有效地互联工作，来满足地理与文化上各不相同的科学共同体的需求。[20] 这些移动主体的效果是使得不同类型的设备和运行记录有透明度，从实验室的大型处理器一直往下到个人工作站。我们以斯隆数字化巡天项目为例，其目标是绘制北半球天空暗星等的大图（包括大约 1000 万星系，每个都有高处理度的图片），并对每个对象的光谱痕迹有详细研究。在科学上，巡天项目的雄心之大已经无可复加，这更像是协作平台，而非明确界定的协作本身。巡天研究要给星系、恒星、类星的统计研究提供基础，以便有助于能更好地理解从宇宙生成到星系结构这类问题。让我们设想一下，斯隆数字巡天研究的某个天文学用户（或者用户组）想要探究的问题是：由星际暗物质的引力透镜效应而导致的星系取向中的各种相关性。这一任务所需要的数据，可能储存到某个网络的缓存中，在某个遥远地方的磁盘系统中，或者在某个纵深而被压缩的档案中。要做这项研究的天文学家需

---

[20] 关于 GriPhyN 的讨论，见 <https://www.nsf.gov/awardsearch/showAward?AWD_ID=0086044> (accessed 18 April 2017)。

要的计算机系统是：能找到所有这些数据和图片，生成此前未由像素构建出来的任何图像，之后还要计算真实的相关性——这需要将若干 TB 的数据以及计算程序调来调去，可能会控制一个甚至还更大的模拟文档，来与实有的数据进行比较。

　　假定 GriPhyN 成功地给这四个巨型数据协作团队提供了无核心、可计量、异质性的计算机资源；假定这些移动主体能有效地在系统内移动，无须去考虑协作范围；也就是说，我们可以设想，团队和个人在加入、撤出或者移到其他任务领域时，他们的计算机同时还能提供储存、计算以及重新生成数据。此种情形下出现的实验者是谁，或者是什么？某种正在形成的东西，"我"（I）甚或界定明确、被约束的"伪 - 我"（pseudo-I）——我们所期待的统计式天体研究的预设主体——都已经非常不合适了。这一新主体是协调的结果，而不是来自某一点的命令的结果，其作用方式更像是蜂巢而不是等级序列。[21] 对于数据在哪里或者数据在哪里被缩减的问题，其答案是：在网格的"蜂巢 - 我"（hive-I）当中。如果这是正确的，那么经由设立 GriPhyN 版的巡天项目引力造成的透镜状星系这一问题的预设主体就真的没有固定边界。不管评奖、晋升还是发表等这些管理设置想听什么样的故事，坐在天文望远镜这个（在比喻意义上）小小终端前的既非某个一体性的个人，甚至也非受到约束的团队。在康德所指的先验同一性的那个地方，我们会有一种永远在变化中的统觉游移。"现形无定 - 我"（amorophous-I）是作者当中的新品种，对这一新类型作者的著作权主张，就必须有新的评判方式。

---

[21] 本文采用的"蜂巢 - 我"这一用词，部分地来自威廉·吉布森（William Gibson）始于《神经漫游者》的三部曲（Gibson，1994）中关于蜂巢智力的想法并做了调整，也来自吉尔·德勒兹（Gilles Deleuze）著作中的"多样性"观点："多样性并不注定是多与一的组合，而是一种属于多的组织，它不需要任何一体性来构成一个体系。"（Deleuze，1994：182）。

6. 结论：著作权与集体自我

　　有趣的是，在过去的几十年里，对作者身份之本质的探究沿两条路并辔而行，彼此间却没有互动。除了科学家们自己致力于厘清这一问题而外，也有人从科学－哲学角度著文研究作者身份问题，其中法国学者贡献颇多，尤以罗兰·巴特为最，其著作被米歇尔·福柯拿来重新思考。在一定程度上，福柯也是在探究作者自我中的个人这一问题，尽管他采用了不同的表述方式。这两种考虑彼此间的关系，是值得我们关注的。

　　对福柯来说，确立什么算得上一位作者的"著作"，涉及一整套问题。他问道：我们要把他或者她写的任何东西都给予"作品"这一身份？如果是这样的话，什么算作"任何事情"（everything）？他观察到，只有某些为数不多的言语被视为是独有的，其不同于那些任何人都可以说出来的日常看法。比如，"几点了？"这个句子除非在特殊境况当中，不属于我们称为有作者的语言。

> 作者的名字被用来标记话语（discourse）的某一样式。话语有作者的名字，人们可以说"这是由某人和某人写的"或者"某人和某人是它的作者"这一事实表明，话语不是平常的言语……相反，这一言语必须在某一特定样式中被接受，在一个给定的文化当中，必须得到某种身份。[22]

　　担当特定文本或者表述的作者，这有其后果。归属于作者的言说，被标记为"在一个社会当中某些话语存在、流通、发生作用"的某种方

---

[22] 参见 Foucault（1984：107）。

式。㉓ 然而，福柯将科学从他的分析当中切割出来。在他看来，17世纪以后，作者的名字不再能赋予科学文本权威性，因为原则上科学中的"真理"总是可以"再阐述的"。福柯认为，作者名字只是用来给定理当标签，不然就是来装饰科学的成果。不过，考虑到个人和协作团队用超乎寻常的篇幅来保护自己的"好名字"，从表面上看，福柯这种将科学类别与其他文本类别绝对对立的做法，与1700年以后科学家们所经历的世界大相径庭。

假定我们不去区分科学著作的作者身份与一般作者身份，从这一分析中就有两个问题凸显出来。首先可以追问的是，如何能回溯到作品与某一特定作者的关联。在历史上，这种确立是如何以特定方式来实际运行的。福柯通过引述圣哲罗姆（St. Jerome）让人看到，在哲罗姆的时代人们如何用一些规则来将特定文本包括或者排除。比如，某些作品是否明显质量低下？文字中某处的学说与在其他地方已有明确归属的断言是否有重复？某些章节和作品中的参考书，是否出现于认定的作者去世之后？每一条都是不完美的标记，是由相关作者造成的某一文本的错误。其结果是，哲罗姆将它们从本真经典的名单中清理出去。无疑，本真问题可以延伸到更近的时期，甚至也许能进入某些科学领域——对那些科学不端行为的做法，也可以从这里窥见一斑。但是出于不同原因（包括研究对象的经济前景、非常不同的团队结构、检查个人著作的可行性、著作权作者署名的样式，也许还有集体作者的规模），粒子物理学、天文物理学以及观测天文学——与免疫学、临床流行病学、分子遗传学有所不同——从来没有遇到过学术欺骗的丑闻，也没有强有力的制度框架来发现和追究此类行为。实际上，据我所知，高能物理学界没有一例学术欺骗、编造或者作者身份的本真性变成紧迫问题的情况。

但是，福柯还提出了另外一个更引人入胜的方向：不是从作者到

㉓ 参见 Foucault（1984：108）。

作品，而是从作品到作者。他从作品本身入手来提问：这一作品预设了哪类作者？在提出这一问题时，福柯捡起了我在本文开头提到的根本意义上的康德问题的一个变体，尽管福柯在这里讨论的是个体作者而不是本质意义上的"我"，是在历史框架内而不是在一个先验的结构形式中。福柯追问的是，哪些东西被写下来：

> 这一话语的存在样式是什么？它在哪里被使用，如何能流通，谁能将它据为己有？对可能的题目留有空间的地方是什么？谁能设想这些不同的题目功能？在所有这些问题之后，我们几乎只能听到抱着无所谓态度的声音：由谁说出来，能有什么区别呢？㉔

在这里，当代物理学界的作者署名条例与福柯的问题交会到一起。话语的样式可变，这也重要：初稿型物理学笔记、物理学笔记、科学笔记、技术出版物、先期报告、大会发表、物理学出版物——它们各自都有其典型的内容、审评形式、特定的作者名字、设定的流通范围。谁可以发声也受到严格规范，每一个作者委员会（或者其对等机构）都会明确地规定，哪些可以或者不可以"公开地"（公众本身也是可变的）说出来。最后，谁能够被加入到作者名单中，这本身是一个非常微妙的事情：有短期的参与者，也有发起人式的成员；有被允许在首篇论文和技术报告上署名，但被禁止在物理学发表中署名的工程师；有中断论文的作者，也有另外一些人被明确劝阻不要把自己的名字撤出。

让跨世纪的高能物理学和天文物理学的作者署名与协作科学工作

㉔ 参见 Foucault（1984：109）。"逆转发生在 17 或者 18 世纪。科学话语本身被接受，体现为已经形成的或者总是被重复展示的真理的匿名性。它们（科学话语）是一个成体系的集合中的成员，而不是提及产出它们的个人，这是它们（的可靠性）的保证。作者的功用式微，发明者的名字只用来为某个定理、命题、特殊效应、属性、物体、要素群或者病理学症状命名。"

的其他领域有所区别的，是三种因素的合流：首先，非常大规模的集体作者，在粒子物理学当中，从 500 人到 2000 人。在一定意义上，像 GriPhyN 这类元协作必须被理解成，这是 5000 多位科学家以及同样数量的工程师和技术人员的协作。其次，有高度结构化的控制体系来决定哪些东西可以说、什么时候说、说给谁。最后，许多对撞束实验存在着一种根本上的异质性，这使得协作更多的是一个超个人作者，而不是许多都做类似任务的个人的叠加集合。团队取代了个人，并非因为个人仅仅是团队在各处的传声筒。不，团队取代了个人，是因为个人不知道（也不能知道）实验问题的范围。当发言人在发言时，他们说出来的不一定是普遍共识；他们说出来的内容，没有哪个特定的人会有可能完全了解，但是团队在最后能将它们组合在一起。这种组合是双层面的：组合团队以及组合团队发表的论点。

也许我们可以这样来看其区别。在福柯发表了《什么是作者?》这场演说之后，吕西安·戈德曼（Lucien Goldmann）这位伟大的哲学家、文学史家站起来说，他明白这样的作者是如何死掉的。毕竟（戈德曼声称如此），他在《隐蔽的上帝》一书中对帕斯卡尔的分析表明，帕斯卡尔所说的东西在某种意义上属于一个群体，不属于一个孤立的、天才的头脑。于此，戈德曼认为他和福柯二人都在说相似的事情：要理解单一的、依规则来管理的集体声音展示的宽度和深度，就必须去聚焦团队而不是个人。[25] 当然，福柯无论在这里还是在其他什么地方，都没有主张过作者已死，他自己的兴趣在于：利用别人主张作者已死这一事实，来理解"作者身份"（author-hood）以何种方式在近期文化中改变其功用。正是出于这种受哲学兴趣驱动而对作者功能进行经验研究的精神，我对物理学们齐心协力地去界定和塑造那类尚无先例的写作这一情况感到兴趣盎然。

---

[25] 戈德曼的介入见 Foucault（1994：812–816）。

就此，有必要重申那些显而易见的需求：所有的团队都各不相同。高能物理学协作团队的运行，根本不像由同质性主体组成的协作团队那样——在后者当中，一个人可以因为具有团队的典型性而成为团队发言人。实际上，恰好因为协作团队的异质性，作者署名在根本层面和实践层面上的矛盾之处才得以出现。正是因为每个分支团队的特定功能都被需要，它们才不可或缺。如果作者署名意味着该作者的贡献对于整体结果是一项必要条件，那么，每个分支团队的确可以而且必须被视为必不可少的。可是，当"谁做了这个工作，也就是说，谁完全掌控了这项分析及其所依赖的基础？"这一问题被提出来时，那么给出答案就变得令人颇费踌躇。这完全有可能，甚至大体就是如此：没有哪一个人（更不用说个人组成的小组）能够完全掌握有理有据的论点的全部范围——这会追溯到前方强子能量器的特性、分析代码以及校准方法。甚至连不稳定性的程度也是不完整的：有了移动主体和周边线，透明的协作等级序列水准，甚至协作式的"伪我"，都变成了开放式协调而成的"蜂巢我"。在超过两千人流动的协作团队这一语境下，对于"我们是谁？"这一问题给出的答案，肯定总是处于不稳定当中，在两种愿望之间摆动：其一端是让科学知识成为单个头脑意识的产物；另一端是，公平地认可知识的分持特征，这对于任何展示来说都是本质性的。

在某种意义上，这些复杂的作者署名条例中的每一个细节都是一个永无止境的斗争中的一部分，其目的在于加固这一不稳定性，调和这些不可调和的目标——中心化、分持、无尽头。很可能在一个大型协作时代，实验性质的知识从来都无法归之于单一中心，而更是一个部分重合的、复杂的、从开始就绑定在一起的组合。考虑到个人、团队、院系，甚至国家在科学上的努力，都有赖于科学声誉的分摊，去定位作者署名的努力不大可能在不久的将来告一段落。这样一来，在一个层面上，对作者权的争夺可能源于物理学学术共同体这一领域的特殊架构。不过，我恐怕现在围绕着粒子物理学家、天体物理学家或者理论生物学家出现的大型协作的难题，毕竟并不那么非典型。如果我们的构想是正确的话，一方面要将科学工作浓缩到一个"伪我"的单一点上，另一方面要承认知识是以分块的形式彼此关联存在于一个宽泛而模糊的储备库当中：在这两种感觉上的需求之间所存在的张力，并非一个小难题。它体现了获取知识活动自身当中，那种无法消除的不稳定性。

参考文献：

Deleuze, Gilles. 1994. *Difference and Repetition, trans. Paul Patton.* New York: Columbia University Press.

Foucault, Michel. 1984. What Is an Author. In *The Foucault Reader*, edited by Paul Rabinow. New York: Pantheon Books.

———. 1994. *Dits et écrits: 1954—1988,* vol. 1. Paris: Gallimard.

Galison, Peter. 1987. *How Experiments End.* Chicago: University of Chicago Press.

———. 1997. *Image and Logic.* Chicago: University of Chicago Press.

Kant, Immanuel. 2007. *Critique of Pure Reason,* tran. by Norman Kemp Smith. New York: Palgrave Macmillan.

Schwitters, Roy. 1996. The Role of Big Science. *Chronicle of Higher Education* 16 February 1996: B1-B3.

Thorndike, Allan M. 1967. Brookhaven National Laboratory. In *Bubble and Spark Chambers,* vol. 2, edited by Shutt. New York: Academic Press.

知识在流转

詹姆斯·A.西科德

哪些大问题以及大型叙事给予科学史以融贯性？自 20 世纪 70 年代以来，由于对实践的强调、来自性别研究和知识社会学的新鲜视角，以及成为其研究对象的从业者和文化的范围大幅扩展，这一领域业已发生转变。然而，虽然这些发展早该出现并且显然有益，但是随之而来的却是碎片化以及方向迷失。本文认为，科学史学者采用的叙事框架需要将多样性纳入其中，其方式是把科学理解为一种沟通形式（understanding science as a form of communication）。知识的流动、翻译和传承过程所具有的核心意义，已经体现在从族群文化相遇到阅读史等不同专题的研究当中。这一研究方法不光为我们提供了跨越那些太容易被视为理所当然的民族国家、历史时期以及学科的分界线的机会；它也蕴含着与其他历史学家以及广大公众进行有效对话的潜在可能性。

哈利法克斯（Halifax）是举办这次会议（指第五届英国科学史学会、加拿大科学史与科学哲学学会以及科学史学会的联合大会，主题是"让知识流转"，作者应邀发表主题演讲。本文在演讲稿基础上修订而成——译者注）再完美不过的地方。这并非因为它在 18 世纪有北美最佳城市的美誉，甚至也不是因为主人们那倍感温馨的待客情谊，而是因为这座城市完美地体现了本次会议的主题。哈利法克斯是若干所大学所在地，是各大陆和不同传统进行交流的地方，哈利法克斯本身就说明了"让知识流转"（circulating knowledge）所意味的一切。有迹象表明，最早来到这里的移民可以追溯到一万年以前，维京人在大约一千年前可能来过此地。自 17 世纪初期起，这一地区被欧洲人开发，而这座城市出现在 18 世纪中叶。横跨大西洋的定期邮轮于 1837 年从哈利法克斯启航，巴黎、伦敦、纽约之间的一切消息往来都经由这座城市。尽管早期的跨大西洋电报电缆经由纽芬兰，但是，1925 年哈利法克斯成为所有跨大西洋讯息的锚点。今天，从欧洲到哈利法克斯非常容易，正因为这座城市一直是一座交通和通信的枢纽。

任何学术大会的主题，尤其是与会者众多的国际性会议，都有着

"包罗万象"这种不太令人称道的特性，以便让几乎所有人都有可能提交关于任何话题的论文。乍一看，"让知识流转"这一主题似乎很合适。科学史学者们能达成一致意见的事情也许不多，但是我想他们对于知识有一个共同的看法，每个人都以这种或者那种方式认识到，知识不是单个人独有的财富：知识在"流转"。的确，可以这样说：每一个曾经召开的学术会议都在昭示"知识在流转"这一主题。

不过，此次会议上这一主题更意味深长。它凸显了真正具有分析意义的问题——实际上，这是我们学科领域中的核心问题。知识是如何流转的？知识为什么会流转？知识如何变得不再是个人或者团体的独有财富，而成为更广大人群对事物想当然的理解中的一部分？重要的是，这涉及知识的社会本质问题，真正承担着科学史学者广泛接受的那些哲学视角带来的后果。以其他方式看，从古代近东地区的读写学校到现代的大学，知识的流转是教育史的一部分。此外，这也是一个默会技能如何传递的问题，正如哈里·柯林斯（Harry Collins）在研究人们如何尝试将制作引力波探测器的知识传递时所强调的那样。对于研读文学和科学的大学生来说，理解文字资料的不同流转形式一直是一个核心要点。正如吉兰·比尔（Gillian Beer）所言，这可能引发冲突和转变，也同样可能带来相互间的理解与和解。[①] 知识流转主题最为人知的方面之一，展现在制书史以及阅读史上。此外，正如方兴未艾的帝国文化邂逅研究表明的那样，知识流转也构成了不同文化间互动的一部分。

知识的扩散、其全球性的无所不在以及流转，应该成为科学史去面对的问题，这是一桩莫大的讽刺。这个学科的实证主义奠基人曾经以为，这个问题已经被他们攻克。科学知识能扩散，是因为它的真理性；任何传播上的失败可以被解释为遭遇到了抵制——出于错误的信仰，或者非理性观念。尽管这一观点的支持者在今天寥寥无几，摒弃这一观点的全

---

① 参见 Collins（2004）；Beer（1996）。

部后果，历史学家却尚未悉数接受。我们只是逐渐地、从各种不同角度才意识到，知识流转——科学作为一种沟通形式——所具有的核心性意义。

与此同时，科学史的大多数总体框架和大图景，都是这一学科发端之际留下的那些破旧不堪的遗产。其中最有持续性的便是"科学革命"概念。这一概念遭到的批评是，它把现代性定位为一次性转换。早在十多年前，似乎就有足够的理由让它被取代。但是，它非但没有被取代，其重要性还得到了扩展，像博物学与炼金术这些不同领域，都被放置在这把大伞之下了。持续使用"科学革命"这一概念所带来的问题——无论是理解这一用词所涉的历史时期本身，还是面对此前此后的世纪——既没有被清除也没有被中立化。不幸的是，它把勾画长期知识变迁的任务定义为：去凸显可比较的认识论上的突破，最为著名的就是 18 世纪末的"化学革命"和 19 世纪初期所谓的"第二次科学革命"。当人们发现，大多数用来讲述特定学科之故事的那些叙事，来源于科学争论的胜利者写就的偏袒之词时，这些叙事就更加捉襟见肘了。"达尔文革命"是 20 世纪 50 年代的现代演化论综合运动的一个副产品，社会生物学的崛起赋予它新生命；"经典物理学"的概念以及令其颠覆的"爱因斯坦革命"标志了相对论在 20 世纪 20 年代所取得的胜利；1953 年 DNA 结构之发现，被称颂为分子生物学的奠基时刻，而其奠基无非是因为 20 世纪 60 年代发生的那些事件。[②]

更为严重的是，科学史研究者修正史学观点的力量，往往有赖于旧框架持续的支配力。我们奉上的是批判，而不是解释或者有竞争力的另类看法。我的学生们有时候抱怨说，什么事情他们都得学两次：一次是

[②] 关于使用"科学革命"作为一个组织性概念所带来的问题，参见 Jardine（1991）。关于在其他所谓的"革命"中被注意到的并发问题，参见 Oldroyd（1984）；Staley（2004）以及 de Chadarevian（2002）。

了解这个旧叙事，然后再去学为什么它们是错误的。我们研究"通俗"科学、"底层的"或者"本土的"知识，但是这些范畴在不同程度上太容易框定在与所谓的精英式西方知识的对比当中。

人们强烈地感觉到（旧框架）需要取而代之。要想在专家圈以外获得立足之地，这些新框架就得简单而清晰。我们当中那些从事教学的人在给学生上课时需要它们；那些著书立说的人，在与科学史的"索贝尔化"（也许可以这样说）进行战斗时需要它们——达娃·索贝尔（Dava Sobel）在她大获成功的《经度：一位孤独天才解决当时最大科学问题的真实故事》（1995）一书中，对这一学科削足适履，把它置于英雄式简化勾勒的模型当中。我们需要一致的叙事以及一种大关联感，哪怕这不是在"冷战"那自我感觉良好的日子里的那种老式宽银幕电影故事。[③]

说到底，我在这篇演讲中要做三件事。第一，我提出，尽管在某些特定方面对科学史的构想已经把理解沟通实践、知识移动和翻译视为核心因素，我们还有待于更为连贯地思考这一问题，从我们在撰写特定类别叙事时所采用的各类分析材料入手。第二，我认为目前许多著作（包括我自己的）仍然受限于一些习以为常的地理界线与学科界线：我们像研究生一样选取研究 18 世纪法国自然哲学或者 20 世纪美国物理学，对这一题目周边所发生的事情以及这一限定之外的事情却所知寥寥。第三，我提出，充分关注"知识作为沟通"这一设想，能将不同研究进路汇在一起，同时也不疏于去理解科学中特定的、深奥的层面，而这必须依然是我们的核心任务。

---

③ 关于这些问题，请参见《英国科学史学刊》（*British Journal for the History of Science*）1993 年的专刊（第 26 卷第 4 期）"大图景"（The Big Picture）下的论文。关于"索贝尔效应"的讨论，见 Miller（2002）。达娃·索贝尔本人的著作见 Sobel（1995）。

知识作为实践

翻开近年来出版社的图书目录就可以清楚地看到，科学史学者已经发展出非常好的技巧，将科学放置在地方性的时间和空间环境中。将科学历史化的一个标准模式是，将特定著作放置在尽量窄的背景下，必要时将它们与其产生的条件捆绑在一起。这一传统中的经典之作是史蒂文·夏平（Steven Shapin）和西蒙·谢弗（Simon Schaffer）的《利维坦与空气泵：霍布斯、玻意耳与实验生活》（1985），这是自托马斯·库恩（Thomas Kuhn）的《科学革命的结构》（1962）以来，我们这一领域最有影响力的著作。[④]《利维坦与空气泵：霍布斯、玻意耳与实验生活》一书通过关于国王权力的争论与关于粘固剂成分的争论二者间的关联，揭示出新实验哲学的奠基时刻是"英格兰王政复辟时期"（Restoration England）这一特殊境况下的产物，挑战了那些以为科学具有价值中立性的先验式看法。我并不是说，全部的历史学家随后都采取了关注地方性的研究进路，甚至也不是说该书一定要倾向这一方向。我要说的是，这样的著作成了核心讨论的焦点。

立足于对语境中的知识进行深入研究的进路，能主导我们学科领域的争论，这并不令人吃惊。同样的事情在人文学科当中更为普遍，尤其是在历史系，而科学史学者大多在那里任教（至少在北美如此）。在克利福德·格尔茨（Clifford Geertz）的"深度描写"这一人类学理念基础上形成的微观史学，变成了新文化史的基础。被劳伦斯·斯通（Lawrence Stone）称为"叙事的复兴"的理念，对科学史学者特别有吸引力，因为它提供了一种方式，把科学的先验力量拉到人间，将其定

---

④ 参见 Shapin & Shchaffer（1985）；Kuhn（1962）。

位在特定时空里。⑤ 此外，这些一般历史讨论中的趋势与新兴的知识社会学中的趋势联合起来，爱丁堡的"科学元勘小组"（Edinburgh Science Studies Unit）、巴斯的哈里·柯林斯及其学生们尤其热衷于此。在确定知识生成的社会特征时，科学活动的特定片段提供了"个案研究"。这些方法要求注意氛围与情境，在大范围内与历史学所追求的目标可以兼容。当然，差异也存在，包括规模上的差异：至少一些有社会学取向的著作——比如，平奇（Trevor Pinch）的《面对大自然：太阳中微子探测器的社会学》（1986）以及安德鲁·皮克林（Andrew Pickering）的《构建夸克》（1984）——则倾向认为，最为重要的语境存在于界定相当清晰的从业者共同体之内。另外一些著作，尤其引人注目的是《利维坦与空气泵：霍布斯、玻意耳与实验生活》，则去关注政治与宗教中的大争论。⑥

　　到 20 世纪 80 年代中叶，情况变得清楚了。这些研究进路向一种观点汇聚：科学是一种实践活动，存在于日常生活的常规活动。知识本身被看作一种实践形式。从这一角度来看，与女性主义和性别研究关联在一起的大转变对科学史领域有着最大（尽管经常没有得到承认）的塑造效应。正如唐娜·哈拉维（Donna Haraway）明确指出的那样，科学是"情境化的知识"（Situated knowledge）。⑦ 在我看来，转向对实践的研究，是我们这一学科领域在过去二十年间唯一的、极为重大的转变。它打破了"内"与"外"的旧边线，开辟了"科学作为一种过程"这一视角，包括对实验、野外工作和理论形成进行探讨。最为根本的是，它打破了在词与物之间以及在文本、书籍、仪器与图像之间的旧有区分。

　　就在这些巨变当中，英国与北美的第一次联合会议于 1988 年在曼

---

⑤ 参见 Geertz（1973）；Stone（1979）。

⑥ 参见 Pinch（1986）；Pickering（1984）。这些不同取向在两本论文集中可以非常明显地看到：Biagioli（1999）以及 Pickering（1992）。

⑦ 参见 Haraway（1988）。

彻斯特举行。对于曾经与会而且还保留着记忆力的那些人来说，那是一次了不起的会议。对于那些被 20 世纪 70 年代剑桥科学史系列的知识参数定义了研究框架的许多人来说，这次会议给他们带来了解放的感觉和可能性。在很多研究问题上，这次会议都值得注意。对于研究近代初期这一历史时期的学者来说，它让大西洋两岸众多对匠艺知识与女性角色感兴趣的历史学家们相聚。这次会议表明，（科学史的）研究范围也涉及 20 世纪的科学，尤其是与军事技术和大众读者相关的题目。在某些方式上，这也是知识社会学与科学史融合的最高点。几乎所有那些有历史取向的重要社会学家都出现在会议上。这次会议的另外一个亮点，便是在曼彻斯特最好的中餐馆里举办了美好的闭会晚宴。[8]

在过去的 16 年当中（本文发表在 2004 年——译者注），事情有所进展，但平心而论，曼彻斯特会议上讨论到的那些核心性分析问题，直到今天仍然是我们这个学科领域的中心。我们现在可以看到，这一情况展示在那些供非专家使用的教科书和著作当中（的确如托马斯·库恩自己会预言的那样）：史蒂文·夏平为芝加哥大学出版社主编的"科学－文化"系列，爱康出版社（Icon Books）推出的创新性研究，还有非常有用的（哪怕出版慢得令人沮丧）的八卷本《剑桥科学史》（自 2003 年起）。这里涉及的深层问题，扬·戈林斯基（Jan Golinski）在他的《制造自然知识》（*Making Natural Knowledge*，1998）一书中做了很好的总结，该书将社会理论以及某些不同哲学理论介绍给历史学家。[9]

我对贴标签的做法不以为然，因此，对那些在这一传统中进行的研究工作目前被冠以的名称，就得检视一番。在讨论将历史与知识社会学联结起来时，经常派上用场的标签之一便是"建构主义"。在我看

---

[8] 会议的日程收录在《英国科学史学刊》（*British Journal for History of Science*）1989 年第 22 卷，第 502—512 页。Porter（1990）讨论了当时的学科现状。

[9] 参见 Lindberg & Numbers（2003–）；Golinski（1998）。

来，这趋于不必要的激怒他人，（在超过一定限度以后）也往往毫无用处。正如玛格丽特·雅各布（Margaret Jacob）曾经说过的那样："谈论科学的社会建构无非是换了种说法来表述人制造了科学。"⑩也许最普遍的研究进路标签是"语境主义方法"和"文化方法"。不过，这些词的用法太过多样，以至于它们很少有任何意义。从期刊《语境中的科学》(*Science in Context*)的目录中可以看出，"语境"所指的范围可以是科学取用的特定哲学资源，也可以是关于科学在战争和经济发展中之角色的描绘。对于这一多样性我们可以谈很多，但是把语境放在某单一类别中，却并不适当。再说，"语境的"（contextual）一词所指的并不比"历史的"更多。许多人类学家会完全拒斥"文化"这一用语。它在科学史当中重要，并非因为其分析力量，而是其作为一种研究进路的认定标记。从这个角度看，如果说"语境中的科学"是模糊的，意指着前台与背景之间不得已的区分，"科学作为文化"则提供了有机统一体与整合这诱人的可能性。经由文化史而被理解的科学，可以视为是某一独特象征世界的一部分，其含义由其他象征组成的关联网络来决定。当然，这里的危险是，这样的文化体系会被看成是连贯的、完整的、界线清晰的、一成不变的。况且，文化分析与更为传统形式的社会经济史——其强调点在于，那些与获取通道和权力相涉的问题——很容易变得界线模糊。我猜测，"语境"和"文化"的用处已经黔驴技穷，这不光发生在科学史当中，在更普遍的人文学科当中亦然。

如果贴标签的做法在认定新兴学派上有用，那么它也能促使新研究进路固化为正统。就这点而言，尤其是跟文学与文化研究相比，大多数历史著作展示的多样性和实证性基础材料对这一学科有救命之恩。但是，每个人在践行、阅读或者挑战这一史学形式时，都得勉力应对很多困难。第一个危险是，人们倾向于把确立某一科学工作的地方性因素本身

---

⑩ 参见 Jacob（1999：115）。

当成有价值的研究目的。把科学当作一个探究对象来处理所遇到的困难，要求人们去关注认识论和本体论问题——一项必不可少的场地清理工作，一直被轻易地误认为是真正的历史研究。将知识置入情境的过程被当成是结论，而不是通向研究对象的路径：同样的、隐含在其中的认识论常识——知识注定具有地方性和变异性——也一再被当成结论。[⑪] 第二个危险是，对科学的地方性语境的强调，会导向狭隘的好古猎奇。我们以为自己在大举征服宏大的认识论领域，而实际上我们正在研究的对象，无非是那些从事相对深奥活动的若干实践者而已，其广泛的重要性更多是推测而非实有其据。我们这一领域的最佳著作，因为其方法上的复杂性以及探索了新鲜话题而被看重，但是经常会被认为非常狭隘。

最后一个危险是，如果我们聚焦于在大范围内定位科学实践的核心方面，我们会过分依赖其他历史学家在整体研究中对我们的工作予以关注的意愿。考虑到我们能让人看到，教科书在关于哥白尼、牛顿和达尔文的仪式性章节以外还能包括其他科学史内容，这当然令人高兴。对于宫廷襄助的描写可以包括伽利略的天文望远镜；关于新英格兰殖民地的商业文化历史，可以讨论本杰明·富兰克林的电流理论的灵光，是如何从复式记账中闪现的；战后英国历史可以表明，分子生物学的崛起如何依赖电子计算机以及那些靠战争发展出来的其他技术。但是，在我的经验当中，这种整合主要发生在那些科学史学者被当成教科书的合著者这类情形（有若干出色的例子）中。[⑫] 况且，将科学史吸纳进通史的做法，尽管从很多角度看都极为可取，却潜在地阻碍了科学史的这一目标：生成一幅聚焦科学本身的"大图景"。

这一领域仍然是碎片化的。自相矛盾的是，这些问题是我们极其

---

⑪ 参见 Kohler（1999）。

⑫ 最显著的例子包括《西方文明：理念，政治与社会》（第 7 版）（Perry & Chase & Jacob, J. & Jacob, M. & von Laue，2004）；《发明美国》（两卷本）（Maier & Smith & Alexander & Kevles，2002）。

成功地将科学置于语境（不管对这一词语如何定义）这一做法的副产品。越把知识看成是地方性的和特殊的，就越难看到它们是如何旅行的。我们已经知悉联结和关联的广度，但是这些都限定在某一民族志领域的界线内。实际上，这一问题的重要性在十多年前就已经被预言到了：那是在阿迪·俄斐尔（Adi Ophir）和史蒂文·夏平合写的那篇刊发在期刊《语境中的科学》上并受到高度赞赏的论文中，其标题是"知识的位置"。在宣布了一个关乎把知识置于情境当中的研究纲领之后，他们确立了从中产生出来、用他们的话说是"后续项目"的若干问题：

> 如果知识确实是地方性的，那么知识的某些形式在应用领域怎么显示出是全球性的呢？比如说，大多数科学或者数学知识的全球性特征（或者哪怕是广为分布的特征），是一种幻象吗？当某些知识从一种语境扩散到许多语境当中时，这种扩散是怎样达到的，这种运动的原因是什么？该知识的分布强烈地表明它符合现实，或者这应该被理解为，反映了某些文化能成功地创造和传播（知识）应用恰好需要的手段和关联背景？……也许，理念在空气中自由流动的日子真的接近尾声了。也许，实际上，在那些我们曾经认为是知识天堂的地方，我们最终所看到的，是俗世之地间横向运动的结果。[13]

这一段落是该论文的最后一段——它提出了问题，但显然不是两位作者论点的核心。明确可见的是，两位作者介入所带来的主要的（大多数有益的）效果已经使得科学的研究进入多种多样的地点，从俱乐部到酒吧，到讲堂、实验室和游戏场。这突出了科学的体系结构的意义，鼓励了对家庭空间的研究，并且为针对城市和乡野中的科学的研究带来了

---

[13] 参见 Ophir & Shapin（1991：16）。

新生命。⑭ 不过，这也往往为转向地方特殊性的研究赋予了正当性，这一趋势严重地阻碍了通往全球史和比较史的大趋势。其结果是，我们终结于研究的庞大阵容，其总体成果却不知何故小于各部分相加的总和。

书写的回响

我不能向你们做出拯救历史书写的承诺；即便有拯救存在，当然通向它的道路也会不止一条。但是，我们肯定需要更明确地去思考地方知识的移动这一问题。幸运的是，正如这次会议表明的那样，这涉及的不是什么新进路，而是需要对本领域内某些重要的当今潮流形成更为明晰的感觉。

有很多方式来启动这一问题，但是我们需要首先认识到问题是根本性的，需要去重新考虑科学文化史的议程原本是以什么方式开始的。正如我在前述内容中表明的那样，该议程鼓励这种观点：科学产出是地方性的，而后通过其他过程被向外传输到更普遍的语境当中。⑮ 要避开这一观点，我们需要转换自己的聚焦点，把知识生成本身考虑为一种沟通行动的形式。已经有很多先辈采取了这一观点。科学史学家在近年讨论最多的哲学问题，都将主体的互动视为认识论中的一个核心角色。信任（trust）、举证（testimony）和共持客观性（communitarian objectivity）的问题，同时也是知识如何旅行的问题、可供谁使用的问题以及共识如何达成的问题。"作为知识的一种共有形式"，斯科特·蒙哥马利（Scott Montgomery）认为，"科学理解与那些写出来和说出来的词语是不可分

---

⑭ 这一研究的综述见 Livingstone（2004）。

⑮ 自从 20 世纪 70 年代的"强纲领议程"以来，在对科学的研究中，知识传输一直有着一个位置，但是经常是次要的。因此，当巴里·巴恩斯（Barry Barnes）第一次将德国社会理论家哈贝马斯的著作介绍到使用英语的科学史学家当中时，那是经由他的旨趣理论，而不是关于沟通行动的理念，而后者才是其思想的核心。

的……沟通就是从事科学产出"。⑯

做真正的历史研究工作，就需要这一视角不光是精确的，也要是根本性的。这意味着总要将每一个文本、图像、行动和物品视作一种沟通行动的痕迹，有着其接受者、生产者、传输的方式和惯例。这意味着抹掉知识的生成与沟通的区分；也意味着将表述看成有方向、介质以及回应的可能性的载体。最为重要的任务是，让我们在自己写就的叙事中，真正将科学理解为一种沟通形式——这在文学理论当中是老生常谈。这听起来简单，科学史研究者已经用很多方式，且投入极大的注意力，去定位科学的受众以及能抵达受众的修辞策略。然而，我们的写作表达出来的，还经常像是人们是在读作者，而不是读书。我们谈及读爱因斯坦，这时我们真正所指的，是读他 1905 年发表在《物理学年鉴》上的那篇关于动体电力学的文章。我们说到对笛卡儿或者（还更为糟糕的）被称为"笛卡儿主义"要义的接受，这时我们所表达的，是那些在一系列印刷书籍出版之后所发生的讨论。我们写作的方式，好像作者在直接说给我们听（"爱因斯坦说""笛卡儿说"），此时我们非常清楚地知道，我们真正在读的是一种以特定预期范围为目标的叙事的声音。

几十年来，在人文学科批评理论的讨论中，这些要点已经是老生常谈，从尧斯（Hans Robert Jauss）、伊瑟尔（Wolfgang Iser）以及其他"读者反应理论"（reader-response theory）的先驱那里还有很多可以学的东西。但是，我们需将这一方法应用得更有连贯性，超出在文学与哲学研究中通常所做的那样，后两者似乎更倾向去发展理论，而不是去发掘其应用。当我们检视科学著作时，这些问题尤其重要，因为与其他著作相比，这些著作由于宣称具有客观透明性而获得了更大的力量，作者似乎

---

⑯ 参见 Montgomery（2002：1）。参见期刊《科学史与科学哲学研究》（*Studies in History and Philosophy of Science*）2002, 33（2）关于"举证"的专题文章，尤其是 Kusch & Lipton（2002），附有参考文献。两份极有影响力的研究成果是 Shapin（1994）以及 Daston & Galison（1992）。

是在直接为大自然代言。如果不比平常更为仔细地去读最为传统的资料，即词语与图像，我们就无法抓住问题的核心。正如托帕姆（Jonathan Topham）最近在期刊（*Isis*）上强调的那样，与印刷著作相关的实践研究已经远远落后于那些处理实验和野外工作的著作。作为历史学家，我们有很好的条件把对文本、图像和物品的仔细阅读与关于实际读者的证据——这经常是引人入胜而且迥异的——结合在一起。[⑰] 尽管很多科学史学者都提及《利维坦和空气泵：霍布斯、玻意耳与实验生活》中关于文字说服技艺的出色讨论，但是很少有人追随两位作者更深入地走进这一方向，或者探讨那些关于美文修辞和文类的大量资料。

我所提出的是一个语义学论点，但是不仅止于此，因为其后果关涉关于知识政治学的深度设想。传统上，无视作者、叙述者、文本、著作以及读者各因素的后果不会显现，如果在我们分析的情形中，这些因素之间的距离相当有限，并属于惯常情况。我们倾向于去设想，我们所研究的著作对一切相关读者来说都能普遍获取；所有阅读那些著作的人，都能获取作者的知识。但是，这也假定了一种极为特殊的从业者共同体的模式，在那里实践行为相当自由地流动，沟通模式相当透明。如今，人们早已认识到这是很少出现的情形：每一个沟通行动都会既排除也容纳某些东西。然而，大多数科学史学家在真正的阐释工作做完之后，对科学传递所采取的研究进路则倾向碎片式的。

问题部分在于，我们需要认识到科学史（甚至超过大多数历史学领域）一直集中于起源和生产者。即便我们没有明确地研究发明和创新时，我们也着迷于新事物以及新事物从哪里开始。离新知识产出地越远，我们的描述范畴就越发模糊。我们不应该去说一个想法是"通俗的""畅销的"或者是"一个轰动"，我们需要带着书写实验室生活时会有的那种对于文化细微差异的意识，来更贴近和认真地分析受众和读者。不然

---

⑰ 参见 Jauss（1982）；Iser（1978）；Topham（2004）。

的话，我们就是在简单地复制这一观点：科学从高度个人化的产出地流向一个没有区分的公众人群。

我们以关于法拉第的研究为例，它们展示了迄今为止科学史领域里一桩最佳实践的所有特征。科学史学家们已经出色地讨论了法拉第用哪些方式来发展他的实验，以便在课堂的讲台上展示。他的工作对于皇家研究院的政治重要性，以及在打造其事业成功上他的演说和展示所起的作用，我们都已经做过出色的研究。[18] 但是，我们很少了解他的听众（除了知道他们是绅士以外）以及他们在场的理由。是什么让化学和自然哲学成为时尚？某些报纸和期刊的编辑是如何，以及为什么报道这些演说的？哪些没有这么做？涉及法拉第的同行听众时，不少研究写到，他如何让实验安排富有说服力，但是关于他如何以读者为对象，在诸如《哲学会刊》（*Philosophical Transactions*）以及《哲学杂志》（*Philosophical Magazine*）这类期刊上发表成果所起的作用，却所涉不多。在谈及法拉第的著作中，没有讨论这些期刊在哪里，以及如何被阅读、印刷了多少份、在其他国家是如何获取的。[19] 人们默认这些出版物成了通用的倍增器，它们带着我们离开法拉第的直接语境，进入如下情形：全世界都了解他的工作。其后果是，对于法拉第那无可匹敌的声誉如何在时间长河中发展出来的，我们只有一个非常含糊的概念。在那些扩展了我们对法拉第实验理解的视角被更多应用到他在印刷出版领域的情况——那大多是经由其他人所进行的沟通行动——之前，我们无意中强化着他的英雄

---

⑱ 参见 Morus（1998）；Gooding & James（1985）。

⑲ 一个例外是一篇关于期刊《雅典娜》（*Athenaeum*）和《文学报》（*Literary Gazette*）的短文，参见 James（2004）。有若干研究聚焦于像法拉第这样的科学家在去世后享有的声誉，著名的有 Cantor（1996）。然而需要指出的是，在我读到的关于法拉第的科学著作中，也没有人引用《学问之灯：泰勒 & 弗朗西斯的两个世纪》这部出版公司的标准历史，法拉第所写的全部文稿几乎都是在那里出版的（Brock & Meadows, 1984/1998）。关于法拉第著作的主要材料依然是 Berman（1978），尽管这本书的内容被最近的若干篇文章刷新了，见 James（2002）。

身份。读者被引向这样一幅画面：法拉第被设想成不光极其擅长那些可能足以让他获得天才称号的东西（比如实验技能以及概念创新），也擅长他不能做的事情，比如让他的名字为全国人所知或者即时跨越大洲。

况且，强调起源和产出者也导致我们未能充分注意自己所讲述的故事中的时间结构。法国历史学家福瑞（Francois Furet）认为，一切叙事历史都是一个起源事件的序列，正如任何讲述都由其结局和开端所支配。在讲述故事中，我们不可避免地倒向一种目的论。我并不是在考虑我们应该停止书写叙事，但是我会建议，需要停止不加反思地使用时间维度。我们所需要的，不是更少地去注意时间，而是更多：（书写）一种不把时间观念想当然的历史。正如美国历史学家托马斯·本德（Thomas Bender）曾经说的那样："从起源中解放出来的历史……会将时间轴心自身历史化，强调结构、转变和关系。"[20]

科学史当中讨论这些问题的著作为数不多，其中之一是马丁·鲁德威克（Martin Rudwick）的《泥盆纪大争论》（*Great Devonian Controversy*），该书明确地讨论到在一项科学争论中不同时间尺度之间的关系（Rudwick，1985）。在这一个案中，英国科学促进协会（British Association for the Advancement of Science）的著名会议提供了非常不同的讨论机会，与那些在伦敦地质学会（Geological Society of London）所进行的每两周一次的讨论非常不同。从利兹大学和谢菲尔德大学的"19世纪期刊中的科学"（Science in the Nineteenth-Century Periodical）这一研究项目中产生出来的论文，也给予沟通的时间顺序以重要地位。这些研究提出了与知识的周期性有关的重要问题，即当以日报、周报、月刊、季刊和年刊的方式展示给读者时呈现出来的周期性。系列阅读提供了各种方式，来生

---

[20] 参见 Furet（1984：69）；Bender（2002：8）。

成和强化个体的身份认同、宗教式忠诚以及社会凝聚力。[21]

因此，我的第一个建议是，在我们研究的每一个点上都把科学作为沟通行动的一种形式去考量，去认识到这一点：我们正在谈及的关于"什么"的问题，只能经由同时理解关于"如何""在哪里""何时"以及"为谁"等问题才能得到答案。俄斐尔和夏平所认定的"后续问题"，需要成为历史学家原本表述的一部分——那是他们应该去做的事情。这不是一个看待知识如何超越其产出的地方情境的问题，而是一个看待在每一个地方情境内如何具有与其他环境条件的关联以及与之互动的可能性的问题。如果对于很大一部分科学史来说，过去二十年的口号是"语境中的科学"，现在去考虑"流转中的知识"则是我们的最佳行动。

流转的惯例

在曼彻斯特会议上，有一位作者的著作真正地将知识运转问题提到议事日程上来，这位作者就是布鲁诺·拉图尔（Bruno Latour）。他的著作，尤其是关于路易·巴斯德（Louis Pasteur）的研究，对于人们研究超越微观社会的科学实践、将科学嵌入翻译与接受的网络当中特别有帮助。不过，到了最后，拉图尔的结论被认为过于脱离历史（ahistorical），太关注那些不稳定的组合，无法提供历史学家阐释过去所需要的那些实用资料。诸如"考量中心"（centers of calculation）、"不变的动者"（immutable mobiles）以及"强制通行点"（obligatory passage points）等提法，更合适去考察单一中心与边缘的关系（巴斯德的实验室和法国农民），而不适合用来阐明竞争性的或者多个中心（巴斯德的实验室与德

㉑ 参见 Rudwick（1985）。SciPer 项目的出版物见 Henson & et al.（2004）；Cantor & Shuttleworth（2004）；Cantor & et al.（2004）。

国细菌学家罗伯特·科赫的实验室）。最为根本的是，科学史学家拒绝接受拉图尔的这一呼吁：给予非人与人同等的动因性。给予微生物和房门以动因性，似乎要求诉诸生物学和物理学中的最新发现，这与该领域在此前二十年发展出来的最基本的训诫相违背：对那些被证明为是真实的和不真实的科学发现一视同仁地处理，要遵循对称性的原则。[22] 尽管如此，拉图尔的著作在强调"需要把知识当作发生在时间和空间中的活动来看待"这一点上，有着标志性的重要意义。历史学家已经接受了他对过程、（知识）接受与受众的强调，他们以自己的方式来吸收拉图尔的观点；拉图尔认为具有无限变化性的许多网络，历史学家们则认识到其中的相对稳定性。至关重要的是，这使得网络服膺于历史分析。

因此，在围绕着交织、翻译和跨界实践而重新聚焦对科学进行研究的诸多尝试中，拉图尔的著作是最极端的。为什么被伽里森（Peter Galison）称为"交易区"（trading zones）的有关研究如此富有成果，为什么格里泽默（James R. Griesemer）和斯达尔（Susan Leigh Star）关于边界对象的著作被如此广泛地引用，在这里都可以找到部分理由。[23] 不过，集中于交换场地是不够的，因为它们经常位于边缘，所涉的是用来与外来人打交道而发展出来的实践。正是在那些组合研究领域——对接触区的研究与那些关于相对稳定的实践模式的理解组合在一起的领域，已经开始形成某些最为有效的新型大图景。以这种方式，我们开始去理解涉及知识流转的普遍常规性，以及这些常规性是如何随着时间和环境而改变的。

形成这一历史图景的关键，是我们对于科学知识作为实践的新理

---

[22] 参见 Schaffer（1991）；Bloor（1999）。拉图尔极有影响的著作有 Latour（1987）；Latour（1988）；Latour（1999）。

[23] 参见 Galison（1997：803–844）；Star & Griesemer（1989）。

解。所有来自过去的证据都是物品形式的。这在实验器材、博物学标本和三维模型当中是（或者更好的说法，已经变成）显而易见的。[24] 但是，在小册子、图画、期刊文章、笔记本、图式、绘画、雕刻中也是一样的。无论历史学家是在研究牛顿在格兰瑟姆小镇校舍上的涂鸦，还是在研究发现脉冲星的录音记录，他们无可回避地都是物质世界的编年者。[25] 罗伯特·韦斯特曼（Robert Westman）在本次会议上的发言说得最清楚不过："书籍、书信，而不是'主义'，才手手相传。"正是追踪这些"移动中的物品"（things-in-motion）——借用人类学家阿帕杜莱（Arjun Appadurai）的用词——的流动模式，我们能产出一种超越特例的历史。但是，因为实践经常是持续而且相对稳定的，因此我们能够去追踪的不光是单一的对象，还包括事物更大的等级和类别。因此，新取向为那些跨越长时间段和不同国家的历史书写提供了潜力——这才仅仅部分实现。正是这一观点，已经使医学史和技术史发生了很大转变——在科学史的这两个同源领域中，物质世界更难以被忽视。[26]

要推进这一方法，有很多可资利用的资源。基础最为坚实的是艺术史领域，自从巴克森德尔（Michael Baxandall）的《15 世纪意大利的绘画与经验》（Baxandall，1972）一书出版以来，这一学科就大量地考虑到在制作和观赏图画中物质实践的传承。帕梅拉·史密斯（Pamela H. Smith）的《匠人的身体》以这些视角展示从事实际工作之人在 16 和 17 世纪知识转变中的角色（Smith，2004）。我们也可以从迈乐斯·杰克逊（Myles Jackson）研究夫琅和费（Joseph von Fraunhofer）以及巴伐利亚与英格兰的精密光学的著作中，看到技艺、训练以及学徒的重要性。安德

---

[24] 相关事例可参见 Gooding & Pinch & Schaffer（1989）；Jardine & Secord & Spary（1996）；de Chadarevian & Hopwood（2004）。

[25] 相关事例可参见 Gumbrecht & Pfeiffer（1994）以及 Daston（2000）中的文章。

[26] 参见 Westman（2004）；Appadurai（1986：5）；关于出自医学史的模型如何被用于产生一份科学"大图景"的论述，一个非常富于启发性的例子是 Pickstone（2000）。

鲁·沃里克（Andrew Warwick）的《理论之师》（Warwick，2003）一书讨论了一种与众不同的师从类型，让人看到在19世纪的剑桥大学，数学物理学因为教学和考试而发生转变。传承、创新和技艺在教育中被绑在一起。正如沃里克指出的那样，教育已经在科学史学家那里得到非常大的关注；但是，在理解"知识作为实践"这一问题上，它所具有的重新划定更大问题域的潜力，还远未充分展开，这不免让人感到意外。[27]

与知识传输的物质形式相关的一个焦点，可以在有关印刷史和大众传媒社会学著作中找到。罗杰·西尔弗斯通（Roger Silverstone）、洪美恩（Ien Ang）以及其他研究现代传媒消费的学者，在开辟这一领域的新问题上非常有帮助。某些最有启发的受众研究，立足于把看电视作为使用中的家用技术案例而进行实证性研究——这是历史学家可以从中学到很多的做法。[28] 詹妮斯·拉德威（Janice Radway）的《阅读罗曼司》（Radway，1984）是对美国中西部一个女性罗曼司读者群的深度实证研究，对关于如何去研究一个特殊文学类别与其读者之关系提出了许多洞见。对印刷研究的最大影响来自中世纪晚期以及近代初期的历史，声名卓著的有安·布莱尔（Ann Blair）、安东尼·格拉夫敦（Anthony Grafton）、阿德里安·约翰斯（Adrian Johns）、南希·斯莱斯（Nancy Siraisi）等人的著作。[29] 但是，相关领域得到的关注一直很少，尤其是1850年以后科学期刊、媒体报道以及书籍生产的历史。

为什么用了那么长时间，教育和沟通这些题目才在学术讨论中获得一个重要席位？要推进知识实践史，这原本该是一条前景最为光明的康

[27] 参见 Baxandall（1972）；Smith（2004）；Jackson（2000）；Warwick（2003）。

[28] Marris & Thornton（1999）提供了一份非常丰富的文献文选；对于主要争论，非常有用的介绍是 Schiller（1996）。

[29] 参见 Radway（1984）；Blair（1997）；Grafton（2001）；Johns（1998）。有所助益的论著也参见 Frasca-Spada & Jardine（2000）以及阿德里安·约翰斯与伊丽莎白·埃森斯坦（Elisabeth Eisenstein）在《印刷革命到底多革命性？》中的讨论（Johns & Eisenstein，2002）。

庄大道。这是学科等级序列留下来的一份难以理喻的遗留物，这些领域中的诸多重要方面在很多年里都与其他人文学科分离。通常，只有在特殊的师范学院才讲授初等教育与中等教育历史；除了高端出版形式以外的出版物历史，仅限定在新闻学院开设相关课程。书籍史指的是文献学，授课对象主要是图书馆馆员。这些都是职业科目，与专业培训连在一起，尽管这些著作质量高，但是与科学社会学、观念史以及抽象哲学相比，它们的学术地位却低。在艺术史领域亦如此：很多年来，对绘画作品中的物质属性的研究被当成图像分析、作品归类的辅助手段，并且大多数情况下与之相分离。这种情形如今有所改变，但是费了很大的努力（以及许多行政上的重组），这些题目的重要性才得到承认。甚至从一开始就承担奠基性机构角色的博物馆，也只是在最近二十年才在确定智识议程时获得了核心位置。

来自这些新方向的研究——它们以纸、羊皮纸、墨水、黄铜、钢、橡胶、玻璃为对象——立足于物质世界，因而也深深地植根于环境史。罗伯特·科勒（Robert Kohler）的研究将这一关系展示得最为精确，其著作考察实验室与野外之间的边界线，采用了威廉·克罗农（William Cronon）在《自然的大都会》（*Nature's Metropolis*）中为理解城市与乡村之关系而发展出来的工具。[30] 正如环境史学家的著作所示，获得一张全球图景并不是要超越或者抹掉地方实践的问题，而是要对多重不同规模的流转实践予以更多关注。要想书写一部主要作为教条和意识形态的全球知识史，也许是不可能的；要想书写一部作为流转的实践的知识史，不会是轻而易举的，但是至少有可能让人看到，可以如何去做这件事。

植根于沟通的研究进路开启了一种可能性，以便把那些对科学的技术与专业层面的描述与这些描述在大范围的应用整合到一起。当克洛德·贝尔纳（Claude Bernard）在笔记本上写下自己对箭毒的生理学效

---

[30] Kohler（2002）；参见 Cronon（1991; 1995）。

果所做的判断时，他在自己的实验室实践内容与最终会向科学院报告的内容之间搭建了一座桥梁。这一搭桥实践的细节理所当然，它们不太可能被明确地指出。要弄清楚它们，我们需要从相涉的实践方式入手：笔记本中的特定段落后来会在出版物中被再度使用。甚至在实验室中用铅笔草就的笔记，其目标也是指向潜在读者的；在某一沟通圈子里，笔记有着自己的惯例规则和历史。[31] 比如，人们经常会以为，科学书籍的历史研究可能去关注出版者、装订者、读者，只是不去看书页上印出的实际词语。但是，情况当然不是这样，至少不应该是这样。每个人都知道麦克卢汉（Marshall McLuhan）那句著名的口号"媒介即讯息"；不过，反过来"讯息即媒介"也一样道出了真相：正是讯息界定了沟通技术。

于是，我们需要对野外笔记、实验室登记、博物馆目录以及实践的其他文献类型之发展加以描述，作为在特定的技术工作描述段落与它们的大背景之间移动的搭桥式研究。令人诧异的是，关于不同时期宣布一项科学发现的规矩和程序，我们缺少一份好的通史。关于各种理论我们知道得很多；但是，关于作为沟通行动的理论形成过程，我们所知甚少。关于科学信件的书写、做笔记、期刊阅读习惯、技术绘图、切近观察、与会听报告、实验室谈话，我们现有的研究为数有限。我们不太注意当地对于不同形式的出版物，对于与教育、教科书和翻译相关的词语与图像产出的特殊实践有怎样的态度。我们只有屈指可数的资料来描述博物学旅行、参观科学博物馆的习惯以及参加会议的经验。不过，近期的著作已经开始将跨越边界作为其主要话题。让－保尔·戈迪埃（Jean-Paul Gaudilliere）已经让人看到，法国生物学家的美国之旅如何塑造了战后法国生物医学的发展。他写道："这并非简单的转移，跨大西洋的交流

---

[31] 参见 Grmek（1973）；Holmes（1974）；Holmes（1987）。

滋养了调适、熔补进程，并为本地目的而动用来自外部的资源。"㉜

正如这些研究所示，我们的目标不仅仅在于，把关于科学的某些新层面的描述添加在现有的分析上。我们面对的困难部分在于，要设想沟通涉及科学的所有层面，并非只发生在科学家为出版目的而写作时。许多科学史学者都知道罗伯特·达恩顿（Robert Darnton）所描述的沟通环路，它显示了一部著作如何经历从作者到印刷者和出版人，再到读者，然后再回到作者的产出圈。不过，这一模式至少在其要点上，太过于集中在印刷品生产上，难以对书籍史之外形成更大的影响。读者——对大多数历史学家而言最为重要——在沟通环路中的角色，主要是他们对作者的反馈以及由此而来的出版进程。除非在使用时特别谨慎，沟通环路倾向于带来这样的结果：把出版人、印刷者、传播者等的历史添加进一个已知的故事当中。㉝对一个定期在《自然》上发表其成果的实验室小组所进行的研究，如果里面增加一份关于麦克米兰出版公司的简短说明，这不太可能给人以太大的启发。我们需要了解更多的是：在适当的本地环境中知识流转和使用的模式。

如果我们不想终结于仅仅在一个已经有很多细节的故事中增加更多细节，集中于流转惯例就尤为重要。要详细说明某一科学著作的内容，或者勾画某一实验活动记载的特征，这已经足具挑战性，哪怕不再增加额外负担去解释它是为谁、是用何种手段来沟通，以及它如何被接受等问题。对于产出每一论点的语境都进行仔细研究是不可忍受的。然而，以变化的实践为基础来书写一份知识史，其可行性则大得多。我们应该去看雷蒙德·威廉姆斯（Raymond Williams）的《漫长的革命》（1961）以及《文化与社会》（1958），尽管里面不乏错误和矛盾之处。这两本

㉜ 参见 Gaudillière（2002：413）。

㉝ 这一论点作者在自己的专著中有简短的论述，参见 Secord .J.（2000：126）。在近期的著作中，达恩顿的模式要明显完备，尽管在实践方面，还仍然集中在出版世界当中。参见 Darnton（2000）。

书从读者变化以及作者、阅读和出版机制方面来考察英格兰文学的生成；或者我们也可以再读弗里德里希·基特勒（Friedrich Kittler）的《1800/1900 的话语网络》（1990），这本书展示了机器时代的写作史可能会是什么样子的（尽管这本书很难读，至少英文译本如此）。[34]

也许最大的挑战在于，产出一种既能保持本地特质，又能在比单一国家更大的分析单元上运行的历史。20 世纪 70 年代的很多科学社会史的奠基著作都在考虑不同国家的科学风格：法国的、苏格兰的、加拿大的、美国的等等。[35] 在定位国家的"风格"时，历史学家挑战了科学普适性的观点，但是他们也倾向于让自身的工作与某种民族主义并驾齐驱，这种联盟因为语言以及历史书写与民族国家兴起之间的传统关联而更有活力。作为结果之一，如今似乎需要巨大的学术投入才能将自己的研究移出单一国家的边界线。当然，聚焦某一地理范围没有任何问题，只是不要视该范围为不言自明的存在；或者，更糟糕的是，把那个范围视为全球的缩微版。比如，在英国研究中，对皇家学会起源或者达尔文《物种起源》之接受的描写，经常被认为自动就具有国际可行性，这已经变成一桩令人名誉扫地的问题。

一个很好的例子是，关于科学在维多利亚时代英国与一战前的美国的研究，存在着令人瞩目的鸿沟。对那些研究 17 和 18 世纪的研究者来说，至少五十年来，大西洋两岸的历史已经成为共识；对于 19 世纪的研究者来说，情形则非常不同，尽管在这一时段的大部分时间里，通信条件要比此前好很多。在 19 世纪，大西洋两岸渐行渐远的一个结果是，关于这两个紧密相关的民族国家的文化，我们有两组非常丰富的研究文献，但是研究者们很少会相互借鉴。一部分原因在于，美国历史书写中

---

[34] 参见 Williams（1961）；Williams（1958）；Kittler（1990）。

[35] 关于这一问题特别有启发性的想法，见 Rosenberg（1970）；Morrell（1974）以及 Levere & Jarrell（1974）一书中主编的导论篇。当然也有很多例外，特别是那些研究跨大西洋关系的著作，如 Fleming & Bailyn（1969）；Rossiter（1975）。

普遍存在着例外论（exceptionalism）倾向：一部分原因在于英国狭隘主义，况且在对维多利亚时期的描述中，文学研究一直占据主导地位。然而，不管起因如何，其结果是：某一领域内最重要、最优秀的著作，在对另一国家极其相似情形的分析上，根本没有被借鉴。比如，关于科学欺诈和造假最有揭示力的著作，并非那些关于英国娱乐活动从业者的著作，而是关于美国人巴纳姆（P. T. Barnum）的。[36] 颇为荒谬的是，在维多利亚历史一般性著作（更不用说对科学的研究）中，几乎没有人曾经提到过这些著作。就实际效果而言，我们的民族主义态度甚至超过了作为我们研究对象的那些人。

我们一直用来超越民族国家历史的途径是比较研究。但是，正如人们经常指出的那样，比较研究会过于经常地终结在重新确证民族国家边界，让民族国家变成可比较的标准单元。像《民族国家语境下的科学革命》（*The Scientific Revolution in National Context*）以及《相对论之接受的比较研究》（*The Comparative Reception of Relativity*）已经指出了特定民族国家状况的复杂性与特殊性，但是它们没能走向生成一幅全球画面。[37] 如果真想做这样的研究，其答案便是：不要邀请作者们来分别讨论每个国家，而是找到愿意去研究不同类型之交会、翻译和转变的学者。

更有前景的是过去十年内涌现出来的关于帝国与后殖民地科学的研究成果。早年对于拉图尔的"行动者－网络"理论的热衷，已经让路给对历史的完整理解。历史学家经常采取人类学的角度，用互为依赖模式来取代中心与边缘的区分。在关于疾病与细菌的新史学中，其结果清晰可见，它超出了实验室，将细菌学的形成阐释为帝国交流过程的一部分。最令人印象深刻的是，关于标准化、测量以及公共展览的描述，已经改变了物理学史，其结果是形成了全新的图景：关于场论，能量物理

---

[36] 参见 Harris（1973）；Reiss（2001）；Cook（2001）。

[37] 参见 Porter & Teich（1992）；Glick（1987）。

学，与电报、经济发展和现代会计实践相关联的统计学。[38] 我认为，这些题目成为令人兴奋的研究领域，是因为它们提出的问题，都已经清晰地包含对于全球帝国和工业资本主义的政治争夺。

在支配与征服不那么显而易见的情形下，远距离沟通与行动的重要性就容易被忽视。很多本地研究的情况都是如此，不管是否出自专业历史学家之手，这些研究展示出来的图景是：科学家们与周边直接打交道的人有互动，其他受众以及有竞争性的实践中心还停留在幕后。在另外一个极端上，通史作者们倾向于把现代科学探索设想为我们拥有的离完美全球化的体系最接近的事物。在科学从业者以及广大公众当中，这仍然是主导的观点。国际会议、国际期刊以及国际访问都被视为理所当然，因而让某些领域如核物理或者分子生物学有时候显得根本没有边界。知识自身就会旅行这一设想，似乎更容易形成，因为使其看起来有道理的那些研究工作是如此普遍、如此制度化，以至于几乎无法察觉。然而，对知识获取通道和知识掌控权的争夺，一直是任何沟通形式的要害之处：让知识移动是最难以获得的权力形式。

结论

历史学家们倾向于通过设立新分支学科而将根本性挑战中立化，这让他们自己的主张获得行动空间，同时将其影响最小化。他们在一辆继续行驶在老路上、通向旧目的地的车上增加挂斗。因此，我应该强调，我不是在推荐科学史学者们去追求建立独立的"书籍史"或者"印刷文化"等分支学科。在一个层面上，书籍史一直考虑到出版者、编辑者、印刷者以及诸如此类因素，制作的层面虽然重要，但是占据少数科学史

---

[38] 对这方面情况的研究，请见八卷本《剑桥科学史》(Lindberg & Numbers，2003–) 中的第5卷《现代物理学与数学科学》(Nye，2003)。

学者的注意力就足够了。这种意义上的书籍史，太狭窄地谈及印刷出版而无法获得科学史学者应该感兴趣的全部范围。如果科学确实是人所追求的活动，对沟通实践的研究应该是我们大家一直都去做的事情。因此，我们从书籍史当中，正如从翻译研究以及对实验室－野外边界线的描述一样，可以学到很多。但是，对于我们要做的事情的范围而言，那个标签并不真正适合。

与此类似，我也不倡导在科学史内设立一个研究通俗科学的分支领域。实际上，如果"通俗科学"作为中立性质的描述式词语目前被弃用，那会是最好不过的。作为一个描述性范畴，"通俗科学"及其同源术语有严重的劣势。第一劣势是关于这些内容有着异常丰富以及多重声音的历史。非常值得研究其含义，但是我们很难看到，这些不同含义放在一起如何能指涉一个有内在一致性的实体。把夸美纽斯（Johann Amos Comenius）的《世界图解》（*Orbis sensualium pictus*，1658）、弗拉马里翁（Camille Flammarion）的《通俗天文学》（*Astronomie populaire*，1879）与霍金的《时间简史》（1988）放在一个分类当中，其所遮蔽的一定会比所揭示出来的更多。"通俗科学"不是在某一个特定时刻或者时期才出现的；它不适合视为一个自然发生的类别。[39] 第二个劣势则是传播主义的重负，这是"通俗科学"一词自 19 世纪中叶以来一直都背在身上的。毫不犹豫地将某些东西标记为通俗科学，可以被视为与"不是科学"一般无二，或者甚至是以假乱真的伪科学。尤其是，这样做就先入为主地认可了弗莱克（Ludwik Fleck）在很久以前划定的那条分界线，即在专家深奥知识与那些能够在教科书和简写本中找到的大众化知识的分界线。

---

[39] 参见 Comenius（1658）；Flammarion（1879）；Hawking（1988）。对"通俗科学"及其同源术语的丰富历史的探讨，期刊《科学史》的专刊《科学的通俗化》（1994 年第 32 卷）依然是一个很好的入手点，亦可参见 Whitley（1985）。

在任何科学史研究中，这条界线都应该是批判性研究的领域。[40]

对科学史来说，这是一个并不轻松的时代。罗伊·波特（Roy Porter）、斯蒂芬·杰·古尔德（Stephen Jay Gould）和苏珊·艾布拉姆斯（Susan Abrams）的早逝，让我们这个学科领域太早地失去了最具公众效应的代言人。四年前在上一届三家学会的联合会议上，扬·戈林斯基（Jan Golinski）非常雄辩地谈到历史叙事与大范围公众的问题。正如我们大家都知道的那样，如今要让一本学术书付印，比那时更加困难。[41]现在除非一本书会对大范围内的公众有吸引力，否则即便大学出版社也不愿意出版它。过去十年内真正把事情做起来的似乎是记者，他们的文字将昔日的科学带给广大普通读者。这些著作当中有不少是出色的，但是也有很多无非是在强化已经存在的态度，充斥其中的概念是英雄式天才、势在必行的科学进步、狭隘的民族国家特征。这些书的出现表明，科学史有大量受众，我们的许多同行已经开始带着不同的、更具有挑战性的信息去抵达受众。

也许这只是我个人的经验，但是我想这样说是公平的：可以说，科学史自20世纪50年代创立以来，这一领域目前比以往任何时候都更严重地经历着方向迷失。我猜想其原因正如在人文学科的其他领域一样，人们对理论视角的某种热衷已经走到尽头，替代它们的会是什么，目前尚不明朗。比如，当年在曼彻斯特，所有那些知识社会学的主要人物都提交了论文；在这里，我们大多是自家人，更多是与研究同一时段的通史学家有联络与合作。在巴黎、爱丁堡、巴斯或者甚至在剑桥看到一份统一的、应该去做什么的议程，如今已经不再可能。这也许是好事，因

---

[40] 关于"通俗科学"这一术语所承载的传播主义的重负，参见 Secord .A.（1994）。关于弗莱克认定的边界，参见 Fleck（1979）。

[41] Jan Golinski, "Tall Tales and Short Stories: Narrating the History of Science," available online at http://www.academia.edu/9271123/Tall_Tales_and_Short_Stories_Narrating_the_History_of_Science.

为这一学科一直由于多样性而蓬勃发展；不过，这也是一种挑战。

当然，科学史总是有可能无缝地融入文化史、哲学、自然科学，或者那些科学元勘中接壤的领域。去年的科学史学会主席约翰·瑟弗斯（John Servos）曾经在期刊（*Isis*）上发表了一篇论文，讨论物理化学领域中"一个失败的学科议程"的文章。[42] 在做研究生期间，我的情绪更为悲观，有时候也会想，期刊上最后刊出的文章会不会是这个我刚刚涉足其中的专业领域的讣告。如今我感觉要乐观得多，哪怕对这个专业的就业机会并非总是乐观，但是对其背后的智识事业感到乐观却是毫无疑问的。有很多迹象表明，我们正在从一个根本性的历史视角出发来触及一些问题：知识并非仅为抽象的教条而是沟通实践，处于一系列整合完好，有着深度理解的环境当中。我感觉在某些研究领域当中这一转型已经深入，比如关于帝国科学以及 16、17 世纪的研究。况且，还有一个令人鼓舞的信号：在通史学家、艺术和文学史家以及大众当中，有能赏识我们研究成果的受众。科学史学者的影响已经不止于他们从书籍史到身体史找寻新题目时能做到以量取胜，他们的研究方式已经在整个人文学领域激发起人们的兴趣。

要让这种情况持续下去，我们需要在恰当的尺度上研究知识的流转。这里的确有丰富的机会。我们不过是在过去几年里才认识到，框架对理解科学的大叙事有如此大的限制。如今的巨大优势是，在留下来的故事之外还有视角。我们有一条道路通向更大的叙事，那是科学史家专为历史目的而写就的。在 1975 年的科学史大会上——那是我第一次与会——罗伊·波特引用了地质学家查尔斯·莱尔（Charles Lyell）的话，时至今日仍然切中要害："首次发现带来的陶醉属于我们，当我们在勘探这一壮丽的探究领域时，一位伟大历史学家的情愫……会一直保留在我们的脑海当中，'把已经消失的事物重新唤回的人，享受着如造物般

㊷ 参见 Servos（1982）。

的极乐'。"㊸

2004 年是出现"金星凌日"（the transit of Venus）现象的年份，这一天象标记想必也能表征这里讨论的历史实践形式的支配地位。金星凌日现象的主要意义从来不在于天文发现，而在于确定基本的天文单元以及地球到太阳的距离；如此一来，它凸显了测算、标准化与平常实践在科学中的重要性。这是一桩在特定地点上特定观察者可见的地方性事件，它触发了国家间的竞争、全球性的探索以及大范围的关注。这是一桩引起天文观测者和历史学家去思考时间的事件，从个体观察者眼见"黑滴"的个体误差，到凌日现象再度出现所需的年数和世纪数，尺度各不相同。在每一个阶段上，对金星凌日的观测，都凸显了沟通新形式的整合以及沟通形式的转变：从 1639 年霍罗克斯（Jeremiah Horrocks）在兰开夏郡的村子里对其的观测，到今年（2004 年）6 月初的出现——我在剑桥大学天文学研究所用维多利亚时代早期的诺森伯兰赤道式望远镜观看它，在家里用自己的笔记本电脑观看它。况且，公众对金星凌日现象的极大关注，不光是因为他们对天文学感兴趣，也因为他们对历史感兴趣。金星凌日天象会在 8 年以后再度出现，那也正好是第七届三个学会联合会议的召开之年。届时科学史会走向何方，我乐于拭目以待。

参考文献：

Appadurai, Arjun. 1986. Introduction: Commodities and the Politics of Value. In *The Social Life of Things: Commodities in Cultural Perspective*, edited by Arjun Appadurai, 3–63. Cambridge: Cambridge Univ. Press.

Baxandall, Michael. 1972. *Painting and Experience in Fifteenth Century Italy: A Primer in the Social History of Pictorial Style*. Oxford: Clarendon.

㊸ 参见 Porter（1976：100）。莱尔引用的是德国历史学家先驱尼布尔（Barthold George Niebuhr）的句子，其著作《罗马史》于 1828 年被翻译成英语。

Beer, Gillian. 1996. Translation or Transformation? The Relations of Literature and Science. In *Open Fields: Science in Cultural Encounter*, authored by Gillian Beer, 173–195. Oxford: Clarendon.

Bender, Thomas. 2002. Historians, the Nation, and the Plenitude of Narratives. In *Rethinking American History in a Global Age*, edited by Thomas Bender, 1–21. Los Angeles: Univ. California Press.

Berman, Morris. 1978. *Social Change and Scientific Organization: The Royal Institution, 1799—1844*. Ithaca, N.Y.: Cornell Univ. Press.

Biagioli, Mario, ed. 1999. *The Science Studies Reader*. New York: Routledge.

Blair, Ann. 1997. *The Theater of Nature: Jean Bodin and Renaissance Science*. Princeton, N.J: Princeton Univ. Press.

Bloor, David. 1999. Anti-Latour. *Stud. Hist. Phil. Sci* 30: 81–112.

Brock, W. H. & Meadows, A. J. 1984/1998. *The Lamp of Learning: Two Centuries of Publishing at Taylor & Francis*. London: Taylor & Francis.

Cantor, Geoffrey. 1996. The Scientist as Hero: Public Images of Michael Faraday. In *Telling Lives in Science: Essays on Scientific Biography*, edited by Michael Shortland & Richard Yeo, 171–193. Cambridge: Cambridge Univ. Press.

Cantor, Geoffrey & Shuttleworth, Sally, eds. 2004. *Science Serialized: Representations of the Sciences in Nineteenth- Century Periodicals*. Cambridge: Cambridge Univ. Press.

Cantor, Geoffrey & al., et, eds. 2004. *Science in the Nineteenth-Century Periodical: Reading the Magazine of Nature*. Cambridge: Cambridge Univ. Press.

Collins, Harry M. 2004. *Gravity's Shadow: The Search for Gravitational Waves*. Chicago: Univ. Chicago Press.

Comenius, Johann Amos. 1658. *Orbis sensualium pictus*. Nuremburg: Michaelis Endteri.

Cook, James W. 2001. *The Arts of Deception: Playing with Fraud in the Age of Barnum*. Cambridge, Mass.: Harvard Univ. Press.

Cronon, William. 1991. *Nature's Metropolis: Chicago and the Great West*. New York:

Norton.

—, ed. 1995. *Uncommon Ground: Toward Reinventing Nature.* New York: Norton.

Darnton, Robert. 2000. An Early Information Society: News and the Media in Eighteenth-Century Paris. *American Historical Review* 105: 1–35.

Daston, Lorraine, ed. 2000. *Biographies of Scientific Objects.* Chicago: Univ. Chicago Press.

Daston, Lorraine & Galison, Peter. 1992. The Image of Objectivity. *Representations* 40: 81–128.

de Chadarevian, Soraya. 2002. *Designs for Life: Molecular Biology after World War II.* Cambridge: Cambridge University Press.

de Chadarevian, Soraya & Hopwood, Nick, eds. 2004. *Models: The Third Dimension of Science.* Stanford, Calif.: Stanford Univ. Press.

Flammarion, Camille. 1879. *Astronomie populaire: Description générale du ciel.* Paris: C. Marpon and E. Flammarion.

Fleck, Ludwik. 1979. *Genesis and Development of a Scientific Fact,* ed. Thaddeus J. Trenn and Robert K. Merton. Chicago: Univ. Chicago Press.

Fleming, Donald & Bailyn, Bernard, eds. 1969. *The Intellectual Migration: Europe and America, 1930—1960.* Cambridge, Mass.: Harvard Univ. Press.

Frasca-Spada, Marina & Jardine, Nick, eds. 2000. *Books and the Sciences in History.* Cambridge: Cambridge Univ. Press.

Furet, Francois. 1984. *In the Workshop of History.* Chicago: Univ. Chicago Press.

Galison, Peter. 1997. *Image and Logic: A Material Culture of Microphysics.* Chicago: Univ. Chicago Press.

Gaudillière, Jean-Paul. 2002. Paris-New York Roundtrip: Transatlantic Crossings and the Reconstruction of the Biological Sciences in Post-war France. *Studies in History and Philosophy of Biological and Biomedical Sciences* 33: 389–417.

Geertz, Clifford. 1973. *The Interpretation of Cultures.* New York: Basic.

Glick, Thomas F., ed. 1987. *The Comparative Reception of Relativity.* Dordrecht: Reidel.

Golinski, Jan. 1998. *Making Natural Knowledge: Constructivism and the History of Science*. New York: Cambridge University Press.

Gooding, David & Pinch, Trevor & Schaffer, Simon, eds. 1989. *The Uses of Experiment: Studies in the Natural Sciences*. Cambridge: Cambridge Univ. Press.

Gooding, David C. & James, Frank A. J. L., eds. 1985. *Faraday Rediscovered: Essays on the Life and Work of Michael Faraday*. London: Macmillan.

Grafton, Anthony. 2001. *Cardano's Cosmos: The Worlds and Works of a Renaissance Astrologer*. Cambridge, Mass.: Harvard Univ. Press.

Grmek, Mirko. 1973. *Raisonnement experimental et recherches toxilogiques chez Claude Bernard*. Geneva: Droz.

Gumbrecht, Hans Ulrich & Pfeiffer, K. Ludwig, eds. 1994. *Materialities of Communication,* trans. William Whobrey. Stanford, Calif.: Stanford Univ. Press.

Haraway, Donna J. 1988. Situated Knowledge: The *Science* Question in Feminism as a Site of Discourse on the Privilege of Partial Perspective. *Feminist Studies* 14: 575–599.

Harris, Neil. 1973. *Humbug: The Art of P. T. Barnum*. Chicago: Univ. Chicago Press.

Hawking, Stephen. 1988. *A Brief History of Time: From the Big Bang to Black Holes*. Toronto/New York: Bantam.

Henson, Louise & et al.eds. 2004. *Culture and Science in the Nineteenth-Century Media*. Aldershot, Hants: Ashgate.

Holmes, Frederic L. 1974. *Claude Bernard and Animal Chemistry: The Emergence of a Scientist*. Cambridge, Mass.: Harvard Univ. Press.

———. 1987. Scientific Writing and Scientific Discovery. *Isis* 78: 220–235.

Iser, Wolfgang. 1978. *The Act of Reading: A Theory of Aesthetic Response*. Baltimore: Johns Hopkins Univ. Press.

Jackson, Myles W. 2000. *Spectrum of Belief: Joseph von Fraunhofer and the Craft of Precision Optics*. Cambridge, Mass.: MIT Press.

Jacob, Margaret C. 1999. *Science* Studies after Social Construction: The Turn toward the Comparative and Global,″ In *Beyond the Cultural Turn: NewDirections in the Study of Society and Culture*, edited by Victoria E. Bonnell & Lynn Hunt, 95–120. Los Angeles: University of California Press.

James, Frank A. J. L., ed. 2002. *The Common Purposes of Life: Science and Society at the Royal Institution of Great Britain*. Aldershot: Ashgate.

———. 2004. Reporting Royal Institution Lectures. In *Science Serialized: Representation of the Sciences in Nineteenth- Century Periodicals*, edited by Geoffrey Cantor & Sally Shuttleworth, 67–79. Cambridge: Cambridge Univ. Press.

Jardine, Nicholas. 1991. Writing Off the Scientific Revolution. *Journal of the History of Astronomy* 22: 311–318.

Jardine, Nick & Secord, James A. & Spary, E. C., eds. 1996. *Cultures of Natural History*. Cambridge: Cambridge Univ. Press.

Jauss, Hans Robert. 1982. *Toward an Aesthetic of Reception,* trans. Timothy Bahti. Minneapolis: Univ. Minnesota Press.

Johns, Adrian. 1998. *The Nature of the Book: Print and Knowledge in the Making*. Chicago: Univ. Chicago Press.

Johns, Adrian & Eisenstein, Elisabeth. 2002. How Revolutionary Was the Print Revolution? *American Historical Review* 107: 84–128.

Kittler, Friedrich A. 1990. *Discourse Networks, 1800/1900,* trans. Michael Metteer with Chris Cullens. Stanford, Calif.: Stanford Univ. Press.

Kohler, Robert E. 1999. ″The Constructivists″ Tool Kit. *Isis* 90: 329–331.

———. 2002. *Landscapes and Labscapes: Exploring the Lab-Field Border in Biology*. Chicago: Univ. Chicago Press.

Kuhn, Thomas S. 1962. *The Structure of Scientific Revolutions*. Chicago: University of Chicago Press.

Kusch, Martin & Lipton, Peter. 2002. Testimony: A Primer. *Studies in History and*

Philosophy of Science 33, no. 2: 209–217.

Latour, Bruno. 1987. *Science in Action: How to Follow Scientists and Engineers through Society.* Cambridge MA: Harvard University Press.

————. 1988. *The Pasteurization of France.* Cambridge, Mass.: Harvard Univ. Press.

————. 1999. *Pandora' Hope: Essays on the Reality of Science Studies.* Cambridge, Mass.: Harvard Univ. Press.

Levere, Trevor H. & Jarrell, Richard A., eds. 1974. *A Curious Field-Book: Science and Society in Canadian History.* Toronto: Oxford Univ. Press.

Lindberg, David C. & Numbers, Ronald L., eds. 2003–. *The Cambridge History of Science,* 8 vols. . Cambridge: Cambridge University Press.

Livingstone, David N. 2004. *Putting Science in Its Place: Geographies of Scientific Knowledge.* Chicago: University Chicago Press.

Maier, Pauline & Smith, Merritt Roe & Alexander Keyssar & Kevles, Daniel J. 2002. *Inventing America,* 2 vols. New York: Norton.

Marris, Paul & Thornton, Sue, eds. 1999. *Media Studies: A Reader.* Edinburgh: Edinburgh Univ. Press.

Miller, David Philip. 2002. The Sobel Effect. *Metascience* 77: 185–200.

Montgomery, Scott L. 2002. *The Chicago Guide to Communicating Science.* Chicago: Univ. Chicago Press.

Morrell, J. B. 1974. Reflections on the History of Scottish Science. *History of Science* 12: 81–94.

Morus, Iwan Rhys. 1998. *Frankenstein's Children: Electricity, Exhibition, and Experiment in Early-Nineteenth- Century London.* Princeton, N.J.: Princeton Univ. Press.

Nye, Mary Jo, ed. 2003. *Cambridge History of Science, Vol. 5: The Modern Physical and Mathematical Sciences.* Cambridge: Cambridge Univ. Press.

Oldroyd, David R. 1984. How Did Darwin Arrive at His Theory: The Secondary Literature to 1982. *History of Science* 22: 325–327.

　　　　　　　　　　　　　　　　　　　　　第十章　知识在流转

Ophir, Adi & Shapin, Steven. 1991. The Place of Knowledge: A Methodological Survey. *Science in Context* 4: 3–21.

Perry, Marvin & Chase, Myrna & Jacob, James R. & Jacob, Margaret C. & Laue, Theodore H. Von. 2004. *Western Civilization: Ideas, Politics, and Society*, 7th ed. . New York: Houghton Mifflin.

Pickering, Andrew. 1984. *Constructing Quarks: A Sociological History of Particle Physics*. Chicago: University Chicaogo Press.

———, ed. 1992. *Science as Practice and Culture*. Chicago: University Chicago Press.

Pickstone, John V. 2000. *Ways of Knowing: A New History of Science, Technology, and Medicine*. Chicago: Univ. Chicago Press.

Pinch, Trevor. 1986. *Confronting Nature: The Sociology of Solar-Neutrino Detection*. Dordrecht/Boston: Reidel.

Porter, Roy. 1976. Charles Lyell and the Principles of the History of Geology. *British Journal for the History of Science* 9: 91–103.

———. 1990. The History of *Science* and the History of Society. In *Companion to the History of Modern Science*, edited by R. C. Olby & et al., 32–46. London: Routledge.

Porter, Roy & Teich, Mikuláš, eds. 1992. *The Scientific Revolution in National Context*. Cambridge: Cambridge Univ. Press.

Radway, Janice A. 1984. *Reading the Romance: Women, Patriarchy, and Popular Literature*. Chapel Hill: Univ. North Carolina Press.

Reiss, Benjamin. 2001. *The Showman and the Slave: Race, Death, and Memory in Barnum's America*. Cambridge, Mass.: Harvard Univ. Press.

Rosenberg, Charles. 1970. On Writing the History of American Science. In *The State of American History*, edited by Herbert J. Bass, 183–196. Chicago: Univ. Chicago Press.

Rossiter, Margaret W. 1975. *The Emergence of Agricultural Science: Justus Liebig and the Americans, 1840—1880*. New Haven, Conn.: Yale Univ. Press.

Rudwick, Martin. 1985. *The Great Devonian Controversy: The Shaping of Scientific*

Knowledge among Gentlemanly Specialists. Chicago: Univ. Chicago Press.

Schaffer, Simon. 1991. The Eighteenth Brumaire of Bruno Latour. *Stud. Hist. Phil. Sci* 22: 174–192.

Schiller, Dan. 1996. *Theorizing Communication: A History*. New York: Oxford Univ. Press.

Secord, Anne. 1994. *Science* in the Pub: Artisan Botanists in Early Nineteenth-Century Lancashire. *History of Science* 32: 269–315.

Secord, James A. 2000. *Victorian Sensation: The Extraordinary Publication, Reception, and Secret Authorship of Vestiges of the Natural History of Creation*. Chicago: Univ. Chicago Press.

Servos, John. 1982. A Disciplinary Program That Failed: Wilder D. Bancroft and the *Journal of Physical Chemistry*, 1896—1933. *Isis* 73: 207–232.

Shapin, Steven. 1994. *A Social History of Truth: Civility and Science in Seventeenth-Century England*. Chicago: University of Chicago Press.

Shapin, Steven & Shchaffer, Simon. 1985. *Leviathan and the Air Pump: Hobbes, Boyle, and the Experimental Life*. Princeton: Princeton University Press.

Smith, Pamela H. 2004. *The Body of the Artisan: Art and Experience in the Scientific Revolution*. Chicago: Univ. Chicago Press.

Sobel, Dava. 1995. *Longitude: The True Story of a Lone Genius Who Solved the Greatest Scientific Problem of His Time*. New York: Walker.

Staley, Richard. 2004. *The Co-creation of Classical and Modern Physics*. Paper delivered at the BSHS/CSHPS/HSS meeting, Halifax, Aug. 2004.

Star, Susan Leigh & Griesemer, James R. 1989. Institutional Ecology, "Translations," and Boundary Objects: Amateurs and Professionals in Berkeley's Museum of Vertebrate Zoology, 1907—1939. *Social Studies of Science* 79: 387–420.

Stone, Lawrence. 1979. The Revival of Narrative: Reflections on a New Old History. *Past and Present* 85: 3–24.

Topham, Jonathan R. 2004. Scientific Readers: A View from the Industrial Age. *Isis* 95:

431–442.

Warwick, Andrew. 2003. *Masters of Theory: Cambridge and the Rise of Mathematical Physics.* Chicago: Univ. Chicago Press.

Westman, Robert. 2004. *Circulating Theoretical Knowledge: Kepler and Galileo in the Years of Public Silence.* Paper delivered at the BSHS/CSHPS/HSS meeting, Halifax, Aug. 2004.

Whitley, Richard. 1985. Knowledge Producers and Knowledge Acquirers: Popularisation as a Relation between Scientific Fields and Their Production. In *Expository Science: Forms and Functions of Popularisation*, edited by Terry Shinn & Whitley, 3–28. Dordrecht: Reidel.

Williams, Raymond. 1958. *Culture and Society, 1780—1950.* London: Chatto & Windus.

———. 1961. *The Long Revolution.* London: Chatto & Windus.

第十一章

让社会性别进入女性医疗史

莫妮卡·H.格林

掀起"医学中的女性"以及"女性与医学"历史研究第二次浪潮的早期著作，直接发端于20世纪60和70年代的女性健康运动，至少在美国如此。在当时，生育控制以及生殖进程中的女性自决权都是热门政治议题。① 反观历史，这些政治议题能火起来，恰好因为有女性医学角色的早期史学研究著作推波助澜，而这些著作的作者们都曾经参与了那些19世纪以及20世纪初发生在北美与欧洲为女性进入医学职业而进行的战斗。西方历史学家们——无论他们专门从事医学史还是女性通史——都是这双份遗产（历史书写和历史参与）的继承者。本文意在指出一个问题：这两个非常不同的群体推出的议程如何左右了我们所提出的问题，或者说，那些我们未能提出的问题（在这里我更倾向于后者），对此我们尚未充分研究。其结果是，女性主义医学史的核心问题仍然对这一分支学科诞生之际的政治和思想背景俯首帖耳（哪怕并非原封未动），而我们目前的研究对象和历史学家们自身都已不再受那些语境的制约了。第一次女性主义浪潮以及第二次浪潮的初始阶段，都没有明确地提出"社会性别"（gender）这一概念：历史上各种社会在分配和争夺权力时所因循的若干轴线，"社会性别"总是其中之一。这里隐含的假定是：有可能将男人和女人的行动视为服从于生物性别之外的某些因素。正如期刊《社会性别与历史》（*Gender & History*）这一纪念特刊中的文章所证实的那样，在过去的二十多年中，"社会性别"这一概念给历史研究带来了丰硕成果。尽管社会性别视角已经融入医学史的很多层面当中（比如，医学从业者个体如何形成社会性别的身份认同，在医疗资源供给方面存在的社会性别差异），然而令人大跌眼镜的是，我们仍然

---

① 到目前为止，在美国妇女历史研究中，提供这一时期综合史的唯一尝试是一项人类学研究（Morgen，2002）。研究这一时期的关键性原始资料情况，参见罗杰斯（Naomi Rogers）在耶鲁大学讲授的"20世纪70年代的女性健康运动"（The Women's Health Movement in the 1970s）课程所列的参考文献。可参见网站 https://www.nlm.nih.gov/archive/20120206/hmd/collections/digital/syllabi/rogers2.pdf。

根本没去重新考虑这一领域当中的某些叙事。如果我们关注到这些事实，即关于女性身体的知识在生成、传播和使用等问题上女人与男人之间一直存在互动，那么我们就会认为，去重新考虑历史叙事则是势所必然。[②]

　　我特别指出要在女性身体史以及那些与女性医疗相关的理念与实践体系中引入"社会性别"这一因素，乍一看这似乎并无由头，或者显得非常多余。女人的身体，在定义上不就已经是女性的了吗？然而，我所建议的并非无聊的语义游戏。相反，我想去探讨以女性身体为对象的认识论和技术是如何产生的：关于女性的身体，谁知道什么？何时获知的？于是，这一分析所涉及的就包括为女性提供治疗的医学以及由女性来践行的医学。我本人所受的教育有着西欧医学思想和实践传统的背景，下文中提出的很多问题也出自这一经验。但是，正因为我在若干年前开始广泛地阅读西方传统之外的历史学与人类学研究成果，我认识到自己在其框架中成长起来的女性主义第二次浪潮的某些局限性。首当其冲的是，"在18世纪对女性保健的掌控转换到男性手中"这一核心叙事似乎在编年上站不住脚。力图去打破一个流行的"在近代之前的西欧，女性保健是女人的事儿"这一推测的尝试已经持续了二十年，越来越多的材料被发掘出来。这些材料表明的事实是：在经院医学中，自中世纪起男性就常规性地介入妇科学并主导该领域。同样，早在14世纪，男性在产科领域的介入已经非常重要，某些产科处置步骤以及知识权威恰好是男性，而不是女性。尽管如此，除了为数不多的几位专门从事近代以前医学史研究的专业人士之外，大多数历史学家仍然持有这样的观点：在18世纪之前，男性根本没有介入对月经不调或者不育症等妇科症状的处置，更不用说那些分娩状况了。将女性健康话语泛化的趋势，也让人把这些对西方传统的预设当成规范（norm），这与从其他时代和地域的

---

② 这类著作的完整列表可能会长达若干页。代表性书目可能应该包括 Morantz-Sanchez（1999）；Churchill（2005a；2005b）；Wales（2005）。

女性健康史中得出的断言相违背。

然而，我所倡导的不单单是一个精细的编年表。假如只是一个起始时间问题而已，例如，英国男性医生开始介入产科是在15世纪而不是18世纪，那么我们要做的无非是将一种主要文化转换（它本身仍然未受到质疑）推到更早期。这不会让我们的视角发生大改变，因为那些在18世纪引发争论的话题，如男性助产员是否使用产钳、女性助产员的培训等，肯定在更早时已经有过先例。那些在女性主义第一次浪潮和第二次浪潮的议程中被用来消解女性边缘地位图景的方式，这才是我要予以强调的。这些议程让我们的思考陷入绝对性，而这种绝对性让历史学家致力于在时间长河中追寻变迁的努力化为虚空。在下文中我提出这样的看法：去探究一种带有社会性别视角的、关于女性健康和生育控制的历史，可能是值得一做的事情。这种历史立足于一个假设，即关于解剖学、生理学或者治疗手段的知识从根本上并非源自人的生物性本质，而是来自生活在特定社会语境中的经验，而在社会语境中一切知识形式——无论知识的生成还是传播——都是带有社会性别色彩的。由此一来，医学知识以及由此而来的实践都被证实为历史的一部分，处于不间断的流变当中并有着持续的争论。

我在本文聚焦两个话题，它们一直以来都位于女性主义医学史的核心当中，即助产活动史以及女性关于避孕和堕胎所具备的知识及其应用。从这两个核心话题入手，我们可以更切近地检视女性医学史上的着重点和失察之处在哪里。③ 我主张有必要将女性医学史纳入到一个更大的分析网络当中：助产活动史有必要成为医学职业史以及女性健康通史中的一部分，而不应该被视为孤立的话题；避孕与堕胎的历史，则有必

---

③ 在本文中，我会用"女性医学"指女性保健中那些尤其与生殖器官及其功能相关的方面。实际上，我和其他学者都已经提出过，"女性医学"有必要被视为涵盖了女性整个肌体而不单单是生殖功能的学科。不过我在本文中特别留意将产科（对怀孕和分娩的照护）与妇科的史学研究重新合在一起，因为如果单单聚焦于分娩时的照护，很多东西就视而不见了。

要置于人口发展史这一更为宏大的问题当中：不管我们在每一位女性个体决定限制或者中断自己的生育力时会看到怎样的感情和动机，她的个人决策影响了作为整体的社会。正因为本文反对在泛化层面断言女性如何，所以我会深入探讨这一论点：去关注非西方的历史叙事以及人类学研究，可以让我们更好地意识到，受西方叙事主导的医学史带来了历史描述上与文化上的盲点。医学人类学聚焦于民族志描写的做法——参与观察，结构性访谈，研究社会当中的成员——对我们尤其有用。这不光能让我们获得方法，同时也获得了医学实践背后的动机，而对于那些主要依赖书面材料的历史学家而言，后者往往都是无从获悉的。我们通过将社会性别引入女性保健史和避孕史当中，对"女性，只有女性才拥有某些关于女性身体的'天然'知识"这一假设提出质疑，便开启了一个概念空间，来探讨那些知识曾经如何在社会性别之间被争夺。我的目标不在于"加上男性和胡搅蛮缠"，而是去呼唤一种更全面、更丰富的女性保健史，它要让人看到医学认识论是不同类别的情境化知识。④ 至于其重要性对于医学史家自不待言；那些对"历史长路上生就女性身体的人如何为找到自己而跋涉"这一话题感兴趣的人，一部这样的历史也不失其重要性。

助产员的知识垄断：艾伦瑞克 – 英格利希立论的源头

让我们从女性主义的第二次浪潮说起。《女巫、接生婆和护士》（*Witches, Midwives, and Nurses*, Ehrenreich & English，1971）和《抱怨与不适：疾病的性别政治》（*Complaints and Disorders: The Sexual Politics of Sickness*, Ehrenreich & English，1973）这两本书严重地影响英语学术界（使用其他语言的学者也一样）对女性医学史的最初评判，而这两本书的两位作

---

④ 关于"情境化知识"（situated knowledge）的概念，最重要的论述是 Haraway（1988）。

者并非历史学家。⑤我之所以强调艾伦瑞克（Barbara Ehrenreich）和英格利希（Deidre English）都不是历史学家，并非要引发专业排斥（女性主义研究如果没有内在的跨学科特质则一无是处），而是要着重强调一个事实：她们关于女性健康史的断言，基于对二手材料缺少批判性的阅读以及数量有限的公开出版的原初资料，而不是基于对原初文献进行深度研究，而后者为我们当中大多数人所认可的黄金标准。⑥第二本书《抱怨与不适：疾病的性别政治》里的核心论点——大体上女性是男性医疗掌控（在19世纪至20世纪初甚至是女性仇视）的牺牲者——被随后更为细致的研究著作超过，因为这些研究著作让人们看到女性作为患者的能动性，以及她们常有要接受或者寻求男性给自己治疗的意愿；此外，当女性成为正式医生之后，她们并没有一致地接受在女性医学实践中采用不同的视角。⑦在这一点上，艾伦瑞克和英格利希关于19世纪医学的书走在相当正常的轨道上，正如某一个被提出来的历史问题会遇到的情形一样：它提出一个大胆的设想，受到后起研究的检验、质疑、挑战。《抱怨与不适：疾病的性别政治》一书很快就名誉扫地，既不被学者所引用，也没能成为当前历史书写的导向。

不过，她们的第一本书《女巫、接生婆和护士》的影响则不可同

---

⑤ 参见 Ehrenreich & English（1971/1972；1973）。关于美国女性健康运动国际化的总体情况，请参见 Davis（2007）。

⑥ 艾伦瑞克在 1968 年获得了生物学博士学位。就在她首次出版《女巫、接生婆和护士》一书之前，她和约翰·艾伦瑞克（John Ehrenreich）合作出版了《美国的保健帝国：权力、赢利与政治》（*The American Health Empire:Power, Profits and Politics,* Ehrenreich·B. & Ehrenreich·J.，1970），自此她成为一名非常有影响的"公共知识分子"，就社会公正、经济和医疗问题发表见解。英格利希是一位记者。

⑦ 关于这些话题有大量文献。其中对艾伦瑞克和英格利希的立场发出最直接挑战的是 Morantz-Sanchez（1985）以及 Theriot（1993）。这些批评都是在检视医学史究竟做了哪些工作这一学科转型思考中形成的，参见 Reverby & Rosner（2004）。该文在对男性与女性之间差异进行其他层面分析时，做了关于女性以及社会性别如何被讨论的综述，这对学术界也非常有用。

日而语。简言之，那本书认为历史上曾经有过一个"黄金时代"，女性从事医学实践，彼此自由地分享有关自己身体的知识。[8]当"中世纪的"、以铲除有学问之女性为目标的迫害女巫行动开始后，这种无等级序列的实证医学就告终结，女性医疗实践的其他形式被缩减到位于从属地位、不具有权威性的"护士"这一角色。这本小册子（其英文本的初版只有45页！）在20世纪70年代能一炮成名，也在情理之中。它所谈及的历史往昔，正好符合女性健康运动要制造的当下政治目标：女性要能够"再度"控制她们的生殖进程、在健康问题上自己做主的权利。

与这本并不掩盖其论辩意图之作的最初成功相比，更令人吃惊的是其持续不衰的流行热度。英文版还在印刷，而且它已经被翻译成至少四种不同语言。不久前它还是一家主要在线书店"社会－文化人类学：概论及其他"类别的十大畅销书之一。[9]关于巫术的通俗读物对这本书不假思索地引用；在女性医生讲述自我的历史叙事中，这本在二三十年前初版的书过去和现在还仍然被专业学者引用，作为论述欧洲助产婆以及女性在医学职业中其他角色的"背景"。[10]

---

⑧ 参见 Ehrenreich & English（1971/1972：3）。

⑨ 我能确认的有如下译本：德文版 *Hexen, Hebammen und Krankenschwestern* (München: Frauenoffensive，1975)；意大利文版 *Le streghe siamo noi: Il ruolo della medicina nella repressione della donna* (Milan: CELUC，1975)；法文版 *Sorcières, sages femmes et infirmières: Une histoire des femmes et de la médecine*, tr. Lorraine Brown and Catherine Germain (1976；Montreal: Editions du Remue-Ménage，1983)；西班牙文版 *Brujas, comadronas y enfermeras: Historia de las sanadoras; Dolencias y trastornos: Política sexual de la enfermedad* (Barcelona: LaSal, 1981)。这些还都在印行。关于美国版本的销售，我在 2005 年 7 月 29 日查询了 Barnes and Noble 网上书店 (<http://search.barnesandnoble.com/bestsellers/bestsellers.asp?cat=394783&sort=S>)。

⑩ 在一些通俗读物如 Brooke（1993）中看到这一论点被采用，这没有什么好吃惊的；但是，令人诡异的是，一些学术著作也把此书当成严肃的学术权威著作来引用，如 Blumenfeld-Kosinski（1990）；Bicks（2003）；Caballero-Navas（2004）。另外一些学术著作如 Greilsammer（1991）没有直接引用该书，但是受其影响的痕迹非常明显，作者明确提出：中世纪妇女独自掌握关于生殖的知识，那是一个"黄金时代"，而后被教会和男性医学职业者的组合力量所压制。也许最为著名的例子是，艾伦瑞克和英格利希的（转下页）

391   第十一章　让社会性别进入女性医疗史

不唯如此，艾伦瑞克和英格利希的论点在欧洲女性医学史的"宏大叙事"占据着霸权性地位，哪怕它没有被直接引用。她们的论点有三项核心宗旨。首先，助产婆对处置分娩有着不可挑战的垄断权利；其次，不那么明显（但是影响一点儿也不会小）的是，助产婆对所有女性健康问题有着同样的垄断权利，是避孕、堕胎以及其他非特定女性医疗问题的权威；最后，助产婆的知识和权威都在唯有女性在场的产房内派上用场，这让男性医生以及教会人士先怀疑，而后憎恨，后者在迫害女巫的行动中将助产婆剿灭。[11] 大卫·哈利（David Harley）在 1990 年令人信服地批驳了助产婆作为迫害巫婆行动之目标这一观点，他解析了《巫之术》（Malleus maleficarum，1496 年初版的灭巫手册）以及其他这类文本，发现"巫婆助产婆"是在审问者小范围内所采用的修辞说法——他们在著作中相互引用，并非一种大规模的、对助产婆有经常性指控的现象。大卫·哈利对各地指控的实际研究表明，受到巫术指控的助产婆所占比率与女性总人口当中受到巫术指控者所占比率相比，高出不到一个百分点。[12] 不过，艾伦瑞克和英格利希立论中的前两点，在过去三十年中几

（接上页）小册子让海因松（Gunnar Heinsohn）和施泰格尔（Otto Steiger）提出的"迫害女巫对于人口控制历史有着重要性"这一宏大论点声名鹊起（Heinsohn & Steiger，2005）。
[11] 艾伦瑞克和英格利希有意将各种女性医疗实践缩减到唯一，在书的标题中用"助产婆"作为一个包揽一切的词语，其所指的不是那些特定、与分娩相关的照护。关于这一用法造成的概念上的混乱，我曾经发表专门文章讨论（Green，1988—1989）。
[12] Harley（1990）。我们也应该注意到，艾伦瑞克和英格利希的一些举证根本就是编造的，比如"如果一个没有学过该知识的女人胆敢去治疗，那么她就是一个巫婆，就必须死"这一说法（Ehrenreich & English，1971/1972：19）。她们将这句话归到《巫之术》一书，但是没有提供引文出处。同样的说法出现在无数个转述《女巫、接生婆和护士》一书的通俗文字当中，但是也出现在某些研究著作里，如 Riddle（1997：134）。这句话根本没有出现在蒙塔古·萨默斯（Montague Summers）对《巫之术》的旧译本中（艾伦瑞克和英格利希的其他引文都依据此译本）。我从阿尔伯塔大学的克里斯托弗·麦凯（Christopher Mackay）博士那里得到证实，这个说法是错误的（私人通信，2008 年 4 月 1 日）。一个可靠的版本以及翻译，见 Institoris & Sprenger（2006）。

乎没有受到挑战。我想在这里让读者看到，为什么那也是需要被重新思考的。

让我们先把历史研究搁置一边，考虑一下如下的断言：

在一千多年里，分娩无可争议地是助产婆的领域。那个（近代以前）时期的助产婆也许是民间治疗者，她们不光照护分娩，也在总体上负责普通人的保健需求……分娩被明确地认定为是女人的事情，这一界定显然为全体社会成员所接受。[13]

这一论点来自医学人类学家布丽吉特·乔丹（Brigitte Jordan），她被认为是对分娩进行人类学比较研究的奠基人。她采用的权威文献只有一份，那就是艾伦瑞克和英格利希的书。现在我们再来看下面这段引文：

在18世纪的英国，男性专家，尤其是男性助产员代替了女性助产员，而后者曾经在若干个世纪里享受着关于分娩和性与生殖知识的独家控制权。在世界上的每一个地方，女性助产员都曾经——
也还一直如此——是关于人的生殖近乎全能的权威人士。几千年里，唯有助产婆以及其他女性这一性别，允许靠近一位正在分娩的女人的身体。只有在极端的医疗紧急状态下，男人才会被请到产房内。[14]

写下这一断言的丽莎·福尔曼·柯蒂（Lisa Forman Cody）专门从事18世纪英国史研究。关于近代以前欧洲女性医疗保健历史的资料，

---

⑬ 参见 Jordan（1973/1993：50）。
⑭ Cody（2005：3）。强调为本文作者所加。

她引用了两份，乔丹的著作是其中之一。这些事例表明，艾伦瑞克和英格利希的历史叙事不光在西方是关于助产活动的"核心"叙事，被当成一个无须质疑的真实资料源，它也经由人类学家的发挥变成了一个普遍真理，而后又被引流回欧洲历史。艾伦瑞克和英格利希的论点拥有这种力量，那些即便没有直接引用该书的西方历史著作也在隐晦地支持这一论点，因为它们没有对此直接回应。柯蒂在引用她的第二份资料——一本关于近代早期欧洲助产活动的出色论文集——时，没有承认这一点：这些文章在讨论接生婆时，所谈及的只是特定时间段以内在女性健康的文化投入中的一个部分。⑮ 妇科、不育症、月经问题以及其他各种症状，在这里都没有出现。为女患者提供治疗和照护的其他医疗从业者，也根本没有涉及。

去确证另外那些医疗从业者是哪些人，以及他们做了什么，可以有多种不同途径。对历史学家来说最显而易见的资料是：从中世纪到近代初期在欧洲大量出现的关于女性健康的文本。比如，在英国，关于女性医药的写作传统至少可以追溯到 13 世纪。16 世纪以前的这类材料，无论用哪种语言写就——拉丁语、盎格鲁－诺曼语言或者英语——都不是专门写给助产员看的。⑯ 相反，这些书的读者是那些职业男性内科和外科医生，识文断字的非专业者如律师、公证人、有田产的绅士以及非专业医生的女性（可能是最小的读者群体）——她们除了要关照自己、邻居和亲属以外并无其他特别责任。在 13 到 15 世纪期间，至少有 10 个法语文本以手稿形式流传，在 1536 年到 1627 年间有 28 个关于女性医药和生育的法语著作被刊印，到 1670 年至少有 61 个不同版本。这些著

---

⑮ 参见 Marland（1993）。这里没有一篇文章谈及助产员在"几千年"当中做了什么或者没做什么。相反，所有作者都非常严格地依照基于实际研究的结果，将他们的断言限定在近代早期。

⑯ 参见 Green（1992；2008）；Green & Mooney（2006）。

作同样也有着一个相当可观的读者群，包括男性外科医生和上层妇女。[17]
事实上，在整个欧洲范围内从古代算起，第一份明确谈及助产员的文字
直到 1460 年才出现。[18] 就作者而言，在大约 250 份关于女性医学的印刷
文本当中，只有 5 份出自女性助产员之手。然而，就在不久前的 2007
年（本文英文版发表于 2008 年——译者注），玛格丽特·金（Margaret
King）在一篇关于童年及童年看护历史的学术综述中，在引用了一串
15 和 16 世纪的关于助产活动的文本以后，不假思索地断言："这些专家
写书是为了*给助产婆提供咨询*……他们无意篡夺助产婆的角色，在这个
节点上，在分娩一事上男性对女性身体的操纵尚难以设想。"[19] 尽管玛格
丽特·金推荐的一份 1990 年的研究，将男性医生进入产房的时间追溯
到 15 世纪，她自己还是坚持认为，男性介入助产在 17 世纪以后才出现。
为保持泾渭分明的"女性独据"和"男性侵入"这一叙事——即便她将
"转变"放置到 17 世纪，而不是更为常见的 18 世纪——她还是阻止任
何质询的可能性：为什么男性作者在他们对女性医疗的介入"尚难以设
想"的诸多世纪中，已经能够写出关于女性医学的文字？玛格丽特·金
不是一位女性医学史专家，因而不能让她承担这份重负，来指出她（以
及她的资料）所接手的历史叙事中那些成问题的盲点。但事实是，这些
盲点（以及由此造成的前后不一致的分析）都得以保持下来。[20] 关于助
产婆主导地位的叙事仍然没有受到挑战，因为现有的范式已经告诉我

---

[17] 关于法文的女性医学文献的数字来自 Green（2008）以及 Worth-Stylianou（2006）。关
于中世纪和近代初期这些文本的男性作者，参见 Green（2008）；King·H.（2007）；
McTavish（2005）。

[18] 参见 Savonarola（1952）。关于助产婆作为女性医学著作的听者，其证据很有限，可比较
Green（2008）中的第 3 章，尤其是第 145—162 页。

[19] 参见 King·M.（2007：383—384）。着重号为本文作者所加。

[20] 比如，玛丽·菲塞勒（Mary Fissell）的一个核心论点是，随着印刷业的兴起，男性
第一次接触到那些从前*一直*为女性所有的知识（Fissell，2004）。与之相似的是，Gowing
（2003）一书的篇章布局原则是，女性身体在大多数时间里是被掌握在其他女性手中的。

们：不要去追寻在某个时间点之前男性对女性医疗的介入。

这些盲点得以产生，一部分是由于在医学史当中有一个悠久的"自上而下"的传统：医学史首先是从业者的历史（尤其是那些能写书的有学问的医生，他们的文本成为这类历史学的第一手资料），其次才是患者的历史。在16世纪，男性医生开始记录男性在妇科学领域的专门知识谱系。从一开始，他们只承认在遥远的古希腊罗马时代才有女性专家知识。[21] 妇科历史的书写传统，无非是精英层男性医生作为"首创者"系列中的一个而已，这一直持续到今天，并没有太多开启通向女性主义历史书写之路。[22] 在他们那里，助产活动历史嵌在充满敌对氛围的历史叙事框架中，或者是男性与女性助产员的对抗，或者是某个其他群体针对男性医生的敌意。正如海伦·金（Helen King）的研究让人们看到的那样，在英国至少从17世纪开始，助产员（男性和女性都包括）就在争论他们这一学科的历史。[23] 从19世纪末开始，在欧洲和北美出现了关于助产活动的民族志式历史描写，男性医生，如詹姆斯·霍布森·埃夫林（James Hobson Aveling）搜集了令人瞩目的历史资料来重构产科学和妇科学。[24] 在那些不是由女性助产员或者她们的拥护者所撰写的历史中，一种常见的修辞是，将女性助产人员描绘成无知之人。比如，研究近代以前助产活动的著名历史学家，耶鲁大学的解剖学教授托马斯·福

---

[21] 参见 Green（2008）的第6章，尤其是第273—284页。

[22] 这些著作，如 Ricci（1950）；O'Dowd & Philipp（1994）；Speert（1996），在这方面都大体相似。

[23] 参见 King·H.（2007）。

[24] 詹姆斯·霍布森·埃夫林（James Hobson Aveling），一位产科医生以及伦敦产科学会（1859）和英国妇科学会（1884）的奠基成员，把他的著作《英国接生员：其历史以及未来》（Aveling，1872）当作改进和提高接生行业培训和规范活动的一部分。一些人类学著作，包括乔治·恩格曼（George Julius Engelmann）最早关于分娩的比较民族志和历史研究（Engelmann，1882）；威特柯夫斯基（G.-J. Witkowski）也有着同样雄心勃勃的著作接踵问世（Witkowski，1887；1891）。在这类总体研究方面，亨丽埃特·卡里尔（Henriette Carrier）是为数不多的女作者之一（Carrier，1888）。

布斯（Thomas R. Forbes）在 1962 年声称"助产婆，在那个时代通常是一位无知而无能的老妇人，拿到的工钱极少，位于社会最底层，过着漫长的、也许毫无快乐的生活"。带着解剖学知识和助产工具的男性医学人士的到来，标志着那些诸多世纪以来在"无知而无能的老妇人"手下遭受痛苦的女性得到解救。㉕这场对历史叙事的争夺之战，其发声似乎在美国最为激烈，因为美国对助产员作为独立从业者的压制最为极端。毫不奇怪，20 世纪 60 和 70 年代美国的女性主义者针对憎恶女性主义者（misogynist）的宏大叙事的反应，是提出一种"女当家人的叙事"，把近代以前的助产婆看作富有经验式智慧的饱学之人，是有权威性、独立性的人。从 1978 年在大西洋两岸出版的两本著作中，可以再清晰不过地看到艾伦瑞克和英格利希的影响。在这一年，珍·丹尼逊（Jean Donnison）出版了她 1974 年在伦敦大学完成的博士论文修订本，内容关于英国助产婆历史。这部仍然有价值的著作根本没有提及助产婆介入中断生育力的举措，把巫术问题仅作为 16 世纪的一个普遍现象，是在充满暴力的宗教改革时期用来铲除各种"迷信"习惯的考虑。与此形成对比的是，美国人简·多尼根（Jane B. Donegan）却不假思索地将艾伦瑞克和英格利希的叙事纳入自己对美国助产婆的研究中。㉖

艾伦瑞克和英格利希的论断在女性主义医学史中的影响，得益于其出现的文化时刻。尤其在美国，第二次女性健康运动初期是一场针对分娩医疗化、助产员从根本上非法化以及堕胎犯罪化的攻坚战。㉗我的批评并非想指出，关于助产婆或者助产活动的历史研究没有价值。我是在挑战这一假设：如果我们记录了助产婆的历史，那么我们就记录了为女性所经验的全部医学史。实际上，我的看法是：艾伦瑞克和英格利希的

㉕ 参见 Forbes（1962）。

㉖ Donnison（1977）；Donegan（1978）对 Ehrenreich & English（1971/1972）的引用见于该书的第 7、36、190 页。

㉗ 参见 Litoff（1986）。

论断带来的讽刺性效果是，它一直在阻碍关于欧洲助产婆历史（至少是其早期历史）的扎实研究。1600 年之前那些关于欧洲女性的健康和医疗实践，有重要故事待讲述。但是，这个故事的内容既不是女性能不受限制地掌握关于自己身体的知识，也不是男性有意去消除女性对知识的掌控。

在职业化之前：中世纪叙事以及男性产科专家

中世纪女性在医疗上的全能神话，并不是由艾伦瑞克和英格利希最早编织出来的全新作品。这些神话建立在 19 世纪和 20 世纪初期女性主义第一次浪潮中女性主义作者们梳理出来的、已经被蒸馏净化过的叙事基础之上。这些第一次浪潮中的历史学家认为，欧洲的中世纪是女性医学实践的黄金时代。在近代初期身为女性助产员的作者们，如法国的路易丝·布儒瓦（Louise Bourgeois，1563—1636）和玛格丽特（Marguerite Du Tertre de La Marche，1638—1706），英国的简·夏普（Jane Sharp，fl.1641—1671）和伊丽莎白·塞里尔（Elizabeth Cellier，fl.1668—1688）以及德国的尤丝蒂娜·西格蒙德（Justine Siegemund，1636—1705）在寻找女性医生的样板时，不仅仅回溯到中世纪，而是上溯到圣经时代或者古典时期。如今最为著名的两位中世纪涉足医学领域的女性是萨勒诺的特洛塔（Trota of Salerno）和宾根的希尔德加德（Hildegard of Bingen，二者都生活在 12 世纪）。这两位历史人物在中世纪以后受到不同的对待，直到 19 世纪出于女性主义医学史的目的才被唤回。[28] 当其时，认为女性曾经在医疗照护和实践中担负重要责任并有选择余地的观点，也是一种为争取医学院对女性开放的努力。德国医生约翰·哈利斯（Johann C. F. Harless）将那些自 16 世纪以来由人文学家和其他学者顺手收集的

---

[28] 参见 Green（1999b）。

关于女性医生的片段编排在一起，于 1830 年完成《妇女在科学、健康和治疗中的功绩：从远古到现在》(*The Service of Women in Science, Health and Healing: from Earlist Times to the Present Day*) 一书，这比伊丽莎白·布莱克威尔 (Elizabeth Blackwell) 1849 年成为首位被正式授予医学博士学位的女性要早将近二十年。[29] 尽管哈利斯的工作相当敷衍了事，但他的著作中的确包括一些关于中世纪女性治疗者的信息。在随后的年代里，人们日益觉得，中世纪是欧洲女性历史中一个关键时期。在 1852 年纽约州雪城 (Syracuse) 召开的第三届全国妇女权益大会上，保利娜·怀特·戴维斯 (Paulina Wright Davis) 提出，美国妇女被剥夺的、"在旧大陆曾属于我们的"的东西，尤其以外科手术实践、医药和助产学为最。在中世纪，"治疗艺术按规矩是我们的。把它还给我们"。[30] 英国的医疗活动家索非亚·杰克斯－布莱克 (Sophia Jex-Blake，1840—1912) 在 1872 年重构医学从业女性历史时采用了中世纪的证据。[31] 到了波兰的女医生梅丽娜·利品斯卡 (Melina Lipinska) 于 1900 年完成其至今给人印象深刻的著作《女性医生的历史：从古代到我们今天》(*History of Women physicians from Antiquity up to Our Own Day*) 之时，一种对于中世纪女性医学实践范围的叙事已经稳固就绪。梅丽娜·利品斯卡得益于 19 世纪已经有相当可观的关于中世纪历史和医学史的研究成果。她不加质疑地采用了女性在萨勒诺医学院有着"教授"地位这一虚构的说法——这一说法来自 17 世纪，原为当地的民间传说，而后被 19 世纪萨勒诺的历史学家萨尔瓦多·德·伦齐 (Salvatore De Renzi) 加进更多的文献材料。对于几位 14 世纪巴黎女医生的评判，她也从早几年之前出版的著作中借鉴

---

[29] 参见 Harless (1830)。关于那些在伊丽莎白·布莱克威尔之前通过"非定期的"医学学习而获得医学学位的情况，参见 Logan (2003)。

[30] 参见 Davis (1853)。我从 Stuard (2006) 中获得了这条资料信息。

[31] 参见 Jex-Blake (1872)。

了很多。[32]

杰克斯－布莱克和利品斯卡给定的关于女性医疗实践的叙事，正如她们的美国模仿者、产科学家和妇科学家凯特·赫德－米德（Kate Campbell Hurd-Mead, 1867—1941）在 1938 年重复所做的一样，其不当之处无非在错误阐释。[33] 对于利品斯卡以及其他倡导女性有从事医学实践权利的人来说，往昔时代任何能表明女性从事医学的事例都足以让这些学者产生水到渠成的感觉：如果从前的女性已经证明，她们有能力从事医学工作，这自然就瓦解了当下那种女性不能从事同样工作的普遍性断言。对于女性在"医疗市场"（用当今历史学家的用词）有多么重要，她们没有尝试任何定量式检验。19 世纪的历史学家以及她们在 20 世纪初的后继者们，也没有去查阅助产员工作的文献。她们最关心的是去找关于有学问的女医生的文献，她们希望自己能成为那样的人。

有意思的是，第二次浪潮的女权主义作者艾伦瑞克和英格利希以一种精确然而重要的方式改变了关于"女性在医学中"的历史叙事焦点。对于 19 世纪和 20 世纪初那些倡导女性有权利从事医学实践的人来说，重要的是要找到女医生曾经存在的记载，艾伦瑞克和英格利希则有意地去拒绝医生职业的精英主义，反而去聚焦民间治疗者。因此，她们把一个美国人在 20 世纪 40 年代对利品斯卡和赫德－米德著作的发挥用为自己的主要资料源，抛开特洛塔（Trota 或者 Trotula，那时人们都一直这样写她的名字）以及那位高贵的德国修女宾根的希尔德加德（她曾经完成关于自然哲学和医学的重要著作），或者利品斯卡和赫德－米德记载的那些眼科医生或者外科医生。相反，她们去颂扬杰奎琳·菲利斯（Jacoba Felicie）——一位在 14 世纪的巴黎试图非法行医的经验式

---

[32] Lipinska（1900），以及她后来的综述，Lipinska（1930）。请比较 Denifle（1891—1899: vol. 2:255–267）。

[33] 参见 Hurd-Mead（1938/1977）。在她的书里，几乎任何类型的错误都存在，不应该被视为可靠的学术著作。

医生——把她兜售成一位为了大众获得医疗而做出真正牺牲的受难者。[34]
最为重要的是，她们发挥了一个在 20 世纪 80 年代由玛格丽特·莫瑞
（Margaret Murray）最初提出来的观点，使劲地抓住在《巫之术》中简
短提及的"巫师－助产婆"一词，将一带而过的一句话变成了"中世
纪"迫害女巫行动的整体特征，即那是对"智慧女性"以及她们的医
学与生育控制知识的戕害（"助产婆"［midwives］在一部几百页的著作
中只明确地提到 9 次，而且多半都是作为"古代巫者"archer-sorcerers）。
正如在上文中提到的那样，大卫·哈利已经拆解了由这些断言搭建的大
厦，不过他提出的重要问题是：为什么这一神话对历史学家如此有大的
吸引力，尽管原始资料与这些断言相抵触。他的聚焦点在于，这些神话
如何抑制了书写近代早期助产员的真实历史。[35] 我认为，她们对中世纪
女性医学史的负面影响比这还要更为深广。

　　我和其他几位研究者在过去二十年间对于中世纪西欧女性健康历史
的研究中发现的情况如下[36]：第一次浪潮中那些女权主义历史学家所汇集
的关于中世纪西欧女性介入医疗实践的资料，虽然整体上是粗略的，但
或多或少是可靠的。这些资料的体量在持续增长，它支撑了一种总体上
的感觉：女性从事实践活动的医学领域非常宽泛，受到更大程度的接受
（至少比在近代初期少些正规限制）。但是，从来没有文献记录表明，女
性构成了医学职业的一个组成部分。相反，她们的数量一直都是微小
的，只占被记录的从业者人数的 1% 或 2%。这一发现反过来又与日渐
增多的证据相符：在中世纪晚期的若干个世纪中，医学变得职业化、男
性化。从资料中可以发现存在女性医疗从业者，但是她们一直都是在与
男性并行从业，或者处于与男性的竞争中。女子修道院可以雇佣男性医

---

[34] 她们在这一人物上的资料来源于 Hughes（1943/1968）。

[35] 参见 Harley（1990）。

[36] 对那些截止到 20 世纪 80 年代末发表的著作的分析，见 Green（1988—1989），带有修改
和补充的重印本见 Green（2000a）；此后至 2004 年发表的著作综述见 Green（2005b: 15）。

学从业者，也可以有驻院的女性放血治疗者；可以发现，女王用女性治疗者给自己或者孩子看病，但是在职员当中也有全职的男性医生；可以发现，城市女性——甚至一些收入菲薄的——也会让男性从业者来治疗各种病痛，甚至（在某些紧急状况下）照护分娩。[37] 助产婆是这一医疗格局中的一部分，但根本不像第二次浪潮中，女权主义历史学者艾伦瑞克和英格利希所假设的那样。当然有大量证据表明，在中世纪欧洲的分娩协助大多由女性提供。在中世纪的西欧，助产活动在 13 世纪之前似乎没有职业化；在那之后也只是偶尔出现。在大多数情况下，普通知识在一定程度上为女性均匀共享。这一观点被加泰罗尼亚的学者蒙特塞拉特·卡布尔（Montserrat Cabré）表述得极为优雅。她的研究向我们展示：大量医疗服务是由女性来提供的，那是她们以作为母亲、邻居和亲属的角色和能力来做的，这从来都不属于"职业的"医学实践这一社会范畴。[38]

在中世纪中期曾经有过对医疗的大争夺，实际上那不是发生在男人与女人之间，而是发生在经验医学与书本医学之间。这一进程之所以带有社会性别色彩，那是因为研读文字本身就是一项带有高度社会性别色彩的实践：女性不光被排除在大学之外，她们也不能就读小学和公证学校，而无论哪种背景、哪个阶级的男性都可以在那里获得拉丁语的基本阅读能力。在这一时期，女性通俗文本在增加，但不是被用作常规性的医学读本，这种情况一直持续到中世纪结束。男性（或者更确切地说是那些识文断字的男性）"接手了"女性医疗中的很多方面——尤其是关于生育能力的问题，这经常扩展为跟生殖器官功能各方面相关的问题——并非出于要压制巫术或者女性避孕知识的打算，而是因为男性正

---

[37] 参见 Park（2006）；Green（2008）。

[38] 参见 Cabré（2008）。也参见 Green（2008）第 3 章，第 118—162 页。关于女性医疗实践在 16 和 17 世纪的范围，也参见期刊 *Bulletin of the History of Medicine* 第 82 期 (2008) 上发表的其他文章。

在接手日益职业化的医学领域中的所有方面。与此同时，男性外科医生可能早在 13 世纪末已经将自己的涉足领域扩展到女性特有症状，从治疗乳房不适到某些妇科手术，偶尔也会介入难产。顺产女性的常规照护没有受到威胁，因为顺产通常不会被视为一种需要医生或者外科手术医生介入的"医疗"情形。甚至一位专门撰写女性医疗著作的中世纪女作者，萨勒诺的特洛塔，她的书中也没有提供处理顺产的详细指导。毫不奇怪，除了特洛塔这一例外，中世纪关于女性医疗的文本（这类著作不少于 150 种）为人所知的作者都是男性。即便表面上某些通俗的女性医疗文本似乎是写给女读者的，但是我们没有找到证据表明，在 16 世纪以前有女性拥有这些书。当妇科在 16 世纪最终理性地分化为一个单独领域时，男性作者也总是在其他男性权威而不是女性那里为自己的著作寻求借鉴和认可。[39]

对大多数读者来说，我所断言的男性涉足助产领域也许是最大的意外。然而，这并非如我们所想的那样经常"隐而不现"。请允许我回到布丽吉特·乔丹的人类学经典之作《四种文化中的分娩》（*Birth in Four Cultures*）一书。作者的第一个民族志研究是仔细分析（墨西哥）尤卡坦（Yucatan）助产婆的接生活动。作者描写了她的设备，解释了她的方法，分析了她与分娩者进行的对话，等等。正如上文所提，作者在提供这些信息时坚持认为，这是女性的事务。但是，如果我们将目光投向这些场景的外围，我们就会发现男人：找来接生婆的人通常都是丈夫。事实上，人们指望丈夫待在分娩现场，在妻子娩出婴儿之时也要给她以帮助。要是撕裂的会阴需要修复，或者有其他并发症出现，接生婆会找男性医生求助。[40] 如果认定女性的健康（或者更确切地说，是女性的分娩经验）是不折不扣的女性事务，那么男性连在这些外围的角色中都

---

[39] 参见 Green（2008）。

[40] 参见 Jordan（1973/1993: 11–31），第 2 章。

不会出现。

在这些问题上，学者对于中世纪之前和之后时间段所做的研究要超过中世纪本身。历史学家诸如安·汉森（Ann Hanson）、海伦·金（Helen King）和丽贝卡·弗莱明（Rebecca Flemming）在过去二十年中梳理了大量材料，表明古希腊罗马时代女性医学中带有社会性别色彩。汉森研究了男性在女性分娩事件中的角色，发现他们是信差、助手、急诊外科医生和全方位的指挥协调者。海伦·金和弗莱明也做了相似的工作，她们查证了希波克拉底和不同罗马作者——几乎全是男性——的医学著作，研究男性以何种方式来承担将女性健康状况理论化并给出治疗方案这一任务。[41] 对于中世纪结束后的时间段，从事文艺复兴时期艺术史研究的杰奎琳·穆萨基奥（Jacqueline Musacchio）展示了引人注目的大量材料，充分显示出分娩和呵护生育力如何指引意大利北部父系家长制下男性进行可能范围内的物质投资。她的发现之一是，有资料很清楚地表明，受雇的女性助产员会照看情况不复杂的分娩，然而一旦分娩结束她们基本上就消失不见了，几乎所有其他医学问题均由男性医生来处理，他们当中的一些人显然已经跨进了产房的门槛。[42] 乌琳卡·鲁布拉克（Ulinka Rublack）同样让人看到，在 16 世纪和 17 世纪的德国南部，有很多方式使得怀孕成为共同体的公共事务，尤其是丈夫要参与其中，这绝非仅限于女性封闭群体中的事务。[43] 卡特琳娜·帕克（Katharine Park）在近期一项内容特别丰富的文化研究中指出：13 至 16 世纪人体解剖学在意大利北部的发展，可以被看作是寻求女性身体及繁衍"秘密"的一个扩展性进程。女人也介入这一寻求，既是主动的寻求者，也是心甘情愿的参与者（最早的"尸体解剖"之一的解剖对象便是

---

④ 参见 Hanson（1994）；King·H.（1998）；Flemming（2001；2007）。

④ 参见 Musacchio（1999）。

④ 参见 Rublack（1996）。

一位本笃教派修女，由同住的另一位修女来做）。但是，通过将追寻解剖学知识设立为男性活动，通过扩张他们在妇科和产科实践上的范围，男性医疗从业者在女性生殖问题上能够攫取相当可观的权威性，甚至到了他们被认为能够指导助产员的程度。[44] 所有这些男性涉足产科的事例都表明，也许我们把太多注意力聚焦在产科是职业对手之间争夺的战场（"男性掌控"同"女性掌控"）这一问题上，太少从患者角度出发来看待产科。在分娩陪伴方面，患者想要什么？她在自己的分娩陪伴者那里想要找到哪类知识、权威或力量？

要想解开由男性介入接生所造成的影响这一谜团，考察一个男性没有介入接生变迁的个案会对我们有所帮助。医学人类学家塞西莉娅·范·荷伦（Cecilia Van Hollen）在她最近的出色研究中，考察了在印度东南部生物医学对分娩实践带来的影响。她在分析那些在 19 世纪末 20 世纪初设立的最早的产科医院（或者接生站）时，提出如下论点："世界上许多地方的跨文化研究都认为，文化上的羞怯观念使得女性在分娩时会更愿意被女性医生照护，无论女性是否出于宗教目的被（与男性）隔离，比如在实行'深闺制度'（purdah）的那些地方。"[45] 由于有"深闺制度"（女性与非直系家庭成员的男性不得直接来往），信仰印度教和伊斯兰教的高级种姓的印度女性拒绝接受男性殖民地医生的诊治。这种拒绝为那些刚从医学院毕业、人数日渐增加却少有从业机会的英美国家女性医生所用，她们把这作为一个机会来建立由女性主导的临床实践。因此非常引人注目的是，在 19 和 20 世纪，印度的女性保健供给方面没有男性化。[46] 范·荷伦因此提出一个吸引人的问题：如果说，男性医生的存在并没有构成女性医疗中的问题，那么印度东南部的女性，强

---

[44] 参见 Park（2006）。

[45] 参见 Van Hollen（2003：43）。

[46] 参见 Lal（1994；2006）；Van Hollen（2003）。

力抵制高度技术化的生物医学，她们难以接受其新的身体范式，也难以接受让身体服从摆布，这一事实又该如何解释呢？

范·荷伦的分析非常值得深入讨论。我在这里只想集中于她对女性医生的断言。她几乎假定了接生实践中的社会性别都是女性的，因为女性更愿意接生人与她们有相同性别，只是捎带地添加（在一个没表明资料来源的注脚中）说，这一设想得到丈夫们的赞许。然而，她也认为这种偏向来自关于"羞怯"的文化观念。人们不难想到以生物心理学的论点来解释女性与其他女性之间的亲密关系。我确实也不排除，女性倾向得到相同性别的人给予医疗照护，这一断言可能有某些生物学（神经动力学）的基础。不过，我的主要目标是把范·荷伦所强调的文化性因素放在心上并去追问，如果这种"优先倾向"确实是文化性的而不是生物性的，那么我们如何去解释它的近乎普遍性？或者说，它在事实上真的具有普遍性，如同那些关于分娩与女性医学的历史学与人类学研究在总体上设想的那样吗？

请允许我首先指出一个简单的——实际上是再明显不过的——但是太经常没有被说出来的事实：生殖器官也是性器官。在异性准则的背景下，对于男人来说，只要关乎与女性私处有直接身体接触（无论是目诊还是肢体触摸）都会有被视为性活动的风险。[47]研究英美接生传统的历史学家早已痛斥那些在 18 世纪以及此后的行为失当和性丑闻。[48]然而，也许由于历史学家们早已处于异性准则的偏见之下，很少有人注意到这一事实：一位女性在将自己的私处暴露在另外一位女性面前，或者在一位女性对她进行妇科和产科照护时，治疗活动也会变成性活动。在进入近代以前，一个划归给接生员的责任便是给女性患者手淫来治疗被称为

㊼ Kapsalis（1997）考察了这种模糊性通过哪些方式得到发挥并成为一类色情画。

㊽ 参见 Donnison（1995）。

"子宫窒息"的症状。[49] 但是跨性别医疗活动的性动力及其给社会荣誉和耻辱带来的后果也会影响男人。自希波克拉底誓言起，一位男性医学从业者如果目光淫荡地看着家里的男性或者女性仆人，他的名誉就会受到威胁。当他给女性患者进行诊疗时，出现的任何沟通困难都被单单归之于女性患者的羞耻感或者羞怯。然而，这样来框定问题却忽视了一个事实：能触及"属于其他男人的女人"的性器官，这对男人来说也是一个问题，至少和对女人来说是一样的，甚至也许还更艰难。

因此我认为，接生以及总体上女性保健方面的社会性别问题，实际上是文化现象，因此是历史上的或然现象。分娩的身体在定义上已经是女性身体这一事实，不应该让我们无视一个同样重要的事实：没有生物性因素要求分娩时的照护帮助也应该是女性的。在检验社会如何在分娩实践中引入社会性别，以及如何使之持续，我们同时也打开了新空间，去考察其他历史或然性经由那些提供给女性的接生选择，如何影响女性的舒适程度或者不舒适程度（比如，外科手术技术的影响，或者那些由政治驱动的人口控制计划）。欧洲助产实践在殖民地的影响（在某些情况下是强加）这段历史，尤其能给人以启发。在 18 至 20 世纪进程中，英美的产科学日益男性化一般被认为是异常的，在其他欧洲国家从来没有达到可堪与之比肩的程度。[50] 对英国殖民地医学的历史研究，实际上显示出非常有意思的不同事例：英国的医疗体系在某些地方带来了同样的产科活动的男性化（比如，在埃及和牙买加），在某些地方则没有（比如在印度，如我们所看到的那样，当地的"深闺制度"与那些英

---

[49] 参见 Green（2001：22—34）。在特洛塔的一个文本当中，原作者明确地说助产员（obstetrices）不应该看产妇的脸，以免让她感到羞耻，见 Green（2001：236，注释 48）。由于文本窜写上令人不解的序列，这一说法变成了一条指令：助产的男人不应该看产妇的脸。
[50] 参见 Marland & Rafferty（1997）。

美大都市培养出来的能胜任的女医生碰巧组合在一起)。(51)无论在中世纪晚期的意大利北部还是在现代美国，妇女们都没有一致地拒绝男性“入侵”分娩领域。(52)在抛开“几千年的”和“贯穿各时代的”普遍性之后，我们能够更深思熟虑地考察各种不同因素，这有助于我们形成一个丰富的、有差分的分娩历史。

避孕与堕胎，或者说，女人（和男人）真正想要什么？

艾伦瑞克和英格利希论点中的另一要点是：接生婆由于有如何控制生育机制的知识而遭到迫害，其结果是关于这些问题的大量“女性知识”在近代初期失传。这一论点也成为现代女性医学背后的推动力，正如她们相信在近代之前接生婆垄断了产科和妇科一样。对艾伦瑞克和英格利希论点无比倾心的一位行家里手，是药物历史学者约翰·里德尔(John Riddle)。他提出这样的论点：关于不同植物所具有的避孕和堕胎功效的知识，在古代和中世纪是广为所知的。这类常见植物，如芸香(rue)、蕾丝花（Queen Anne's lace)、沙皮桧（savin)、野胡萝卜（wild carrot）都为妇女们所知所用，她们可以简单地把这些成分定量地加在每天的蔬菜当中来调节生育能力。对于里德尔的论点，特别重要的是，他认为那些据说能“促进月经”的成分实际上是伪装之下的避孕药和堕胎药，因为促使子宫内膜剥离（用我们的现代术语）能有效地中止初期妊娠或者阻止在近期性交之后受孕。里德尔从艾伦瑞克和英格利希论点中拿过来的是：这类女性的知识传承传统被近代初期的迫巫行为有意中断，而在 19 世纪和 20 世纪则采用了法规形式来反对传播避孕知识和

---

(51) 关于埃及，参见 Abugideiri（2004）；关于牙买加，参见 Sargent & Rawlins（1992）；关于印度，参见 Lal（1994）以及 Van Hollen（2003）。

(52) 参见 Leavitt（2003）以及该文中引用的更早的文献。

堕胎行为。(53)

包括《性别与历史》在内的任何主要女权主义学术期刊都没有刊登里德尔一书的书评，个别女权主义学者和人口学家的批评对人们接受他的观点几乎毫无影响。(54) 然而，我们有必要直面他的这些说法，因为正如我和其他学者已经指出的，他的断言在方法论上有严重问题，这对我们如何更有拓展性地理解女性健康以及女性保健历史会有后续影响。这里有三个问题，应该清楚辨析。第一，植物生化素（植物中那些被用于医药目的的“活跃成分”）是否有中断或者改变人的生殖进程之效力。第二，人们是否真的采用这些植物来中断生殖进程，还是要导向其他方向。其中也涉及如何判断这一问题：是否因为我们对植物的化学质性有所知，便可以借此推断别人的意图。第三，这些关于植物质性的知识是如何生成、保存、传播、应用的，以及社会性别如何体现在这些进程中。我会逐一讨论这三个问题。

快速检视一番过去25年里在《本土药物学期刊》（*Journal of Ethnopharmacology*）就妇科与产科上植物药用这一话题发表的文章，我们就会发现，在所有那些被研究的社会——从南美洲到南太平洋——的本土药用植物中，都有某些据说能影响生育力的种类：要么增强，要么中止，要么通经或者有助于分娩，等等。(55) 在这里我不能对这些发现进行综述。但是，浅尝辄止的浏览也能提供有说服力的证据：在人类不同文化当中，人们都在寻找（表明有意去发展一种“身体的技术”）和发现（表明有经验观察以及保存知识的传统）某些特定的植物知识，以

(53) 参见 Riddle（1992；1997）。

(54) 来自古典学学者的批评有海伦·金，参见 King·H.（1998：132–156，第7章）；瓦尔特·沙伊德尔（Walter Scheidel）称里德尔的著作是“学术上一桩令人尴尬的滑稽之作”（Scheidel，2001：39）。批评性的书评包括 Hall（1998）；Santow（1998）；Green（1999a）。

(55) 概括而言，我发现在1982年到2008年间就人类在妇科和产科医疗上应用植物成分这一话题，共发表了32篇文章。在动物研究领域也有非常可观的研究来检验那些天然材料。

促进或者中断与生殖相关的荷尔蒙或者其他化学进程。[56] 不过，这些研究也表明，获取这些知识是出于不同的动机，拥有这些知识的人是各不相同的社会主体，对这些知识的获取也发生在不同环境下。比如，瓦内萨·斯廷坎普（Vanessa Steenkamp）曾经做过一个综述，总结了在已经发表的著作中，对于南非用于治疗产科和妇科症状的当地植物的研究，她认为"大多数植物都用来增强生育力"。医学人类学家乔安娜·米歇尔（Joanna Michel）等人在对危地马拉玛雅人一个女性社区的研究中发现，关于对生殖产生影响的植物学知识，男人和女人都拥有。[57] 康比（R.C. Cambie）和亚历山德拉·布鲁伊斯（Alexandra A. Brewis，如今她姓 Brewis Slade）在一本专著中，研究了太平洋不同岛屿上居民所用的抑制生育力的植物。她们发现，当地关于避孕和堕胎知识的发展可以确定是在 19 世纪基督教传教士到达之际。[58] 此前，岛上居民主要靠杀婴来保持人口水平不超出土地供养的限度。在大多数个案中，他们后来采用的植物其实早已经有了。换言之，本土植物学知识本身是历史性的，以其为对象的研究自然也需要纳入历史。

这样一来，当我们再回过头看近代以前欧洲的证据时，里德尔所言的那些用植物生化手段来控制生育力的说法，表面上看并非不着边际，只是这些材料的效力还是一个重要问题，其（在生物医学意义上的）差异会因植物自身的活力（生长在什么样的土地上，何时收获，利用的是哪些部分，如何备制）以及施用方式（在生殖周期上何时施用，剂量如何）而有别。重要的是，这些材料中的一些有相当的毒性。当我们在评估其历史上的实际使用时，不应该忘记那真实存在的风险。[59] 总体来

---

[56] 关于"身体的技术"（technology of the body）作为一个覆盖式术语，涵盖了医学介入和美容介入的概念，参见 Green（2005a）。

[57] 参见 Steenkamp（2003）；Michel et al.（2007）。

[58] 参见 Cambie & Brewis（1997）。

[59] 参见 Netland & Martinez（2000）。

看，人口学家在其未来对生育力模式和人口变化的研究中，会忽略（当事人）使用本土植物干预生育力的风险考量。但是，我们能不假思索地假设这些化学成分——或者更准确地说，关于这些化学成分及其使用的*知识*——在欧洲的女性共同体当中如此普及，能让我们断言她们能够选择在什么时候，以及以怎样的间隔使用这些手段来"控制"了自己的生育力吗？里德尔的分析引发出来的第二个问题，即使用目的在这里也是重要的。布鲁伊斯提出了"翻转技术"（flipping technologies）这个概念。这就是说，如果一个社会为某一目的而发展出一种医疗技术，在必要之时它会被调转过来产出一个相反的结果。比如，如果一个社会已经认识到，某种材料可以用于引发月经来"清洁"子宫以便能受孕或者能模拟子宫收缩的阵痛效果，这可以让非如此就无法娩出的死胎排出体外，那么该社会也能让那种知识"翻转"产生一种不同的效果：不是去清洁子宫中那些妨碍受孕的物质，而是受孕体本身。[60] 提升生育力和阻碍生育力是一枚硬币的两面。

比如，如下的一段是从一本概论式医学教科书中"论保持月经"一节中节选出来的段落，作者是 12 世纪意大利南部的男性医学作者约翰·帕拉特乌斯（Johannes Platearius）：

> 同样也要注意到，那些有利于促进月经的东西，也能让胎盘以及死胎和"鬼胎"娩出。也要注意到，萨勒诺的女人们在受孕之初，尤其是在开始胎动时，想要杀死上面提到的"鬼胎"时，就会喝香芹（parsley）和韭葱（leeks）的汁液。[61]

---

[60] Alexandra Brewis Slade 与作者的私人通信，2008 年 3 月 31 日。

[61] Johannes Platearius, *Practica brevis*, 英文译本出自本文作者。该文还没有现代版本。作者引用的是现存最早文本之一，Cambridge University Library, Dd.III.51, s. xii。在本文于 2008 年初次发表之后，意大利学者编订了该书的一个可靠的现代评注版本，见 Muñoz（2016）。

在这里似乎非常清楚，通经、娩出死胎和胎盘是放在一起的。况且，尽管帕拉特乌斯讨论的只是萨勒诺妇女尝试去杀死魔鬼的成形，即"鬼胎"，他明确地将香芹汁和韭葱汁当成一种堕胎药。这似乎是毫不含糊的证据，表明萨勒诺的女人们知道植物生化素手段可以阻止或者中断怀孕。[62] 因此，非常重要的是，也有一篇出自萨勒诺女性之手的医学文字存留后世，我们可以将其与帕拉特乌斯的说法进行比较。[63] 萨勒诺的特洛塔（活跃在 12 世纪初）在她的一本著作中的确提到，香芹和韭葱对娩出胎盘非常有效。[64] 这两种材料以及琉璃苣（borage，她列为替代性的促进娩出胎盘的药材）在她的著作中的其他地方都没有出现过。于是，我们可以将它们视为"特殊药"，只有一种特殊品性的药。[65] 特洛塔也提供了一个用柳木（willow）和芸香木（rue）作为通经药的配方，但是她非常清楚地将其介绍为一种提高受孕的手段。[66] 换言之，在这份关于女

---

[62] 关于"鬼胎"（"萨勒尼人的兄弟"，brother of the Salernitans）这一理念，见 Ausécache（2007）。

[63] 一个重要的需要弄懂的事情是，里德尔号称的所谓女性作者特洛塔（Trotula）（Riddle，1997：31—32；52；105）代表的不是一位作者，而是三位，她们的著作在 12 世纪末期汇集到一本文集当中。里德尔所引用的那条被当作这位"女性作者"看法的证据，实际上是出自一位男性作者之手，见 Green（2008：第 1 章，尤其是第 48—53 页）。

[64] Trota of Salerno, *De curis mulierum* (On Treatments for Women), paragraph 146 (Oxford, Bodleian Library, MS Digby 79, s. xiii in.)：同样，也有一些女人在产后胎盘留在体内。这些人我们用下列方式来帮助她们。我们榨取香芹汁和韭葱汁，掺上薄荷油和坚果油给她们服用，或者是琉璃苣的汁，胎盘马上就会出来的。也许胎盘出来是因为人要呕吐的结果，或者也许是因为汁液进入到这些需要推力的器官当中。"在后来的特洛塔文集中，这一段有些不同，这可以在 Green（2001：122—124）看到。

[65] 在上段的引文之外，特洛塔在 *Practica* 中也还提到琉璃苣如下（paragraph 5, Madrid, Biblioteca de la Universidad Complutense, MS 119, c. 1200, fol. 140v）："对那些不能自主排出胎盘的女性，我们从琉璃苣的叶子中压出汁液，与油混合让她喝下去，她马上就会娩出的。"里德尔既没有提到琉璃苣也没有提到韭葱作为避孕药或者堕胎药。

[66] Trota, *Practica*, paragraph 1 (Madrid, Complutense, MS 119, f. 140 r–v).（"按照特洛塔的说法，采用引发月经的治疗，是因为没有月经就不能受孕。如果她年轻，就取河柳的根，削刮好，使之平滑，用水或者葡萄酒煮。取芸香木的叶子碾磨，用其汁液做成小量的胶片。让她吃掉这些。早晨在她进餐之前，让她喝煮柳根的水。只要三到四次，月经（转下页）

性医疗实践极为重要的文献——于我们的目的很重要，是因为此时女性的医疗实践还被男性从业者所看重，在医学著作中还没有明显地压制避孕知识——当中没有明确的证据表明，哪种通经或者娩出胎盘的药物被女性用来中断正常生育力。[67] 相反，特洛塔的著作支持生育，这是再清楚不过的。该书中的一些特点表明，她特别细致地了解女性的处境：她们希望采用身体的技术来强化处身于父系家长制结构中的行动能力，包括假扮处女、处理与异性性交时的疼痛、通过化妆来提升外貌，但是中断生育力不是特洛塔的议题中的一部分。事实上，她的著作与主要的萨勒尼（男性作者的）药物学著作在角度上没有实质上的差异，后者提到了更多通经和娩出胎盘的药材：总共 44 种，占据说可用于妇科和产科的 81 种药材中的一半以上，占所列全部 258 种植物中的 17%。[68]8 种药材（香胶木、硼砂、白藓、白松香、芸香木、芳香树脂、粘臭树脂、红泻根和白泻根，如帕拉特乌斯已经提及的那样）具有三重功能：通经、娩出死胎和胎盘。香芹据说"对孕妇是有害的，因为其效力能让坐胎的组织剥离"。因此，我们从所有这三位作者中得到证据——帕拉特乌斯、特洛塔和这篇药学文本的作者——都认为，香芹是一种特殊的"堕胎药"（在我们的定义上）。然而，和特洛塔一样，帕拉特乌斯和这篇药学文本的作者都没有指出要排除有"清洁"成分（那些让月经畅通或者将其他废物［死胎和胎盘］排出）的香芹。相反，药学文本的作者和特洛塔一样认为，那些"清理"子宫的成分经常也能"帮助受孕"。[69]

（接上页）就会恢复。"）几乎完全同样的药方，也见于特洛塔的 *Decuris mulierum*（paragraph 135），尽管在这里我们发现所用的不是芸香木，而是欧茜草（madder）。关于柳树和芸香木能中断生育力的品性，见 Riddle（1997：60—61, 48—50）。

[67] 关于这一时期的医学著作中对避孕知识的容忍，见 Green（1990）。

[68] 参见 Wölfel（1939）。

[69] 比如，在"迷迭香"（rosemary）一条下我们可以发现："为清洁子宫并有助于受孕，用水煮迷迭香熏蒸阴部。萨勒尼的妇女用麝香油煮其叶子，把这种调和物用作给自己的栓药。"（Wölfel，1939：104）。

在时隔近 900 年以后，我们如何能知道特洛塔著作中的某些地方，没有被不怀好意的抄写者或者编辑者进行了压缩或者修改呢？更有甚者，这或许会是特洛塔本人——她倾向于不要将自己医疗实践中的某些方面写下来——进行了压缩呢？实际上，我们永远也无法证实这类压缩不会发生。但是，另外一些有据可查的材料表明，通经药并非总意味着"堕胎药"。在 15 世纪，雅内特·加缪（Jeanette Camus）在（法国）第戎因为非法行医受到审判。她在法庭上陈述说，当她自己承受不育之苦时，从邻镇一位女人那里学到了一种有效的治疗手段。现在她把这一疗法以及治疗"不开花"（闭经）的好疗法传给其他女人。[70]雅内特·加缪受到第戎大学医学院的质询而被该城驱逐，不是因为她兜售了不允许使用的避孕药物（医学院很容易识别出来），而仅仅是因为没有充分的医学理论知识——这一说法经常用来将行医者（男性和女性）驱逐出医疗实践。就特洛塔这一个案而言，在传统欧洲的人体医学概念中，月经对于女性健康及生育力都是至关重要的。我们从资料中可以发现，一位 16 世纪的德国贵族妇女说自己"在过去的两年里，我的女人之责（这里指的是月经）每三个月才来一次，况且颜色也不对劲"，而芭芭拉·杜登（Barbara Duden）关于 18 世纪女性的医学叙事的那部经典著作也表明，时至 18 世纪，在女性对自身健康状况的认知中，有规律的月经仍然具有很大的重要性。[71]人类学著作又一次帮助我们支撑这一阐释，因为有大量关于"调经"想法的文献，这表明在其他文化中人们也采用"清理"子宫的概念来调节健康或者提高生育力，或者二者兼而有之。[72]最为重要的是，医学人类学著作表明了在父权制的背景下，当女性的婚姻、

---

70 参见 Gonthier（1995：288）。原文为法文：bons remedes pour femmes quine peuvent avoir leurs fleurs。

71 参见 Green（2005a：51–64）；Alisha Rankin 也在她的文章中引述了瓦尔德克（Anna of Waldeck）夫人对病症的详细描述（Rankin，2008：134）。参见 Duden（1991）。

72 参见 van der Walle & Renne（2001）。

经济生活和身份认同都有赖于生殖上的成功时，她们在追寻生育力方面会极尽所能。[73] 与里德尔的想法相反，并非每种通经药都意在中断生育力，因此在基于我们从现代西方科学获知的关于化学成分以及人体构造知识的基础上进行推论时，我们必须得十分小心。

我们当然可以这样认为，那些能够用某种手段"来月经"的女人，也能中止已有的妊娠，只要她们愿意，也能够把关于柳树或者芸香木的知识反其道而用之。我们在此处也无证据表明这没有发生，但是采用那些文化人类学家们发展出来的观点看待这一问题，我们可以很好地检验"翻转技术"这一观点：关于"知识的延续"，即知识体系是与相关实践的延续绑定在一起的，这在无文字或者文字之地位非常边缘的文化当中尤其如此。如果实践（比如特定类型的狩猎）消亡，那么与之相关的知识（比如码踪的技艺）也会消亡。[74] 能加强或者中断生育力的草药的实际药性如何，取决于人们关于土壤、收成时间、准备方法、剂量等问题的精确知识。在无文字的社会中，这类知识的保存有赖于最先形成这类知识的实践能够不间断地持续。因此，即便（就原初化学意义上的）一种通经药可以被翻转利用变成一种堕胎药，对相关成分足以达成新目标的有效使用，会在特定共同体持续性实践中存留——共同体经常使用这一技术，以保证该类知识流传。

有文字的社会却能在一定程度上"在情境之外"保存知识，在想要的时候找回来，哪怕作者和接受者之间相隔若干个世纪。这就给我们带来第三个问题：我们是否可以将这种中断生育力的知识看作是女人所

---

[73] 参见 Inhorn（1994；1996）。

[74] 我感谢布瑞维斯（Alex Brewis Slade）让我注意到这一概念，感谢 Colleen Marie O'Brien 提供了简明的文献资料。席宾格在其专著《植物与帝国：大西洋国家的殖民地生物勘探》（*Plants and Empire: Colonial Bioprospecting in the Atlantic World*，Schiebinger，2004）中采用了"无识学"（agnatology）这一术语，也就是对知识丢失的研究，这被她看作是有意图的压迫行动。我更倾向"知识延承"（persistence of knowledge）这一说法，因为这没有道德错误方面的预设，只有历史上的变迁。

独有的（的确，这是她们所独有的考虑），或者我们是否有必要将男人看作其产生和传播（以及压制）中的活跃角色。在这里，男性和女性的文字阅读能力是关键。里德尔在证明中世纪女性知道草药有避孕功效时，具有讽刺意味的是，他选择了一位 14 世纪的法国女性贝阿特丽丝·德·普兰尼索（Beatrice de Planisolles）作为他的主要女性"证人"之一。在给宗教裁判所的证词里，她描述了一种特殊的避孕做法，明白无误地声称，她的男性情人在他们每次寻欢时带来一种避孕工具，寻欢后又迫不及待地要把它带走，免得她用在其他情夫身上。她没有声称自己有任何避孕知识。[75] 不过，她的情人（在她的证词里从来没有提及寻欢）作为一位牧师在某种程度上识字，可能从文字材料中获得了关于这种避孕器具的知识。里德尔本人依赖的是男性写就的文本，即书里面所说的知识，作为他在论证避孕和堕胎药物成分时的证据。我本人关于中世纪欧洲女性对医学书籍使用模式的研究表明，她们拥有医学书籍的情况非常少见，哪怕另外一些资料明确地表明，她们拥有《时日经书》（Book of Hours）或者其他虔信之书或者文学作品。[76] 同样不争的事实是，关于女性医学的文本，哪怕女性有这种阅读诉求也很少是为女性而作的，我们可以看到，这些书一直都是在男性的手中。这样一来，很少有证据表明，中世纪的女性经常能接触到里德尔所引用的那些书面文本。

在中世纪，女性对自己的生育力的控制实际上知道多少？我不想假装自己对此能胸有成竹地给出答案，但是下列证据（这里的所有材料都来自英国，时间是自 14 世纪中期黑死病发生之后到 16 世纪末）都表明，我们要把目光放到艾伦瑞克和英格利希聚焦的助产婆之外，看到那些关于中断生育力药性成分的知识在不同地方流传，其自身在历史上也会有

---

[75] 参见 Riddle（1997：10–13；23–24）。对这份女性证词的主要部分更为正确的译本，见 Greary（1989：539–540），读者可以从中看到她关于避孕说法的关联背景。

[76] 参见 Green（2000b；2000c）。

变化。在 14 世纪末，从伦敦到约克的抄写者将描写堕胎药（还有若干其他题目）的段落写进去，尽管他们知道使用这些信息的人是男性，因为女性极不可能看到这类拉丁文文本。[77] 生活在 14 世纪末或者 15 世纪初英国中部的一位以女性为读者对象的产科文本编辑者，拒绝翻译出手中古代拉丁文材料中关于堕胎药的描述，理由是"某些该受到诅咒的婊子们会用上它"。[78] 相反，对通经药的描述进行则被完整地翻译，编辑者没有明确地担心它们会被利用或者滥用。在 15 世纪，一位翻译帕拉特乌斯的《临床实践》（*Practica*）的作者对上面引用的拉丁文文本做了改变，指出女人用香芹和韭葱来进行堕胎，不光用它们去清除鬼胎"萨勒尼人的兄弟"。[79] 同样在 15 世纪，另外一位英国医学著作者尽管没有把明确标记为避孕药或者堕胎药的药方写进书中，但仍然在书中添加了重要的、用于通经以及排除死胎的药物。他明确无误地认为，胎死腹中是给妇女带来严重危险的分娩状况。他甚至指出，如果活胎不能娩出的话，宁可先让胎儿死亡，也不要让母亲死亡。[80] 他声称自己写作此书，以便妇女自己能采用这些办法（实际上，他明确地指出，这也是给像他一样的男性医生），他根本没有担心通经或者排胎药物会被滥用。在 1509 年约克教会法庭上审理的一桩案件中，想要实施堕胎的是被指认为父亲的那个人，而不是孕妇本人。[81]1530 年，在林肯教区，教会法庭受理的一桩案件中，当事人琼·肖维尔（Joan Schower）非婚而孕。在助产婆对她进行体检时，发现她已经不再怀孕了。她告诉法庭说曾经怀孕，但是服用了一种堕胎药剂，该药剂显然是有效果的。她此前有两个非婚生子女，尽管没有人明确知道，她是否也曾经力图中止怀孕而失败，或者根本

---

[77] 参见 Green（2008：110，159，注释 26）。

[78] 参见 Barratt（2001：60，第 311 行）。

[79] Cambridge, University Library, MS Dd.10.44, s. xv, fol. 91v.

[80] 参见 Green & Mooney（2006：vol. 2, 455–568，第 679—681 行）。

[81] 参见 Donnison（1977：203，注释 7）。

没有尝试过。[82]同一年，也是在林肯教区，一位名叫约翰·亨特（John Hunt）的人受到这样的指控：他劝说从前家里的仆人，如今的未婚妻琼·威利斯（Joan Willys）"服用'某种饮品'毁掉她身怀的孩子"。[83] 一份标有自 1588 年起生效的英国助产员许可证上，其中列出的指令之一是，助产员"不应该对那些怀有孩子，但是想在产期之前将孩子（也就是她腹中的胎儿）毁掉或者娩出的女性，给出任何咨询或者安排任何药草、医药手段、药剂或者任何其他事项"。[84]

正如在 12 世纪的萨勒诺城一样，这里似乎看不到对于滥用通经药物成分有特殊忧虑。关于如何堕胎的信息在传播，尽管这类知识，或者说，对这类知识的恐惧，似乎在娼妓、男性神职人员、未婚女人与未婚男人当中广为传播。只有最后那项条款提到，助产员是这类信息的一个来源，这是雷德尔在断言接生员是这类知识的常规承载者时所引据的孤证。[85] 不过，我还是倾向于认为，这一考虑出自特定的历史背景，而不是长期性的对助产员的质疑。在欧洲大陆上，助产员许可证始于 14 世纪的法国，15 世纪开始出现在西欧的沿海国家以及德意志地区。尽管我们在法国的早期许可证上还没有发现任何文本，但是在其他地区的许可证上已经发现了一些文本。在我研究过的许可证中，16 世纪末以前没有任何一个关于避孕或者堕胎的职责，尽管助产员誓词内容以道德考虑为主要特征，但其置于首位的、最重要的要求是，助产员要救助所有需要帮助的女人，无论其穷富贵贱。[86] 在 1496 年，克雷默（Kramer）和

---

[82] 参见 Thompson（1944：vol. 2, 第 65 页）。相关内容从拉丁文到英文由本文作者完成。

[83] 参见 Thompson（1944：vol. 2, 第 14 页）。关于英国中部的内容原文为英文，其余内容均为拉丁文。

[84] 参见 Hitchcock（1967：75–76），拼写和语法转换成现代英语。

[85] 参见 Riddle（1997：134）。

[86] 我检验过公开出版的来自下列城市的接生婆誓言：布鲁塞尔（1424）；雷根斯堡（1452）；阿姆贝格（1456—1464）；符腾堡（1480 年前后）；伯尔尼（1540）；海尔布隆（上面无日期，但是可能在 16 世纪）。维斯纳（Merry E. Wiesner）发现在德国（转下页）

施普伦格（Sprenger）在《巫之术》中认为，严格地加强许可证发放是对巫婆迷信活动的"救治"，而大卫·哈利认为，恰好是许可证所要求的道德保证，能在相当程度上让接生婆免于巫术指控。[87]许可证制度在英国的实行要晚于北欧的其他地方，在即将进入 16 世纪时，伦敦才开始有相关记录。医学作者安德鲁·博尔德（Andrew Boorde）有着广泛的旅行经验，他在 1547 年撰写的《健康箴规》（*The Breuiary of Helthe*）一书中，谈及对医疗上的无能和无德的忧虑，呼吁更为系统地效法欧洲大陆上的许可证制度实践。然而，无论在博尔德的书还是其他材料当中，我们都看不到在 1588 年以前的许可证（包括来自 1567 年坎特伯雷教区的那个迄今所知英国最早的助产员许可证）上提到堕胎药。[88]显然，在 1588 年以前发生了某些事情，使得人们开始对助产员拥有堕胎知识感到新的不安。[89]

假如对传播堕胎知识负主要责任的人不是助产员，那么便是那些通过不同渠道（包括书籍）而获得这类知识的非专业男人女人们在实施"翻转"的技术？我会迟疑于这类断言，即这种新不安的出现与在这一时期内女性（包括助产员）的阅读能力日益增强连在一起。在 15 世

（接上页）南方 16 世纪末期有关于堕胎的新考虑（Wiesner，1993：87—88）；格雷伊萨梅（Miriam Greilsammer）发现，在欧陆的沿海国家直到 1697 年才有这种考虑被记录下来，参见她对布鲁日（Burges）市的评论（Greilsammer，1991：317）。我认为她声称布鲁日市在 1551 年防止接生婆在没有医生的监督下开药的考虑与堕胎药有关的断言（Greilsammer，1991：300）是错误的。在中世纪晚期对民间医生和助产员的行医控制上，核心做法是禁止他们开具任何种类的药品。

[87] 参见 Institoris & Sprenger（2006），第 1 卷，第 704 页；第 2 卷，第 596—597 页。参见 Harley（1990）。

[88] Bloom & James（1935:84–85）；Boorde（1547: Extravagantes, fol. xvii）；Frere（1910：356–357）；Strype（1708—1709/1824: 242–243）。

[89] 弗吕格（Sibylla Flügge）在其完备的关于助产员合法性研究当中，同样也没有发现有证据表明，在 1577 年之前的助产员条例当中有跟堕胎药相关的忧虑，参见 Flügge（2000：210, 381,401–402）。关于 16 世纪大范围内将堕胎罪名化的做法，沃尔夫冈·米勒（Wolfgang P. Müller）提供了大量材料表明堕胎知识来自非常不同的人群，男性和女性均有，请参见 Müller（2000）。

纪末和16世纪，女性（尤其是那些上层阶级的女性）突然之间成了药方的主要搜集者。对这类大规模搜集的研究工作，迄今为止仍然为数不多，但是这些研究表明，搜集者并没有特别关注那些能中断生育力的机制。[90] 在这一时期，非专业女性也可能阅读那些新近出版的、跟助产员相关的文本，尽管这些文本中也不包含那些标记为堕胎药的内容。[91] 会是什么样的外在环境改变了避孕知识的发展和流传？关于欧洲与北美的避孕历史这一话题，史学叙事中强调的是这类知识遭受压制的时刻。但是，我认为应该更仔细地去观察，这些关于女性身体功能的知识从何而来。若干年前，科妮莉亚·戴顿（Cornelia Hughes Dayton）在一项资料非常丰富的研究中表明，在18世纪中期的康涅狄克州，商业性生产的堕胎药日渐容易获取，这促成了汉娜·格罗夫纳（Hannah Grosvenor）来“服用”（take the trade），一种在别的地方没有描述过的商业性堕胎药，是她的情人弄到的，而她的情人又是从一位男性医生那里拿到的。后来，当这个药没有奏效时，那位医生给她实施了人工流产。[92] 在这一个案中，这种堕胎的补救尝试（汉娜·格罗夫纳不久以后就因为人工流产而死亡）在更早一代也许就不会发生，当时的社会习俗会把结婚当成这类情形下正常的解决问题途径。在这一社会流动的新时期，汉娜·格罗夫纳的情人觉得医疗技术是一条新出路。

奴隶制似乎是另外一种背景，它使绝望走向了富有创造性的（也许是危险的）实验。隆达·席宾格（Londa Schiebinger）研究了在18世纪的加勒比，那些身为奴隶的妇女如何将“孔雀花”（Poinciana pulcherimma）用为一种避孕/堕胎的药物。[93] 同样引人入胜的是莉泽·佩琳（Liese Perrin）的研究，她用20世纪30年代“公共事业振兴

(90) 参见 Green（2000b）；Leong（2008）；Rankin（2008）。

(91) 参见 Green（2008：第6章，67–71; 301–310）。

(92) 参见 Dayton（1991）。

(93) 参见 Schiebinger（2004）。

署"（Works Progress Administration，WPA）记录的那些讲述材料，开创性地重构了美国南方女奴的避孕实践。她找到了女奴用棉花根作为避孕药的证据。佩琳的研究尤其有说服力，因为她将讲述性质的证言与人口学材料结合，后者显示出来的出生间隔，大得难以用记录中的哺乳习惯来解释。她注意到，男人和女人都知道棉花根的避孕性质。[94] 这是一个非常重要的观察，因为在现代的本土植物学研究当中棉花根也作为一种男用避孕药。[95] 不过，佩琳认为，这种避孕知识是美国的奴隶从非洲带到美洲的，已经系统应用了若干个世纪，并非在美国背景下的重新发现。在这一点上，她的证据不具有足够的说服力。如果情况确实如佩琳所言，那么我们就可以指望女奴生育力降低会贯穿 17 到 19 世纪，而不光是在奴隶制接近尾声的时代才出现。

正如佩琳对美国奴隶制研究显示的那样，对于中断生育力手段在历史上的应用进行评判，最好的做法是将其置于人口学分析的背景之下，这样我们就可以超出个人轶事，寻找在生殖力变化上的累积性材料，以及相关证据来说明这种变化的原因是有意的还是偶然的。我本人就中世纪欧洲现存材料的研究表明，曾经有中断生育力的尝试，但并非如像雷德尔所推测的那样——生物化学手段是人们最倚重的手段，这类知识主要是属于女性的知识财富。的确，我们能发现，偶尔有关于限制生育力的"女性艺术"的说法。13 世纪一位以艾伯塔斯·马格努斯（Albertus Magnus）为笔名的作者撰写的《女人的秘密》（*Secrets of Women*）这本有关受孕的书中提到，妓女和其他妇女"学会了这种恶行"，能导致堕胎。[96]

---

[94] 参见 Perrin（2001）。她引用戴博拉·怀特（Deborah Gray White）的说法："这些问题实际上是该地区女性所特有的，在谈及这些问题时她们是秘密进行的，她们也意图保密。"我感谢卡尔文·舍默霍恩（Calvin Schermerhorn）让我注意到佩琳的研究，并帮助我厘清了一些与此相关的历史描写上的问题。

[95] 参见 Cambie & Brewis（1997：105）。

[96] 参见 Green（2008：222）。

但是，迄今为止，我还没有找到一以贯之的证据能表明，植物制成品的确有效。实际上，从目前的材料上来看，杀婴以及有意殴打孕妇以期流产，似乎更为常见。[97] 皮埃尔·迪比（Pierre Dubuis）发现，在 14 世纪和 15 世纪的阿尔卑斯山的西部地区（今天法国的东南部和意大利的西北部），萨伏伊（Savoy）伯爵（后来成为公爵）领地的城主颁布了总共 2523 项惩罚，其中 39 个案子与某种类型的"拒绝孩子"有关。只有一个案例与避孕有关：一位来自奥斯塔（Aoste）的女性因为允许另一女性"把一种骨头放在她的身体里，有了它女人就不能受孕"而受到惩罚。不管我们将这解释为一个魔法仪式还是不过是戴某种避孕环，这都无法表明关于植物化学特性的知识行之有效。关于堕胎知识的存在，也没有多少证据。在发现的 15 个案例中（在其中的 3 个案例中，所涉双方都受到惩罚），没有一个提及"绝育药剂"，只有一人被明确地指控"实施"堕胎。除了一个奇怪的个案，一位女性在怀孕时在某一特定泉水洗浴而受到惩罚以外，其他这些个案都涉及对孕妇身体采用暴力，经常是殴打。不奇怪的是，大多情况下这些相关的暴力都是由一位男性唆使的：父亲殴打怀孕的女儿，丈夫殴打有外遇的妻子。但是，有一两个案例涉及母亲殴打怀孕的女儿。尽管其可能性是，大多数这类攻击都是恶意的（由此才为法庭所注意到，因为被殴打的女人自己认为这种殴打是犯罪行为），但是也存在着另外的可能性：在某些个案中也有女人参与，因此她们也同意这类做法。一位妇女因为错误地指控一位牧师促使她"迈出危险的一步，让她对孩子做出恶行"而受到双份惩罚。[98]

彼得·比勒（Peter Biller）在研究中世纪人口态度问题时发现，关

---

⑨⑦ 很重要的一点是，在这些个案以及其他类似个案当中，我们要区分一般性的攻击（流产可能会是一个偶然性结果，而非有意图的目标），以及那些特意要中断妊娠的暴力。参见 Butler（2005；2007）；Müller（2001）；Elsakkers（2003）。

⑨⑧ 参见 Dubuis（1991）。我在这里只讨论那些关于避孕和堕胎的案例；其余的案例涉及的是杀婴或者弃婴。

于人口数量的意识以及相关讨论从 13 世纪中期以来在有学问的（男性）评论者当中日益多起来。避孕行为可能会派上用场，与有意地控制人口总量的意图连在一起。重要的是，他认为在这一进程当中，主要的驱动力不是中断生育力的生物化学手段，而是中止射精（coitus interruptus）（一个需要由男性来控制的避孕手段）。[99] 另外一些材料表明，对欧洲人口增长的意识以及对受孕和生殖的好奇（在黑死病之后，变成焦虑）在增加。[100] 然而，在中世纪鼎盛时期急剧提高的人口增长率，在 14 世纪明显遏止，那是由于饥荒和瘟疫而不是避孕手段。正如朱迪思·贝内特（Judith Bennett）的研究表明的那样，早在这些马尔萨斯式控制手段之前，英国的社区共同体已经插手贫困女性的性活动——如果她们在婚外受孕，她们的后代会给已经状况不良的社区增加负担。[101]

因此，我并不认为关于避孕药和堕胎药的知识是在女性中不费力地传递的知识。相反，关于这一话题的信息，在普通的知识流通中有很多，但是也有很多不确定性，因此几乎没有人能在有所需要时依赖这类知识的有效性。医学文本当中有很多治疗方案，其意图在于通经或者将胎儿娩出。男性医生经常被请求给出些信息，来帮助女性中断她们不想要的怀孕，哪怕这类咨询是偷偷进行的。[102] 实际上，医学书籍作者推荐避孕药——明确地标记如此，不与基督教规则抵触——的事情也并非闻所未闻，其理由是一些女人不能戒绝性活动（出于社会原因或者经济原因），

---

[99] 参见 Biller（2000）。

[100] 关于在中世纪晚期，神职人员以及非专业人士对受孕问题的兴趣所达到的令人惊讶的水平，参见 Green（2008），尤其是第 5 章，第 204—245 页。

[101] 参见 Bennett（2003）。

[102] 博洛尼亚的医生阿尔伯特·德·桑卡里斯（Albert de Zancariis）在 1325 年前后的著作中，警告他的同行要警惕那些想知道自己是否怀孕，其目的在于能够施行堕胎的女人。参见《医生注意事项》（De Cautelis Medicorum Habendis），引文见 Morris（1914：13）。关于药剂师作为堕胎药信息的源头，参见 Flügge（2000：210；280），关于民间医生，参见 Müller（2000：279, 注释 479）。

但是不应该生育孩子，因为怀孕会要了她们的命。[103]现在尚且不完全清楚的是，这些知识的一贯性效力如何。中世纪流传最广的女性医学文本，即所谓的《特洛塔文集》收进了被明确地标记为避孕手段的内容，但是这些都是护身符，从我们的角度看，那无非起到一种宽慰的效果而已。

要探讨贝内特和比勒所提出来的问题，方法上的工具仍然付之阙如。让我们最后提及一位法国历史学家克斯蒂娜·克拉彼施－祖伯（Christiane Klapisch-Zuber）的文章《最后一个孩子：14 和 15 世纪佛罗伦萨女性的生殖力和衰老》，这是研究中世纪晚期生育力干预的一项特别精彩、论证详细的研究。[104]作者采用了上层社会中 44 对夫妇为样本——夫妇双方都至少活到女性达到了其生育力自然终结时（为她的研究目的，确定为 45 岁），她发现这些女人平均有 11 个孩子，生育率相当高，其原因在于早婚（女性初婚的平均年龄为 17 岁）以及使用奶妈。作者也发现，这些女性中的大多数至少在自然生育力终结前十年就不再生孩子。此前的孕育造成的身体状况可能是一个相关因素，但是作者从分析两个最小孩子的性别入手发现，在一个男性后代出生以后停止生育，似乎是一种有意图的趋势。换句话说，这些夫妇在有了数量够多的男性继承人之后，会认为他们的孩子"够多了"。克拉彼施－祖伯的论文非常有力地证明，人们有提升或者降低生育力的兴趣，对于后者也存在着

---

[103] 比如，一部 12 世纪萨勒尼的医学著作《女性状况之书》的作者（当然几乎都是男性）依据本笃派的僧侣"非洲人康斯坦丁"（Constantine the African）的建议，"那些阴道狭窄、子宫缩紧的女性不应该与男性发生性关系，以免受孕致死。但是，所有这些女性都不能戒绝性生活，因此她们需要我们的帮助"。参见 Green（2001：第 83 段，第 96 页；第 235 页，注释 43）。伊斯兰教关于避孕和堕胎的规则是如何进入拉丁语医学文本当中的，参见 Green（1990）；关于柳齐（Mondino de' Liuzzi, 1275—1326) 认为怀孕（无论婚内还是婚外）有时候对女性是危险的，预防怀孕是比在其开始后而中止它所犯的罪恶要小一些的这一观点，亦参见 Siraisi（1981：282–283）。

[104] 参见 Klapisch-Zuber（1993）。

有效力的知识。然而，令人困惑不解的是，对于显见的生育力降低是如何达成的——是采用了避孕手段吗？或者是简单地停止了具有潜在生殖能力的异性关系？——这一问题，作者犹疑着难以给出答案。正是在这些地方，我们需要用一个带有社会性别视角的方法来分析对女性医疗的认知：如果我们简单推测的话，那一定是女性有避孕植物的知识造成了这一效果，这样一来我们就先期锁闭了对一些问题的探索，如男性同性恋或者性交时中断射精行为所带来的人口学效应，而关于这一时期佛罗伦萨的男性同性恋情况有非常充分的文献记录。[105]

也许那些避孕或者堕胎失败，或者那些转向男性寻求避孕知识甚或采用暴力来中断妊娠的例子所涉及的女性个体（通常年轻而贫穷），与那些能提供她们所需要的知识的女性网络联系不够密切。[106] 甚至在避孕知识和材料都容易获取的现代西方社会，意外怀孕仍然会不时发生。换言之，我并不想故作声势，以为我提出的为数不多的几个质疑中世纪女性拥有避孕或堕胎知识的个案，其证据就足以形成结论，得出在近代之前这类知识并不存在的说法。不过，我所强调的是，我们需要仔细权衡所有的相关信息，考虑到各种动机（男性的和女性的）以及材料或者方法。在这项研究中，与医学人类学的发现进行对比非常重要。这不光因为医学人类学家们已经将"调节月经"——有意地介入月经功能，以期达到避孕或者促进生育的结果——这一概念理论化，关于那些在其他时代和地方所发现的，那些具有中断生育力特性的植物成分，他们也提供了重要信息，以及这类知识在具有社会性别的框架下是如何被应用的。[107]他们也为我们提供了机会，对那些为杀婴（主动或者被动的）而避开避

---

⑩⑤ 迈克尔·罗克（Michael Rocke）认为，对大多数男人来说，同性性活动从来都不是排他的，而往往是婚姻当中的异性性关系的前奏或者补充，参见 Rocke（1996）。

⑩⑥ 参见 Gowing（2003）。

⑩⑦ 关于月经，参见 van der Walle & Renne（2001）。

孕和堕胎的环境进行敏锐的分析。[108]因此，当我们回头来探究历史上某一社会中避孕或者堕胎的知识和实践时，我们就会更好地意识到，社会性别会有多少可行方式来主宰生殖的可能性，以及为什么在一些环境下，似乎在控制生育力这一问题上是男性拥有（或者被期望拥有）更大专业知识能力或者责任。[109]

结论

在过去的三十年当中，女性医学史——关于女性的、为女性而写的、由女性撰写的——有许多杰出著作，其范围遍及汇编文本资料到传记著作，从对 19 和 20 世纪美国立法禁止堕胎到女性医疗中"雌激素范式"的兴起（和崩塌）的各种领域。[110]一方面，这些研究一丝不苟而且富有洞见（尤其是对现代的研究）；另一方面，这一领域中缺失连贯性的做法也让人吃惊。这就是我在这里的论点：由于我们过于仅聚焦于妇女，而没有看到关于女性身体的认识论形成所关涉的对象并不局限于那些拥有女性躯体的人，因而我们曾经忽视了这一历史当中非常重要的因素。即便在历史上女性占主导地位的领域，如助产，我们也需要探讨助产员（男性或者女性）彼此如何争夺认知和看护标准。早在 1331 年的马赛，当一位女助产员遇到需要让胎儿从已经死去的母体中娩出这一情况时，她主动找来了一位"经手过这种情况"的男性民间医生（barber-surgeon）。同样也是在马赛，一桩 1403 年的司法案件涉及的情况是，对

---

[108] 参见 Cambie & Brewis（1997）；Kertzer（1993）。

[109] 参见 Fisher（2000）；Fisher（2006）；以及《跨学科历史学期刊》（*Journal of Interdisciplinary History*）的专辑《在避孕药片之前：在西欧和魁北克对生育力的防止措施》，第 34 卷第 2 期，2003 年出版。

[110] 可以拿来引用的个案有无数个，在我自己的教学中我认为最有用的是 Siegemund（2005）；Gelbart（1998）；Reagan（1997）；Watkins（2007）。

滞留体内的胎盘颇具争议的介入变得激化——其分野并非男女性别，而是所属宗教——并演化为激烈的谋杀指控。[⑪] 关于产科知识是如何形成的，而后又是如何最好地传承等问题，对于近代早期的女性助产员作者，如普鲁士的尤丝蒂娜·西格蒙德或者法国的杜·库德莱太太（Madame du Coudray）的职业生涯也同样重要。彼此有争议的认识论以及科学认知的方式，多年来让科学史中的学术活动富有生气活力，如果将经验主义、实验以及知识建构社会语境当中的同样问题用在发展科学知识上，这应该是有益之举。劳拉·乌尔里希（Laurel Thatcher Ulrich）对美国缅因州和马萨诸塞州的助产员玛莎·巴拉德（Martha Ballard）的研究以非常精致的分析表明，一位女性医生在富有革命精神的新英格兰地区能够与男性医生相安无事地（偶尔也成为对手）地行医，承认她自己能从男性医生那里学到解剖学技能。[⑫] 正如卡特琳娜·帕克所言，传统的解剖学历史将其视为一个男性项目（男性既是设定的对象，也是这类研究的主体），这与让她看不到"资料当中女性身体的无所不在"[⑬] 一样，我会认为，艾伦瑞克和英格利希关于女性行医的历史叙事所酿成的历史描写倾向，造成了非常严重的后果，妨碍了很多在我看来我们本来应该提出的问题。中世纪助产员的存在及其角色、男性涉足女人分娩以及更为一般性的女性保健、女性关于避孕和堕胎知识的历史以及掌控这类知识的历史，这些问题都被忽略了，因为我们一直在研究的是一个没有资料支撑的关于"黄金时代"的童话。

如果用库恩的术语，那么我们是在通过无视一个错误范式中的异常来"拯救体系"吗？我当然不要说，这里展示出来的证据表明，我们随时可以做一个范式转换。但是，我相信我们已经准备就绪，以便更为

---

⑪ 参见 Green & Smail（2008）。

⑫ 参见 Ulrich（1990）。

⑬ 参见 Park（2006）。

系统地追问这一问题：医学知识和实践的产出与传播作为一项文化产物，而不是一系列以生物学为基础的，因而是静态的本能。这样做的结果是，我们能更好地看到医疗保健上的历史变迁的位置。社会性别变成了历史性变量本身，是形成身体的技术的若干因素之一。在对西方女性健康的分析中引入社会性别，也开启了与关于世界其他地区的历史与人类学进行有效对话的机会。医学人类学家玛莎·艾因霍恩（Marcia Inhorn）已经完成了一项富有成果的、对超过 150 个关于女性保健的民族志所做的综合分析，这些人类学材料也能让我们知道，女性对身体功能失调有哪些不同经验，女性愿意获取哪些她们所渴望的外力介入。实际上，艾因霍恩认为，通过这种基于观察和访谈的评判我们所获知的关于女性的事情，大多都因为生物医学范式在西方的成功而被预先屏蔽掉了。[14] 尽管许多这类人类学研究大都来自那些已经有殖民主义印记的地区（殖民主义经常把欧洲那些关于医学应该有着怎样的社会性别的概念强加到当地人身上），我相信，我们还是能够从中找到足够多不同女性的经验，用来指导我们对历史的理解。

具有讽刺意味的是，也许我们可以说，在女性医疗历史当中性别被当成焦点做得太过头了。从现在开始，在医学史当中出现了关于可以被称为"产科转型"（obstetrical transition）的一项重要争论，即西方国家在 19 和 20 世纪的进程中，如何让产妇与新生儿的死亡率急剧下降。艾伦瑞克和英格利希的论点认为，对女性来说，助产员的男性化对女性而言无一例外都是坏事（首当其冲的是对于那些女性医疗从业者，但是对女性患者亦如此，她们失去了一个完全由女性在场的仪式所具有的感情舒适以及支持，她们屈从于有时候是残忍的攻击性程序）。这一看法从两个方面来看都是不恰当的：它过分突出了英国的情况，我已经在上文中说过，好像那是一个具有普遍性的、典型的欧洲传统一样；（在其他地方，女性

---

[14] 参见 Inhorn（2006）。

助产员并不像在英国和美国那样被褫夺权利或者受到限制）同时，它也让人失于关注近代时期产科方面的急剧变化实际上是如何发生的。[15] 若干历史学家已经开始一丝不苟地着手于这一问题，他们发现这些问题明确地与教育和职业化有关联，社会性别上的差异也许只是次要的。[16]

我们正确地认识这些问题事关重要。或者我们至少可以信誓旦旦地说，我们把历史学家的全部工具都用在这些问题上了。在所有的历史传统中，在女性健康领域里，就历史记录的丰富和深度而言只有中国可堪与西方相提并论。[17] 但是，正是有着不同面貌的西方医学如今正在作为全球医学被接受，与年深日久而复杂、有时候占压倒性的本土地方实践交织在一起。因此，西方历史叙事需要得到更进一步的研究，这不光是为了其自身，也因为在确立未来健康政策的议程上它有着影响。"安全孕产"（safe motherhood）计划自 20 世纪 80 年代以来在世界卫生组织（WHO）的资助下开始施行，让发展中国家将现代西方国家中的产妇死亡率（这可能是人类有史以来达到的最低比率）作为发展中国家力争达到的目标。降低产妇死亡率似乎是一个无可置疑的高尚目标，但是通过直截了当的教育计划，比如向传统接生员传授细菌理论原理以及无菌处理方法，或者通过那些现在已经在许多西方化国家出现的大量介入性质以及技术复杂的外科手术干预——这造成了畸高的剖腹产比率——是否能实现这一目标，仍然是一个大问题。[18] 类似的论点也可以放在对于诸

---

⑮ 关于医学化并不总是等同于男性化（反之亦然）的观点，参见丁格斯（Martin Dinges）的尖锐评论（Dinges，2004：222–223）。

⑯ 参见 Löwy（2007）；Woods（2007a；2007b）；De Brouwere（2007）。也参见 Christie & Tansey（2001）。

⑰ 参见 Furth（1999）；Wu（2000）；Leung（2006）。

⑱ United Nations, The Millennium Development Goals Report, 2007 (United Nations Department ofEconomic and Social Affairs (DESA), June 2007), downloaded 3 June 2008 from <http://www.un.org/millenniumgoals/docs/UNSD MDG Report 2007e.pdf>, recognises that "no single intervention canaddress the multiple causes of maternal deaths".

如计划生育、对植物的潜在临床应用性的生物学开发，以及本文中提及的其他问题会带来的政治上、经济上的影响。艾滋病这一个案便是一个刺人眼目的提醒：一个世界范围内的流行病，就相关的科学认知、领会和治疗（哪怕还不能治愈）而言，现有的医疗基础设施完全能够对其控制，只是因为缺少对性别关系的理解，不能预见这一疾病对女性的毁灭性后果才使得其扩展。[⑲] 对于所有这些当务之急，历史能派上用场，社会性别能派上用场，女性保健能派上用场。我们（的研究将三者合在一起）还大有用武之地。

参考文献:

Abugideiri, Hibba. 2004. The Scientisation of Culture: Colonial Medicine's Construction of Egyptian Womanhood, 1893—1929. *Gender & History* 16: 83–98.

Ausécache, Mireille. 2007. Une naissance monstrueuse au Moyen Age: Le ´frère de Salerne. *Gesnerus* 64: 5–23.

Aveling, James Hobson. 1872. *English Midwives: Their History and Prospects*. London: J. & J. Churchill.

Barratt, Alexandra, ed. 2001. *The Knowing of Woman's Kind in Childing: A Middle English Version of Material Derived from the "Trotula" and Other Sources*. Turnhout: Brepols.

Bennett, Judith. 2003. Writing Fornication: Medieval Leyrwite and its Historians. *Transactions of the Royal Historical Society* 6th series, 13: 131–162.

Bicks, Caroline. 2003. *Midwiving Subjects in Shakespeare's England*. Aldershot: Ashgate.

Biller, Peter. 2000. *The Measure of Multitude: Population in Medieval Thought*. Oxford: Oxford University Press.

Bloom, J. Harvey & James, R. Rutson. 1935. *Medical Practitioners in the Diocese of*

[⑲] 这里的篇幅不容许我来讨论女性主义认识论这一领域。相关的综述，参见 Inhorn & Whittle（2001）。

London, Licensed under the Act of 3 Henry VIII, c. 11: An Annotated List, 1529—1725. Cambridge: Cambridge University Press.

Blumenfeld-Kosinski, Renate. 1990. *Not of Woman Born: Representations of Caesarean Birth in Medieval and Renaissance Culture.* Ithaca, NY: Cornell University Press.

Boorde, Andrew. 1547. *The Breuiary of Helthe.* London: William Middleton.

Brooke, Elisabeth. 1993. *Women Healers Through History.* London: Women's Press.

Butler, Sara M. 2005. Abortion by Assault: Violence against Pregnant Women in Thirteenthand Fourteenth-Century England. *Journal of Women's History* 17: 9–13.

——. 2007. *The Language of Abuse: Marital Violence in Later Medieval England.* Leiden: Brill.

Caballero-Navas, Carmen, ed. 2004. *The "Book of Women's Love" and Jewish Medieval Medical Literature on Women "Sefer Ahavat Nashim".* London/New York: Kegan Paul.

Cabré, Montserrat 2008. Women or Healers? Household Practices and the Categories of Health Care in Late Medieval Iberia. *Bulletin of the History of Medicine* 82: 18–51.

Cambie, R. C. & Brewis, Alexandra A. 1997. *Anti-Fertility Plants of the Pacific.* Melbourne: CSIRO Press.

Carrier, Henriette. 1888. *Origines de La Maternité de Paris: Les mâitresses sages-femmes et l'office des accouchées de l'ancien Hôtel-Dieu (1378—1796).* Paris: G. Steinheil.

Christie, Daphne A. & Tansey, E. M., eds. 2001. *Maternal Care: A Witness Seminar held at the Wellcome Institute for the History of Medicine, London, on 6 June 2000.* London: Wellcome Trust.

Churchill, Wendy D. 2005a. The Medical Practice of the Sexed Body: Women, Men, and Disease in Britain, circa 1600—1740. *Social History of Medicine* 18: 3–22.

——. 2005b. Bodily Differences? Gender, Race, and Class in Hans Sloane's Jamaican Medical Practice, 1687—1688. *Journal of the History of Medicine and Allied Sciences* 60: 391–444.

Cody, Lisa Forman. 2005. *Birthing the Nation: Sex, Science, and the Conception of*

Eighteenth-Century Britons. New York: Oxford University Press.

Davis, Kathy. 2007. *The Making of Our Bodies, Ourselves: How Feminism Travels across Borders*. Durham, NC: Duke University Press.

Davis, Paulina Wright. 1853. Remarks at the Conventions. *The Una* 1, no. 9: 136–178.

Dayton, Cornelia Hughes. 1991. Taking the Trade: Abortion and Gender Relations in an Eighteenth-Century New England Village. *William and Mary Quarterly* 3rd series, 48: 19–49.

De Brouwere, Vincent. 2007. The Comparative Study of Maternal Mortality over Time: The Role of the Professionalisation of Childbirth. *Social History of Medicine* 20: 541–562.

Denifle, Henri, ed. 1891—1899. *Chartularium Universitatis Parisiensis vol. 2*. Paris: Delalain.

Dinges, Martin. 2004. Social History of Medicine in Germany and France in the Late Twentieth Century: From the History of Medicine toward a History of Health. In *Locating Medical History: The Stories and Their Meanings*, edited by Frank Huisman & John Harley Warner, 209–236. Baltimore: Johns Hopkins University Press.

Donegan, Jane B. 1978. *Women and Men Midwives: Medicine, Morality and Misogyny in Early America*. New York: Greenwood Press.

Donnison, Jean. 1977. *Midwives and Medical Men: A History of Inter-Professional Rivalries and Women's Rights*. New York: Schocken.

Dubuis, Pierre. 1991. Enfants refusés dans les Alpes occidentales (XIVe–XVe siècles). In *Enfance abandonnée et société en Europe*, edited by Società Italiana di Demografia Storica, 573–590. Rome: Ecole française de Rome Palais Farnèse.

Duden, Barbara. 1991. *The Woman Beneath the Skin: A Doctor's Patients in Eighteenth-Century Germany*, tr. Thomas Dunlap. Cambridge MA: Harvard University Press.

Ehrenreich, Barbara & Ehrenreich, John. 1970. *The American Health Empire: Power, Profits, and Politics*. New York: Random House.

Ehrenreich, Barbara & English, Deidre. 1971/1972. *Witches, Midwivies, and Nurses: A History of Women Healers*. Oyster Bay, NY: Glass Mountain Pamphlets.

———. 1973. *Complaints and Disorders: The Sexual Politics of Sickness*. Old Westbury, NY: Feminist Press.

Elsakkers, Marianne. 2003. Inflicting Serious Bodily Harm: the Visigothic Antiquae on Violence and Abortion. *Tijdschrift voor Rechtsgeschiedenis – The Legal History Review* 71: 55–63.

Engelmann, George Julius. 1882. *Labor among Primitive Peoples, Showing the Development of the Obstetric Science of To-day, From the Natural and Instinctive Customs of all Races, Civilized and Savage, Past and Present*. St Louis, MO: J. H. Chambers.

Fisher, Kate. 2000. "She Was Quite Satisfied with the Arrangements I Made": Gender and Birth Control in Britain 1920—1950. *Past and Present* 169: 161–193.

———. 2006. *Birth Control, Sex and Marriage in Britain, 1918—1960*. Oxford/New York: Oxford University Press.

Fissell, Mary. 2004. *Vernacular Bodies: The Politics of Reproduction in Early Modern England*. Oxford/New York: Oxford University Press.

Flemming, Rebecca. 2001. *Medicine and the Making of Roman Women: Gender, Nature, and Authority from Celsus to Galen*. Oxford: Oxford University Press.

———. 2007. Women, Writing and Medicine in the Classical World. *Classical Quarterly* 57: 257–279.

Flügge, Sibylla. 2000. *Hebammen und heilkundige Frauen: Recht und Rechtswirklichkeit im 15. und 16. Jahrhundert,* 2nd ed. Frankfurt a. M.: Stroenfeld.

Forbes, Thomas R. 1962. Perrette the Midwife: A Fifteenth-Century Witchacraft Case. *Bulletin of the History of Medicine* 36: 124–129.

Frere, Walter Howard, ed. 1910. *Visitation Articles and Injunctions of the Period of the Reformation, vol. 2: 1536—1558*. London: Longmans, Green.

Furth, Charlotte. 1999. *A Flourishing Yin: Gender in China's Medical History 960—1665.*

Berkeley: University of California Press.

Geary, Patrick J. 1989. *Readings in Medieval History*. Lewiston, NY: Broadview Press.

Gelbart, Nina Rattner. 1998. *The King's Midwife: A History and Mystery of Madame du Coudray*. Berkeley: University of California Press.

Gonthier, Nicole. 1995. Les médecins et la justice au XVe sièclè à travers l'exemple dijonnais. *Le Moyen Age: Revue d'histoire et de philologie* 101: 277–295.

Gowing, Laura. 2003. *Common Bodies: Women, Touch and Power in Seventeenth-Century England*. New Haven: Yale University Press.

Green, Monica H. 1988–1989. Women's Medical Practice and Health Care in Medieval Europe. *Signs* 14: 434–473.

———. 1990. Constantinus Africanus and the Conflict Between Religion and Science. In *The Human Embryo: Aristotle and the Arabic and European Traditions*, edited by G. R. Dunstan, 47–69. Exeter: Exeter University Press.

———. 1992. Obstetrical and Gynecological Texts in Middle English. *Studies in the Age of Chaucer* 14: 53–88.

———. 1999a. Review of *Eve's Herbs* by John M. Riddle. *Bulletin of the History of Medicine* 73: 308–311.

———. 1999b. In Search of an "Authentic" Women's Medicine: The Strange Fates of Trota of Salerno and Hildegard of Bingen. *Dynamis: Acta Hispanica ad Medicinae Scientiarumque Historiam Illustrandam* 19: 25–54.

———. 2000a. *Women's Healthcare in the Medieval West: Texts and Contexts*. Aldershot: Ashgate.

———. 2000b. The Possibilities of Literacy and the Limits of Reading: Women and the Gendering of Medical Literacy. In *Women's Healthcare in the Medieval West, Essay VII*, edited by Monica H. Green, 1–76. Aldershot: Ashgate.

———. 2000c. Books as a Source of Medical Education for Women in the Middle Ages. *Dynamis: Acta Hispanica ad Medicinae Scientiarumque Historiam Illustrandam* 20:

331–369.

———, ed. 2001. *The "Trotula": A Medieval Compendium of Women's Medicine.* Philadelphia: University of Pennsylvania Press.

———. 2005a. Flowers, Poisons, and Men: Menstruation in Medieval Western Europe. In *Menstruation: A Cultural History*, edited by Andrew Shail & Gillian Howie, 51–64. New York: Palgrave.

———. 2005b. Bodies, Gender, Health, Disease: Recent Work on Medieval Women's Medicine. *Studies in Medieval and Renaissance History* 3rd series, 2: 1–46.

———. 2008. *Making Women's Medicine Masculine: The Rise of Male Authority in Pre-Modern Gynaecology.* Oxford: Oxford University Press.

Green, Monica H. & Mooney, Linne. 2006. The Sickness of Women. In *Sex, Aging, and Death in a Medieval Medical Compendium: Trinity College Cambridge MS R. 14.52, Its Texts, Language, and Scribe.* 2 vols., edited by M. Teresa Tavormina, vol. 2: 455–568. Tempe: Arizona Center for Medieval and Renaissance Studies.

Green, Monica H. & Smail, Daniel Lord. 2008. The Trial of Floreta d'Ays (1403): Jews, Christians, and Obstetrics in Later Medieval Marseille. *Journal of Medieval History* 34: 185–211.

Greilsammer, Myriam. 1991. The Midwife, the Priest, and the Physician: The Subjugation of Midwives in the Low Countries at the End of the Middle Ages. *Journal of Medieval and Renaissance Studies* 22: 285–329.

Hall, Lesley A. 1998. Review of *Eve's Herbs* by John M. Riddle. *American Historical Review* 103: 1211–1212.

Hanson, Ann Ellis. 1994. A Division of Labor: Roles for Men in Greek and Roman Births. *Thamyris* 1: 157–202.

Haraway, Donna J. 1988. Situated Knowledges: The *Science* Question in Feminism and the Privilege of Partial Perspective. *Feminist Studies* 14: 575–599.

Harless, Johann Christian Friedrich. 1830. *Die Verdienste der Frauen um Naturwissenschaft,*

Gesundheits- und Heilkunde, so wie auch um Länder- Völker- und Menschenkunde, von der ältesten Zeit bis auf die neueste: Ein Beitrag zur Geschichte geistiger Cultur, und der Natur- und Heilkunde. Göttingen:Vanden-Hoeck-Ruprecht.

Harley, David. 1990. Historians as Demonologists: The Myth of the Midwife-Witch. *Social History of Medicine* 3: 1–26.

Heinsohn, Gunnar & Steiger, Otto. 2005. *Die Vernichtung der weisen Frauen* (4. Neueausgabe). Erfstadt: Ein März Buch.

Hitchcock, James. 1967. A Sixteenth Century Midwife's License. *Bulletin of the History of Medicine* 41: 75–76.

Hughes, Muriel Joy. 1943/1968. *Women Healers in Medieval Life and Literature.* Freeport, NY: Books for Libraries.

Hurd-Mead, Kate Campbell. 1938/1977. *A History of Women in Medicine.* New York: AMS Press.

Inhorn, Marcia. 1994. *Quest for Conception: Gender, Infertility, and Egyptian Medical Traditions.* Philadelphia: University of Pennsylvania Press.

———. 1996. *Infertility and Patriarchy: The Cultural Politics of Gender and Family Life in Egypt.* Philadelphia: University of Pennsylvania Press.

———. 2006. Defining Women's Health: A Dozen Messages from More than 150 Ethnographies. *Medical Anthropology Quarterly* 20: 345–378.

Inhorn, Marcia & Whittle, K. Lisa. 2001. Feminism Meets the "New" Epidemiologies: An Appraisal of Antifeminist Biases in Epidemiologic Research on Women's Health. *Social Science and Medicine* 53: 553–567.

Institoris, Henricus & Sprenger, Jacobus. 2006. *Malleus Maleficarum,* 2 vols., ed. and tr. Christopher S. Mackay. Cambridge: Cambridge University Press.

Jex-Blake, Sophia. 1872. *Medical Women: Two Essays.* Edingburgh: William Oliphant.

Jordan, Brigitte. 1973/1993. *Birth in Four Cultures: A Crosscultural Investigation of Childbirth in Yucatan, Holland, Sweden, and the United States.* Long Grove, IL: Waveland

Press.

Kapsalis, Terri. 1997. *Public Privates: Performing Gynecology from Both Ends of the Speculum.* Durham, NC: Duke University Press.

Kertzer, David. 1993. *Sacrificed for Honor: Italian Infant Abandonment and the Politics of Reproductive Control.* Boston: Beacon.

King, Helen. 1998. *Hippocrates' Woman: Reading the Female Body in Ancient Greece.* New York: Routledge.

———. 2007. *Midwifery, Obstetrics and the Rise of Gynaecology: The Uses of a Sixteenth-Century Compendium.* Aldershot: Ashgate.

King, Margaret L. 2007. Concepts of Childhood: What We Know and Where We Might Go. *Renaissance Quarterly* 60: 371–407.

Klapisch-Zuber, Christiane. 1993. Le dernier enfant: Fécondité et vieillissement chez les Florentines XIVe–XVe siècles. In *Mesurer et comprendre: Mélanges offerts à Jacques Dupaquier,* edited by Jean-Pierre Barder & François Lebrun & René Le Mée, 277–290. Paris: Presses Universitaires de France.

Lal, Maneesha. 1994. The Politics of Gender and Medicine in Colonial India: The Countess of Dufferin's Fund, 1885—1888. *Bulletin of the History of Medicine* 68: 29–66.

———. 2006. Purdah as Pathology: Gender and the Circulation of Medical Knowledge in Late Colonial India. In *Reproductive Health in India: History, Politics, Controversies,* edited by Sarah Hodges, 85–114. New Delhi: Orient Longman.

Leavitt, Judith Walzer. 2003. What Do Men Have to Do With It? Fathers and Mid-Twentieth-Century Childbirth. *Bulletin of the History of Medicine* 77: 235–262.

Leong, Elaine. 2008. Making Medicines in the Early Modern Household. *Bulletin of the History of Medicine* 82: 45–168.

Leung, Angela K.C., ed. 2006. *Medicine for Women in Imperial China.* Leiden: Brill.

Lipinska, Melina. 1900. *Histoire des femmes médicins depuis l'antiquité jusqu'à nos jours.*

Paris: G. Jacques.

————. 1930. *Les femmes et le progrès des sciences médicales*. Paris: Masson & Cie.

Litoff, Judy Barrett. 1986. *The American Midwife Debate: A Sourcebook on its Modern Origins*. New York: Greenwood Press.

Logan, Gabriella Berti. 2003. Women and the Practice and Teaching of Medicine in Bologna in the Eighteenth and Early Nineteenth Centuries. *Bulletin of the History of Medicine* 77: 506–535.

Löwy, Ilana. 2007. The Social History of Medicine: Beyond the Local. *Social History of Medicine* 20: 465–481.

Marland, Hilary, ed. 1993. *The Art of Midwifery: Early Modern Midwives in Europe*. London: Routledge.

Marland, Hilary & Rafferty, Anne Marie, eds. 1997. *Midwives, Society and Childbirth: Debates and Controversies in the Modern Period*. London/New York: Routledge.

McTavish, Lianne. 2005. *Childbirth and the Display of Authority in Early Modern France*. Aldershot: Ashgate.

Michel, Joanna & et al. 2007. Medical Potential of Plants Used by the Q'eqchi Maya of Livingston, Guatemala for the Treatment of Women's Health Complaints. *Journal of Ethnopharmacology* 114: 92–101.

Muñoz, Victoria Recio. 2016. *La "Practica" de Plateario: Edición crítica, traducción y studio , Edizione Nazionale La Scuola Medical Salernitana*. Florence: SISMEL/Edizioni del Galluzzo.

Morantz-Sanchez, Regina. 1985. *Sympathy and Science: Women Physicians in American Medicine*. New York: Oxford University Press.

————. 1999. *"Conduct Unbecoming a Woman": Medicine on Trial in Turn-of-the-Century Brooklyn*. New York: Oxford University Press.

Morgen, Sandra. 2002. *Into Our Own Hands: The Women's Health Movement in the United States, 1969—1990*. New Brunswick, NJ: Rutgers University Press.

Morris, Manuel. 1914. *Die Schrift des Albertus de Zancariis aus Bologna: De cautelis medicorum habendis.* inaug.-diss., Leipzig.

Müller, Wolfgang P. 2000. *Die Abtreibung: Anfänge der Kriminalisierung, 1140—1650.* Köln: Böhlau.

———. 2001. Canon Law Versus Common Law: The Case of Abortion in Late Medieval England. In *Proceedings of the Tenth International Congress of Medieval Canon Law*, edited by Kenneth Pennington & Stanley Chodorow & Keith Kendall, 929—941. Vatican City: Biblioteca Apostolica Vaticana.

Musacchio, Jacqueline Marie. 1999. *The Art and Ritual of Childbirth in Renaissance Italy.* New Haven: Yale University Press.

Netland, Karin E. & Martinez, Jorge. 2000. Abortifacients: Toxidromes, Ancient to Modern – A Case Series and Review of the Literature. *Academic Emergency Medicine* 7: 824—829.

O'Dowd, Michael J. & Philipp, Elliot E. 1994. *The History of Obstetrics and Gynaecology.* New York/London: Parthenon.

Park, Katharine. 2006. *Secrets of Women: Gender, Generation, and the Origins of Human Dissection.* New York: Zone.

Perrin, Liese M. 2001. Resisting Reproduction: Reconsidering Slave Contraception in the Old South. *Journal of American Studies* 35: 255—274.

Porter, Roy. 1995. A Touch of Danger: The Man-Midwife as Sexual Predator. In *Sexual Underworlds of the Enlightenment*, edited by Sebastian Rousseau & Roy Porter, 206—233. Cambridge, MA: Harvard University Press.

Rankin, Alisha. 2008. Duchess, Heal Thyself: Elisabeth of Rochlitz and the Patient's Perspective in Early Modern Germany. *Bulletin of the History of Medicine* 82: 109—144.

Reagan, Leslie J. 1997. *When Abortion Was a Crime: Women, Medicine, and Law in the United States, 1867—1973.* Berkeley: University of California Press.

Reverby, Susan M. & Rosner, David. 2004. "Beyond the Great Doctors" Revisited: A

Generation of the "New" Social History of Medicine. In *Locating Medical History: The Stories and Their Meanings*, edited by Frank Huisman & John Harley Warner, 167–193. Baltmore: Johns Hopkins University Press.

Ricci, James V. 1950. *The Genealogy of Gynaecology: History of the Development of Gynaecology throughout the Ages*. Philadelphia/Toronto: Blakiston.

Riddle, John M. 1992. *Contraception and Abortion from the Ancient World to the Renaissance*. Cambridge, MA: Harvard University Press.

———. 1997. *Eve's Herbs: A History of Contraception and Abortion in the West*. Cambridge, MA: Harvard University Press.

Rocke, Michael. 1996. *Forbidden Friendships: Homosexuality and Male Culture in Renaissance Florence*. New York: Oxford University Press.

Rublack, Ulinka. 1996. Pregnancy, Childbirth and the Female Body in Early Modern Germany. *Past and Present* 150: 84–100.

Santow, Gigi. 1998. Review of *Eve's Herbs* by John M. Riddle. *Population and Development Review* 24: 869–875.

Sargent, Carolyn & Rawlins, Joan. 1992. Transformations in Maternity Services in Jamaica. *Social Science and Medicine* 35: 1, 225–232.

Savonarola, Michele. 1952. *Il trattato ginecologico-pediatrico in volgare "Ad mulieres ferrarienses de regimine pregnantium et noviter natorum usque ad septennium"*, ed. Luigi Belloni. Milan: Società Italiana di ostetricia e ginecologia.

Scheidel, Walter. 2001. Progress and Problems in Roman Demography. In *Debating Roman Demography*, edited by Walter Scheidel, 1–81. Leiden: Brill.

Schiebinger, Londa. 2004. *Plants and Empire: Colonial Bioprospecting in the Atlantic World*. Cambridge: Harvard University Press.

Siegemund, Justine. 2005. *The Court Midwife,* ed. and tr. Lynne Tatlock. Chicago: University of Chicago Press.

Siraisi, Nancy G. 1981. *Taddeo Alderotti and His Pupils: Two Generations of Italian Medical*

Learning. Princeton: Princeton University Press.

Speert, Harold. 1996. *Obstetric and Gynecologic Milestones Illustrated*. New York/London: Parthenon.

Steenkamp, Vanessa. 2003. Traditional Herbal Remedies Used by South African Women for Gynaecological Complaints. *Journal of Ethnopharmacology* 86: 97—108.

Strype, J. 1708—1709/1824. *Annals of the Reformation and Establishment of Religion, and other Various Occurrences in the Church of England, during the First Twelve Years of Queen Elizabeth's Happy Reign*. London: J. Wyat.

Stuard, Susan Mosher. 2006. History, Medieval Women's. In *Medieval Women and Gender: An Encyclopedia*, edited by Margaret Schaus, 368—374. New York: Routledge.

Theriot, Nancy M. 1993. Women's Voices in Nineteenth-Century Medical Discourse: A Step toward Deconstructing Science. *Signs* 19: 1—31.

Thompson, Alexander Hamilton, ed. 1944. *Visitations in the Diocese of Lincoln 1517—1531*, 3 vols. Lincoln: Lincoln Record Society.

Ulrich, Laurel Thatcher. 1990. *A Midwife's Tale: The Life of Martha Ballard, Based on Her Diary, 1785—1812*. New York: Knopf.

van der Walle, Etienne & Renne, Elisha P., eds. 2001. *Regulating Menstruation: Beliefs, Practices, Interpretations*. Chicago: University of Chicago Press.

Van Hollen, Cecilia. 2003. *Birth on the Threshold: Childbirth and Modernity in South India*. Berkeley: University of California Press.

Wales, Diana. 2005. Equally Safe for Both Sexes: A Gender Analysis of Medical Advertisements in English Newspapers, 1690—1750. *Vesalius* 11: 26—32.

Watkins, Elizabeth. 2007. *The Estrogen Elixir: A History of Hormone Replacement Therapy in America*. Baltimore: Johns Hopkins University Press.

Wiesner, Merry E. 1993. The Midwives of South Germany and the Public/Private Dichotomy. In *The Art of Midwifery: Early Modern Midwives in Europe*, edited by Hilary Marland, 77—94. London: Routledge.

Witkowski, G.-J. 1887. *Histoire des accouchements chez tous les peuples*. Paris: G. Steinheil.

―――. 1891. *Accoucheurs et sages-femmes célèbres: Esquisses biographiques*. Paris: G. Steinheil.

Wölfel, Hans, ed. 1939. *Das Arzneidrogenbuch "Circa instans" in einer Fassung des XIII. Jahrhunderts aus der Universitätsbibliothek Erlangen. Text und Kommentar als Beitrag zur Pflanzen- und Drogenkunde des Mittelalters*. Berlin: A. Preilipper.

Woods, Robert. 2007a. Medical and Demographic History: Inseparable? *Social History of Medicine* 20: 483–503.

―――. 2007b. Lying-In and Laying-Out: Fetal Health and the Contribution of Midwifery. *Bulletin of the History of Medicine* 81: 730–759.

Worth-Stylianou, Valérie. 2006. *Les Traités d'obstétrique en langue française au seuil de la modernité. Bibliographie critique des "Divers Travaulx" d'Euchaire Rösslin (1536) à l' "Apologie de Louyse Bourgeois sage femme"(1627)*. Geneva: Droz.

Wu, Yi-Li. 2000. The Bamboo Grove Monastery and Popular Gynecology in Qing China. *Late Imperial China* 21: 41–76.

利于小农的育种与墨西哥
"绿色革命"的初始阶段

乔纳森·哈伍德

被统称为"绿色革命"的诸多农业发展项目于 20 世纪 40 年代启动，其资金支持首先来自洛克菲勒基金会，后来来自福特基金会。这些计划在某些方面取得了令人瞩目的成功，在另外一些方面则令人失望。一方面，在相当短的时间内，各发展中国家谷物产量增长了数倍，不再需要进口粮食；另一方面，这些计划提出的要减轻全球饥馑的目标，在三十年之后还没能实现。在实行"绿色革命"项目的一些地区，农村贫困（实际上是饥馑的同义词）在增长。20 世纪 70 年代一些批评者对这一结果做出的解释是："绿色革命"带来的高产作物品种以及精耕技术主要为大型商业化农场以及那些能用得起新技术的小型农场所有者所采用。与之相对的是，小农既缺少资金又缺少合适的种植环境（如灌溉），而这些都是他们利用新技术所需的条件。[1]

为什么"绿色革命"的农业科学家致力于这种不适当的，即不利于小农的育种形式？有几种解释是可想而知的。鉴于小农场在西欧和美国的急剧式微，尤其是自 20 世纪 50 年代以来，一些观察者可能会由此得出这样的结论："绿色革命"之所以研发适于大型或者资金状况良好的农场的技术，是别无选择。也就是说，在 20 世纪 40 年代和 50 年代，没有可用于提高那些资源贫乏农场生产率的先进技术。这种解释难以立足，因为"绿色革命"研发的那些适合这类农场的技术，开始于 19 世纪末期的西欧。比如，在欧洲的德语地区，若干国家都在 1900 年前后设立了育种站，恰好就是要让在该地区占主导地位的小农从先进的育种技术中受益。有证据表明，这些努力在振兴区域农业经济方面是成功的。这些政策在德国施行带来的结果之一是，在 19 世纪末到 20 世纪 60 年代之间，只有面积为 10—20 公顷（25—50 英亩）这一规模的农场增

---

[1] 从 20 世纪 40 年代末到 60 年代末，墨西哥的玉米产量增加了将近 1 倍，而小麦产量提高了 8 倍，但是这些增长主要来自大型灌溉农场。参见 Wellhausen（1976）；Tuchman（1976）；Stakman et al.（1967：214–215）。

加了（无论就其数量还是就其在总耕地面积中的比例而言）。20世纪40至50年代期间，当"绿色革命"这一为发展中国家而设的经典式的由基金会赞助的计划行将启动之时，在提升小农场生产率方面有成功的欧洲模式可资借鉴。[②]

是因为那些"绿色革命"的设计者们干脆没有关注欧洲的政策，也许认为它们对美国并不重要，觉得美国的农场平均下来面积要大得多？或者他们熟悉欧洲的发展，但是认为小农庄根本不值得去费心（这种观点在20世纪50年代和60年代不时地出自美国农业部长们之口），因为它们无论如何不能如大农场那样有效率？是他们明知有欧洲的方法可行，但是倾向于走一条阻力最小的道路，以为与那些倾向于采用新种植技术的大农场主打交道会容易些？或者，是因为基金会官员们担心，那些以帮助小农为目标的计划会被东道国政府视为不受欢迎的"政治"干预？[③]

仔细考察洛克菲勒基金会实行的"绿色革命"的第一个项目，即墨西哥农业项目（Mexican Agricultural Program，下文简称MAP）的早期历史，便可以回答这些问题。大多数研究该项目的历史学家倾向于强调项目顾问和工作人员高度依赖农业发展的美国模式，而美国模式大多不适合墨西哥的条件；或者历史学家们对该项目在减缓农村贫困和饥饿方面的承诺有所怀疑。该项目在20世纪50年代可能的确有这些特征，但这并非40年代初期的原初设计，也不是当初玉米育种工作的目标。因

---

② 参见 Koning（1994）；Harwood（2012）；Boelcke（1995）。"欧洲模式"所涉及的农庄与发展中国家农庄的面积大体类似。在德国的巴伐利亚，1900年前后60%的农庄面积小于5公顷（12英亩）（Kiessling，1906）。在20世纪50年代的巴基斯坦西旁遮普省，79%的农庄面积小于4公顷（Griffin，1974：20）。在20世纪70年代，一半以上的墨西哥农民生活在中部高原地区，存在着农村贫困现象，那里每个农庄拥有的耕地面积平均为6公顷（Wellhausen，1976：136）。

③ 参见 Billard（1970）；据一笔资料说明，在20世纪60年代末，福特基金会的官员得出的结论是，如果墨西哥的农业完全实行现代化，那么这个国家的小农农业将不得不消失，参见 Perkins（1997：114）。关于大农场主对于新方法的兴奋之情，参见 Paarlberg（1981）。

此可以说，这一项目在 40 年代和 50 年代之间经历了一个重大转变。④

事实上，几乎确凿无疑的是，基金会的农业官员知道欧洲的发展情况，他们当中的一些人以及墨西哥农业项目的咨询专家，对于美国以及其他地区的小农在两次世界大战间隔时期所面临的问题，也都有着第一手的经验。况且，也许会让人感到意外，基金会宣称的减缓农村贫困的目标并非仅仅是一个急于做出的姿态，以便让自己被认可为慈善机构组织，基金会的一些官员和顾问专家似乎真正考虑到通过提高小农庄的产出率来提高农村的生活水平。墨西哥农业项目早期工作中的玉米育种表明，其目标并非仅仅尝试开发出适合墨西哥国情的美式杂交玉米的变体，育种者用快速法培育出更适合贫穷小农环境的不同品种。然而，等到墨

④ 参见 Fitzgerald（1986：459）；de Alcantara（1976：20, 23）；Jennings（1988：第 3 章）。在对 MAP 减缓贫困的承诺有所怀疑方面，奥莱 – 弗兰柯（Adolfo Olea-Franco）认为 MAP "根本不是一桩要结束世间饥荒的慈善之举"，见 Olea-Franco（2001：721）。尽管约瑟夫·考特（Joseph Cotter）的著作并非要对 MAP 加以分析，而是以 20 世纪墨西哥农业科学家为研究对象，他承认 MAP 在 20 世纪 40 年代的工作是在寻求提高小农生活条件的途径，见 Cotter（2003：198–199；322）。为自圆其说，他的观点是："基金会想推着墨西哥，将它从农业社会转变为工业社会……因此，（基金会）试图缔造商业化农场主，而不是充满活力、自作主张的玉米种植小农的共同体。"（Cotter，2003：322, 188）詹宁斯（Bruce H. Jennings）在论及 40 年代的情况时也注意到，MAP 在项目开始之时，对于该如何行动曾经有不同设想。不过，对于该项目顾问委员会以及基金会官员们严肃对待那些替代性计划的程度，他有所低估。况且，他认为墨西哥农业项目在决定提高生产率时没有考虑到社会后果，在这里他忽略了自 40 年代中期起，项目顾问和项目官员们已经考虑到需要对发展农业推广体系给予更多关注。斯蒂芬·列翁亭（Stephen Lewontin）的研究也存在同样的问题（Lewontin, 1983）。卡琳·玛切特（Karin Matchett）注意到，实际上，该项目早期的育种计划致力于研发适合墨西哥农业条件的新品种，这种努力甚至超出墨西哥本国的育种工作（Matchett, 2002）。由于我本人感兴趣的问题是，这一项目成立之初的设想在多大程度上立足于欧洲经验，因此我主要去找寻那些能从中看到基金会在计划阶段的设想和方法的档案材料。研究墨西哥农业项目的其他历史学家，关注的经常是该项目工作人员在后续时间内实际上的所作所为。在现有的史学研究当中，只有菲茨杰拉德（Fitzgerald）和玛切特仔细地检视了 20 世纪 40 年代的情况，后者的分析主要聚焦于 MAP 与 20 世纪 30 年代到 60 年代之间墨西哥的玉米育种计划，而不是那些支撑墨西哥农业项目的总体策略以及该项目初年发生转变的各种因素。

西哥农业项目运行了几年之后，让小农获得新品种以及种植实践这一急迫任务难以完成，尤其是因为墨西哥农业项目既不具备自己来承担这一任务的设施，也不是正规的行权机构。面对需要快速产生一定影响的处境，墨西哥农业项目工作人员选择了集中于那些已经大体上找到了现成受众的项目。这意味着，将小农的需求搁置在一旁，开发那些特别适合大规模商业化农场的高产品种。在实际效果上，这个项目已经放弃了其最初的缓解农村贫困的目标。

洛克菲勒基金会对农业发展的兴趣并非始自墨西哥项目，他们的农业顾问也并非没有意识到小农农业的问题。比如，在第一次世界大战之前，普通教育委员会（General Education Board）已经资助了美国南方的农业推广项目；在 20 世纪 20 年代，国际教育委员会（International Education Board）对欧洲高等教育的资助已经包括农业。在与国际教育委员会相关的农业专家当中，最为重要的人物是 A. R. 曼（A. R. Mann）。他是康乃尔大学农学院的院长，1924—1926 年间他是国际教育委员会农业委员会的负责人。在这一任职上，他在 20 世纪 20 年代参观了欧洲的主要实验站，意识到美国农业有可能从中学到一些东西。他参观过的地方有德国的育种站，尽管在日记当中他没有专门评论那些有利于小农的取向，他似乎已经意识到欧洲农民的需求与大多数美国农场主的有所不同。⑤

---

⑤ A. R. 曼的日记，1923—1927，第 10 本（1924 年 12 月—1925 年 1 月），关于德国，Box 42；A. R. 曼的日记，1926—1927 以及 1940—1942，第 34 本（1927 年 12 月），关于芬兰，Box 43，RG 12.1，洛克菲勒基金会档案（以下简称"RF"）；A. R. 曼写给威克利弗·罗斯（Wickliffe Rose）的信，1924 年 6 月 28 日，Folder 329；A. R. 曼写给罗斯的信，1924 年 8 月 27 日，Folder 330，Box 23，Ser. 1.1，国际教育委员会档案，洛克菲勒档案中心。A. R. 曼注意到国际农业研究所的埃舍尔·霍伯森（Asher Hobson）的这一观点，合作社在欧洲的快速增加是由于"特别需要"去小心支配小额储蓄，这一点"可能有着比美国更大的重要性"。国际教育委员会的农业负责人林济生（C. B. Hutchison）也曾经参观了主要的德国实验站。参见 Hutchison Papers, Special Collections, Shields Library, University of California-Davis。

A. R. 曼与国际教委的其他顾问们有所不同，他并不一门心思地热衷于支持农业科学中的"基础研究"。在他眼里，基金会可以采取两条不同路径来改进生产。其中之一是资助那些以长期改进为目标的工作，另外一条是支持那些能向农民传播最佳实践的"实用措施"，正如普通教育委员会在 1914 年以前已经做的那样。⑥

对实践的强调这一点，也明显地体现在基金会对中国农业发展的支持上。比如，1924 年，A. R. 曼同意提供国际教委的资金来支持一项"作物改良合作计划"，把康乃尔大学的育种专家派往南京的金陵大学（今南京大学所在地）。这一项目在很多方面是考虑到小农的特殊需求的。比如，康乃尔大学的专家们无视棉纺厂主的请求，而选择集中在主粮作物上，尤其是有耐旱能力的高粱。他们采用了选种，而不是杂交的方法来培育新品种，因为这种方法更为廉价而快速。资助中国学生学习作物育种也是这一计划当中的一部分，但是一位美国农业科学家向委员会提议，不要把年轻的中国人送到美国来学习，因为他们带回去的是"不适合中国国情的美国培训"。这里所指的国情包括中国平均的农地面积只有 3.5 公顷这一事实。美国的育种专家意识到，这让中国农民在接受新品种时注定会非常谨慎（不像他们的美国同行那样能腾出耕地来进行有风险的尝试）。这意味着，农业推广是非常重要的，育种专家实际上已经认识到这一点了。尽管该计划的育种工作设法去考虑到小农的需求，但是在一位历史学家看来，育种专家们从来没能彻底解决农业推广的两

---

⑥ 基础研究的倡导者之一便是林济生，参见林济生给罗斯的信，1928 年 2 月，Folder 335；Folder334 中的诸多文献，Box 23, Ser. 1.1. IEB, RAC。惠特尼·谢泼德森（Whitney Shepardson）在为国际教育委员会进行的美国农业调查中也明显地表达自己青睐这种农业研究设想。参见 Shepardson（1929）。关于提升农业的两条路径，参见 A. R. 曼给罗斯的信，1925 年 4 月 17 日，Folder 331, Box 23, Ser. 1.1. IEB, RAC。在一份年度报告当中，教委也以类似的方式区分了农业研究中"经济的"与"科学的"切入角度。前者研发和推行实用方法，其取向是地方性的；后者考虑的是总体上的规律，其视野是国际性的。参见 *Annual Report of the International Education Board, 1925—1926*（1926：18）。

难处境。洛克菲勒基金会的农业顾问们在多大程度上从这一经验中吸取了教训，我们无从知晓。但是有意思的是，基金会在中国 1935—1937 年间的后续计划中，认为农业工作应该集中于对现有知识的应用和传播，而不是研发。[⑦] 、

对"实用手段"和农业推广予以强调，可以说也是 A. R. 曼自 1936 年掌管普通教育委员会南方农业项目的特点。在他接手之前，该项目关注的是公共教育、"黑人教育"以及（自 1933 年起）南方白人的高等院校。然而，1936 年该项目宣称的目标是，强化那些能解决农村地区经济和社会问题的教育与研究领域。[⑧]

20 世纪 20 年代末，在结束国际教育委员会任职以后，A. R. 曼在洛克菲勒基金会的诸农业项目中一直担当着重要角色，首先作为南方农业项目主任，而后作为基金会的副理事长。因此，墨西哥项目在设计时找他进行咨询是自然而然的，自 1946 年起他在基金会自然科学分部担任兼职负责墨西哥农业项目。很大程度上正是通过他，基金会在第一次世界大战前的经验被带进该项目中。随着新项目计划工作的展开，在 1941 年年末成立了一个调研委员会（后来的墨西哥农业顾问委员会），它由植物病理学家埃尔文·斯泰克曼（Elvin Stakman）、植物育种学家

[⑦] 关于作物，参见 Stross（1986：152；157；201–201；以及第 6 章）；关于选择育种以及农庄面积，见 Love & Reisner（1964）。这两位康乃尔大学的育种专家观察到，"在某些情况下，这是作物改良计划中最为困难的一部分"（同上：33）。这一计划的负责人耿士楷（Selskar Gunn）是一位公共卫生专家，他一直以来对于洛克菲勒基金会对中国医疗的支持（肇始于第一次世界大战之前）都流向了北京协和医学院而感到恼火。他认为，尽管这提升了医学科学的水平，对农村的公共健康却几乎没有产生影响。因此，他呼吁中国项目应该采取一个"全方位整合"的方法来改善大多数人口居住的农村地区的教育、经济和社会条件。耿士楷认为，这一项目的目标在于"将若干零散的当地人的努力整合为统一的运动，来改善许多中国农民的生活"，见 Thomson（1969：149）中引述的耿士楷的文字。
[⑧] 普通教育委员会从 1932/1933 一直到 1938 年的年度报告（*Annual Report of the General Education Board*）。A. R. 曼认为农业推广这一任务的重要性，超出人们的一般设想，参见 Matchett（2002：80）。

保罗·曼格尔斯多夫（Paul Mangelsdorf）和土壤学家理查德·布拉德菲尔德（Richard Bradfield）组成。这三位与 A. R. 曼一起实际地设计了墨西哥农业项目。⑨

尽管项目公开宣称的目标是减缓贫困和饥饿，这并不意味着这一定就是出于人道主义的考虑。实际上，基金会官员和顾问们在某些场合上也把战略意义上的政治重要性归结到这一项目当中：

> 共产主义给那些吃不饱的人动人的许诺；民主不光要许诺得同样多，而且还必须提供更多。……亚洲以及其他地区的贫困民众将自己目前的痛苦归咎于资本主义殖民地体系的主导。在这场争夺人的思想的战斗中，能最好地帮助人们满足衣、食、住这些基本需求的一方，最可能获胜。……如今，合适的行动可能会帮助（那些发展中国家的人们）达到渐进的改善，包括农业方面的改善，不然的话那就可能通过革命而达到。

此外，基金会官员认识到，20 世纪 40 年代初是启动在墨西哥的援助计划的一个有利的时间点，因为新当选的墨西哥政府似乎比其前任更感兴趣同美国合作（前任政府将石油工业国有化，不提供任何赔偿）。⑩

---

⑨ *Annual Report of the General Education Board*, 1936—1937。瓦伦·韦弗的备忘录，1946 年 3 月 8 日，Folder 11, Box 2, Ser. 323, RG 1.1, RF, RAC。关于建立顾问委员会（后来更名为"农业活动顾问委员会"），参见 Folder 56, Box 9, Ser. 323, RG 1.1, RF, RAC。这一委员会的雏形是早在 1941 年成立的"农业调研委员会"，由斯泰克曼、曼格尔斯多夫、勃雷特菲尔特和理查德·舒尔特斯（Richard Schultes）组成，最后一位的任务是去墨西哥实地考察，评估那里的农业状况，向洛克菲勒基金会推荐可实现的项目计划。参见 Folder 70, Box 11, Ser. 323, RG 1.1, RF, RAC。

⑩ Advisory Committee for Agricultural Activities, "The World Food Problem, Agri-culture and the RF," June 21, 1951, Folder 23, Box 3, Ser. 915, RG 3, RF, RAC。当韦弗在一个月以后说服基金会董事长切斯特·巴纳德（Chester Barnard）有必要成立一个单独的农业（转下页）

但是，官员和顾问们究竟有多么严肃地对待减缓墨西哥的贫困和饥荒？如果看原初的项目总体目标，似乎相关的人都同意，重要的不单单是在总体上提高农业产出（通过定向给大规模商业化农场以帮助，这一目标可以实现），而且也要让墨西哥小农的饥荒和低生活水准有所缓解。的确，在墨西哥设立农业项目的最初建议来自洛克菲勒基金会国际健康分支的工作人员，他们认为这对于完成他们在墨西哥现有的公共卫生项目有用。这一将公共健康与农业发展整合在一起的想法——这是后来被当作最佳发展政策措施中的一个早期案例——在1941年得到了调研委员会的垂青，1946年得到了瓦伦·韦弗（Warren Weaver）的垂青，在20世纪50年代初期得到了斯泰克曼的赞赏，尽管这似乎没有被实行。[11]

　　此外，项目的设计者们也意识到，减缓农村贫困意味着着眼于小农

（接上页）分部时，也采用了这一观点。参见 Weaver，"Agriculture and RF"，1951年7月，Folder 20, Box 3, Ser. 915, RG 3, RF, RAC。关于美国与墨西哥的关系，参见1941年的通信，Folder 2, Box 1, Ser. 323, RG 1.1, RF, RAC。列翁亭认为，基金会的农业援助计划得到了美国官方的支持，因为这与美国在1938年以后转向与拉丁美洲国家合作的行政政策正好相符合（Lewontin，1983：第4章）。

[11] 在20世纪60年代，斯泰克曼声称，这一问题的严重性因为1942年和1943年因缺粮引起的骚乱和"真正的危难"而进入顾问们的视野。对埃尔文·斯泰克曼的访谈，RG 13, RF, RAC。关于国际健康分支机构，参见 Jennings（1988：46–48）；Cotter（2003：189）。这种兼及公共健康和农业发展目标的措施组合也是20世纪30年代基金会中国项目的特征，参见 Thomson（1969：第4章）。关于最佳做法，参见 Staatz & Eicher（1990：20–21）。"由于提升农业和农村生活所涉及的不光是粮食和动物生产技术，还要改良生活和健康条件，项目提议的委员会显然应该密切地与国际健康分支机构的地方办公室关联在一起，以便来提升经济和效率"，调研委员会的报告提要，1941年12月4日，Folder 70, Box 11；威廉·柯布（William C. Cobb）所著《墨西哥农业项目的历史背景》（*The Historical Background of the Mexican Agricultural Program*），1956年，Folder 62, Box 10；墨西哥农业委员会会议记录，1941年6月5日，Folder 71, Box 11, Ser. 323, RG 1.1；韦弗写给洛克菲勒（J. D. Rockefeller III）的信，1946年10月11日，Folder 20；斯泰克曼写给基金会会长拉斯克（Rusk）的备忘录，Folder 21, Box 3, Ser. 915, RG 3, RF, RAC。按照考特的说法，洛克菲勒基金会在1945年考虑到项目与 IHD 的合作安排，但是营养问题从来没有成为项目的主要议题（Cotter，2003：189）。

的特殊需求，这要求的不仅仅是商业投入。比如，科学家和官员都清楚，仅仅将成熟的美国种植方法应用到墨西哥农庄中是行不通的。调研委员会在 1941 年第一次前往墨西哥探访后，在写给基金会的报告中提及他们对墨西哥农业状况的判断："不要光采用美国标准，而是要考虑到墨西哥人民的历史和传统。完全不可能将现代美国文化加之于墨西哥，哪怕人们期望如此；想要进行任何改进都必须在墨西哥文化的框架之下。"当官员们向一位有着丰富的墨西哥阅历的资深社会科学家卡尔·索尔（Carl Sauer）进行咨询时，他们得到了同样的讯息：

> 一群激进的美国农业经济学家和作物育种专家会通过推进他们的美国商业品种而彻底毁掉本土的资源……若将墨西哥农业引向标准化，只保留几种商品粮作物，就会无可救药地扰乱本土经济和文化。艾奥瓦州的例子（那里的玉米作物几乎完全基于若干杂交品种）对于墨西哥来说会是最危险的。除非美国人明白这一点，不然他们最好不插手这个国家。[12]

---

[12] A. R. 曼在 1945 年访问墨西哥之后，注意到"紧迫需要"开发那些无须昂贵的商业肥料就能保持土壤肥力的方法。A. R. 费，"在墨西哥的观察"（Observations in Mexico），1943 年 8 月 26 日，Folder 4, Box 1, Ser. 323, RG 1.1, RF, RAC。农业顾问委员会成员谙熟小农农业的本质。斯泰克曼声称，MAP 对墨西哥的问题并非完全没有准备，因为"我们年轻时，美国还有许多小农庄"（Stakman, 1971: 945）；"墨西哥农业状态的报告"（Report on the Status of Agriculture in Mexico），Folder 70, Box 11, Ser. 323, RG 1.1, RF, RAC, p. 144。正如项目负责人回忆的那样，育种员从中学到，并非所有的改良豌豆品种都会受到小农欢迎，要想被接受，豌豆的颜色得对劲。"于是我们尝试着去满足这一要求。有时候他们看重的东西带来苦涩的经验。除非你对此有所知，不然最好不要太贸然地介入风俗或者习惯"，与 J. 乔治·哈拉的访谈，RG 13, p. 52; RBF 写给 ARM, AJW, and JAF，卡尔·索尔给瓦莱斯（Wallace）计划书的评议节选，1941 年 2 月 10 日，Folder 2, Box 1, Ser. 323, RG 1.1, RF, RAC。卡尔·索尔是加州伯克利大学的文化地理学家，他并非唯一一位在开始时向基金会提供这类信息的人。参见 Cotter（2003: 143）。

顾问们对项目面临着棘手的挑战有所认识，这一点很重要。也许更醒目的，是该项目为提振墨西哥农业而采取的特殊举措。可以肯定的是，韦弗（作为自然科学分部的主任监督）、A. R.曼或者顾问委员会似乎并没有在设计项目时有意识地去考虑欧洲模式，尽管斯泰克曼与德国作物育种专家的关系意味着，他肯定听说过那里有一些于小农有利的育种站。然而，最初设计的育种计划是方便小农的，考虑到小农——尤其是那些特别缺乏资源的小农——无法每年购买种子。项目后来遭到了批评，指责它太过于看重小麦育种，因而指出这一点很重要：在开始时，顾问们同意将玉米作为焦点。因为玉米是墨西哥的核心食材，大多数小农都种植，玉米提供了"改善墨西哥农业的最佳机会"。同样重要的是，顾问们并没有一味地投入到研发高产品种上（像此前在美国所做的那样）。他们在1941年提出，最紧迫的问题是改进耕种实践（因为有严重的水土流失以及地力耗竭问题）。改良品种是接下来的一个重要问题，但是顾问们设想的渠道是"引进、选种或者育种（强调为作者所加）。"因此，项目最初投入很大努力来测试墨西哥现有的玉米品种，以便选定对一个地方的最优品种。一位顾问推荐说，这样一来，玉米种植质量能快速提高，无须等上多年来开发新品种。这一方法得到了丰厚的回报，人们发现，在一个地区引进另外某些地区的原生品种能让产量增加20%—30%。[13]

---

[13] 在20世纪20年代，斯泰克曼结识了特奥多·隆美尔（Theodor Roemer）。后者是德国哈勒大学的作物育种学教授，1925年访问明尼苏达大学，此后二人建立起大学之间的学生交流项目，1930年斯泰克曼在哈勒担任客座教授。对斯泰克曼的访谈，见Stakman（1971）。斯泰克曼对德国育种站的了解也可能基于他在国际教育委员会跟农业相关工作中的经验，自1926年起他是林济生的顾问之一，参见林济生给罗斯的信，1926年3月20日，Folder 334, Box 23; 谢波德森给林济生的信，1927年8月5日，Folder 339, Box 24, Ser. 1.1, IEB, RAC。关于集中在玉米上的情况，见"墨西哥的农业条件和问题"（Agricultural Conditions and Problems in Mexico），1941, Folder 2, Box 1, Ser. 323, RG 1.1, RF, RAC。和玉米、豌豆不同的是，小麦并非大多数墨西哥人饮食中的核心食品，其需求来自富裕的城市人口。此外，小麦种植者只是玉米种植者的2%或者3%，种植小麦的农场面积大，灌溉条件也好。几年之内，项目日益关注小麦，这让把小麦视为"特权人口阶层"（转下页）

此外，正如卡琳·玛切特（Karin Matchett）的研究所显示的那样，墨西哥农业项目顾问们也考虑到小农的经济状况。调研委员会在 1941 年观察到，美式杂交玉米的问题在于需要每年购买种子，"而墨西哥的小农无法做到，他们既缺少现金也没有购买途径"。委员会中的育种专家曼格尔斯多夫指出，在与墨西哥条件类似的美国南方，杂交玉米品种没有取得成功。他在得克萨斯东部的经验是，很难让那里的农民每年去购买杂交玉米种子，他们更习惯于从前一年的收成当中留种。如果农民的耕地面积小，种植玉米是自用而非出售到市场上去，在这些地方就有必要开发那种能够一年年重复种植的改良品种。天然授粉的品种——也就是株间交配是在天然条件下随机发生，而不是在育种员的控制之下——能满足这一需求，而杂交玉米品种则不能。[14]

（接上页）粮食消费的索尔感到特别恼火，参见索尔给 Joe（推测是 Joseph Willits）的信，1945 年 2 月 12 日，Folder 9, Box 2, Ser. 323, RG 1.1, RF, RAC。在 1950 至 1970 年间，MAP 投入在小麦和玉米上的研发经费几乎旗鼓相当，参见 Myren（1970）。这一"小麦倾向"——这并非空穴来风——被历史学家引证来描述项目实际上的大农场取向，参见 Lewontin（1983：127）。顾问们所支持的改进技术并非要破除全部的当地种植实践。在豌豆上，项目的育种者考虑到将豌豆和玉米间混种的传统做法，因为他们认为这可以几代人继续下去。这一引述出自调研委员会报告综述，1941 年 12 月 4 日，Folder 70, Box 11, Ser. 323, RG 1.1, RF, RAC。"墨西哥的农业和问题"；曼格尔斯多夫给贾拉多（Alfonso Gonzalez Gallardo）的信，1943 年 12 月 10 日，Folder 6, Box 1; 哈拉给韦弗的信，1946 年 1 月 11 日，Folder 11, Box 2, Ser. 323, RG 1.1, RF, RAC。

[14] 参见 Matchett（2002）；Matchett（2006）。引文来自"墨西哥的农业条件和问题"。曼格尔斯多夫给贾拉多的信，1943 年 12 月 10 日；对保尔·曼格尔斯多夫的访谈，RG 13, RF, RAC, p. 69。曼格尔斯多夫设想的是双轨式育种计划，项目应该培育美国式杂交品种，因为他认为那会在墨西哥的大型农场很好地派上用场。如果认为适合商业性农场的高投入模式"是这些科学家最终能提到的唯一令人信服的模式"（Fitzgerald, 1986：463），那便没能认识到，工作人员曾经对墨西哥小农的需求体贴入微的程度。与这类似的是，考特断言"项目没有搞出种子来解决墨西哥农民的问题"（Cotter, 2003：188）是不对的，至少在 20 世纪 40 年代情况不是这样。尽管列翁亭认识到，玉米育种计划最初强调的是自然授粉的品种，但是他没有看到这一事实所具有的重要性，Lewontin（1983：157—158）。

根据玛切特的研究，尽管埃德温·威尔豪森（Edwin Wellhausen）在项目的玉米育种计划当中采用了美国研制出来的双杂交方法来形成普通的杂交品种，他在整个 20 世纪 50 年代都努力采用非常不同的方式来改进玉米。其中一些工作依赖简单的、传统的方法（混合选种法）来改进墨西哥的本地品种，但是主要工作还是在进行综合育种，一种快而不精的杂交品种，它相对高产，种子每个季节都可以种植。这样做一部分出于农业生态的理由。1944 年的一份项目进展报告指出，常规的美国杂交玉米品种对特定地区的定制性太高，"它们在别的地方完全行不通，而低级的自然授粉品种适应性更好，在不同地区都能生长"。但是项目的育种策略也是讲究实用性的。制成合成品种要比采用双杂交方法制成杂交品种（这需要十多年）快得多，而且正如曼格尔斯多夫所强调的那样，墨西哥是一个很容易快速出成果的地方，因为几乎做任何事情都是一桩根本性的改进。初步的结果是令人欣欣鼓舞的，项目在 1948 年发布的第一个合成品种比基准品种高产大约 30%。[⑮]

　　尽管墨西哥农业项目以小农为核心的发展路径有着令人欣欣鼓舞的开端，可是人们很快就明显地看到，要改进小农农业并非易举。到了 20 世纪 40 年代末期有迹象表明，关于什么是转变墨西哥农业最为有

[⑮] 在双交育种方法中，育种员选择五代或者六代自交品种的四个自交列。A 列和 B 列交配，C 列和 D 列交配，最后 AB 的杂交品种与 CD 的杂交品种交配，来产出想要的品种。当地品种是混合品种（由许多不同的亚型组成），传统上它们在一个特定地区种植了许多代，因此非常好地适应了当地条件。关于合成品种，参见 Matchett（2006：351；366）；Matchett（2003：第 2 章，第 163 页）。合成品种所具有的潜在价值，若干年前被考虑在那些"杂交谷物在经济上不可行"的地区种植，参见 Jenkins（1940）。德·阿尔坎塔拉认为墨西哥玉米育种计划倡导合成品种主要是在 40 年代末期，显然是不知道项目早在几年之前就已经启动了这样的育种计划（de Alcantara，1976：37-38）。引文出自进展报告，1944 年 11 月 1 日，Folder 40, Box 6, Ser. 323, RG 1.1, RF, RAC, p. 5。关于项目需要（育种）速度，参见对曼格尔斯多夫的访谈，第 69 页。育种员在培育新品种时对速度的优先考虑，要超过他们的墨西哥同行，这在玛切特的著作中非常清楚（Matchett，2002：第六章）。关于合成品种的收成，参见 Stakman（1971：1071）。

效的策略，在顾问当中以及在基金会内部都有不同意见。到了 50 年代，项目已经不再去追求它的某些原本目标。

这一转变的核心是，在农业推广问题上项目应该担当哪种角色。在调研委员会前往墨西哥考察前的几个月，A. R. 曼给墨西哥项目推荐了"双管齐下"的方法：不光要致力于研究，也要致力于推广，因为后者能带来相当快的影响。在 1941 年夏天的墨西哥之行以后，调研委员会非常清楚：要想迅速提升墨西哥农业，不需要有新农业实践和新品种，只能通过应用现有知识来大幅提高产量。布拉德菲尔德在他 1943 年访问墨西哥时震惊于这样的事实，良好农作实践——比如作物轮种或者施用有机肥——非常稀少，木犁几乎还在普遍使用。他在写给基金会的报告中指出，最优先考虑的应该是农业推广工作。在两年后的另一次墨西哥之行后，他重申了自己的这一考虑。他认为，必须得着手提高土壤肥力，不然在作物病害和新品种方面所取得的成果就会全部毁于一旦。我们到了"该开始考虑如何让那些从研究项目中获取的信息最为有效地作用于墨西哥农业的时候了，哪怕我们目前还没有做到"。他认为，在一两年之内，研发项目收获的知识就足以成为农业推广项目的基础。在这一点上，顾问委员会的其他成员并不同意，认为项目应该坚持当时的研究工作。但是，在他们于第二年（1946）前往墨西哥考察之后，曼格尔斯多夫和斯泰克曼同意布拉德菲尔德的看法：研发已经取得了成功，基金会该适时敦促政府发展出一个合适的推广项目，甚至基金会自身便介入农业推广中。⑯

---

⑯ A. R. 曼写道："以往的经验让我们有信心期待通过这样的（农业推广）手段来大幅提升经济条件和生活条件……它们是最为直接的促发变化的方法。"A. R. 曼的备忘录，1941 年 2 月 20 日，Folder 70, Box 11, Ser. 323, RG 1.1, RF, RAC。关于调研委员会在 1941 年的观点，见"墨西哥农业的条件和问题"。布拉德菲尔德提及的另一个核心问题是教育、合作生产以及营销，参见"1943 年年度报告初稿"（Draft Annual Report for 1943），Folder 38, Box 6, Ser. 323, RG 1.1, RF, RAC。引文出自布拉德菲尔德的"1945 年 8 月 7—15 日墨西哥之行报告"（Report of Trip to Mexico, August 7–15, 1945），Folder 10, Box 2, Ser.（转下页）

项目最初强调农业推广，这一点非常重要，因为它反映了顾问们考虑到惠及小农。墨西哥也和其他地方一样，大农场主能更好地自我保护。和小农不同，他们也能承担采用新方法带来的风险，也有资本投入其中。因此，他们当中许多人热衷于与项目合作，提供土地用于试验并接受新品种。但是，要在小农当中传播必需的知识，就需要行之有效的推广服务，这在墨西哥尚不存在。布拉德菲尔德指出，现有的服务完全不能令人满意。由于工作人员没有交通工具，他们根本无法直接接触到农民，只能分发传单和回答信件。考虑到农民的文化程度不高，这并非一种能接触到大多数农民的可行办法。墨西哥农业项目似乎从来也不太可能有资源或者人力来接手这么巨大的工作。[⑰]

到了 1946 年，得出这些结论的就不光是顾问了。韦弗和 A. R. 曼在他们的墨西哥之行中会见了农业部部长，部长表示，到了该将研究结果和新种子推广到农民手中的时候了。部长热衷于项目发起行动来推进墨西哥的农业推广服务，顾问委员会也有同样的看法，提出了这一服务机构——由政府资助和管理——该如何组织的大纲。韦弗和 A. R. 曼赞成这一新重点："现在应该开始启动一项困难，然而绝对重要的事情，将那些已经开发出来的改进内容和方法引进到墨西哥当前的农业实践当中。

（接上页）323, RG 1.1, RF, RAC。关于 1946 年核心的改变，见曼格尔斯多夫的"受 RF 委托的墨西哥之行报告，1946 年 2—3 月"（Report on a Trip to Mexico for the RF, Feb.-Mar. 1946），Folder 61, Box 10, Ser. 323, RG 1.2, RF, RAC。在 1947 年，曼格尔斯多夫旧调重弹。四年之内技术上的进步让人惊喜，但是"这些成就如今能否转化成……墨西哥农业立竿见影的改进"，只有时间能给出答案，见曼格尔斯多夫的"墨西哥之行报告"，1947 年 2 月，Folder 61, Box 10, Ser. 323, RG 1.2, RF, RAC, p.9。顾问委员会建议在 1946 年 10 月的会议上讨论的议题当中，斯泰克曼提议基金会应该采取行动，来弥补墨西哥农业推广体系的薄弱。他提问说，基金会应该接手推销新品种种子的责任吗？理想的情况是，墨西哥政府应该做这件事，但有实际困难。如果基金会决定做这件事，那么针对大农场主和小农的推销手段可能得有所区别。斯泰克曼写给 A. R. 曼的信，1946 年 9 月 5 日，Folder 57, Box 9, Ser. 323, RG 1.1, RF, RAC。

⑰ 对布拉德菲尔德的访谈，RG 13, RF, RAC。

我们不能在经济上承担给墨西哥提供一个推广体系，墨西哥也不打算这么做，但是推广行动必须开始。"在从墨西哥回来几个星期以内，韦弗已经写就了一份要与项目主任乔治·哈拉（George Harrar）讨论的问题清单，其中包括农业推广。哈拉同意顾问委员会的建议，项目增加一位工作人员专注于推广，以及就建立推广服务问题与墨西哥官员打交道。他们达成一致意见，哈拉要出手让事情运作起来，他给部长写信，精确地解释在项目看来，部里应该做什么以便能让推广服务上路。[18]

在实际推进上，事情进展缓慢。1947 年墨西哥农业项目在不同地区做了农场展示，1948 年项目雇用了莫蒂默·巴鲁斯（Mortimer Barrus）与农业部合作设计推广服务。但是到 1949 年，巴鲁斯没能如他所愿地与农业部工作人员合作，当基金会拒绝出面维护他时，他辞职了。因此，推广服务行进迟缓，要比基金会官员和专家所希望的慢得多，项目与农业部的合作仍然困难。到 20 世纪 50 年代初，基金会仍然担心，项目相当大一部分技术改进并没有到大多数墨西哥农民手中，一些顾问和项目官员感到沮丧万分。布拉德菲尔德在他 1953 年的实地考察报告中指出，从原则上讲，使用矿物肥料或者利用苜蓿的轮作种植会大大地提升墨西哥农业，而在实际层面上"进行这种相对复杂类型的耕作体系……需要更多的管理能力，所需资金数量超过大多数墨西哥农民

---

⑱ 关于 A. R. 曼和韦弗的考察，参见"考察墨西哥农业项目的话题日记：WW 以及 ARM，1946 年 9 月 12 日—10 月 6 日；JDR 3rd and WIM，1946 年 9 月 28 日—10 月 6 日"，Folder 12；"考察墨西哥农业项目，ARM 以及 WW，1946 年 9 月 12 日—10 月 6 日，概括性结论"，Folder 13，Box 2，Ser. 323，RG 1.1，RF，RAC。在一份显然是出自韦弗之手的备忘录当中，与哈拉讨论的题目包括"有能够在美国接受培训，而后领导推广工作的墨西哥人吗？""墨西哥人自己发展出多少可以用在推广服务上的知识、组织机构和人员？"以及"在多大程度上墨西哥科学家与洛克菲勒基金会的人合作？在洛克菲勒基金会项目中有共享吗？""与哈拉讨论备用"，1946 年 10 月 28 日，Folder 13，Box 2，Ser. 323，RG 1.1，RF，RAC。关于哈拉同意意见，见"考察墨西哥农业的话题日记"；墨西哥农业顾问委员会的会议记录，1946 年 10 月 17 日，Folder 67，Box 10；"关于墨西哥农业项目的报告，由 JGH 准备"，1946 年 11 月 14 日，Folder 13，Box 2，Ser. 323，RG 1.1，RF，RAG。

现有的数额"。但是，要想满足这些需求，就要求有推广服务以及更好的信贷管理。灌溉问题上遇到的两难处境是相似的。正如威尔豪森（他在 1952 年成为项目主任）后来提到的那样，在雨水充足的地区不成问题，单单用上现有的知识，农民就能比现在多产出很多。但是，由于水没有被有效利用，那些需要水的农民（主要是小农）却没有得到。在降雨量少的地方，如何能提高收成就不那么清楚了。尽管项目精于找到技术上的解决途径，但是只有墨西哥政府能提供必要的基础设施："墨西哥需要采取一些行动，来增加这些边缘粮食种植地区的产量，因为这些地区的人口数量也开始增加……这些地区的人口已经开始进入城市，在那里形成贫民窟。"[19]

一些历史学家对墨西哥农业项目没能做成一个有效的农业推广项目提出批评，认为项目工作人员"似乎感觉大规模的平民推广活动不是其议程中的一部分"，这一态度让他们"放过了农村贫困这一棘手问题"。这种批评存在的一个不当之处是，在 20 世记 40 年代，一个像墨西哥农业项目这么小的项目——只有相当有限的资源以及五六位科学工作者——除了做一个象征性的推广努力以外，很难想象他们还能做什么。更根本性的问题是，这些批评无视一个事实：在项目的早期，工作人员

---

[19] 参见 Fitzgerald（1986：471–472）；Cotter（2003：197–198）。关于与农业部的合作，见 1948 年 11 月农业顾问委员会的会议记录，Folder 59, Box 9, Ser. 323, RG 1.1；"理查德·布拉德菲尔德墨西哥之行报告，1953 年 8—9 月以及 10 月"，Folder 61, Box 10, Ser. 323, RG 1.2, RF, RAG。在顾问当中，布拉德菲尔德最清楚，技术解决问题的方式必须进行调整以适合农民的情况，在农业发展中农业推广以及其他非研发举措的作用不容小觑。自 20 世纪 60 年代起，他的这一宏观设想又凸显出来。他在担任国际水稻研究所复种制研究部的主任时，不止一次地批评研究所一味地聚焦在那些依靠灌溉的高产品种。他认为，这样做等于对三分之二亚洲稻农的需求视而不见，这些人的耕地既不能灌溉，也不适合单一种植，参见 Anderson et al.（1991：42–46; 86–88）。关于威尔豪森的事业生涯，见 *American Men & Women of Science, T–Z,. 15th ed., Book XIII*（New York: Bowker, 1982）一书中的 Wellhause 条目；关于用水，见 de Alcantara（1976：52, 309）。第二段引文来自对威尔豪森的访谈，RG 13, RF, RAC, p. 56。

和顾问们曾经意识到农业推广是重要的，有必要帮助墨西哥政府来加强现有的农业推广服务。⑳

事实是，项目的工作没有能惠及小农，并非仅仅受制于墨西哥农业推广体系的缺陷。韦弗和 A. R. 曼在早期就呼吁应该对"科学的农业研究所在的经济矩阵"给予更多重视，项目移向这一方向的步伐缓慢。支持韦弗和 A. R. 曼这一呼吁的人是威廉·迈耶斯（William I. Myers），康乃尔大学的农业经济学教授，自 1941 年起是洛克菲勒基金会的理事。在项目开始不久，他同哈拉和韦弗谈到有必要纳入农业经济学来补充生物科学，让项目变成一个更加全方位的研究项目。但是，这一建议无果。一个原因是，在基金会的设置里，自然科学和社会科学是分别而立的不同分支，没有合作的经验。另一个原因是，尽管韦弗口头上支持对经济背景的研究，但是他偶尔地表达出农耕只是"应用生物学"这一让迈耶斯颇为恼火的观点。工作人员接受的都是生物科学方面的训练，很少了解经济学或者农村社会学，而且"他们对自己不知道的东西都怀疑"。迈耶斯不屈不挠。他在对 1951 年进展报告的回应中指出，尽管他喜欢这份报告，但是报告对于尚待去做的工作太过于乐观了。"在研究那些对于提升所涉国家总体福祉水平也同样重要的经济与社会问题方面，我们甚至还没有开始呢。"他认为，基金会可以研究这些问题，提出解决

---

⑳ 引文来自 Fitzgerald（1986：471；467）；de Alcantara（1976：42–43）。玛切特的观点认为，顾问委员会在 1941 年决定采取一个"自上而下"的方法是一个"决定性时刻，从这时起任何近期的推广计划都失去了其大部分基础，让位给一个首要立足于研究的计划"（Matchett，2002：81；84）。这一观点没有注意到在一开始时顾问们的意见并不一致，以及20 世纪 40 年代中期以前顾问和基金会官员们对农业推广的考虑日益增多。即便到了 50 年代中期，MAP 有 18 个受雇于基金会的科学家，有 100 多位墨西哥科学家，该项目也还不足以提供推广服务，参见 de Alcantara（1976：21；86）。MAP 有可能尝试的，是一个可操作的先遣项目，将目标定位在一个地区的农民。如果做得好，可能会激发农民对项目的工作感兴趣，项目可以以此来向农业部展示新的农业推广工作应该如何设计。项目是否认识到这一可能性，是否做过尝试，我则无从知道。

这些问题的方法。至此，甚至韦弗也想到需要对相关经济问题给予更多关注。他写信给顾问委员会，认为未来的农业经费应该不仅包括科学工作，也包括"那些不太具有特定科学性，但是长期考虑会限制农业的问题（水、土地出租、税收等等）"。但是，韦弗或者不愿意，或者不能够推进这些工作，因为若干年什么都没有发生。当斯泰克曼在 1954 年推荐项目雇佣一位农村社会学家和一位人类学家时，一位基金会官员表示同意，但是认为这类成员只是在下一个十年才会被需要。显然，农业发展的社会科学视角在基金会里面不是首选要务，直到 1956 年一位农业经济学家才得以加盟到工作人员当中。[21]

那么，为什么项目放弃了要提高小农生产率的最初目标？毫无疑问，这是一个关键问题，这里的篇幅无法对这一复杂问题深度展开。不过，将那些从档案中浮现出来的若干假设勾勒一番，是值得一做的事情，

---

[21] 第一段引文出自"访问墨西哥农业项目，ARM 以及 WW，1946 年 9 月 12 日—10 月 6 日；概括性结论"（Visit to Mexican Agricultural Program, ARM and WW, Sept. 12–Oct. 6, 1946; Summary Conclusions）。卡尔·索尔在 1945 年发出担忧之声，他视为压力的是引入"于这个国家不合适的美国方法。在整个拉丁美洲情形都大同小异，阿根廷是唯一一设计了北大西洋农业模式的国家。这些是要留给社会科学的问题吗？我认为是"。索尔写给 Joe 的信，1945 年 2 月 12 日。1946 年，迈耶斯推荐要有农业经济学家加盟，不光要在 MAP 的工作人员以及顾问委员会当中，参见"考察墨西哥农业项目的话题日记"。按照詹宁斯（Jennings）的说法，迈耶斯在 1949 年敦促哈拉给一位研究墨西哥农业推广进程的社会学家提供固定职位（Jennings, 1988: 122–123）。第二个引文来自对迈耶斯的访谈，RG 13, RF, RAC, p. 56, 82。迈耶斯虽然对 MAP 技术上的成就印象深刻，但是他所看到的项目的"单面性"特征让他感到失望，这促使他成立了一个小型基金会——农业文化发展委员会——聚焦于发展的经济和社会维度。第三个引文出自迈耶斯写给巴纳德（Barnard）的信，1951 年 8 月 27 日。韦弗写给农业活动顾问委员会的信，1951 年 10 月 30 日，Folder 20, Box 3, Ser. 915, RG 3, RF, RAC。早在两年前，董事约翰·迪基（John S. Dickey）曾经呼吁基金会在 MAP 项目中增加一位社会科学家，参见 Cotter（2003: 205）。斯泰克曼的推荐，见斯泰克写给基金会董事长拉斯克的备忘录以及 CBF 写给 DR 的信，1954 年 1 月 12 日，Folder 21, Box 3, Ser. 915, RG 3, RF, RAC。历史学家们把经济学如此之晚才进入项目看作该项目发展概念狭隘的证据，他们（Jennings 是例外）都没有看到，在顾问和项目官员当中反对意见的力度。

这些情况有待于历史学家去进一步关注。

　　一方面，基金会官员的看法和建议是重要的；另一方面，墨西哥农业项目的活动显然也有赖于其自身工作人员，尤其是哈拉在当地的决定。有很多迹象表明，哈拉并非总是与基金会官员或者顾问意见一致。比如，在 1946 年秋天，当韦弗和 A. R. 曼从墨西哥回来之后，力图劝说他应该把更多注意力放在科学性农业的经济环境当中。哈拉反驳说，在项目中加进来一位农业经济学家会是"危险的"。他的看法似乎占了上风，因为最终雇佣一位农业经济学家那是在又过了十年以后——此时哈拉已经不是项目主任了。与此相似的是，尽管最初集中于玉米、豌豆和小麦，可是到 1946 年春，哈拉热衷于扩展项目范围，将那些有出口潜力的作物，如水果、蔬菜、蔗糖、油料作物、药用植物和橡胶树包括进来。我们不清楚他是否将这些建议传达给了农业部部长。但是，一个能说明问题的信息是，当韦弗和 A. R. 曼在当年晚些时候与部长会见时，部长强调项目最重要的任务是玉米、豌豆和小麦，其他作物应该等到以后。为什么哈拉可能偏离了基金会官员和顾问们认可的总体路线呢？有线索表明，性格可能是一个因素。比如，曼格尔斯多夫曾经说："哈拉博士这个人的性情当中有某种危险，他急于立竿见影，始终在处理眼前问题，对项目的长期目标只见树木，不见森林。"当然，"眼前问题"总会层出不穷。斯泰克曼后来回忆到，项目工作人员从一开始就面对这样的情形，有人让他们在与主粮作物无关（比如，改良梨莓、香草和咖啡）的特殊项目上工作。如果基金会给哈拉以可观的行事自由——有迹象表明的确如此——的话，他关于项目应该做什么的设想就会偏离顾问们给出的方向。[22]

---

[22] "墨西哥农业项目考察话题日志"。三年以后，哈拉再一次拒绝迈耶斯认为项目应该严肃地对待农业发展中的社会维度这一建议，参见 Jennings（1988：123）。关于哈拉的扩展计划以及农业部的反应，参见 1946 年 3 月的备忘录，Folder 11, Box 2, Ser. 323, RG 1.1, RF, RAC。尽管项目有着要惠及小农的原初意图，他们对豌豆的研究启动缓慢，（转下页）

不过，施行项目原初设想所遭遇的问题，并不限于管理问题。因为项目有赖于农业部的推广服务把改进后的耕作实践传播到农民当中。1947 年的政府更迭带来了推广政策上的差异，其结果是哈拉在努力说服新领导人农业推广具有重要性时，遇到"许多障碍和很多抵抗"。1953 年，一个推广服务体系终于建立起来了，但是甚至到了 20 世纪 60 年代中期，其发展都不如他所愿意看到的那么快或者那么令人满意。从项目的角度看，最为严肃的问题核心是改良玉米品种种子的分配机制。早在 1946 年，顾问委员会就担心政府来安排新种子的生产和分配。尽管斯泰克曼同意，最为理想的是某个国家机构应该分配种子，在实际操作上他和其他人都担心，他们提出的这一新体系会被滥用，种子会被提供给大农场主而不是小农。他所建议的解决途径是项目自己分配种子（尽管工作人员该如何完成这一巨大任务还根本不清楚）。但是，他的建议没有被采纳。到 1947 年春天，斯泰克曼很不愉快地看到分配种子的权责被授予了新成立的国家粮食委员会。他估计，项目不得不竭尽全力，试图阻止同样情况发生在其他作物种子上。[23]

（接上页）1949 年才开始，直到 1954 年花费在豌豆研究上的支出才达到在小麦上的一半，参见 de Alcantara（1976：25）。第二个引文出自曼格尔斯多夫的"墨西哥之行报告"，1943 年，Folder 61, Box 10, Ser. 323, RG 1.2, RF, RAC, p. 4。关于梨莓等，参见 Stakman（1971：976）。在 1949 年，基金会主席似乎驳回了韦弗的建议，主张给予哈拉以此类行事的自由，参见 Jennings（1988：120）。

[23] 第一处引文出自对哈拉的访谈，RG 13, RF, RAC, p. 183。威尔豪森也同样感到失望。通过改良施肥实践而增加收成，这大部分归功于"好农民"。只有为数不多的村社农民（ejido）试图这么做，在农村有贫困农民发生暴乱的危险，假如政府不能通过农业推广来给他们提供更多帮助的话。对威尔豪森的访谈，p. 169。列翁亭认为，斯泰克曼等人对于国家粮食委员会的批评是"引人注目的"和"具有讽刺意味的"，因为在他看来"基金会……带着与这些群体（大农场主）合作的意图来到墨西哥"（Lewontin, 1983: 175; 165）。但是，只有在忽略了项目的最初设想要比人们以为的更有利于小农这一事实时，人们才会有"不同寻常"的感觉。关于斯泰克曼那勉为其难的结论，参见斯泰克曼给 A. R. 曼的信，1946 年 9 月 5 日，Folder 57, Box 9；墨西哥农业顾问委员会的会议记录，1946 年 10 月 17 日，Folder 67, Box 10；斯泰克曼写给韦弗的信，1947 年 5 月 16 日，（转下页）

如果考虑到 1940 年以后墨西哥的经济和政治状况，墨西哥农业项目在力图提升农业推广服务方面遇到抵制也不令人吃惊。正如德·阿尔坎塔拉（de Alcantara）、列翁亭（Lewontin）和其他学者认为的那样，拉萨罗·卡德纳斯（Lázaro Cardenas）领导下有左派倾向的政府于 1934—1940 年间在农村发展项目上取得的胜利，被接下来当政 12 年的中／右派政府所放弃。后者的权力基础由城市商人与大地主的联盟构成，他们认为公共资金应该流向"进步的"商业式农场而不是"落后的"小农（通过灌溉工程、补贴小麦价格、宽松的贷款条件给大农场主），由此产生的大量农业剩余价值应该给工业化经济提供资金。由于大农场主反正能得到他们所需的技术信息和帮助，只需要做很少的推广服务，因此，"对于给商业性农民村社生产提供支持的要求，后卡德纳斯政府给予的优先性极低"。㉔

（接上页）Folder 15, Box 2, Ser. 323, RG 1.1, RF, RAC。曼格尔斯多夫在 1947 年的实地考察期间了解到，粮食委员会是由新总统的一位朋友和这位朋友的两个同伙建立的。就这三人是否占用委员会的资金而不做任何事情，墨西哥的科学家们对此的看法有分歧。曼格尔斯多夫，"墨西哥之行报告"。但是，粮食委员会在抗拒腐败方面的脆弱，并非国家推行体系的唯一问题。按照玛切特的说法，委员会没有合适的设备来生产育种者提供给他们的种子，员工们也没有足够精心地保持种子的质量，Matchett（2002：218）。况且，委员会更青睐杂交品种，没太尽心地去生产和推广项目研发的自然授粉的品种，参见 Lewotin（1983：166–174）。还有一点，在总统的"粮食委员会"之外，农业部还建立了对手性质的组织——全国增加与推行改良种子委员会——力图控制对项目种子的推广。其结果是"进步并不如应有的那么快"，对哈拉的访谈，p. 96; 对威尔豪森的访谈，pp. 102–104。关于两个粮食委员会的混乱局面，参见 Fitzgerald（1986：466–467）；de Alcantara（1976：74–75）。

㉔ 引文出自 de Alcantara（1976：311; 307）；Lewontin（1983：114–120）。MAP 提出的建议，很可能并非只有农业推广服务得到充耳不闻的待遇。比如在 1948 年，顾问委员会同意"谨慎地鼓励"地方作物改进协会的发展，参见农业顾问委员会 1948 年 11 月的会议记录，Folder 59, Box 9, Ser. 323, RG 1.1, RF, RAC。这条建议产生的结果不清楚，但是按照德·阿尔坎塔拉的说法，自 20 世纪 40 年代起，大土地所有者组建的这类合作社是平常之举，而在那些接受政府贷款的小农当中，这类组织则是非法的（de Alcantara，1976：311–312; 51）。在 20 世纪初，德国巴伐利亚的育种站工作人员也提倡这类协会，他们视之为将新种植实践引进小农庄的一条路径。

不幸的是，推广服务受到的限制，正如墨西哥农业项目员工所看到的那样，并非仅仅来自政治层的无动于衷。由于职业性的敌意以及文化冲突，工作人员与墨西哥科学家的合作也有障碍。一方面，墨西哥的农业科学家似乎对于经费充足的外国科学家，尤其是国境线以北的科学家来到农业部打听传统的做事方式非常敏感。比如，一些育种员不想用新品种来代替老品种。另一方面，墨西哥人关于职业地位的想法，妨碍了他们与农民形成良好的工作关系。从外来者的角度看，墨西哥人的农业专门知识是"书本知识"，而并非基于亲身经验。那些让科学家进入到田地里的研究——在工作人员看来是理所当然的——没有什么地位，甚至墨西哥的年轻人也认为，田野工作与他们的身份不配。大多数墨西哥科学家对农民没有好感，他们倾向于对农民们指手画脚，这让问题变得更加糟糕。㉕

　　最后，项目不得不面对政治问题。作为一个美国基金会的代表，尤其是一个与石油工业有关联的基金会，项目的工作人员在提供有政策影响的建议时不得不如履薄冰。这类问题之一便是土地改革。在1910年的革命之后，每个农民被分给4到6公顷（5到10英亩）的土地，这一农庄规模在整个20世纪40年代的土地改革政策中一直不能触动。但是项目的专家认为，这样的小农庄只能维持生存，没有剩余产品进入市场，因而农民也就没有购买力。他们的结论是，在未来的土地改革中，有大

㉕ 关于对新品种的抵制，见 Matchett（2006）；Cotter（2003：190）。曼格尔斯多夫得到的印象是，两个最为重要的墨西哥玉米育种群体都不准备与 MAP 协调工作，曼格尔斯多夫，"墨西哥旅行报告"。关于墨西哥人对田野工作的反感，参见对哈拉的访谈，p. 36；Olea-Franco（2001：第六章）；Cotter（2003：192–193）。威尔豪森在他早年的玉米育种工作中发现，与农民合作要比与试验站工作人员合作容易，后者给他留下的印象是嫉妒心强，过分虑及自己的名誉，对威尔豪森的访谈。考特认为墨西哥的农业科学家更看重的是加强自己的职业地位，而不是帮助农民（Cotter，2003：156–157；203–204；324–326）。后果之一是，在20世纪30年代，墨西哥试验站对出口作物的重视程度要超过玉米（Matchett，2006：353）。

块农场会是更好的做法。但是，公开地说出这类观点会让项目夭折。正如迈耶斯后来注意到的那样，这类事情在菲律宾发生过，一位西方农业经济学家批评了土地持有体系，主张保留许多大农场，由此引发了一场强烈抗议，几乎让发展项目停掉。在迈耶斯看来，经济学家的分析实际上是正确的，但是"你不能进入一个国家……不管你知道多少，不管他们的处境有多糟糕，告诉他们什么是错的，应该做哪些事情……（大面积土地持有的问题）是拉丁美洲的基本问题之一，但是你来到那个国家，告诉他们那里的制度是多么糟糕，你无法解决这个问题"。况且，正如哈拉所认识到的那样，美国的干预历史——无论是经济上的还是军事上的——让墨西哥对美国的动机有所怀疑，这甚至延伸到墨西哥农业教育改革的计划当中。在对土地改革闭口不谈以外，项目工作人员与美国大使馆划清界限，如斯泰克曼回忆的那样，"我认为在当时，基金会感觉他们应该保持行动的独立性，避免让自己的出现带有政治性"。㉖

面对将项目的成果散播到小农手中这一问题的规模之大以及实施之复杂性，项目缺少对推广服务的控制，需要避免在基本农业政策问题上提供建议。有迹象表明，项目的工作人员开始集中在那些他们以为能取得进步的问题上。比如，在1947年，威尔豪森认为，那些可以有玉米剩余的地区应该首先被考虑；只够生存的地区应该留到以后。在1951年，布拉德菲尔德推荐给咨询委员会："由于提升农业有赖于教育、健康、交通和可投入资金，其优先权应该给予为数不多的、最有可能在那

㉖ 洛克菲勒基金会对于那些可能被东道国认为有争议的发展项目小心行事，自20世纪30年代中期起已然如此。当时一位熟悉墨西哥情况的官员向基金会董事长推荐说，尽管教育是一个很好的领域，但是农业是相对不那么有争议的领域，参见Lewontin（1983：91-92）。当韦弗指出帮助别国的小学教育"明显地具有高度政治性"时，他可能汲取了这类看法，韦弗写给洛克菲勒的信，1946年10月11日，Folder 20, Box 3, Ser. 915, RG 3, RF, RAC。关于土地改革，参见A. R. 曼，"在墨西哥的观察"；Cotter（2003：189）。第一处引文出自对迈耶斯的访谈，p. 86。关于对美国的动机有所怀疑，参见对哈拉的访谈，p. 46；对斯泰克曼的访谈，p. 211。第二处引文出自Stakman（1971：974）。

里发展全方位项目的地方，而不是那些还没有准备就绪的地方。"相似的情况是，当威尔豪森在 20 世纪 60 年代被问及在降雨量少的地区如何能提高玉米的产量时，他回答说："我并不真正知道。这些地方没有真正被关注。我们……把我们的努力集中在那些从粮食生产角度看更有产出力的地区。"采取阻力最小的路径这一趋势，也许可以帮助说明项目最终致力于小麦育种的努力。一方面，墨西哥政府热衷于增加小麦产量来满足日益增加的城市需求以及减少进口；另一方面，小麦种植的推广问题也容易得多，因为种植者有文化也有资本来从精耕细作方法中受益。如迈耶斯后来提到的那样，小麦项目的快速成功令人瞠目结舌——在十年之内小麦的产量是原来的三倍，到 1958 年这个国家开始出口小麦——以至于"也许他们没有过多地关注其他事情"，比如农场管理。由于解决大农场的工作更易开展，这类工作也就取代了原本要帮助小农这一初衷。[27]

综上所述，在墨西哥农业项目的早期，洛克菲勒基金会的专家和官员们相信该项目能够也应该对减缓墨西哥的贫困和饥馑产生影响。正因为如此，他们赞成推广计划、作物品种试验，提出意在惠及小农的育种工作方案。然而，到了 20 世纪 50 年代，该项目则有了相当不同的走向。为什么最初的设想脱轨，情况尚不了然。但是，这可能与如下一些因素有关：如项目主任自行其是地决定项目发展方向，与墨西哥专家合作遇到困难，缺少对核心机构如推广服务站点的掌控。由此形成的模式是分工明确，项目集中于研发和培训，将推广的责任交给墨西哥农业部。尽

---

[27] 关于威尔豪森在 1947 年的观点，参见 Cotter（2003：196）。第一处引文出自布拉德菲尔德给农业顾问委员会的信件，1951 年 6 月 15 日，Folder 20, Box 3, Ser. 915, RG 3, RF, RAC。第二处引文出自对威尔豪森的访谈，p. 56。十年以后，他注意到在耐旱品种的研发上投入的努力仍然很少，跟那些在 20 世纪 40 和 50 年代进行的育种品种相比，这一任务要艰难得多，参见威尔豪森（1976：148—150）；Lewontin（1983：第 6 章）。关于农业推广以及小麦种植者的情况，见 Dalrymple & Jones（1973：16, 26）；Myren（1970：67）。

管他们在消除饥馑方面有研究成果，但能否付诸实施则最终取决于经济和政治上的决策，它们构成了新技术必须在其中运行的框架，而这一政策领域恰好是项目工作人员和基金会官员力图去规避的。最后的结果是，受该项目影响最大的是那些大农场，尽管这与项目的最初意图完全不同。一些人对此感到失望。

当顾问委员会于 1962 年再度前往墨西哥时他们看到，尽管有项目研发出来有实际用处的知识和实践，但大多数墨西哥农民的处境大体上没有改变，这让他们深感不安。正如曼格尔斯多夫所注意到的那样，"一些事情也发生在美国……我不知道答案在哪里"。[28]

如果我们将墨西哥农业项目展示为一个能动性的实体，能够对周围环境做出回应从而进行调整，那么我们就为将来的研究打开了一个新领域，其对象不光是墨西哥农业项目，还有其他"绿色革命"。作为其中的首个，墨西哥农业项目作为拉丁美洲和其他地区后继项目的样板，是举足轻重的。后来的那些项目是否从其经验中成功地学到些什么，或者只是两眼一抹黑地重复它的命运，我们还要拭目以待。

参考文献：

Annual Report of the International Education Board, 1925—1926. 1926. New York: International Education Board.

Billard, Jules. 1970. The Revolution in American Agriculture. *National Geographic* Feb. 1970: 147—185.

Boelcke, Willi. 1995. Ueber die Säkulare Strukturentwicklung der Klein-und Mittelbäuerlichen Landwirtshcaft in Deutschland Während des 19./20. Jahrhundert.

---

[28] 参见 Stakman et al.（1967：214）。根据一份材料的说法，在 1960 年，80% 墨西哥农民生活在温饱线或者温饱线以下，参见 de Alcantara（1976：310）。引文出自对曼格尔斯多夫的访谈，p. 110。

In *Entwicklungstendenzen in der Agrargeschichtlichen Lehre und Forschung*, 89—98. Berlin: Institut für Agrarpolitik, Marktlehre u. Agrarentwicklung, Humboldt-Universität zu Berlin, and Fördergesellschaft Albrecht Daniel Thaer.

Cotter, Joseph. 2003. *Troubled Harvest: Agronomy and Revolution in Mexico, 1880—2002*. Westport, Conn.: Praeger.

Dalrymple, Dana & Jones, Willian I. 1973. *Evaluating the "Green Revolution"*. Mexico City: MS. presented at American Association for Advancement of *Science* and Consejo Nacional de Ciencia y Technologia. Manuscript possesed by Jonathan Harword.

de Alcantara, Cynthia Hewitt. 1976. *Modernizing Mexican Agriculture: Socioeconomic Implications of Technological Change, 1940—1970*. Geneva: UN Research Institute for Social Development.

Fitzgerald, Deborah. 1986. Exporting American Agriculture: The Rockefeller Foundation in Mexico, 1943—1953. *Social Studies of Science* 16: 457–483.

Griffin, Keith. 1974. *The Political Economy of Agrarian Change: An Essay on the Green Revolution*. London: Macmillan.

Harwood, Jonathan. 2012. *Europe's Green Revolution and Others Since: the Rise and Fall of Peasant-Friendly Plant Breeding*. London: Routledge.

Jenkins, Merle. 1940. The Segregation of Genes Affecting Yield of Grain in Maize. *Journal of American Society of Agronomy* 32: 55–63.

Jennings, Bruce H. 1988. *Foundations of International Agricultural Research: Science and Politics in Mexican Agriculture*. Boulder: Westview Press.

Kiessling, Ludwig. 1906. Die Organisation einer Landessaatgutzüchtung in Bayern. *Frühlings Landwirtschaftliche Zeitung* 55: 329–338.

Koning, Niek. 1994. *The Failure of Agrarian Capitalism: Agrarian Politics in the United Kingdom, Germany, the Netherlands, and the USA, 1846—1919*. New York: Routledge.

Lewontin, Stephen. 1983. *The Green Revolution and the Politics of Agricultural Development in Mexico since 1940*. PhD diss.: University of Chicago.

Love, H. H. & Reisner, J. H. 1964. The Cornell-Nanking Story. *Cornell International Agricultural Development Bulletin* 4: 11–34.

Matchett, Karin. 2002. *Untold Innovation: Scientific Practice and Corn Improvement in Mexico, 1935—1965*. PhD diss., University of Minnesota.

———. 2006. At Odds over Inbreeding: An Abandoned Attempt at Mexico/United States Collaboration to "Improve" Mexican Corn, 1940—1950. *Journal of the History of Biology* 39: 345–372.

Myren, Delbert. 1970. The Rockefeller Foundation Program in Corn and Wheat in Mexico. In *Subsistence Agriculture and Economic Development*, edited by Clifton R. Wharton, 438–452. London: Cass.

Olea-Franco, Adolfo. 2001. *One Century of Higher Agricultural Education and Research in Mexico (1850s–1960s), with a Preliminary Survey on the Same Subjects in the United States*. PhD diss.: Harvard University.

Paarlberg, Don. 1981. The Land Grant Colleges and the Structure Issue. *American Journal of Agricultural Economics* 63: 129–134.

Perkins, John. 1997. *Geopolitics and the Green Revolution: Wheat, Genes, and the Cold War*. New York: Oxford University Press.

Shepardson, Whitney. 1929. *Agricultural Education in the United States*. New York: Macmillan.

Staatz, John & Eicher, Carl. 1990. Agricultural Development Ideas in Historical Perspective. In *Agricultural Development in the Third World*, edited by Carl Eicher & John Staatz, 20–21. Baltimore: Johns Hopkins University Press.

Stakman, E. C. & et al. 1967. *Campaigns Against Hunger*. Cambridge, MA: Harvard University Press.

Stakman, Elvin. C. 1971. *The Reminiscences of Elvin Stakman*. Columbia University: Oral History Research Office.

Stross, Randall E. 1986. *The Stubborn Earth: American Agriculturalists on Chinese Soil, 1898—1937.* Berkeley: University of California Press.

Thomson, James C. 1969. *While China Faced West: American Reformers in Nationalist China, 1928—1937.* Cambridge, MA: Harvard University Press.

Tuchman, Barbara. 1976. The Green Revolution and the Distribution of Agricultural Income in Mexico. *World Development* 4: 17–24.

Wellhausen, Edwin. 1976. The Agriculture of Mexico. *Scientific American* 235: 129–150.

图书在版编目（CIP）数据

科学史新论：范式更新与视角转换 /（德）薛凤，（美）柯安哲编；吴秀杰译 . —杭州：浙江大学出版社，2019.8
ISBN 978 – 7 – 308 – 18939 – 2

Ⅰ.① 科… Ⅱ.① 薛… ② 柯… ③ 吴… Ⅲ.① 科学史 — 文集 Ⅳ.① G3—53

中国版本图书馆 CIP 数据核字（2019）第 006079 号

科学史新论：范式更新与视角转换

[德] 薛凤 [美] 柯安哲 编 吴秀杰 译

责任编辑	王志毅
文字编辑	伏健强
责任校对	杨利军 牟杨茜
装帧设计	周伟伟
出版发行	浙江大学出版社
	（杭州天目山路148号 邮政编码310007）
	（网址：http:// www.zjupress.com）
排　版	北京大有艺彩图文设计有限公司
印　刷	北京时捷印刷有限公司
开　本	635mm×965mm 1/16
印　张	31
字　数	366千
印 版 次	2019 年 8 月第 1 版　2019 年 8 月第 1 次印刷
书　号	ISBN 978-7-308-18939-2
定　价	78.00元
